上岗轻松学

数码维修工程师鉴定指导中心 组织编写

图解家装电工快速入门

主　编　韩雪涛
副主编　吴　瑛　韩广兴

机械工业出版社

本书完全遵循国家职业技能标准和电工领域的实际岗位需求。在内容编排上充分考虑家装电工的行业特点和技能标准，按照学习习惯和难易程度将家装电工技能划分为10个章节，即：家装电工的电路基础、家装电工的线材与电气部件、家装电工仪表工具的使用方法、家装电工的识图技能、家装电工的线缆加工与敷设技能、室内常用插座的安装与增设技能、室内供配电系统的设计与安装技能、室内灯控系统的设计与安装技能、室内常用电气设备的安装技能、家装电工用电安全与急救方法。

学习者可以看着学、看着做，跟着练，通过“图文互动”的全新模式，轻松、快速地掌握家装电工技能。

书中大量的演示图解、操作案例以及实用数据可以供学习者在日后的工作中方便、快捷地查询使用。另外，本书还附赠面值为50积分的学习卡，读者可以凭此卡登录数码维修工程师的官方网站获得超值服务。

本书是家装电工的必备用书，还可供从事家庭装修工作的技术人员和业余爱好者学习和参考。

图书在版编目（CIP）数据

图解家装电工快速入门/韩雪涛主编；数码维修工程师鉴定指导中心组织编写. -- 北京 ：机械工业出版社，2015. 10（2025. 3重印）
（上岗轻松学）
ISBN 978-7-111-51982-9

Ⅰ. ①图… Ⅱ. ①韩… ②数… Ⅲ. ①住宅－室内装修－电工－图解 Ⅳ. ①TU85-64

中国版本图书馆CIP数据核字(2015)第256840号

机械工业出版社（北京市百万庄大街22号　邮政编码100037）
策划编辑：陈玉芝　责任编辑：王振国
责任校对：张　薇　责任印制：单爱军
北京虎彩文化传播有限公司印刷
2025年3月第1版第2次印刷
184mm×260mm · 13.25印张 · 324千字
标准书号：ISBN 978-7-111-51982-9
定价：59.90元

凡购本书，如有缺页、倒页、脱页，由本社发行部调换

电话服务
服务咨询热线：010-88361066
读者购书热线：010-68326294
010-88379203

网络服务
机工官网：www. cmpbook. com
机工官博：weibo. com/cmp1952
金书网：www. golden-book. com
教育服务网：www. cmpedu. com

编委会

主　编　韩雪涛

副主编　吴　瑛　韩广兴

参　编　梁　明　宋明芳　周文静　安　颖

张丽梅　唐秀鸯　张湘萍　吴　玮

高瑞征　周　洋　吴鹏飞　吴惠英

韩雪冬　王露君　高冬冬　王　丹

前言

家装电工技能是家庭装修从业人员必不可少的一项专项、专业、基础、实用技能。该项技能的岗位需求非常广泛。随着工程技术的飞速发展以及市场竞争的日益加剧，越来越多的人认识到实用技能的重要性，家装电工的学习和培训也逐渐从知识层面延伸到技能层面。学习者更加注重掌握家装电工的实用操作技能、了解家装电工的从业规范。然而，目前市场上很多相关的图书仍延续传统的编写模式，不仅严重影响学习的时效性，而且在实用性上也大打折扣。

针对这种情况，为使电工快速掌握家装电工技能，及时应对岗位的发展需求，我们对家装电工内容进行了梳理和整合，结合岗位培训的特色，根据国家职业技能标准要求，力求打造出具有全新学习理念的家装电工入门图书。

在编写理念方面

本书将国家职业技能标准与行业培训特色相融合，以市场需求为导向，以直接指导就业作为图书编写的目标，注重实用性和知识性的融合，将学习技能作为图书的核心思想。书中的知识内容完全为技能服务，知识内容以实用、够用为主。全书突出操作，强化训练，让学习者阅读图书时不是在单纯地学习内容，而是在练习技能。

在编写形式方面

本书突破传统图书的编排和表述方式，采用双色图解的方式向学习者演示家装电工基本技能，将传统意义上的以“读”为主变成以“看”为主，力求用生动的图例演示取代枯燥的文字叙述，使学习者通过二维平面图、三维结构图、演示操作图、实物效果图等多种图解方式直观地获取实用技能中的关键环节和知识要点。本书力求在最大程度上丰富纸质载体的表现力，充分调动学习者的学习兴趣，达到最佳的学习效果。

在内容结构方面

本书在结构的编排上，充分考虑当前市场的需求和读者的情况，结合实际岗位培训的经验对家装电工这项技能进行全新的章节设置；内容的选取以实用为原则，案例的选择严格按照上岗从业的需求展开，确保内容符合实际工作的需要；知识性内容在注重系统性的同时以够用为原则，明确知识为技能服务，确保图书的内容符合市场需要，具备很强的实用性。

在专业能力方面

本书编委会由行业专家、高级技师、资深多媒体工程师和一线教师组成，编委会成员除具备丰富的专业知识外，还具备丰富的教学实践经验和图书编写经验。

为确保图书的行业导向和专业品质，特聘请原信息产业部职业技能鉴定指导中心资深专家韩广兴担任顾问，亲自指导，使本书充分以市场需求和社会就业需求为导向，确保图书内容符合职业技能鉴定标准，达到规范性就业的目的。

在增值服务方面

为了更好地满足读者的需求，达到最佳的学习效果，本书得到了数码维修工程师鉴定指导中心的大力支持，除提供免费的专业技术咨询外，本书还附赠面值为50积分的数码维修工程师远程培训基金（培训基金以“学习卡”的形式提供）。读者可凭借学习卡登录数码维修工程师的官方网站（www.chinadse.org）获得超值技术服务。该网站提供最新的行业信息，大量的视频教学资源、图样、技术手册等学习资料以及技术论坛。用户凭借学习卡可随时了解最新的数码维修工程师考核培训信息，知晓电子、电气领域的业界动态，实现远程在线视频学习，下载需要的图样、技术手册等学习资料。此外，读者还可通过该网站的技术交流平台进行技术交流与咨询。

本书由韩雪涛任主编，吴瑛、韩广兴任副主编，梁明、宋明芳、周文静、安颖、张丽梅、唐秀鸯、王露君、张湘萍、吴鹏飞、韩雪冬、吴玮、高瑞征、吴惠英、王丹、周洋、高冬冬参加编写。

读者通过学习与实践还可参加相关资质的国家职业资格或工程师资格认证，可获得相应等级的国家职业资格证书或数码维修工程师资格证书。如果读者在学习和考核认证方面有什么问题，可通过以下方式与我们联系。

数码维修工程师鉴定指导中心
网址：http://www.chinadse.org
联系电话：022-83715667/13114807267
E-mail:chinadse@163.com
地址：天津市南开区榕苑路4号天发科技园8-1-401
邮编：300384

希望本书的出版能够帮助读者快速掌握家装电工技能，同时欢迎广大读者给我们提出宝贵建议！如书中存在问题，可发邮件至cyztian@126.com与编辑联系！

编　者

目 录

第1章　家装电工的电路基础

1.1 直流电与直流供电

1.1.1 直流电

直流电（简称DC）的电流流向单一，其方向不随时间做周期性变化。通常直流电可分为脉动直流电和恒定直流电两种。

【脉动直流和恒定直流】

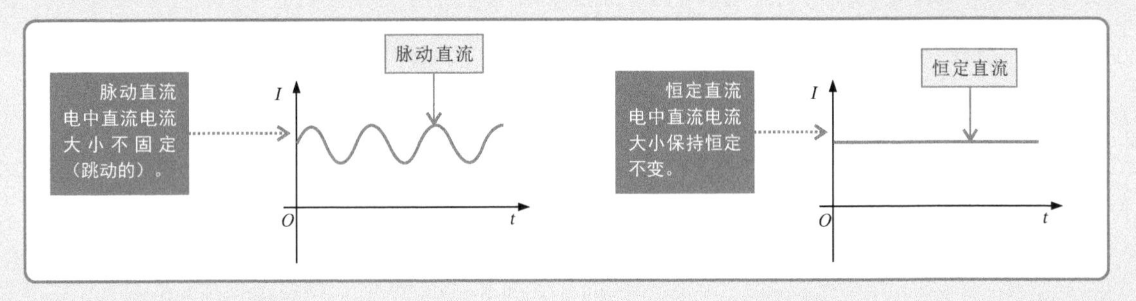

在实际应用中，通常采用直流电源为电路供电，以得到恒定的电压和电流，电流的方向由电源正极（+）流向电源负极（-）。电流用字母*I*表示。

【直流电源电路】

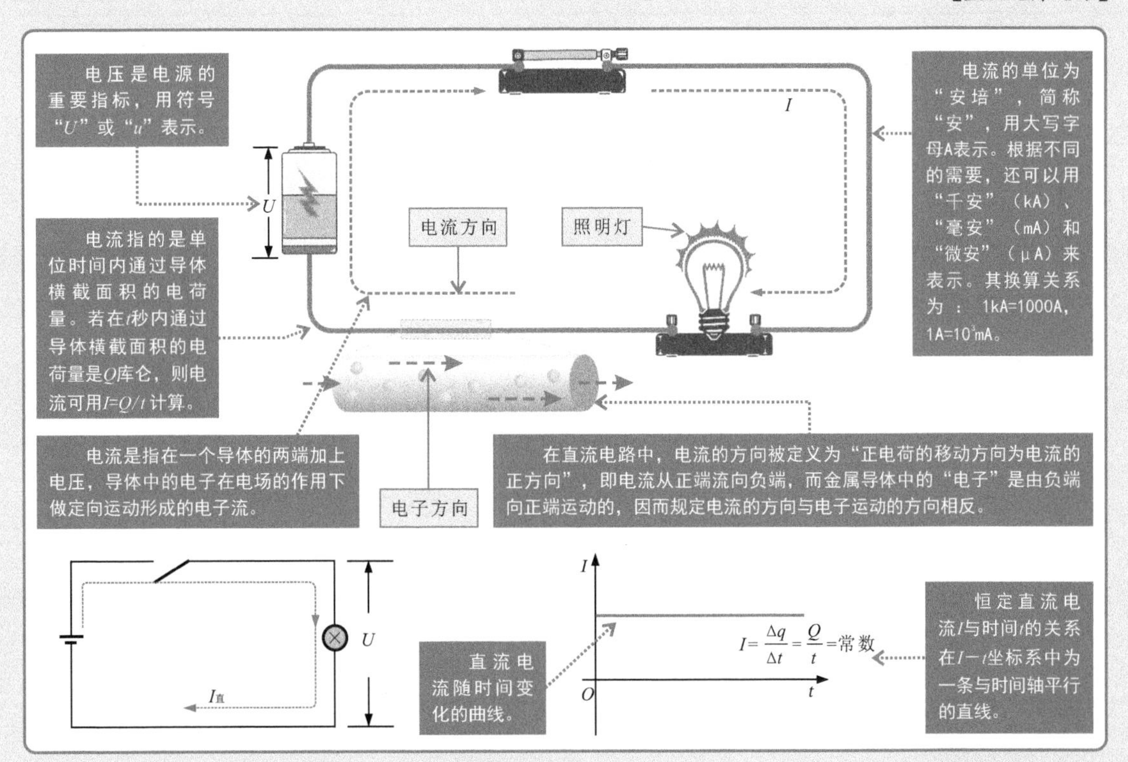

1.1.2 直流供电

在家庭直流供电中，直流供电通常有两种形式：一种是由直流电源（干电池、蓄电池、直流发电机等）直接供电；另一种是将交流220V经转换电路，转换成直流供电。

1. 直流电源直接供电

直流电源直接供电的方式一般应用于小型电气产品，如低压小功率照明、直流电动机驱动等。

【直流电源直接供电的低压小功率照明电路】

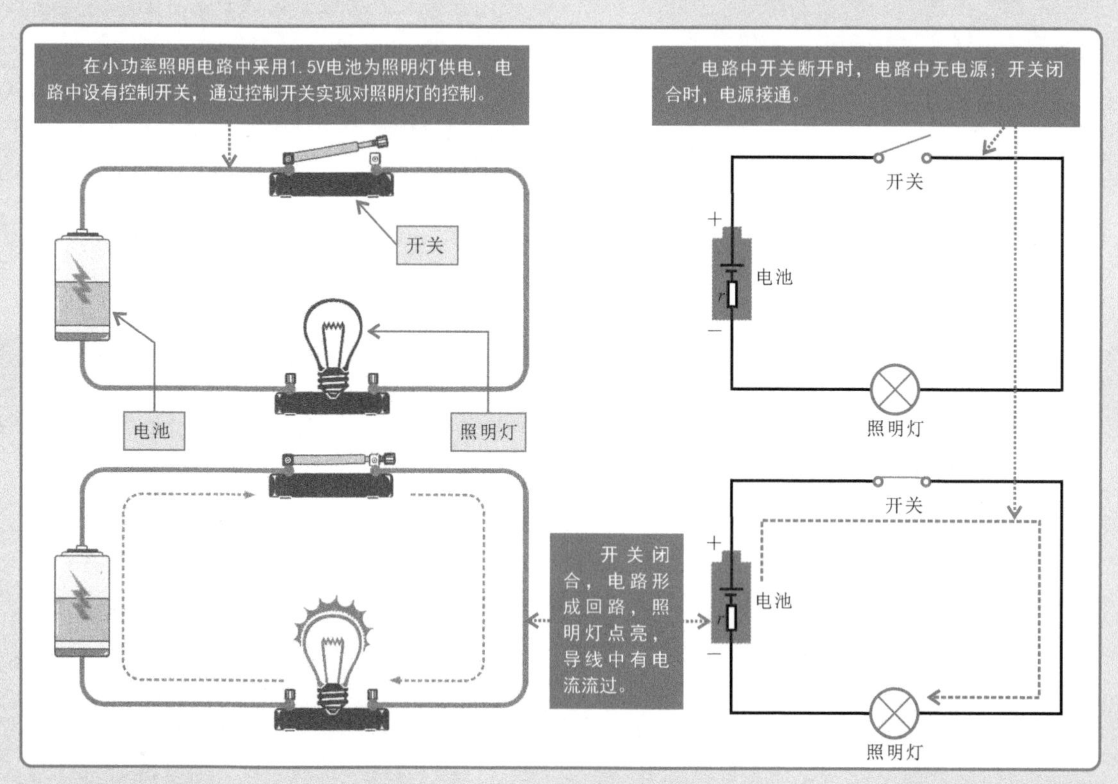

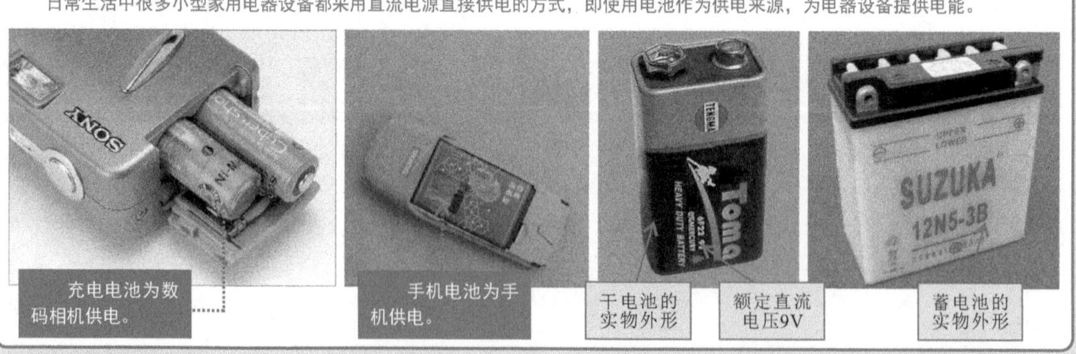

2. 交流电源转换直流供电

这种供电方式常见于家用电子产品中，它是通过交流/直流转换电路将交流220V电压经变压、整流、滤波等一系列处理后，转换成直流电源为设备供电。

【交流/直流转换电路】

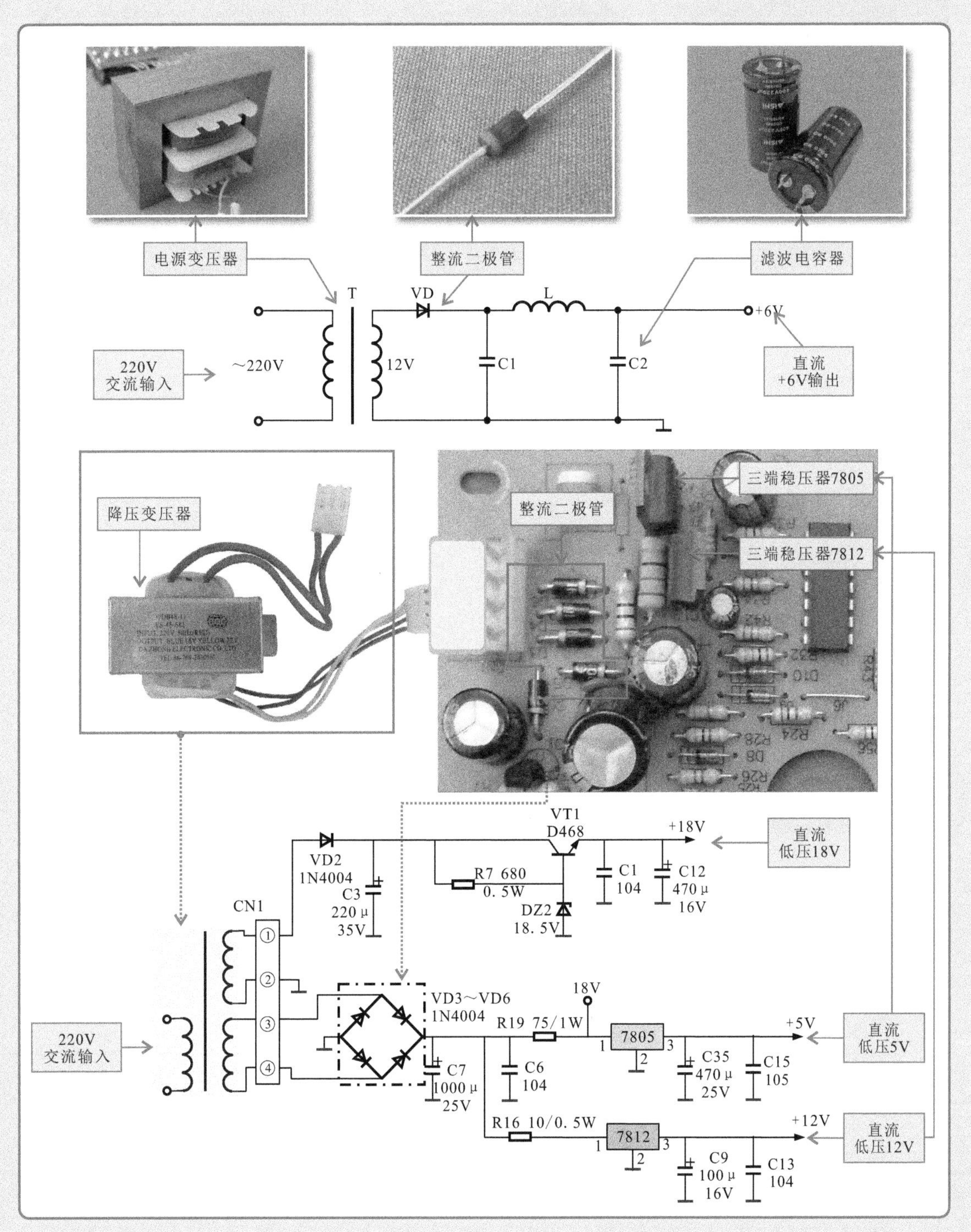

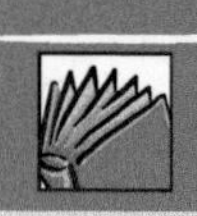

1.2 交流电与交流供电

1.2.1 交流电

交流电（简称AC）的电流大小和方向会随时间做周期性变化。单相交流电是由单相交流发电机产生的。

【单相交流电产生原理】

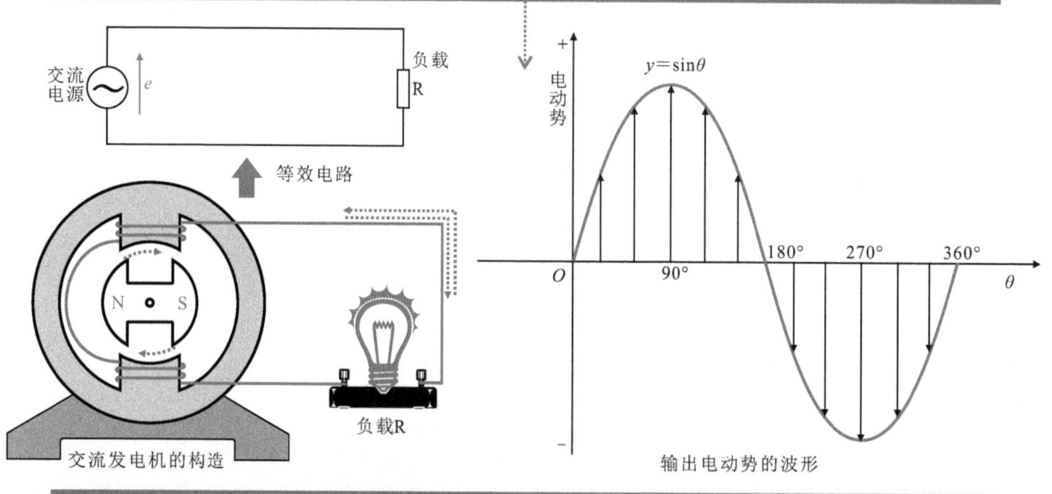

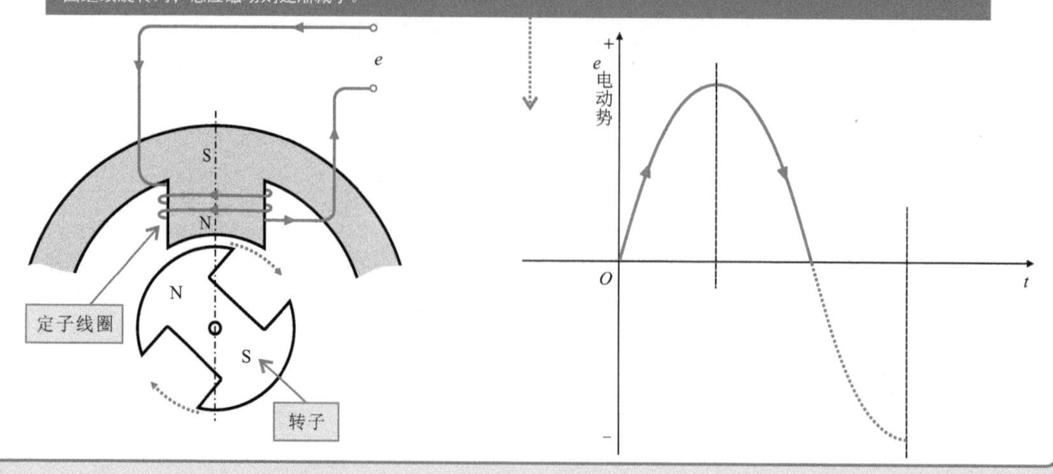

【单相交流电产生原理（续）】

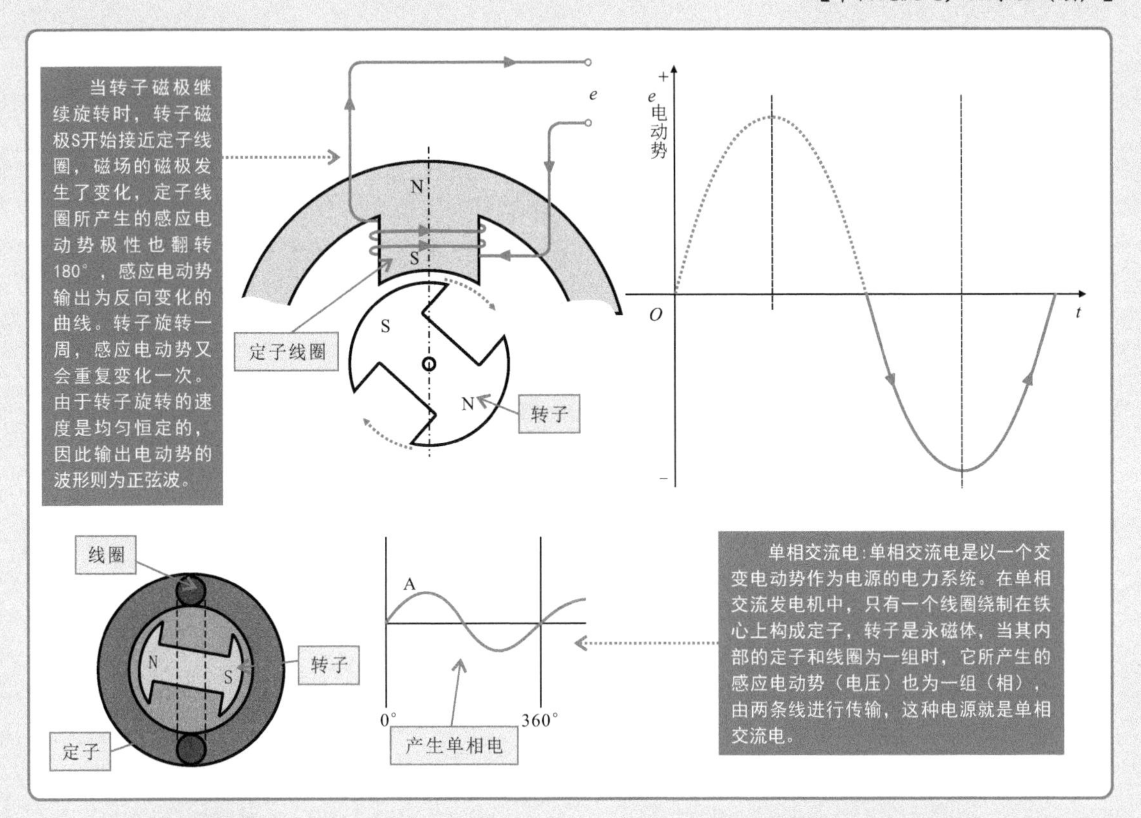

三相交流电是由三相交流发电机产生的。在定子槽内放置着三个结构相同的定子绕组A、B、C，这些绕组在空间互隔120°。转子旋转时，其磁场在空间按正弦规律变化，当转子由水轮机或汽轮机带动以角速度ω等速地顺时针方向旋转时，在三个定子绕组中，就产生频率相同、幅值相等、相位上互差120°的三个正弦电动势，这样就形成了对称三相电动势。

【三相交流电产生原理】

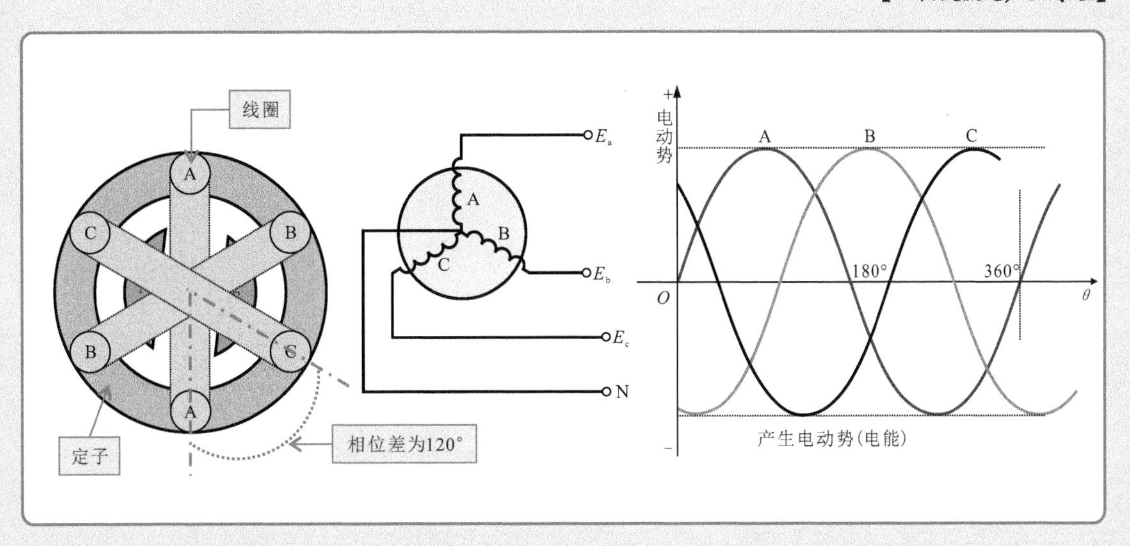

1.2.2 交流供电

交流供电方式主要有单相交流供电和三相交流供电。

1. 单相交流供电

单相交流供电是我国公共统一用电的标准，根据线路接线方式的不同，有单相两线式和单相三线式两种。

【单相两线式供电】

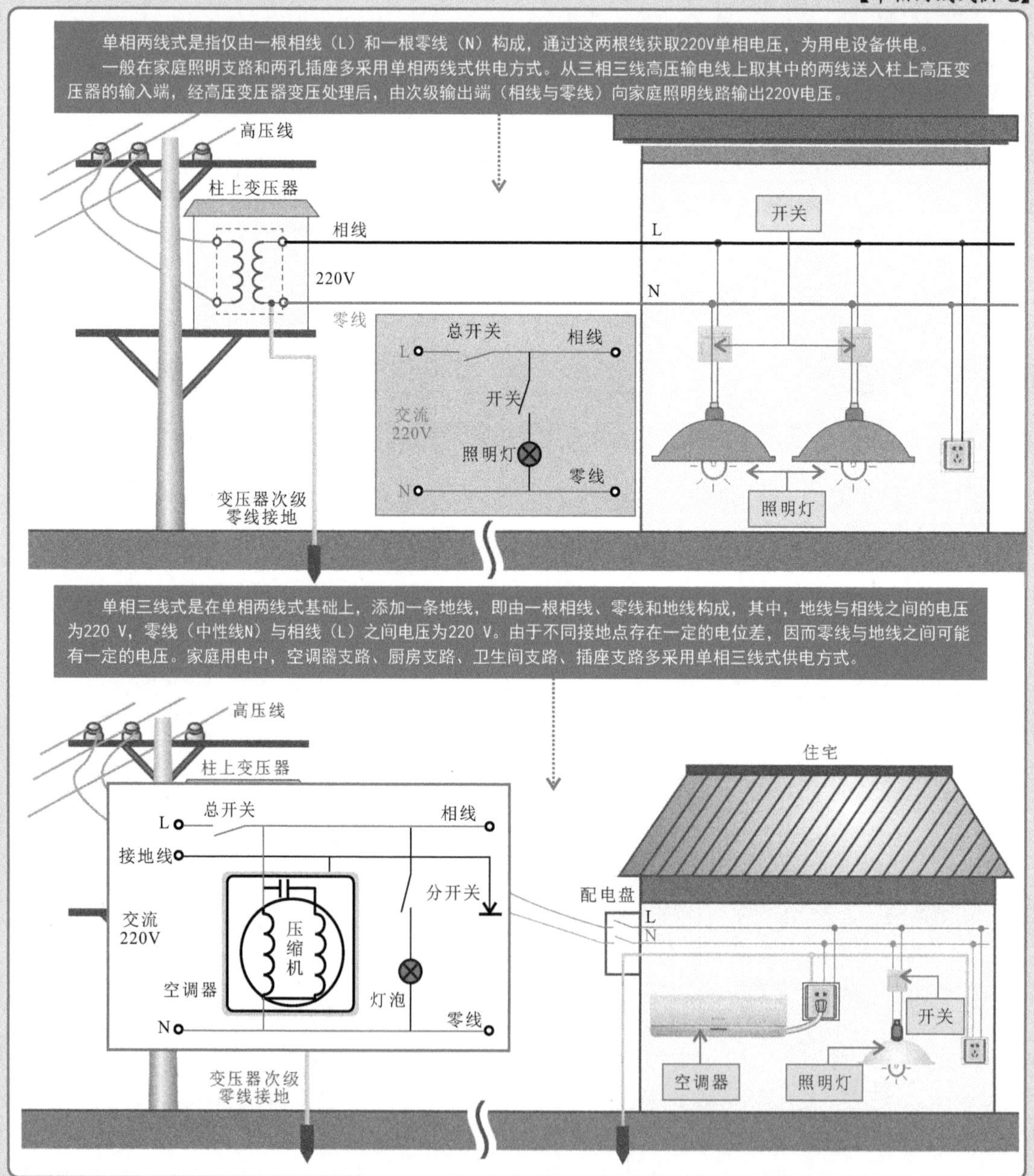

2. 三相交流供电

三相交流供电主要有三相三线式、三相四线式和三相五线式。

【三相交流供电】

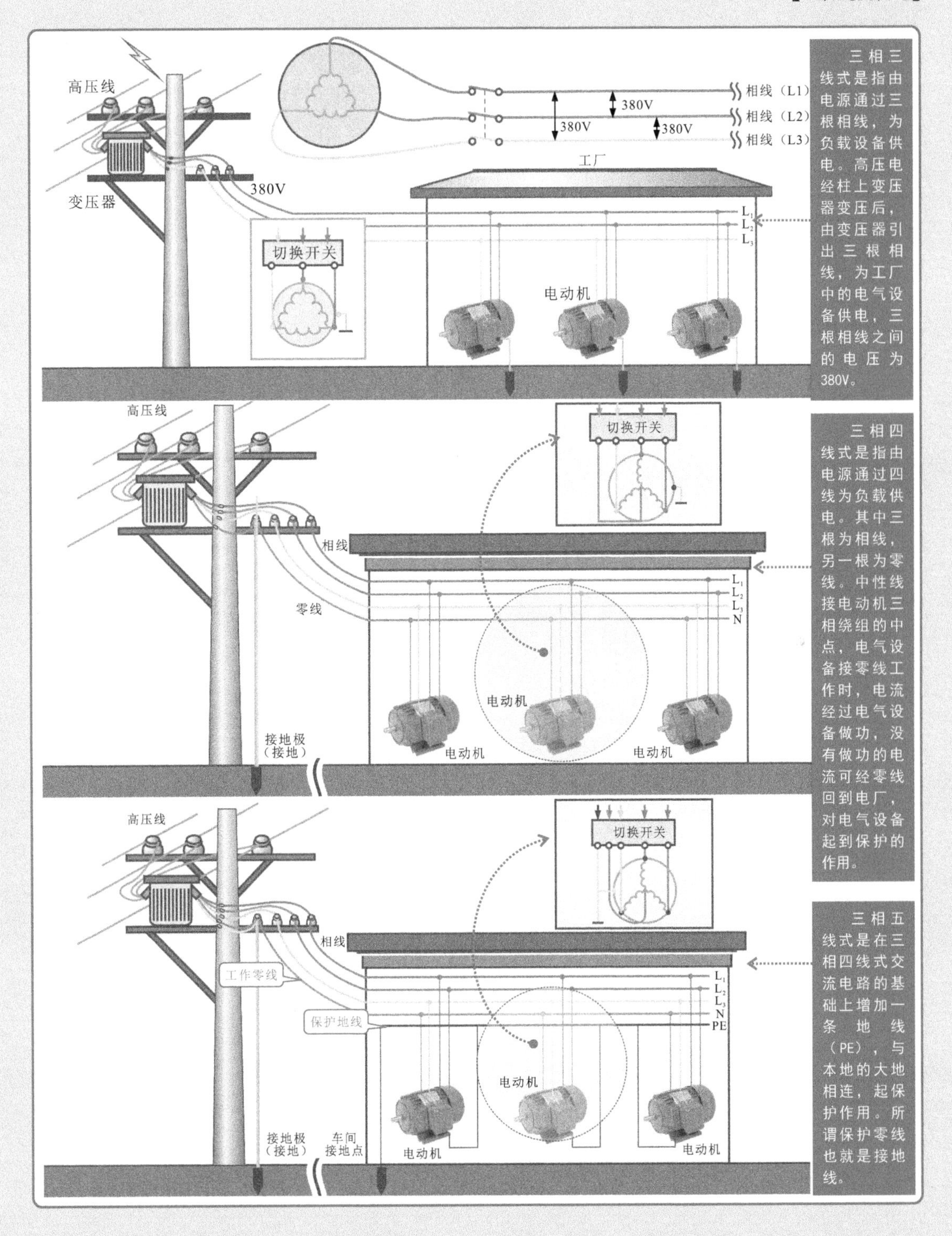

三相三线式是指由电源通过三根相线，为负载设备供电。高压电经柱上变压器变压后，由变压器引出三根相线，为工厂中的电气设备供电，三根相线之间的电压为380V。

三相四线式是指由电源通过四线为负载供电。其中三根为相线，另一根为零线。中性线接电动机三相绕组的中点，电气设备接零线工作时，电流经过电气设备做功，没有做功的电流可经零线回到电厂，对电气设备起到保护的作用。

三相五线式是在三相四线式交流电路的基础上增加一条地线（PE），与本地的大地相连，起保护作用。所谓保护零线也就是接地线。

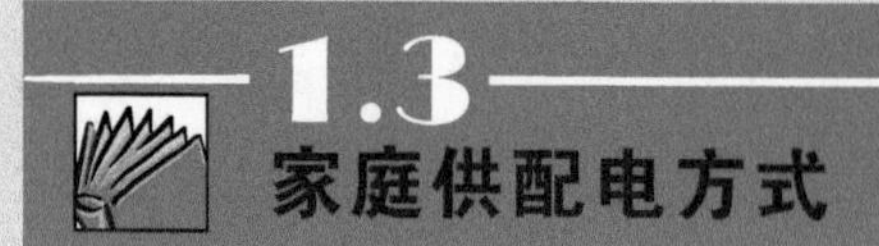

1.3 家庭供配电方式

外部高压干线送来的高压电，经总配电室降压后，由低压干线分配给小区内各楼宇低压支路，送入低压配电柜，再经低压配电柜分配给楼内各配电箱，为楼内动力设备、照明安防系统及家庭提供电力。

【家庭供配电方式的系统】

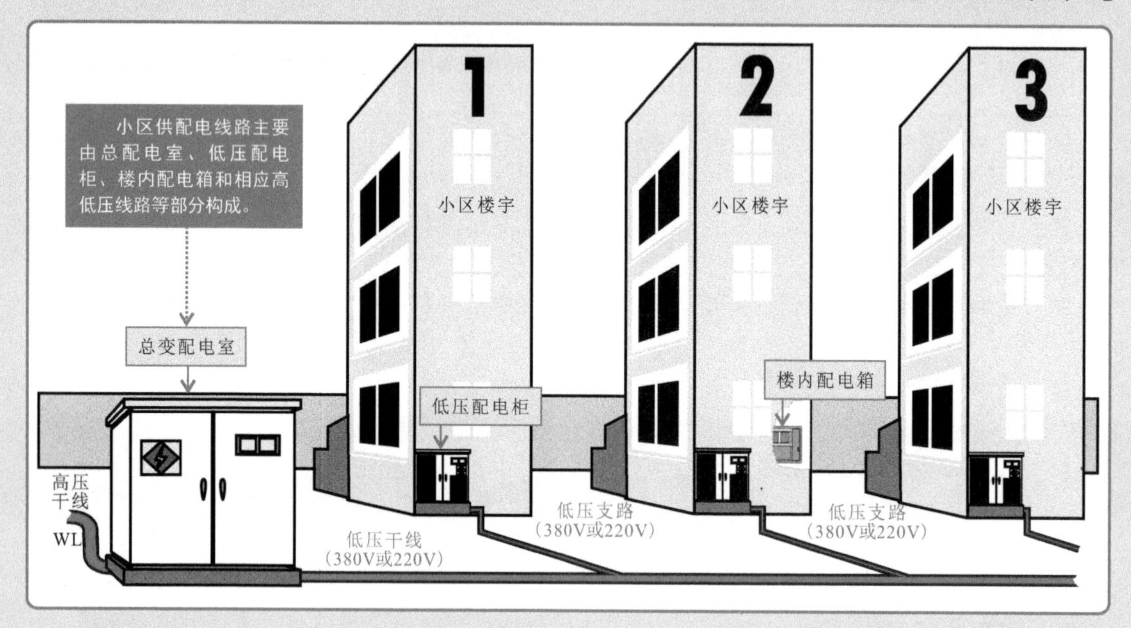

目前，我国所有的电力系统采用的供电方式都是三相供电方式，楼内的电梯、水泵等动力设备可直接采用三相交流供配电电路，而家庭供用电采用的是单相220V交流供电，它往往是从三相电源分配过来的。

【三相交流供电与单相交流供电的关系】

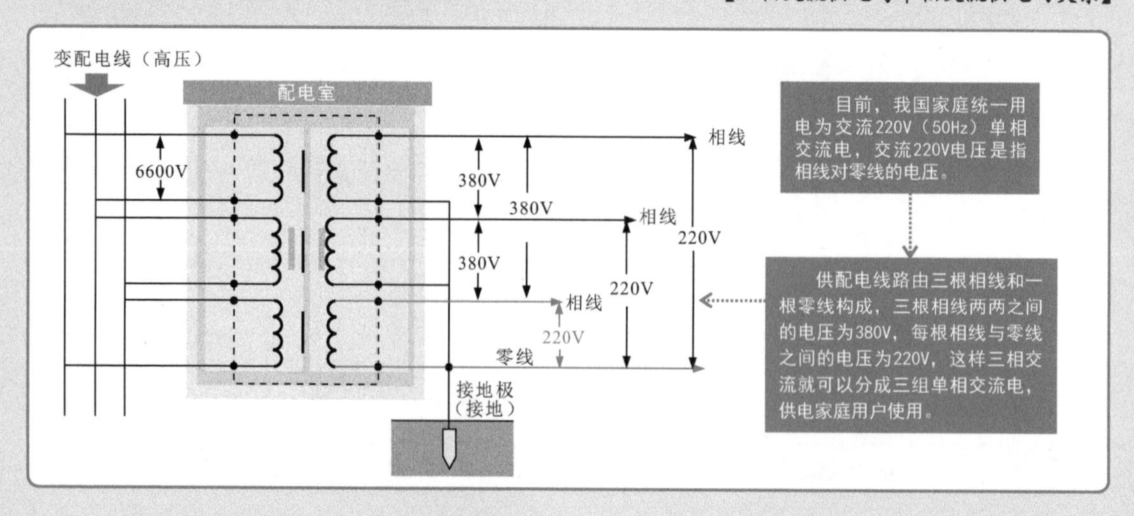

家庭供电是由配电箱送入室内的配电盘，经室内配电盘分配给各个支路，实现家庭的供电。

【家庭供配电方式】

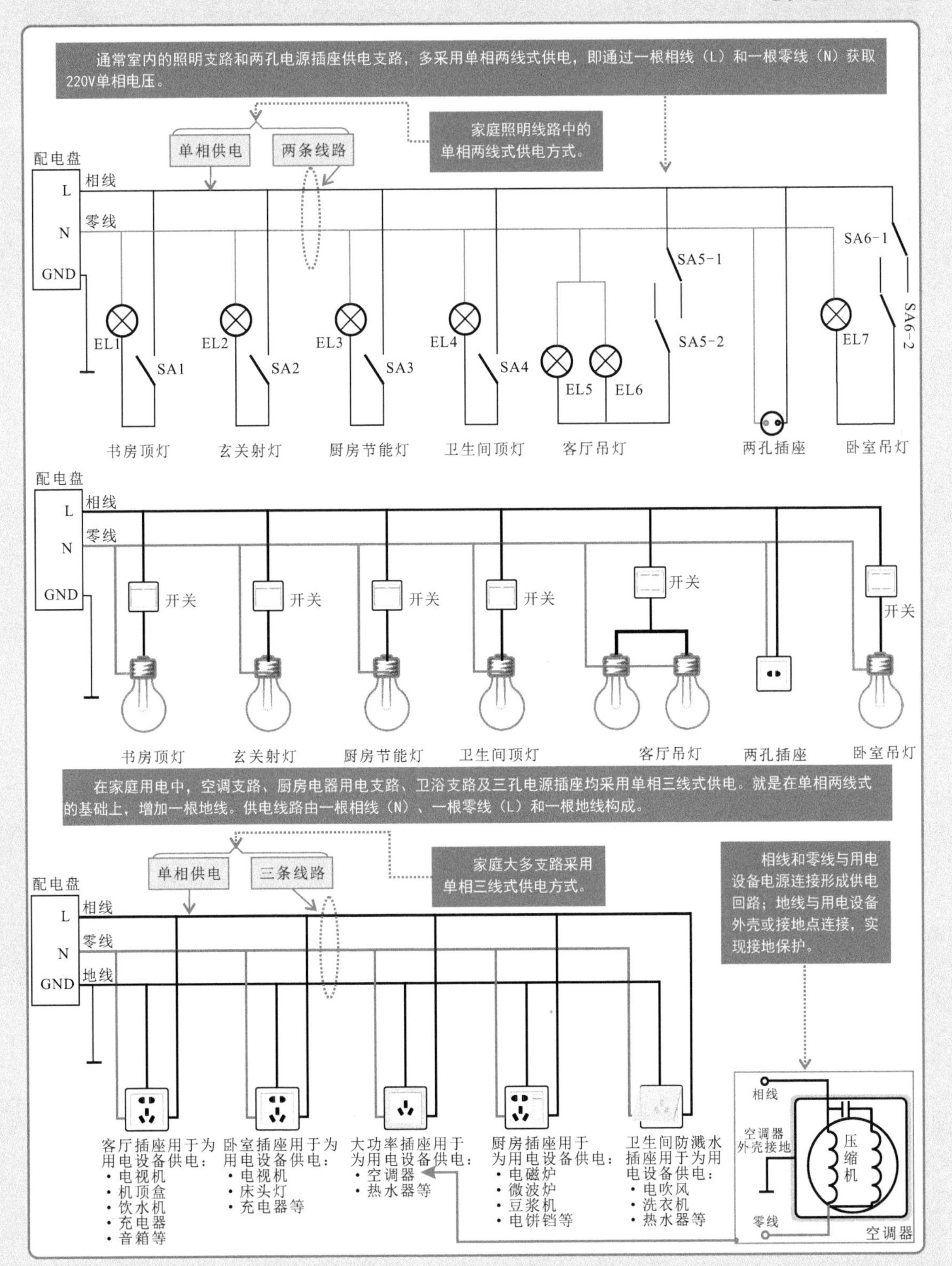

第2章　家装电工的线材与电气部件

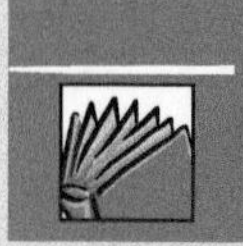

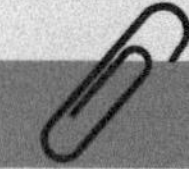

2.1 家装电工常用线材

2.1.1 强电线材

家装中的强电线材一般应用在220V供电线路中，例如照明控制线路、供配电线路中的绝缘导线都属于强电线材。

绝缘导线主要有绝缘硬导线和绝缘软导线两种。

1. 绝缘硬导线

绝缘硬导线的质地较硬，线芯数量较少，通常不超过五芯。在绝缘硬导线表面的规格标识中，首字母通常以“B”开始。

【绝缘硬导线的外形】

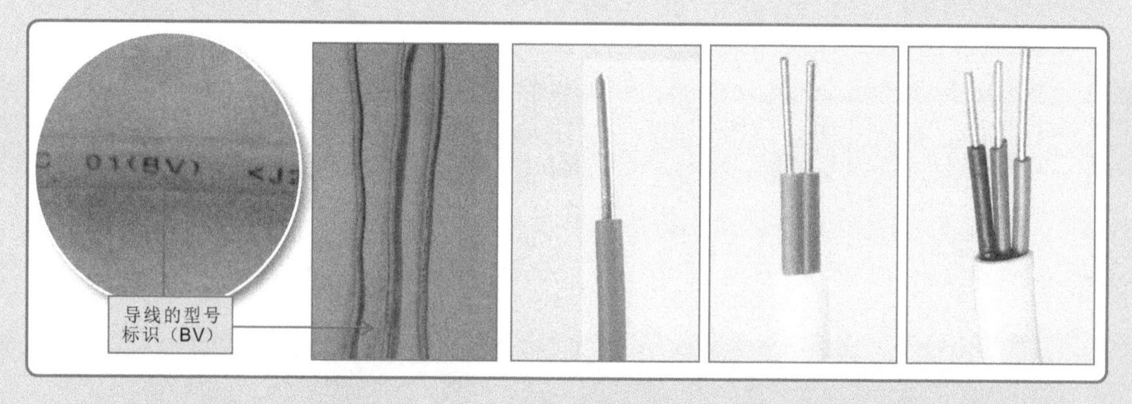

绝缘硬导线规格种类多样，不同类型的绝缘硬导线，其在家装中的应用特点也有所不同。

【不同绝缘硬导线的应用特点】

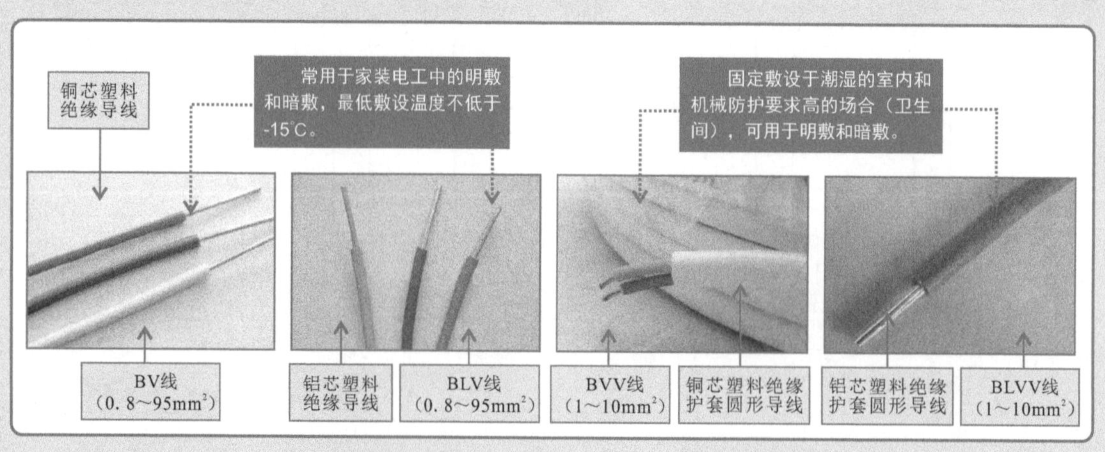

【不同绝缘硬导线的应用特点（续）】

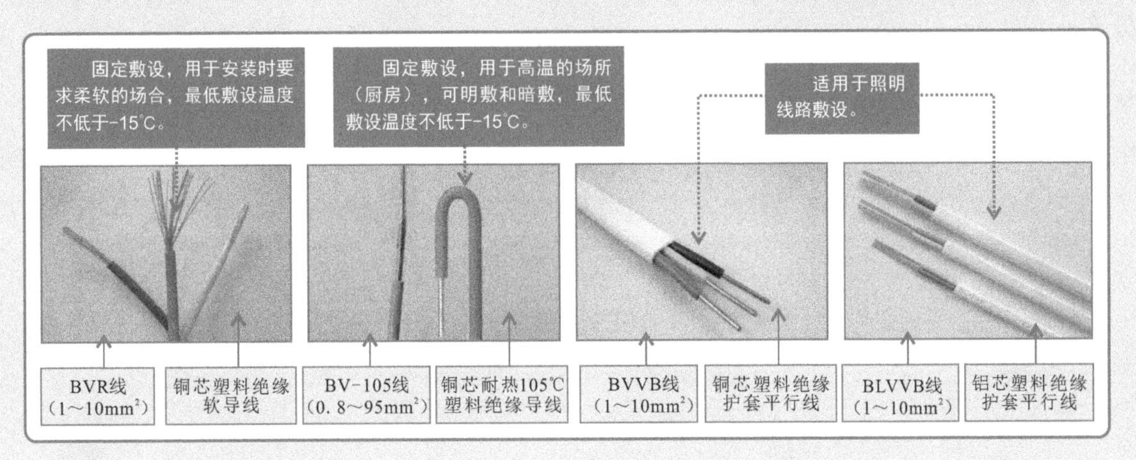

2. 绝缘软导线

绝缘软导线是由多股线芯绞在一起而成的，其质地较为柔软，耐弯曲，多作为电源软接线使用。绝缘软导线型号一般以字母“R”开头（R表示软线）。

【绝缘软导线的外形】

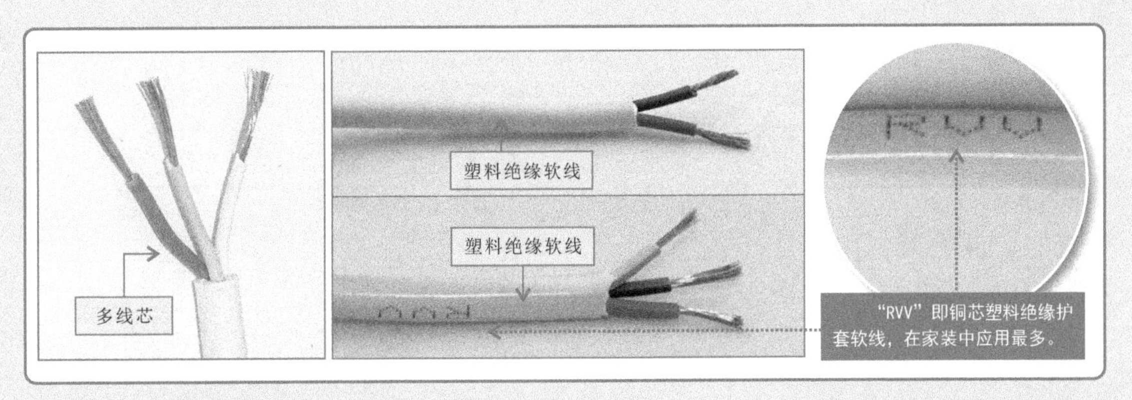

绝缘软导线规格种类多样，不同类型的绝缘软导线，其在家装中的应用特点也有所不同。

【不同绝缘软导线的应用特点】

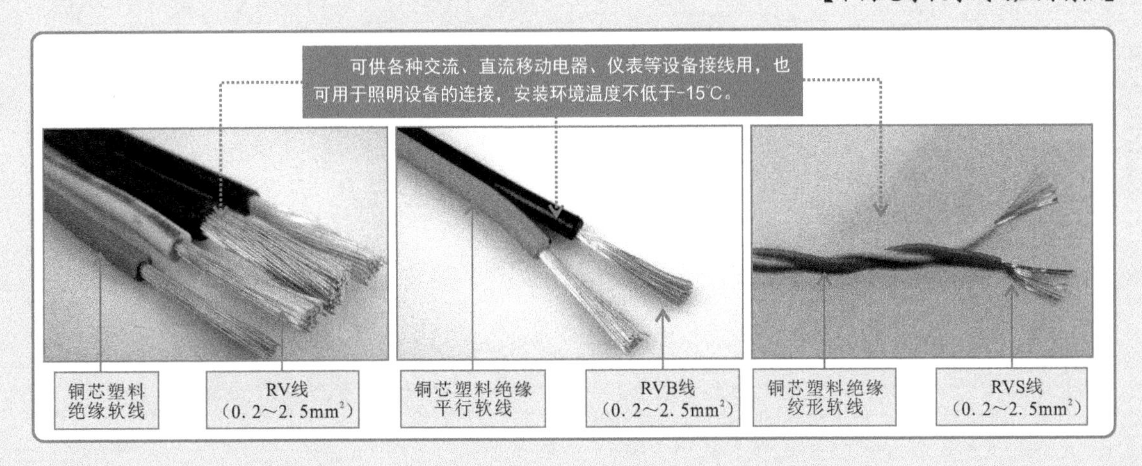

【不同绝缘软导线的应用特点（续）】

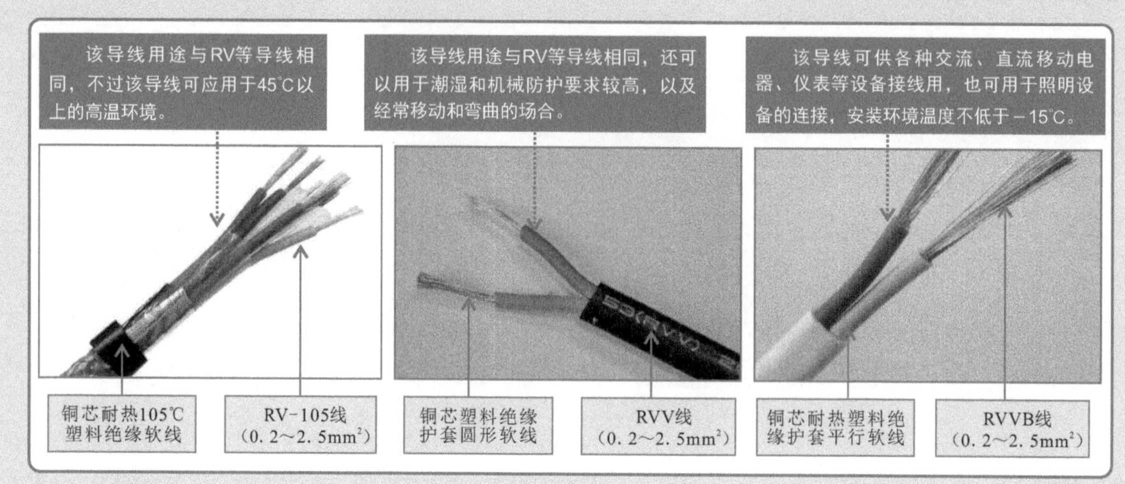

特别提醒

在家装环境中，需要将外部用电传输给小区内或分配大功率电能时，则需要用到电力电缆。电力电缆具有不易受外界风、雨、冰雹的影响等特点，其供电可靠性高，但其材料和安装成本较高。由于电力电缆供电的可靠性高，并不易受自然天气的影响，因此常应用于输电和配电网中。

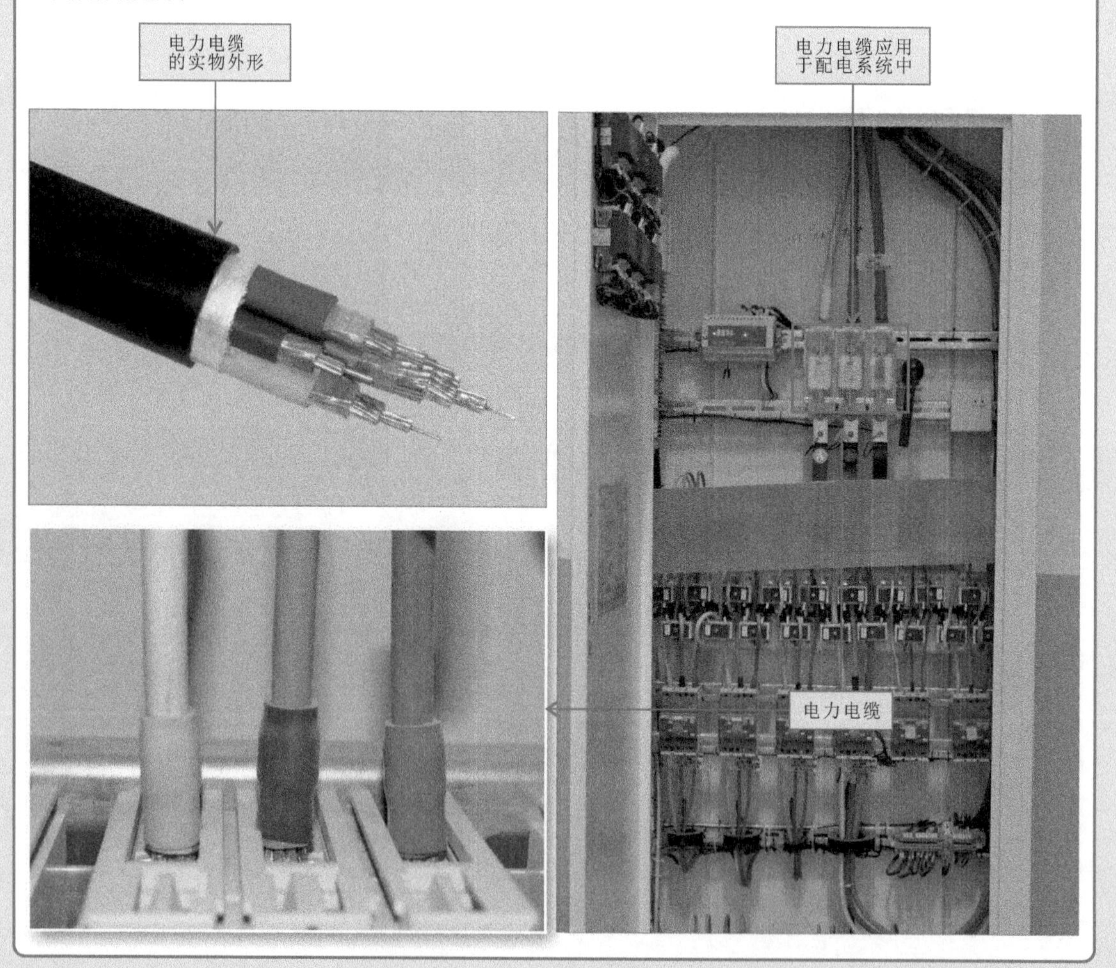

2.1.2 弱电线材

家装中的弱电线材主要指用于网络、通信、安防、有线电视等用途的线缆。

一般应用在信息的传输和控制，具有电压低、电流小、功率小等特点。弱电线材主要有网络线缆、电视线缆、电话线缆、视频线缆和影音线缆等。

1. 网络线缆

网络线缆简称网线，主要用于网络连接，家装电工中常见的网络线缆主要有双绞线、同轴电缆和光缆。

【网络线缆的实物外形】

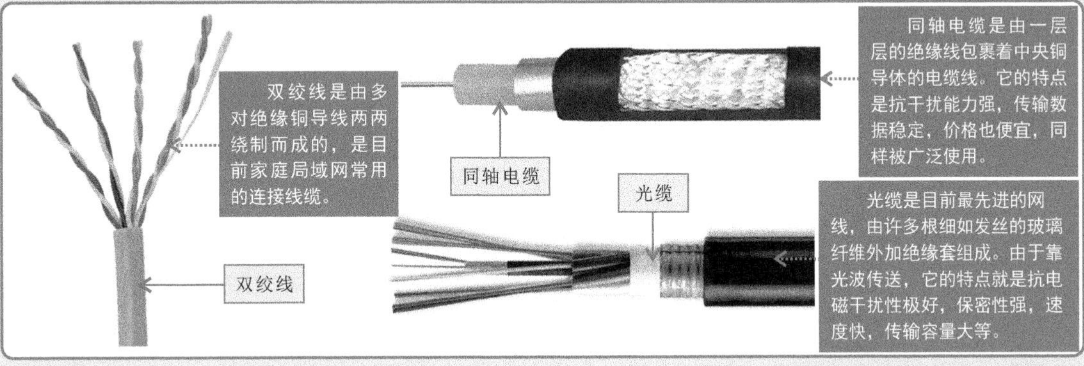

2. 有线电视线缆

有线电视线缆大多采用同轴电缆，主要用于电视信号的传输。

【电视线缆的实物外形】

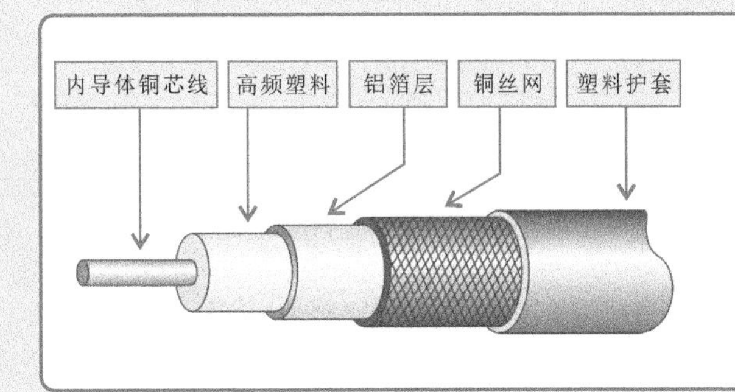

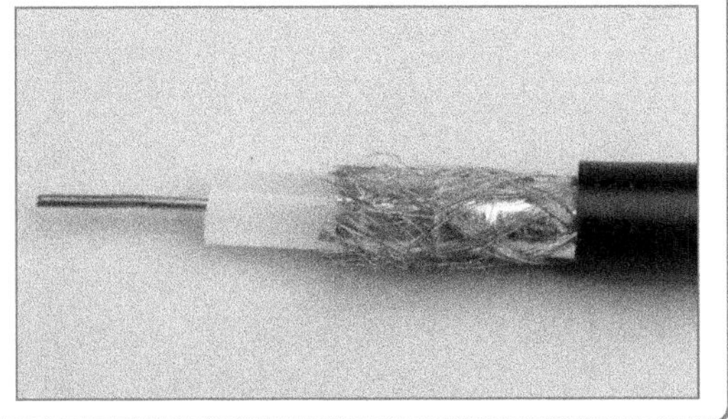

特别提醒

用于传输电视信号的同轴电缆一般型号为SYV75—X（X代表它的绝缘外径3mm/5mm，数字越大线径越粗）。

常见有 75—3， 75—5，75—7，75—9几种。其中，普通用户电视线缆选用SYV75-5型，该类电缆对视频信号可以无中继传输300～500m的距离。

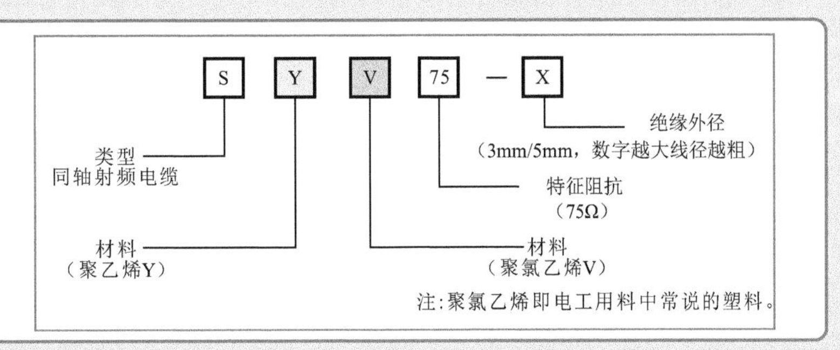

3. 电话线缆

电话线缆主要是用于电话通信及传真用途的线缆，常见规格有2芯和4芯。

【电话线缆的实物外形】

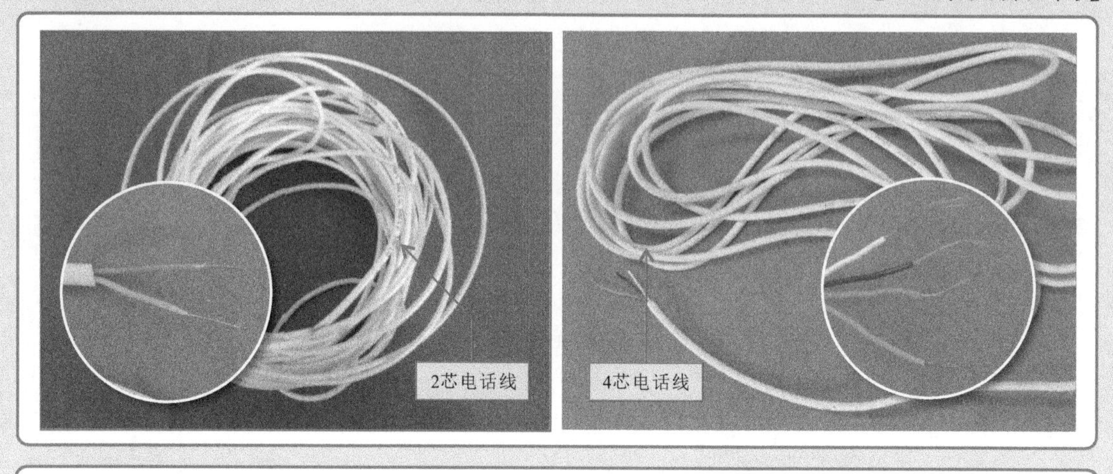

特别提醒

一般情况下，家装电话线采用2芯电话线即可。若要安装可视电话或智能电话，或连接传真机或计算机拨号上网等，最好选用4线芯的电话线，以满足正常的工作需要。

4. 音频和视频线缆

在家庭装修中，音频线缆和视频线缆主要用于电视机、影碟机、投影仪、家庭影院以及其他各音频、视频设备间的连接。

【音频和视频线缆的外形】

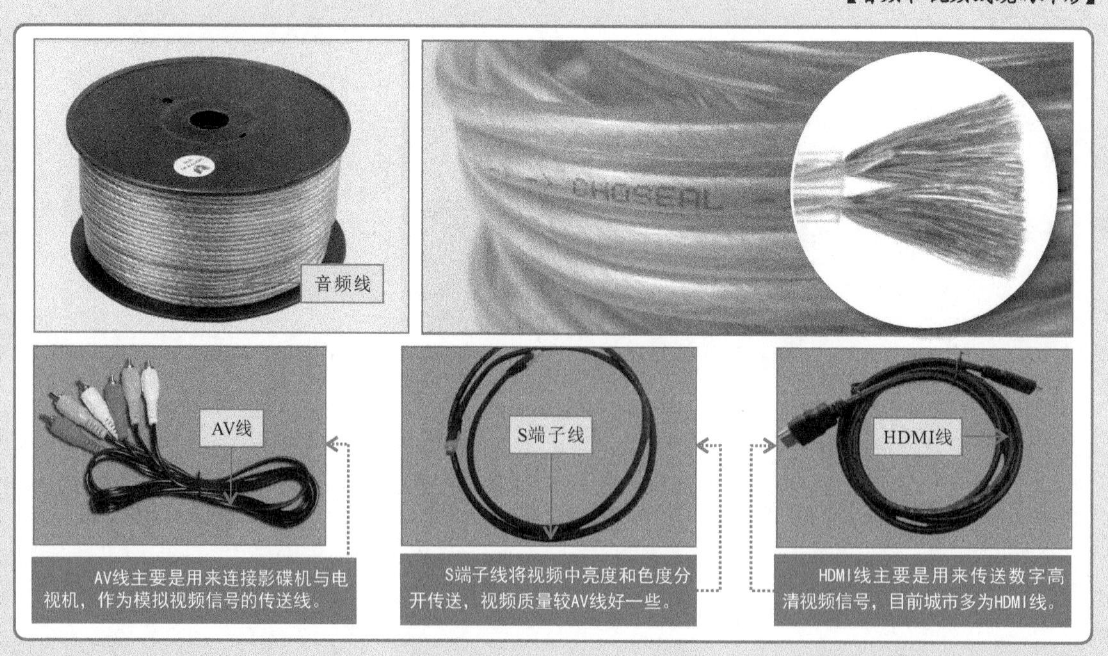

2.1.3 线管与线槽

在家装中强电线材和弱电线材不能直接敷设在墙面或地面上，因此对线材敷设时，可借助线管或线槽完成敷设操作。

1. 线管

线管是对家装线材暗敷时使用最多的材料之一。将线材穿入线管中，可暗敷在墙面或地面里。

目前，常使用的线管主要有阻燃PVC线管和专用镀锌线管（也称为钢管）两种。

PVC线管其实是一种乙烯基的聚合物质，其材料是一种非结晶性的材料，具有不易燃、高强度、耐气候变化性，以及优良的几何稳定性等特点，在家装中得到了广泛的应用。

镀锌线管则具有包镀层均匀、附着力强、使用寿命长等特点，镀锌线管的内部在使用时间长久后会产生锈垢，影响导线的正常使用寿命。在需要特别屏蔽时，宜选用镀锌线管。

【线管的外形与使用】

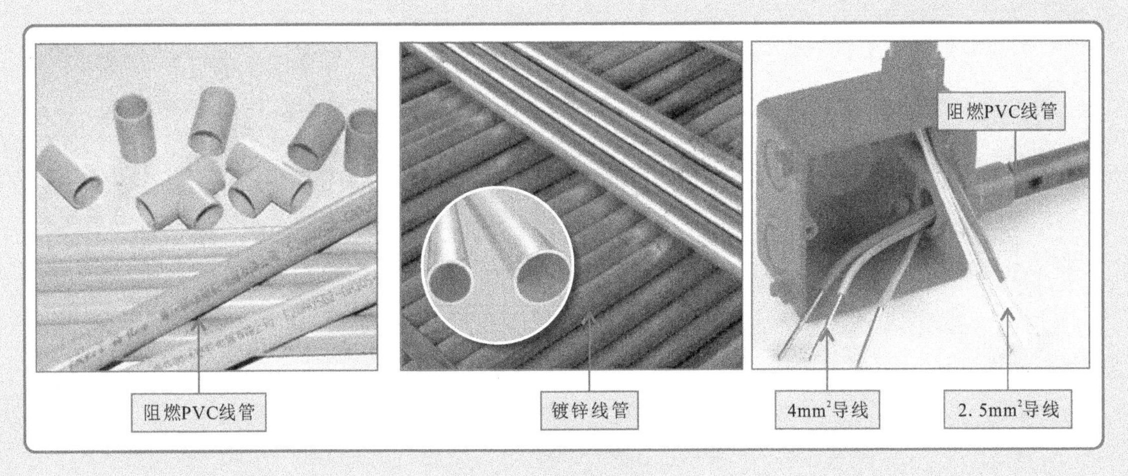

特别提醒

PVC线管根据直径的不同，还可以分为六分和四分两种规格。其中四分规格的PVC线管最多可以穿3条截面积为1.5mm²的照明线；六分PVC线管可以同时穿3根截面积为2.5mm²的导线。

目前，大多照明线路均使用2.5mm²的导线，因此在家装中应选用六分PVC线管。

选用线管时，也可以根据室内开槽的深度来进行选用，例如，若开槽的深度为20mm，则可以选用直径为16mm的PVC线管；若开槽的深度为25mm，则可以选用直径为20mm的PVC线管。

强电与弱电可以使用同样的线管。需要注意的是，在进行强弱电线管选材时，尽量选择不同颜色的PVC线管，以便施工、维护和日后检修中区分。

另外，若弱电布线与强电布线距离无法满足规范要求的距离时（距离过近），弱电应选用具有屏蔽功能的镀锌线管，以减少信号的干扰。

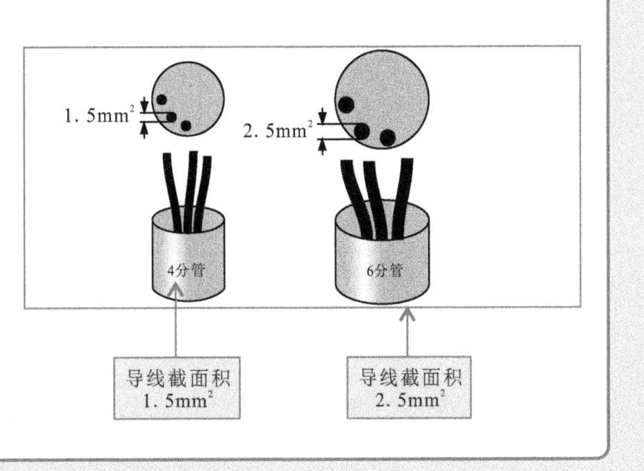

2. 线槽

线槽是对家装线材明敷时使用最多的材料之一。通常线槽可以分为PVC塑料线槽和金属槽两种。

PVC塑料线槽一般适用于普通室内，PVC塑料线槽具有绝缘性好、防弧、阻燃等特点，内壁也较为光滑，易于穿线和敷设。

金属线槽一般适用于有耐火要求的环境下。封闭式金属线槽具有与金属管相当的耐火性能。

在选用线槽时，应以导线的填充率及截流导线的根数来选择，遵循满足导线散热、敷设线安全的原则。例如，在金属线槽内敷设导线时，其内部导线的总横截面积不应超过线槽内横截面积的20%，载流导线不宜超过30根。

【线槽的外形与使用】

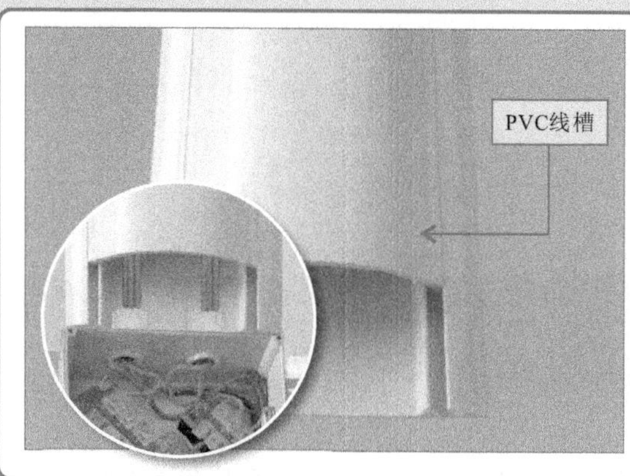

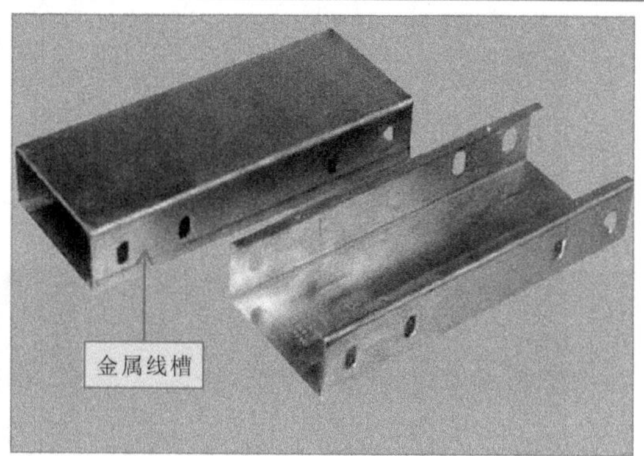

特别提醒

使用线槽对线材敷设时，对于不同部位的拐角或是直敷时，还应配合使用相关的附件，例如金属线槽中常用的有十字型线槽、垂直D型线槽、T型线槽以及线槽上盖等；PVC线槽中常用的有阴转角、阳转角、分支三通、直转角等，实际应用时可根据不同材质的线槽，使用对应材质的附件对其连接。

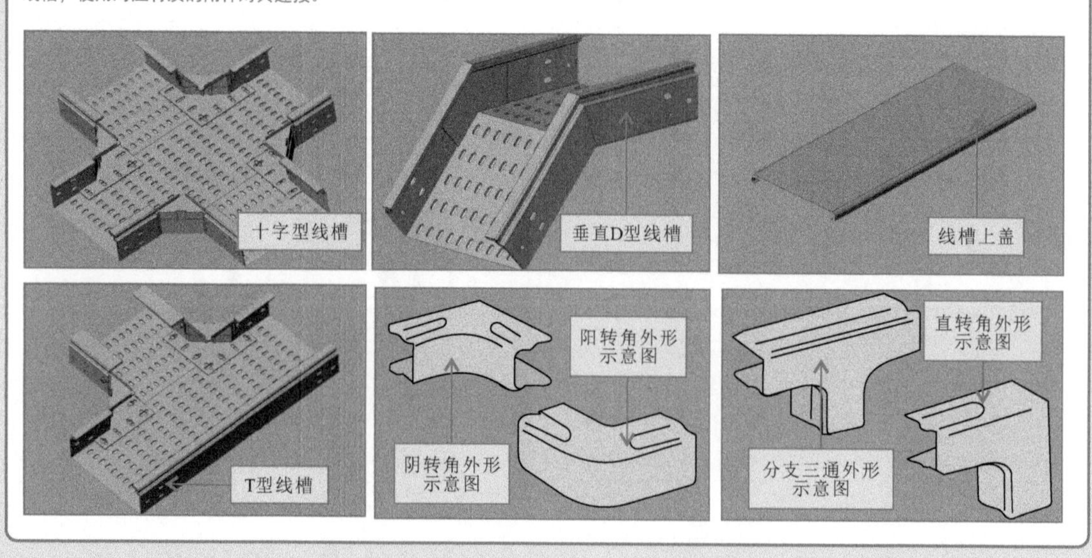

2.2 家装电工常用电气部件

2.2.1 低压负荷开关

低压负荷开关主要用于开断和关合负荷电流，常见的有开启式负荷开关和封闭式负荷开关。

1. 开启式负荷开关

开启式负荷开关又称为刀开关，常用于低压照明线路、电热线路以及供配电分支线路中。其主要作用是在带负载状态下，接通或切断电源供电。在家庭装修中所使用的开启式负荷开关多为两极开启式负荷开关。

【开启式负荷开关的实物外形】

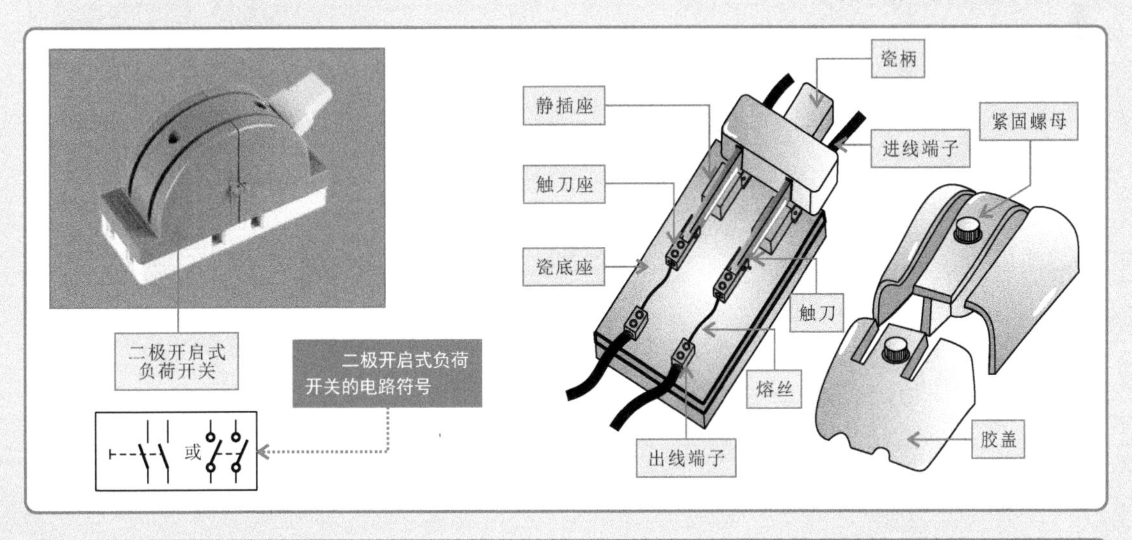

特别提醒

两极式负荷开关主要用应于单相供电电路中，作为分支电路的配电开关，它通过熔丝连接市电与负载，当负载电流大于限定电流时，熔丝熔断，负载开关自动断开，对电路进行保护。

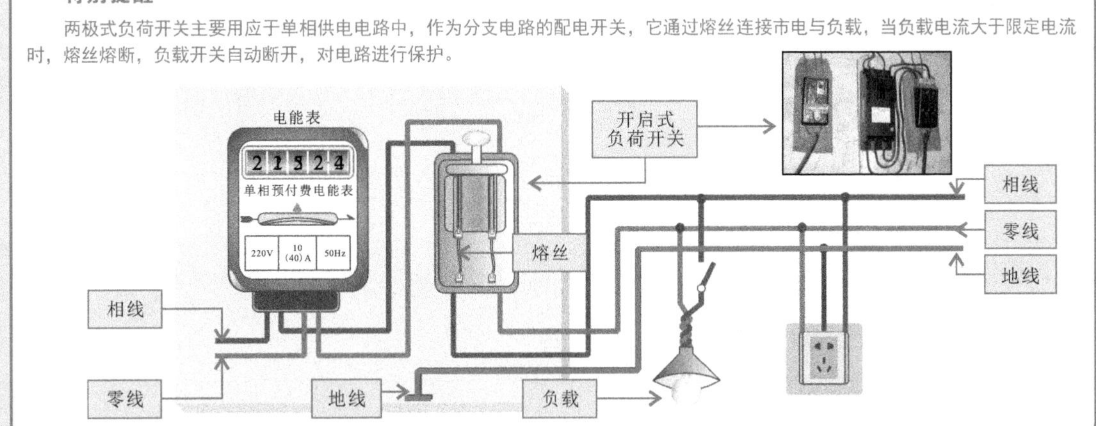

2. 封闭式负荷开关

封闭式负荷开关俗称铁壳开关，通常应用于额定电压小于500V，额定电流小于200A的设备中。使用时，当手柄转至上方时，封闭式负荷开关内的动、静触头处于接通状态，电路导通；当手柄转至下方时，其内部动、静触头处于断开状态，电路断开。另外，在封闭式负荷开关内部使用了速断弹簧，以保证在外壳打开状态下不能合闸。

【封闭式负荷开关的实物外形】

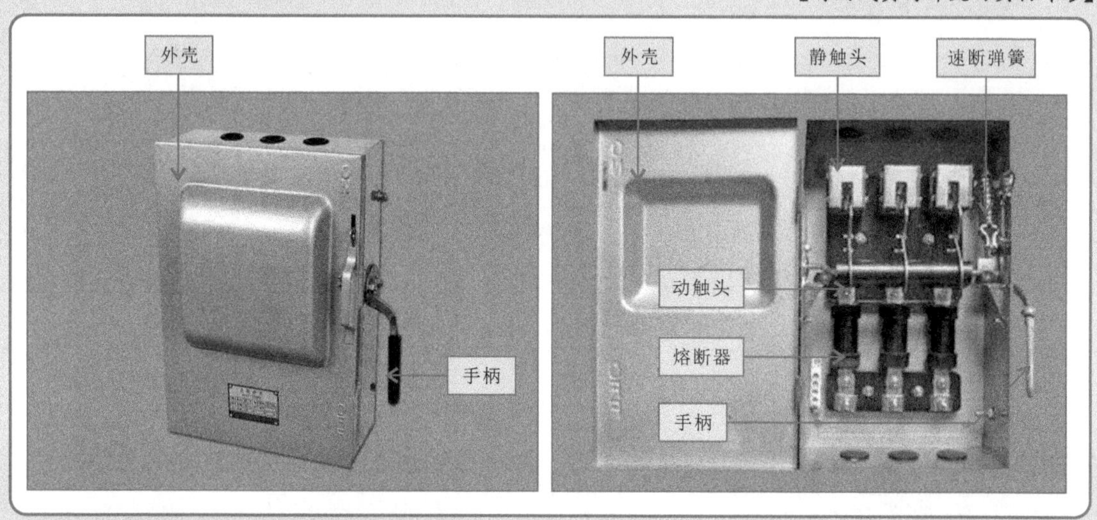

2.2.2 低压照明开关

低压照明开关主要用于照明控制线路中，可分为简单照明控制开关和自动照明控制开关两种。

1. 简单照明控制开关

简单照明控制开关用于控制照明灯具的供电，常见的有一开关（一开单控、一开双控）、二开关（二开单控、二开双控）、三开关（三开单控、三开双控）和调光开关。

【简单照明控制开关的实物外形】

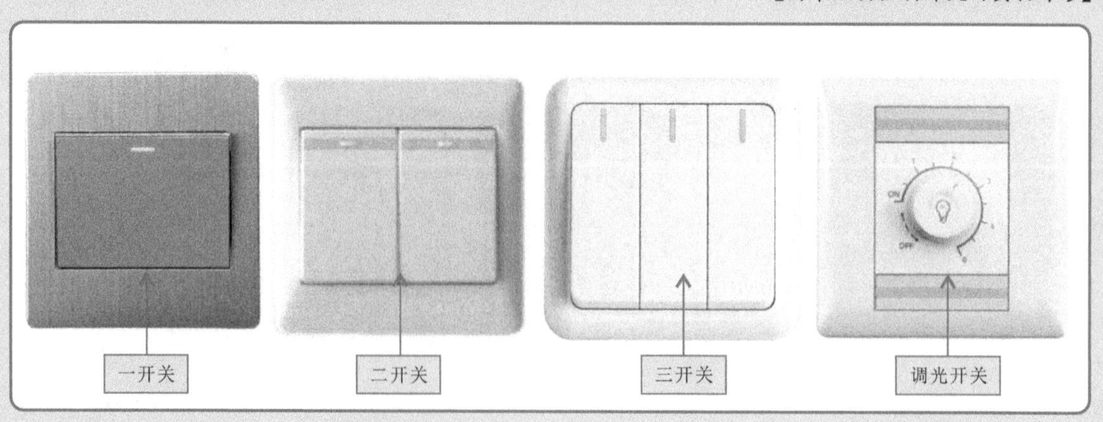

特别提醒

低压照明控制开关种类多样，在灯控照明线路中，选择不同的低压照明控制开关或搭配使用不同类型的低压照明控制开关，可实现多种灯控照明效果，例如，一开单控开关应用于最简单的照明控制电路，即通过开关的通断实现对照明灯点亮或熄灭的控制。一开双控开关可以用于控制两条照明控制电路，也可使用两个一开双控开关实现对照明灯的异地控制。

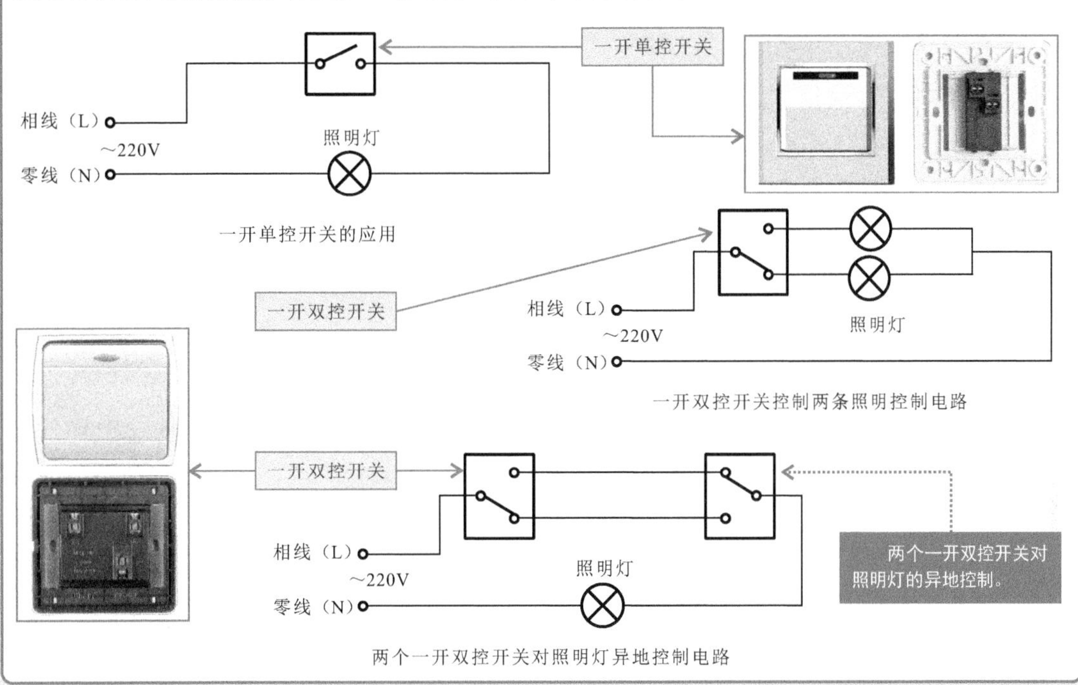

两个一开双控开关对照明灯异地控制电路

2. 自动照明控制开关

自动照明控制开关主要有触摸开关、光控开关、声控开关以及声光控开关，这类开关可以根据条件功能的设定对照明灯实现自动控制功能。

【自动照明控制开关的实物外形】

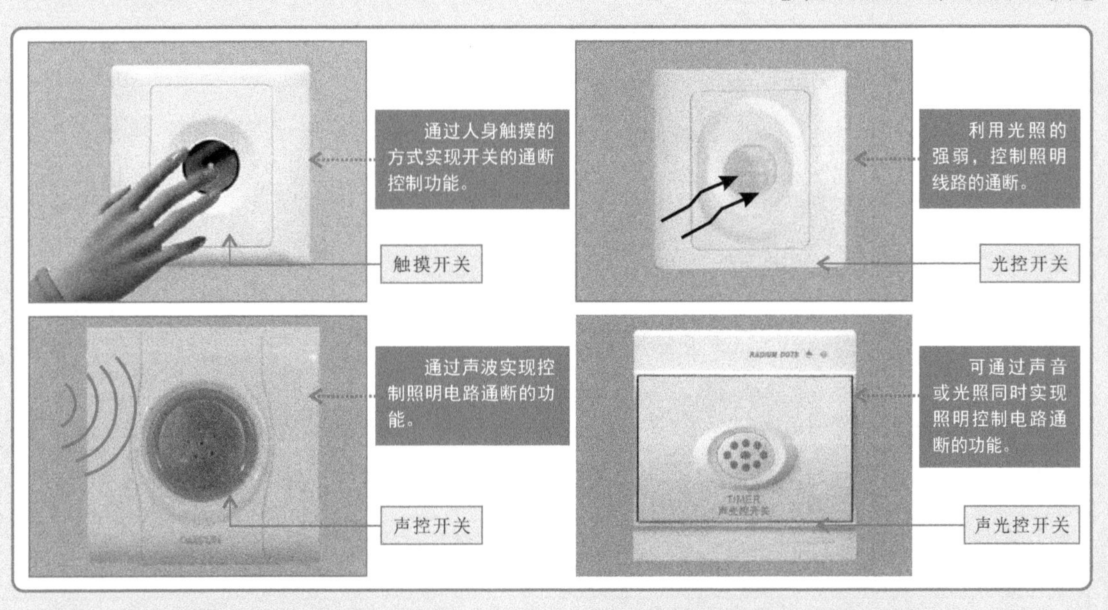

2.2.3 低压熔断器

低压熔断器是在低压配电系统中，对线路或设备的短路及过载情况实现保护的器件。常见的有瓷插入式熔断器和螺旋式熔断器。

1. 瓷插入式熔断器

瓷插入式熔断器一般用于单相220V或三相380V，额定电流低于200A的低压线路末端或分支线路中，主要对线路及电气设备进行短路保护或过载保护。它主要由瓷座、瓷盖、静触头、动触头和熔丝等构成。当电路中的电流大于额定值时，熔丝熔断，电路断开，从而对电路中的设备起到保护作用。

【瓷插入式熔断器的实物外形】

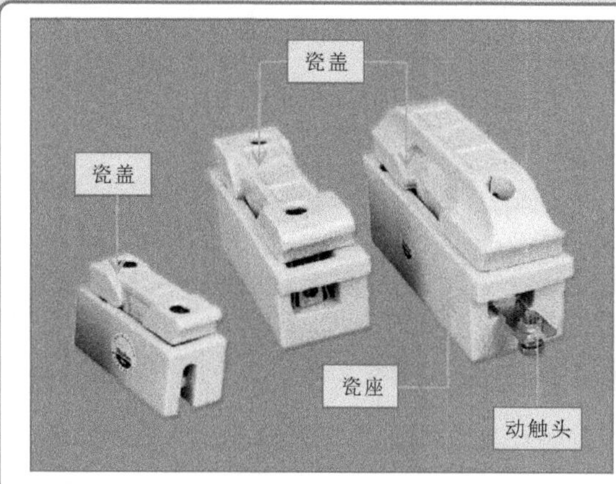

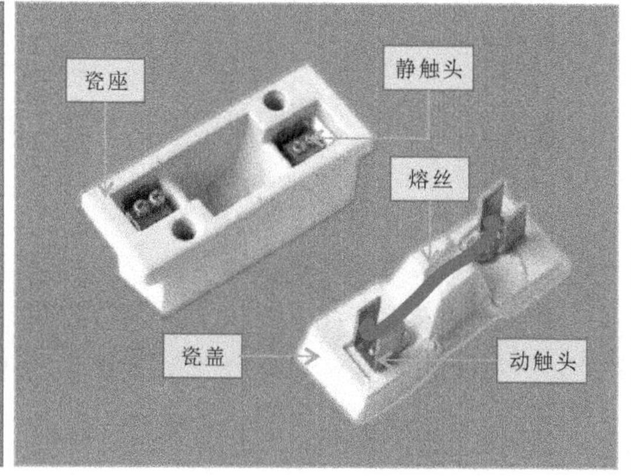

2. 螺旋式熔断器

螺旋式熔断器主要应用于低压线路末端或分支线路，实现对配电设备、线路等的过载和短路保护。它主要由瓷帽、熔管、瓷套等构成。

【螺旋式熔断器的实物外形】

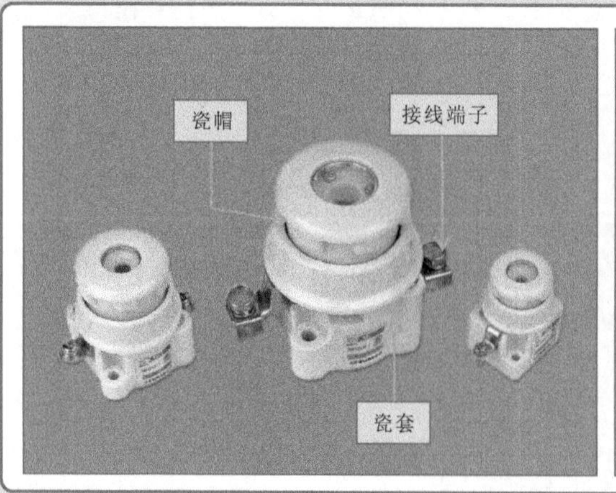

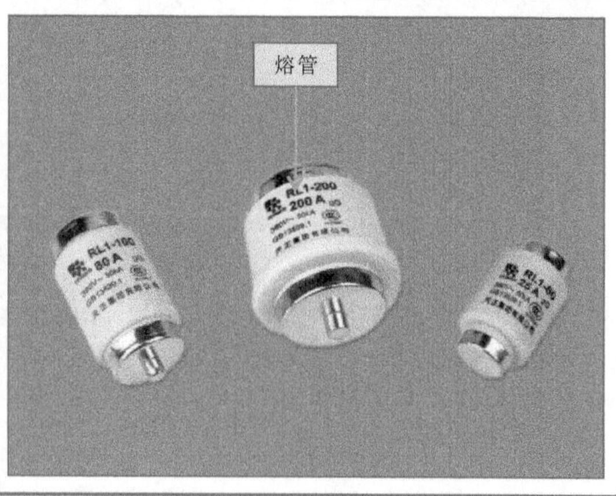

2.2.4 低压断路器

低压断路器俗称空气开关，是家庭供电线路中用于接通或切断供电线路的控制部件。这种控制部件既可以实现手动控制，也可以实现自动控制，具有过载、短路或欠电压保护的功能，常用于不频繁接通或断开的电路。常见低压断路器主要有普通塑壳断路器和漏电保护断路器两种。

1. 普通塑壳断路器

普通塑壳断路器常用作照明系统的控制开关或供电线路的保护开关，常见的有单进单出断路器和双进双出断路器两种。

【普通塑壳断路器的实物外形】

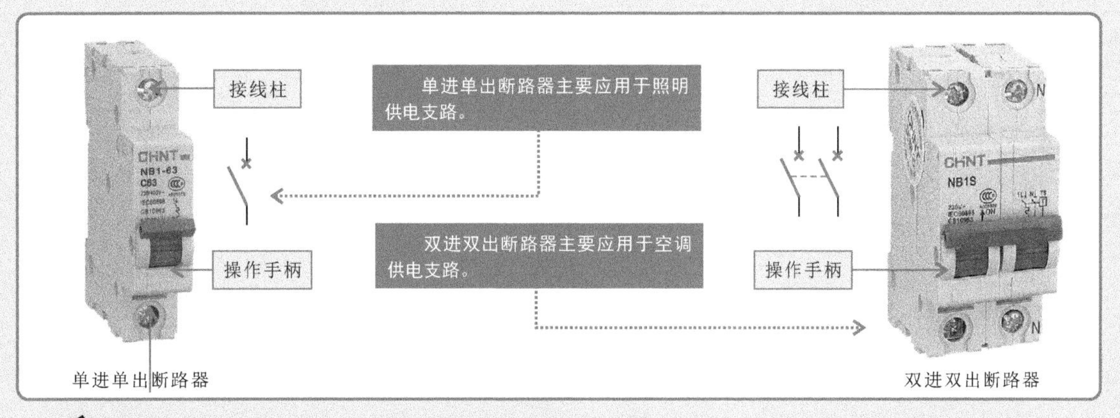

2. 漏电保护断路器

漏电保护断路器是一种具有漏电保护功能的断路器，这种断路器具有漏电、触电、过载、短路等保护功能。

【漏电保护断路器的实物外形】

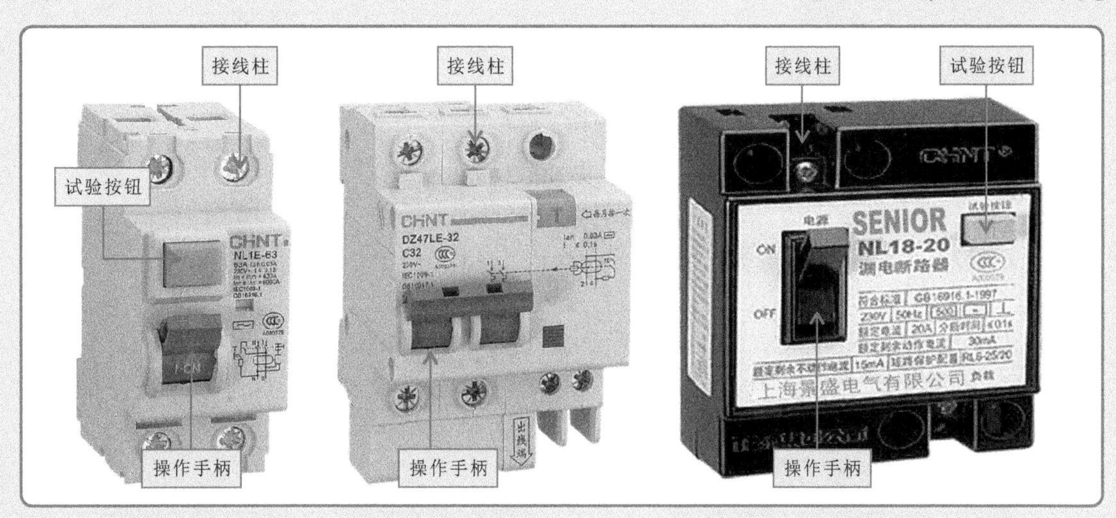

2.2.5 插座

家庭用电、供电、照明线路中，常用的插座主要包括电源插座、有线电视插座、网络插座、电话插座。

1. 电源插座

电源插座主要是家庭供电线路末端的连接部件，为家庭用电设备提供交流220V市电，根据电路的设计要求以及电气设备的用电规格，常见的电源插座有五孔电源插座、大功率三孔电源插座、功能电源插座、组合电源插座以及防溅水电源插座。

【电源插座的实物外形】

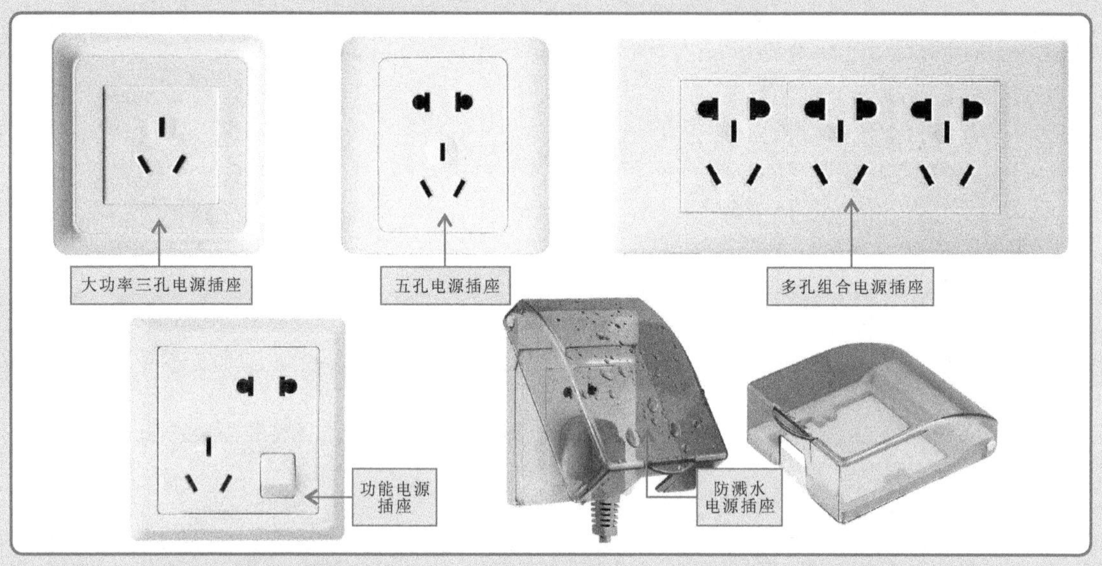

2. 有线电视插座

有线电视插座是室内有线电视设备的连接接口，外部有线电视线缆引入到室内接线盒中，将有线电视插座安装于有线电视线缆的末端。室内有线电视设备便可通过有线电视传输线缆与有线电视插座相连，实现有线电视信号的传输。

【有线电视插座的实物外形】

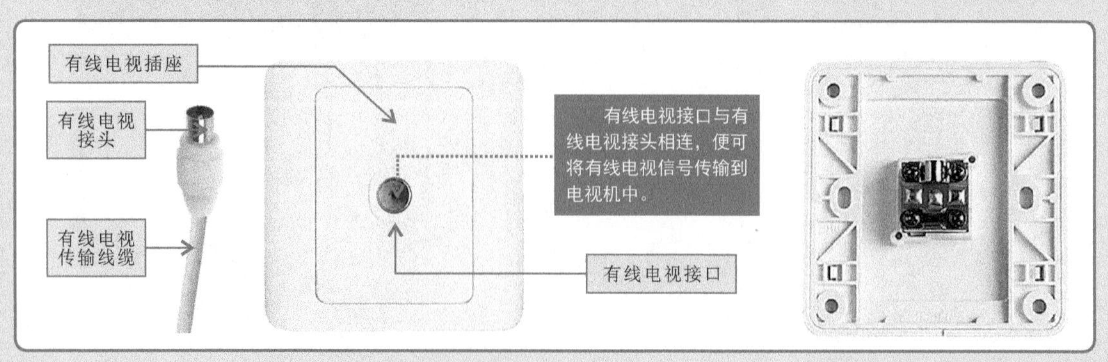

3. 网络插座

网络插座是室内网络设备连接端口，外部的网络引入到室内接线盒中，将网络插座的信息模块安装于网线末端。室内网络设备便可通过网络传输线缆与网络插座相连，实现上网功能。

【网络插座的实物外形】

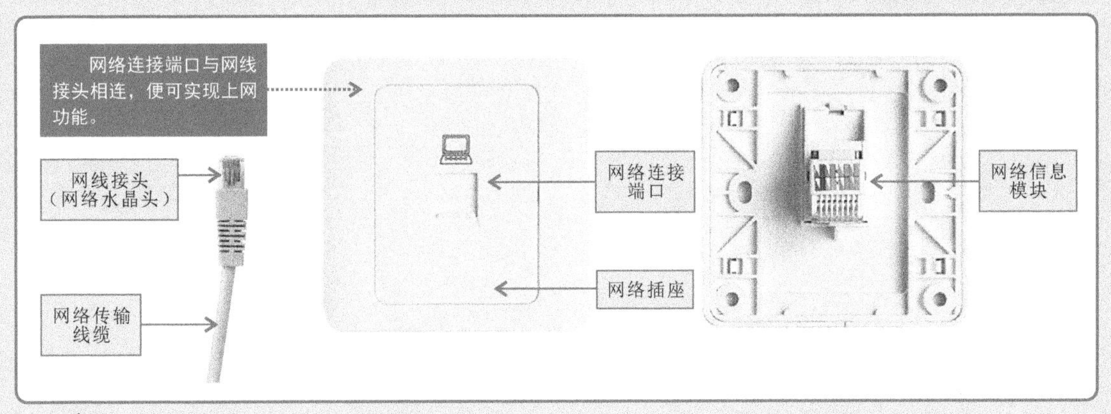

4. 电话插座

电话插座是室内通信设备连接端口，外部电话线引入到室内接线盒中，将电话插座的信息模块安装于电话线末端。室内通信设备便可通过电话传输线缆与电话插座相连，实现电话通信及传真功能。

【电话插座的实物外形】

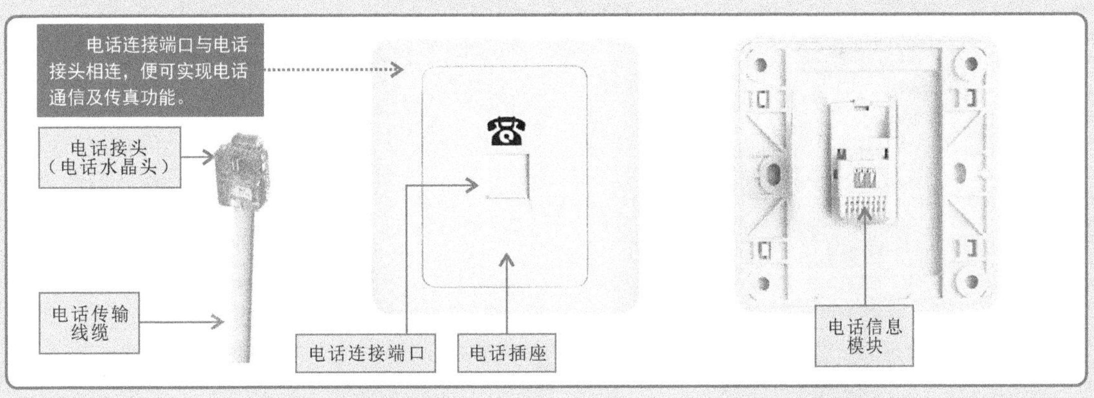

特别提醒

为了方便使用，市场上还有很多组合功能插座，例如电话+网络、电视+电话、电视+网络、双电视、双网络等组合插座。

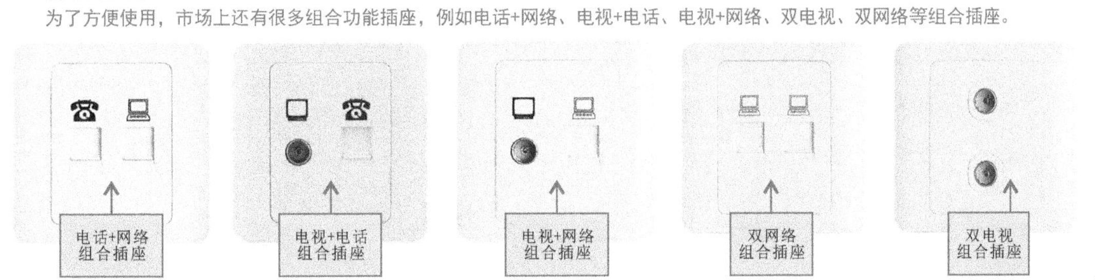

2.2.6 电能表

电能表是用来测算或计量用电量的电气部件。根据用电环境的不同主要有单相电能表和三相电能表。

1. 单相电能表

单相电能表用于计量单相交流电路中负载消耗的电能。

【单相电能表的实物外形及接线】

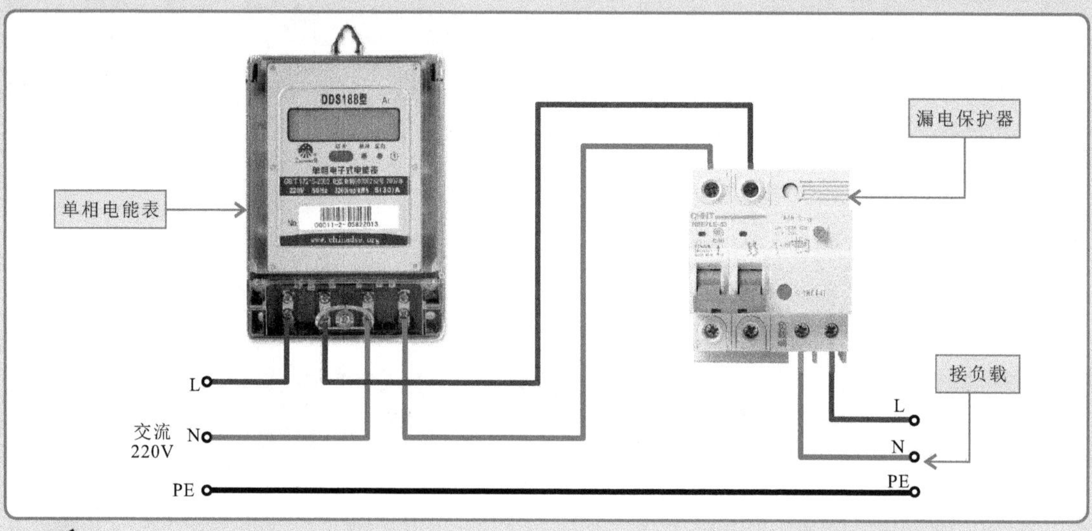

2. 三相电能表

三相电能表用于计量三相交流电路中负载消耗的电能。

【三相电能表的实物外形及接线】

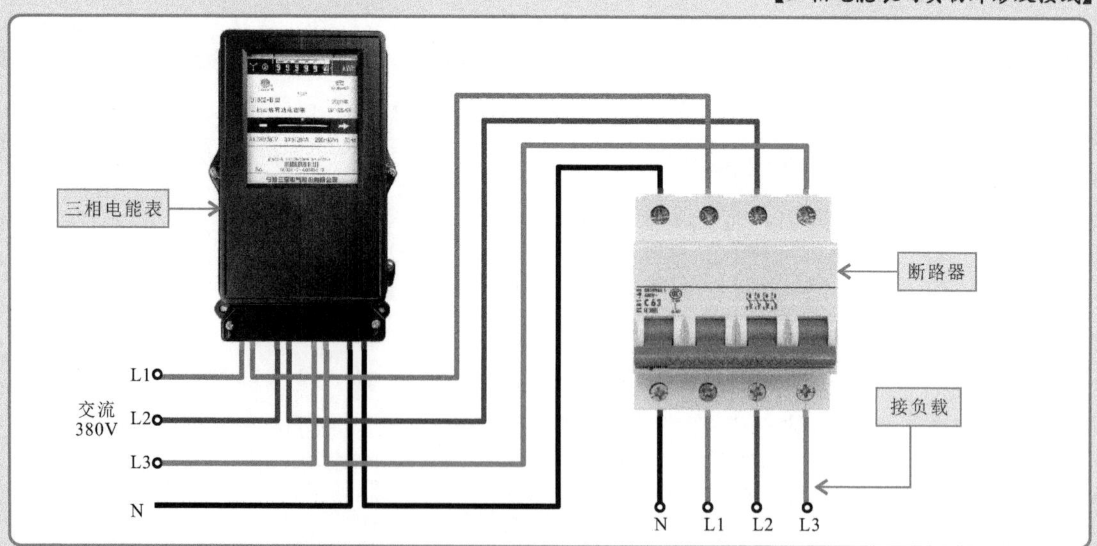

2.2.7　配电箱和配电盘

1. 配电箱

配电箱是用于集中计量和控制住宅单元内各家庭用户供电线路的设备，主要功能是引入供电线路，固定和保护内部电能表、总断路器等设备，便于用电管理、日常使用、电力维护等。

【配电箱的实物外形】

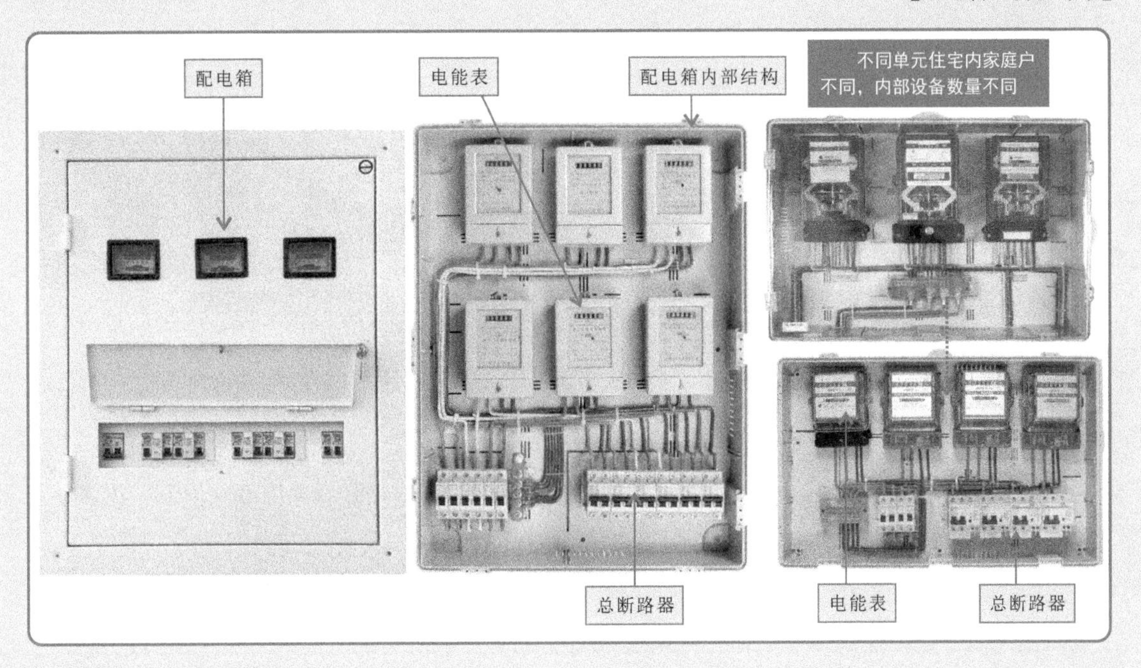

2. 配电盘

配电盘是安装在家庭住户室内的配电设备，主要用于引入家庭供电线路，固定和保护家庭内部用电电路的分支断路器、漏电保护器等，并为家庭用电设备进行配电。

【配电盘的实物外形】

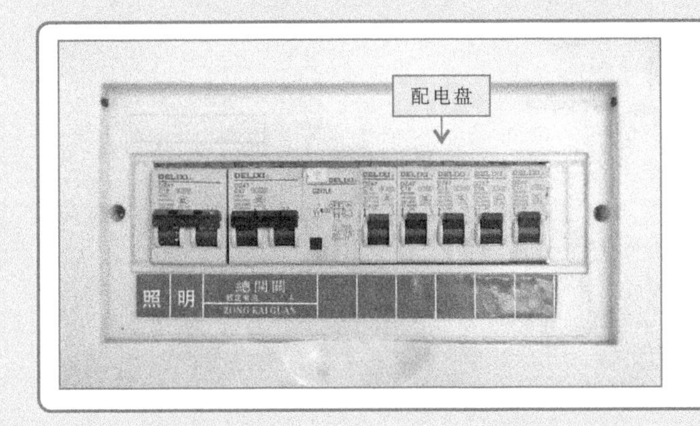

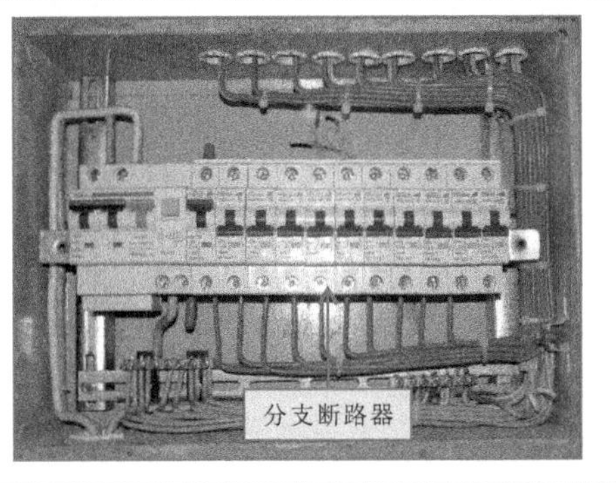

第3章　家装电工仪表工具的使用方法

3.1 测量仪表的使用方法

3.1.1 验电器的使用方法

在家庭电气装修中，验电器是用来检测导线、电气设备是否带电的安全测量用具。其外形小巧，多用于检测12～100V低压，常用的低压验电器主要有氖管式和电子式。

【验电器的外形结构】

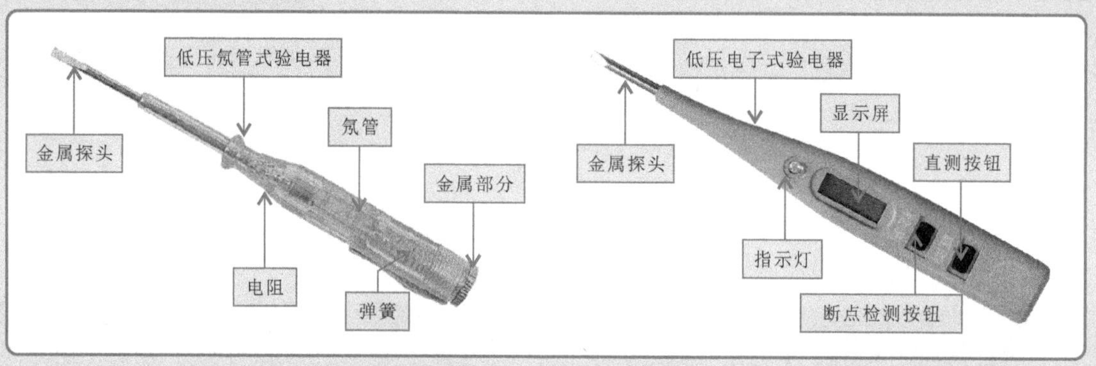

使用氖管式验电器测量时，一只手握住低压氖管式验电器，大拇指按住尾部的金属部分，使其前端金属探头接触待测线路或设备。如果带电，氖管式验电器的氖管发光；如果不带电，则氖管式验电器的氖管不发光。

【氖管式验电器的使用方法】

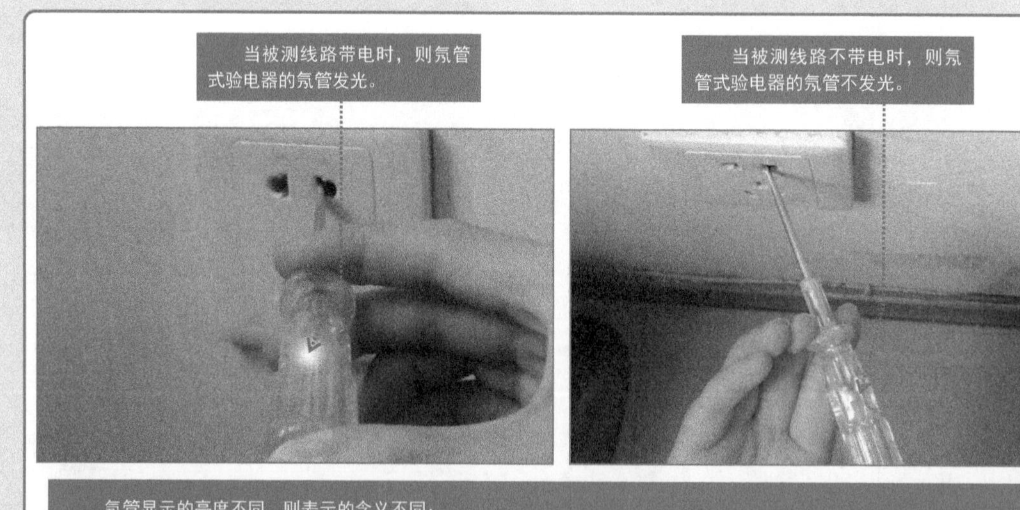

氖管显示的亮度不同，则表示的含义不同：

氖管两端全亮，被测线路为交流电；氖管前端亮，被测线路为直流电负极；氖管后端亮，被测线路为直流电正极；在判别直流电有无接地时，氖管前端发亮，被测直流电有正极接地故障；在判别直流电有无接地时，氖管后端发亮，被测直流电有负极接地故障。

特别提醒

有些学员在使用低压氖管式验电器检测时，未将拇指接触低压氖管式验电器的尾部金属部分，氖管不亮，无法正确判断该电源是否带电。在检测时，也不可以用手触摸低压氖管式验电器的金属检测端，这样会造成触电事故的发生，对人体造成伤害。

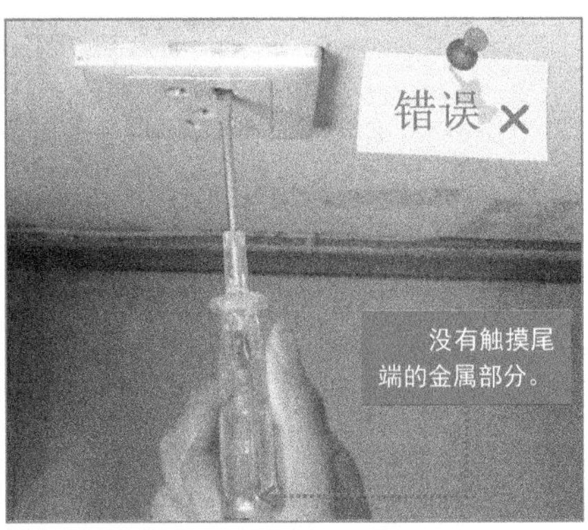

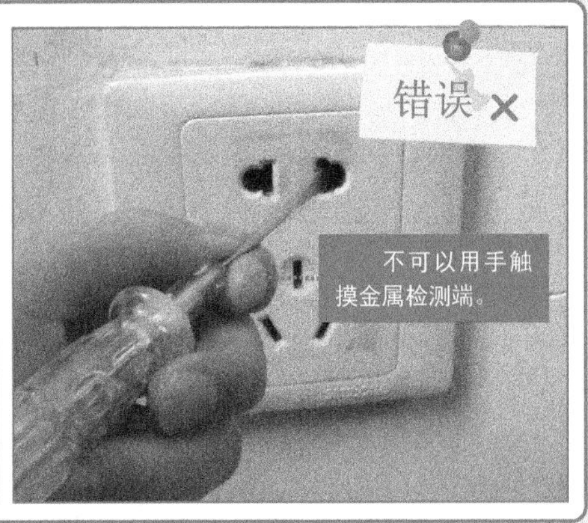

使用电子式验电器测量时，可以按住电子式验电器上的直测按钮，将其前端金属探头接触待测线路或设备，电子式验电器会将测量的结果直接在验电器的显示屏上显示测量数值。

【电子式验电器的使用方法】

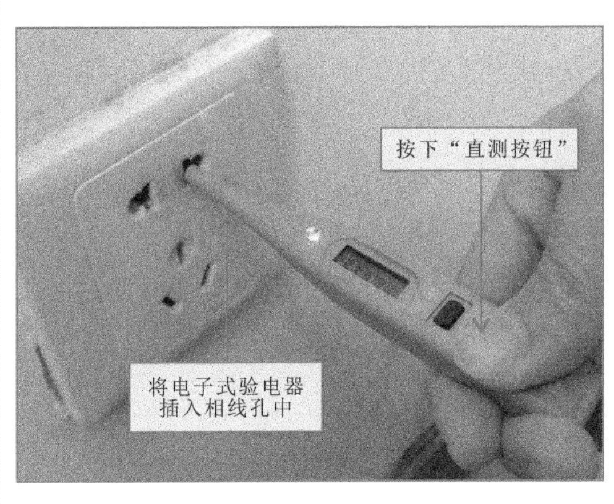

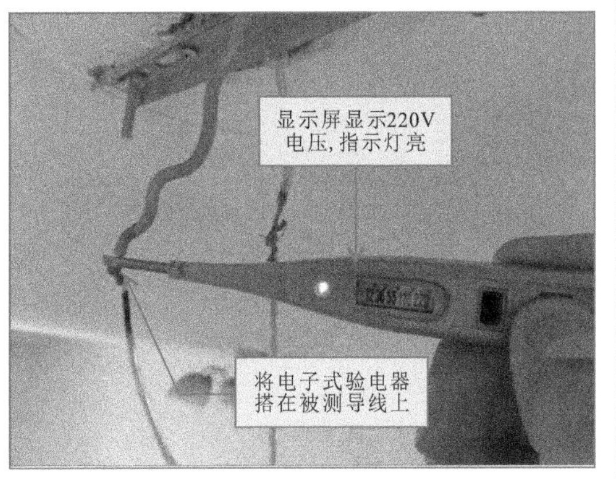

特别提醒

低压电子式验电器还可以用于检测线缆中是否存在断点。将待测线缆连接在相线上，按下电子式验电器上的“检测按钮”，将低压电子式验电器的金属探头靠近线缆，进行移动，显示屏上出现“ϟ”时说明该段线缆正常；当低压电子式验电器的显示屏上不出现“ϟ”时，说明该点为线缆的断点。

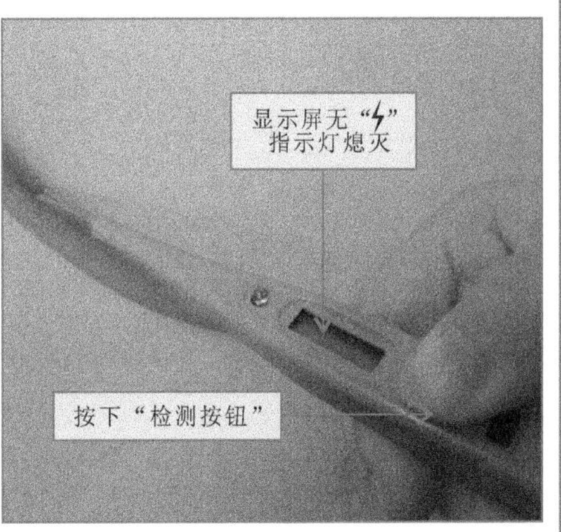

3.1.2 钳形表的使用方法

在家庭电气装修中，钳形表主要是用来检测交流线路中电流大小的安全测量仪表，该仪表具有操作简单、功能强大的特点。使用钳形表检测电流时不需要断开电路，它可以通过电磁感应的方式对电流进行测量。

【钳形表的外形结构】

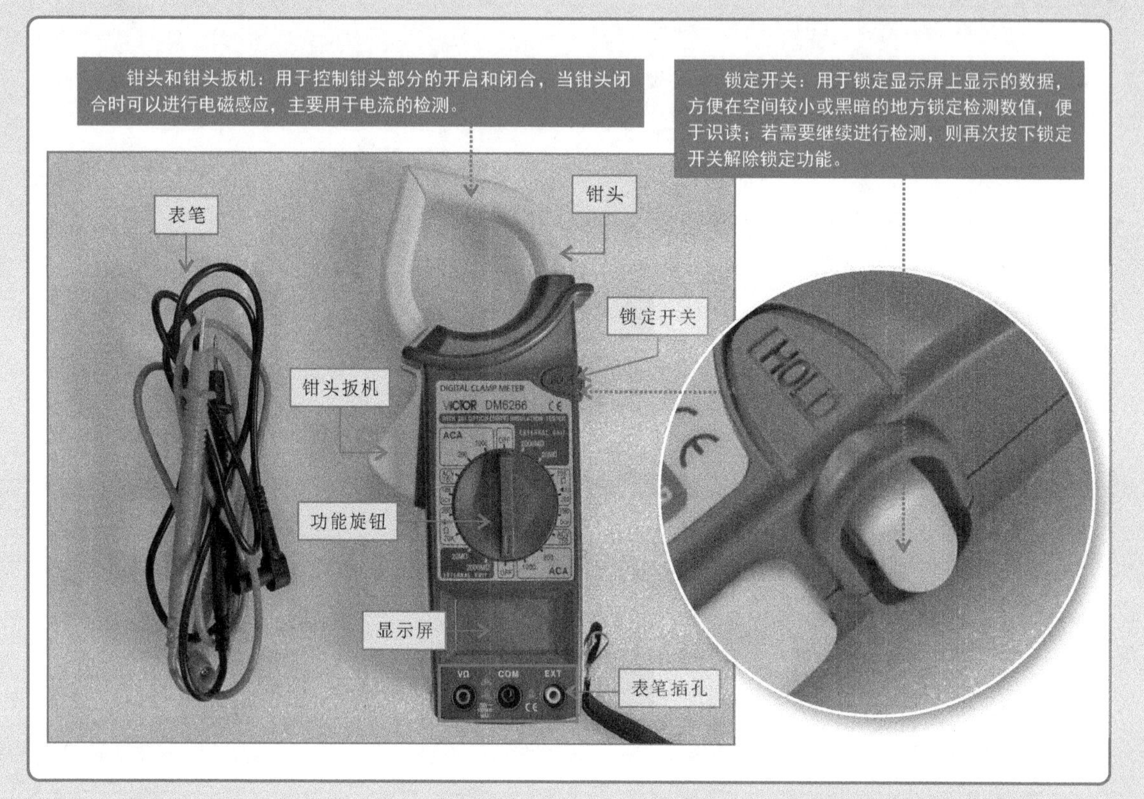

特别提醒

钳形表的功能旋钮部分有非常多的检测档位，不同的档位适用于不同的测量环境：

◆交流电流检测档：主要用来对各线路或电器的交流电流进行检测。包括200A/1000A两个量程：当检测的交流电流小于200A时旋钮应置于AC 200A档；当电流大于200A但小于1000A时应选择AC 1000A档。

◆交流电压检测档：用来对低压交流电气线路、家用电器等交流供电部分进行检测，最高输入电压为750V。

◆直流电压检测档：用来对直流电气线路、家用电器等直流供电部分进行检测，最高输入电压为1000V。

◆电阻检测档：用来对电子电路或电气线路中元器件的阻值进行检测，其中包括200Ω/20kΩ两个量程： 200Ω档可以用于检测200Ω以下电阻器的阻值以及用于判断电路的通断，当回路阻值低于70Ω±20Ω时，蜂鸣器发出警示音；20kΩ档用于检测大于200Ω但小于20kΩ的电阻器阻值。

◆绝缘电阻检测档：用来检测各种低压电器的绝缘阻值，通过测量结果判断低压电器的绝缘性能是否良好。包括20MΩ/2000MΩ两个量程：绝缘电阻<20MΩ时旋钮置于20MΩ档，绝缘电阻大于20MΩ但小于2000MΩ时选择2000MΩ档。检测绝缘电阻，需配以500V测试附件。正常情况下，未连接500V测试附件时调至该档位，液晶屏显示值处于游离状态。

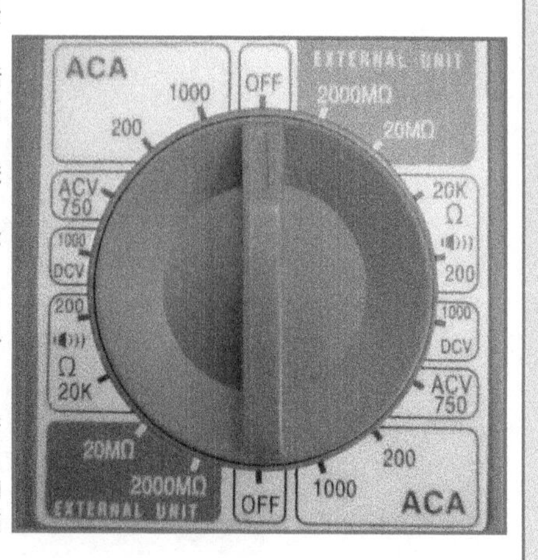

【钳形表的使用方法】

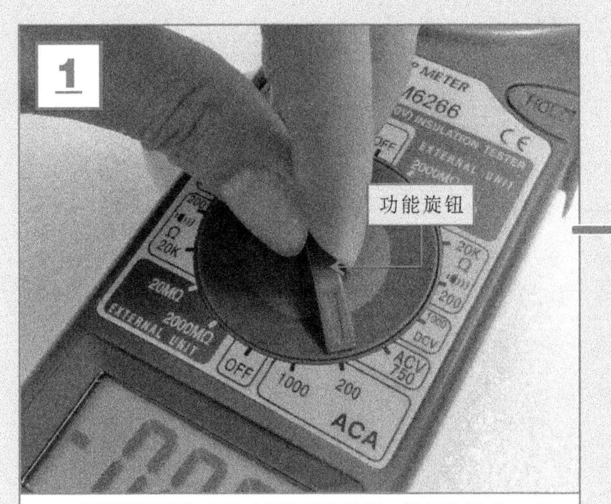

根据测量目的确定功能旋钮的位置，这里选择“200”交流电流档。

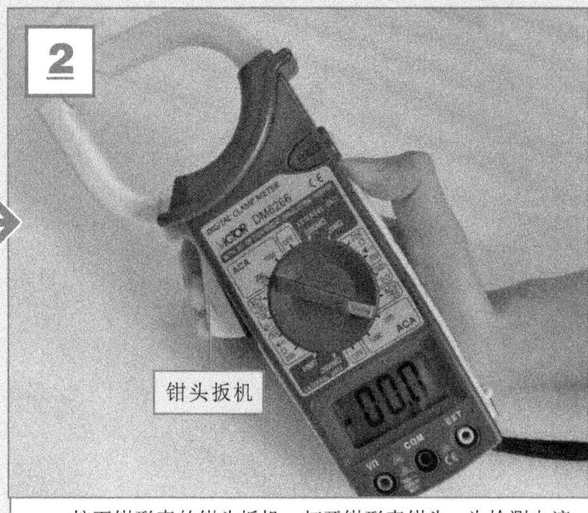

按下钳形表的钳头扳机，打开钳形表钳头，为检测电流做好准备。

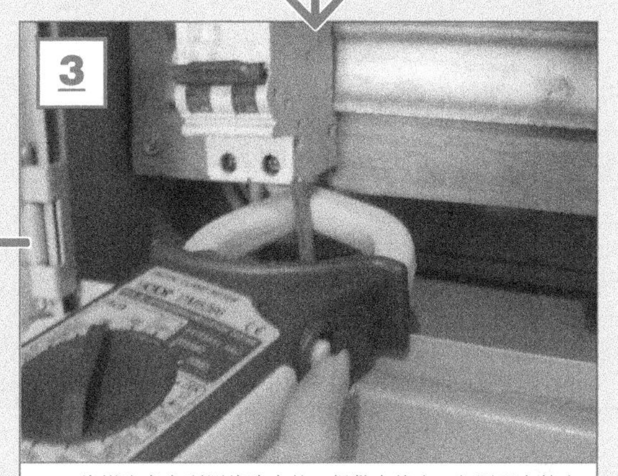

将钳头套在所测线路中的一根供电线上，如测配电箱中流经断路器的电流。

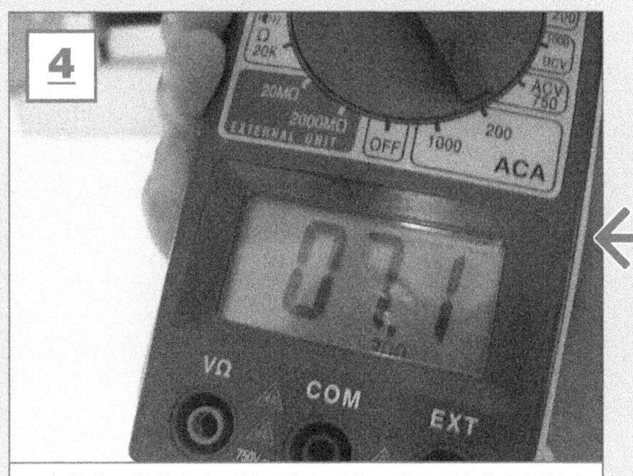

待检测数值稳定后按下锁定开关，读取配电箱中经断路器的供电电流数值为7.1A。

特别提醒

有些学员在使用钳形表检测电流时，未观察待测设备的额定电流，就随意选取一个档位，当在测试过程中钳形表无显示时，再随即调整钳形表档位，在带电的情况下转换钳形表的档位，会导致钳形表内部电路损坏，从而导致无法使用。

有些线缆的相线和零线被包裹在一个绝缘皮中，从外观上看感觉是一根电线，此时使用钳形表检测时，实际上是钳住了两根导线，这样操作无法测量出真实的电流值。

错误 ×

不可带电测量时，调整档位。

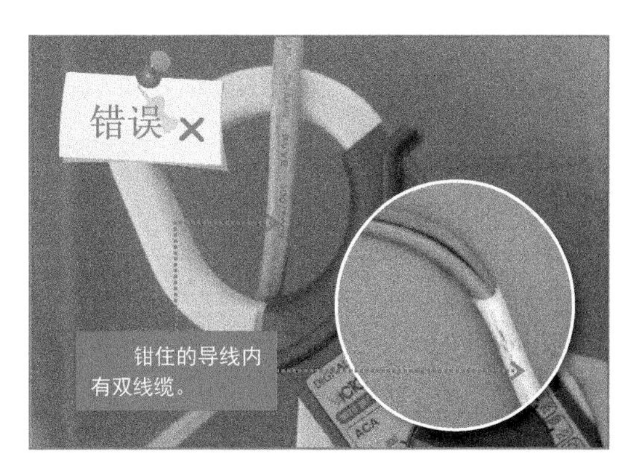

3.1.3 万用表的使用方法

万用表是一种多功能、多量程的便携式检测工具，常见的有指针式万用表和数字式万用表两种。在家庭电气线路及设备安装、调试与检测时，常使用万用表检测电流、电压、电阻值等相关参数。

【万用表的外形结构】

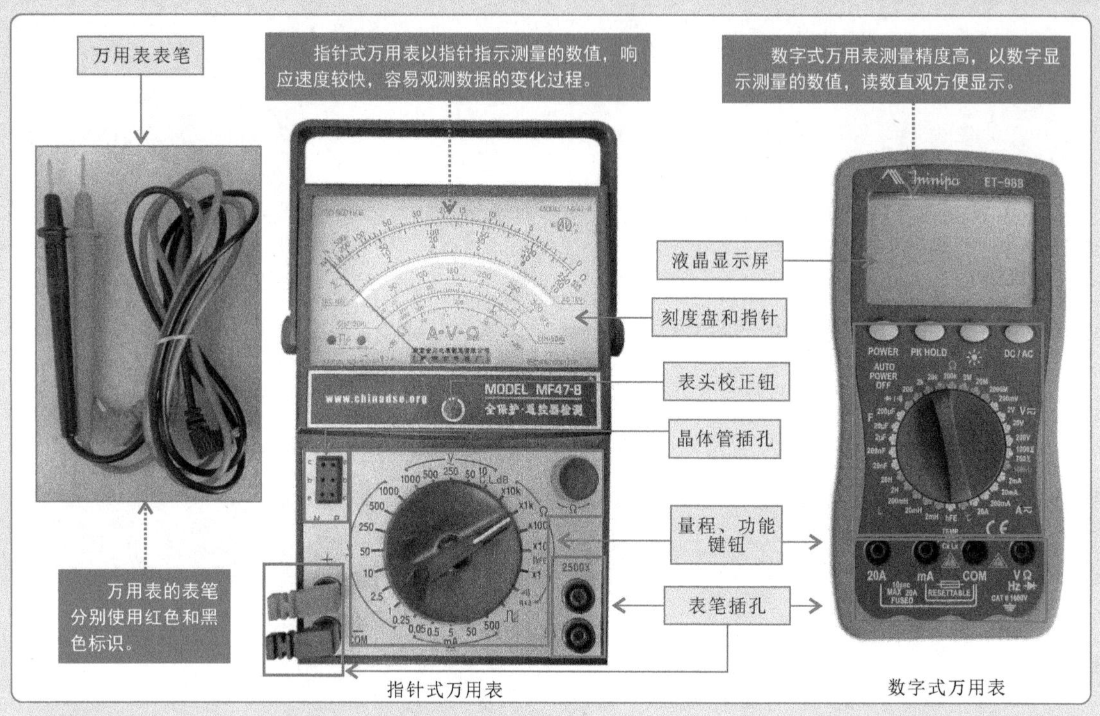

1. 指针式万用表的使用方法

指针式万用表最大的特点就是通过表头指针直接在表盘上指示测量结果。指针式万用表的表盘由多条弧线构成，不同测量功能对应不同的弧线。

【指针式万用表的表盘（刻度盘）】

在指针式万用表功能旋钮的周围有量程刻度盘，每一种测量功能都对应相应的测量量程，通过旋转功能旋钮，可选择不同的测量功能及档位量程。

指针式万用表通常可以测量交流电压、电容、电感、分贝、电阻、晶体管放大倍数、直流电流、直流电压以及红外线遥控器等参数，不同的测量功能包含多个量程档位的选择，这些档位及量程与指针式万用表表盘上的刻度线（弧线）、刻度值相对应。

【指针式万用表的功能旋钮】

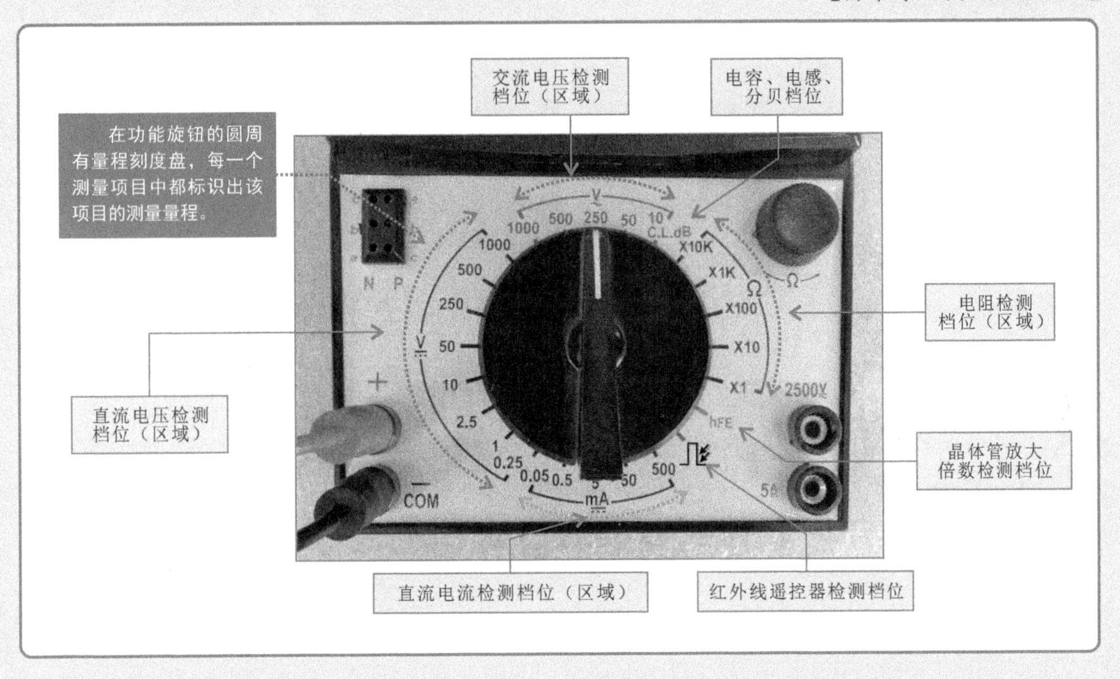

在使用指针式万用表测量之前，将红、黑表笔分别对应插入指针式万用表的表笔插孔中，通常红色表笔插入正极性插孔中，黑色表笔插入负极性插孔中。

【连接指针式万用表的表笔】

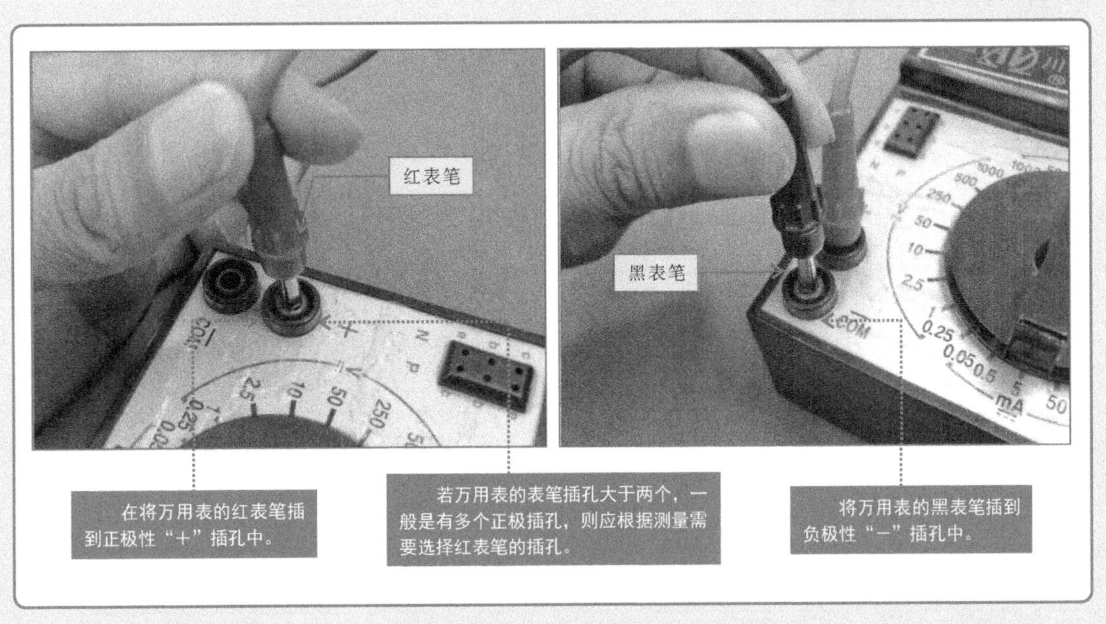

为保证测量准确，使用螺钉旋具调整万用表的表头校正旋钮，使指针指向“0”刻度；然后再根据测量要求旋转功能旋钮使其指示在恰当的测量档位及量程上。

【指针式万用表表头校正及档位量程调整】

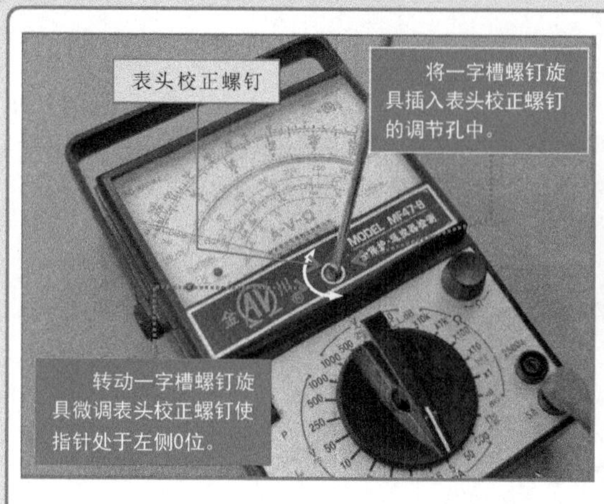

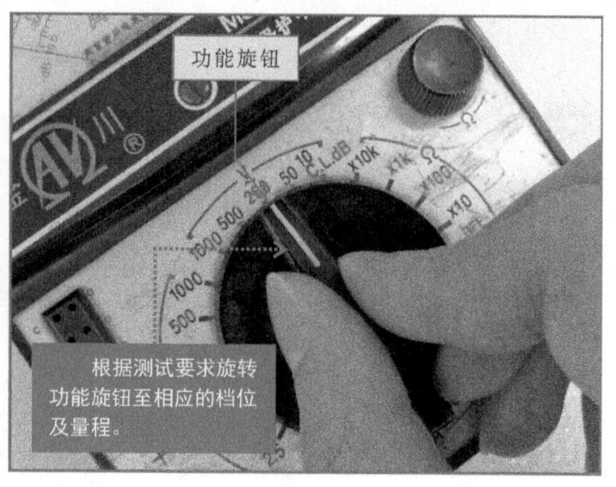

使用指针式万用表测量时，将红、黑表笔分别搭接在测量点上，然后便可根据指针指示结合档位量程的选择，通过刻度线上的刻度值读出测量结果。

以检测电源插座的交流电压为例，将指针式万用表功能旋钮调整至“交流500V”电压测量档，然后用红、黑表笔分别插接在电源插座的插孔中，观察指针指示，测得电源插座有交流220V电压。

【指针式万用表检测交流电压】

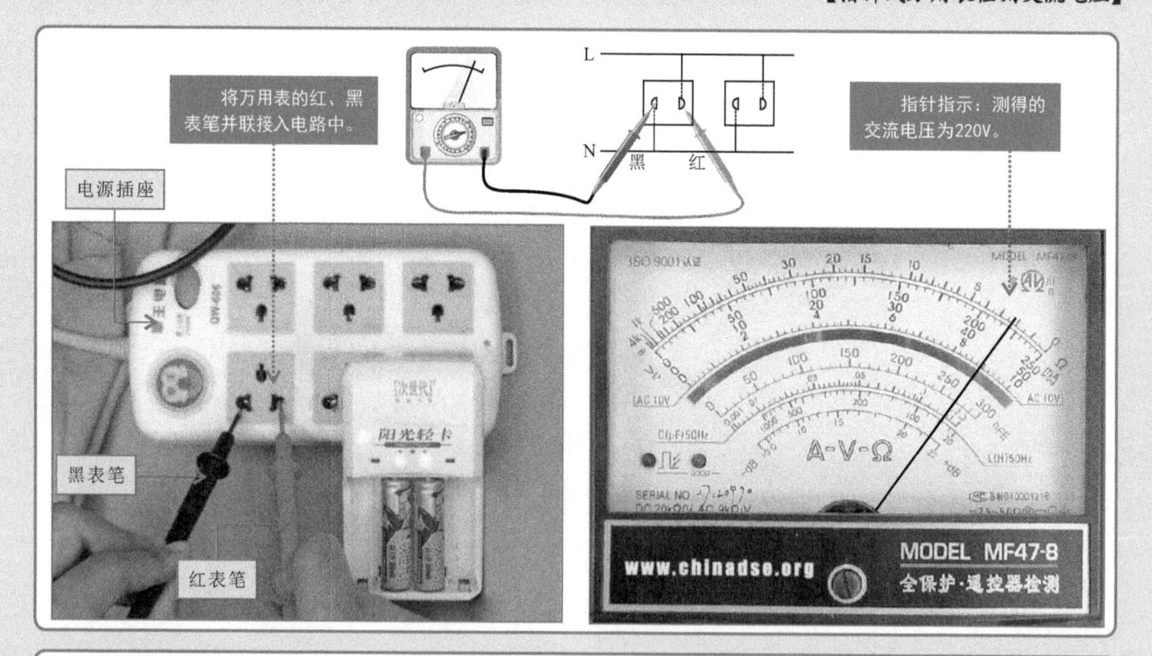

特别提醒

在使用指针式万用表检测直流电压或直流电流时，要注意表笔的极性，即红表笔（插接在正极性插孔中）搭接在正极；黑表笔（插接在负极性插孔中）搭接在负极。在检测交流电压或交流电流时，不需区分表笔的正负极。

2. 数字式万用表的使用方法

数字式万用表的测量结果直接以数字的形式显示在数字式万用表的液晶显示屏上，由于数字式万用表的功能很多，液晶显示屏上会有很多标识，它会根据用户选择的不同显示不同的测量状态。

【数字式万用表的液晶显示屏】

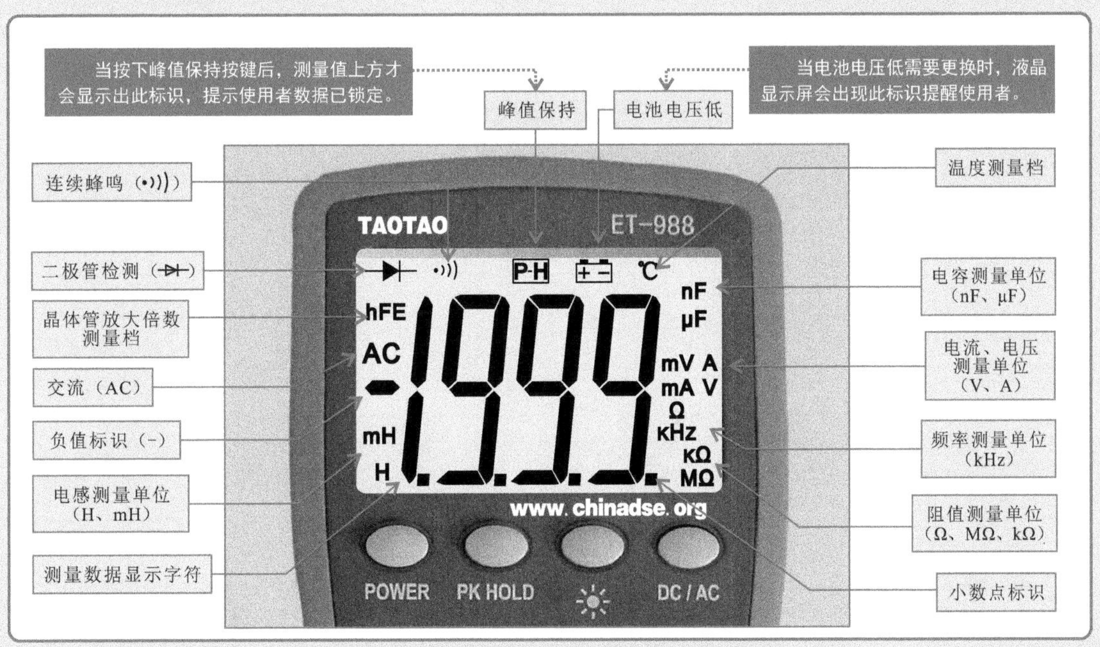

数字式万用表也是通过功能旋钮完成测量功能及档位的选择。

【数字式万用表的功能旋钮】

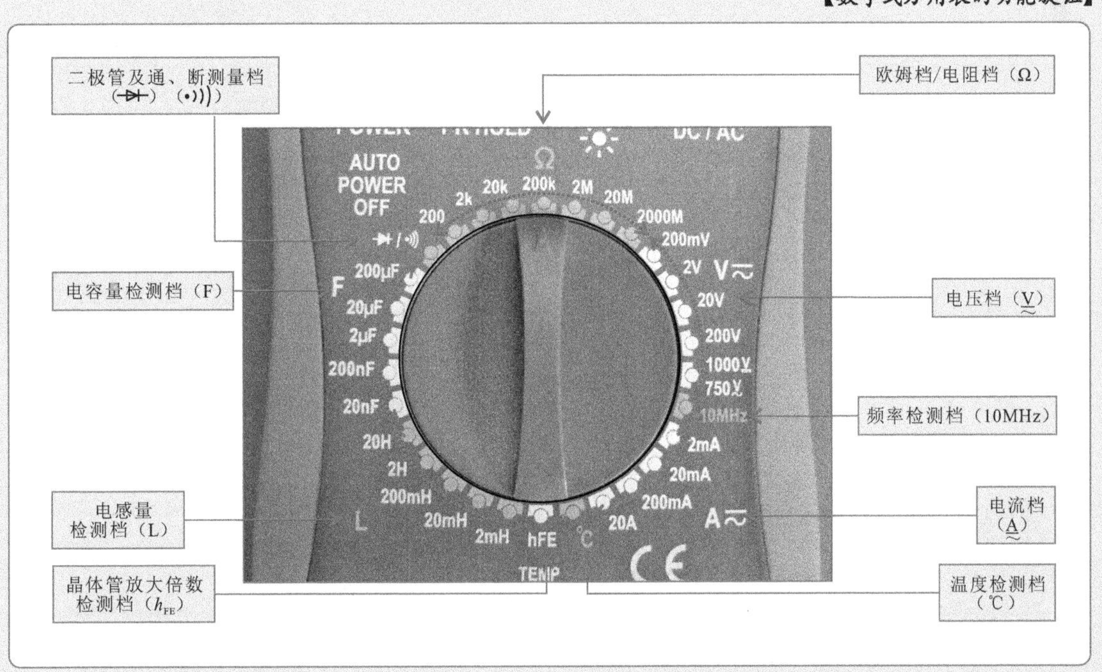

数字式万用表的测量方法与指针式万用表类似。

以检测电路中的直流电流为例，在测量之初先将数字式万用表表笔插接在对应的表笔插孔中，调整测量功能及量程，然后将红、黑表笔串联接入直流电路中，便可根据液晶显示屏的指示读取当前测量结果。

【数字式万用表的功能旋钮】

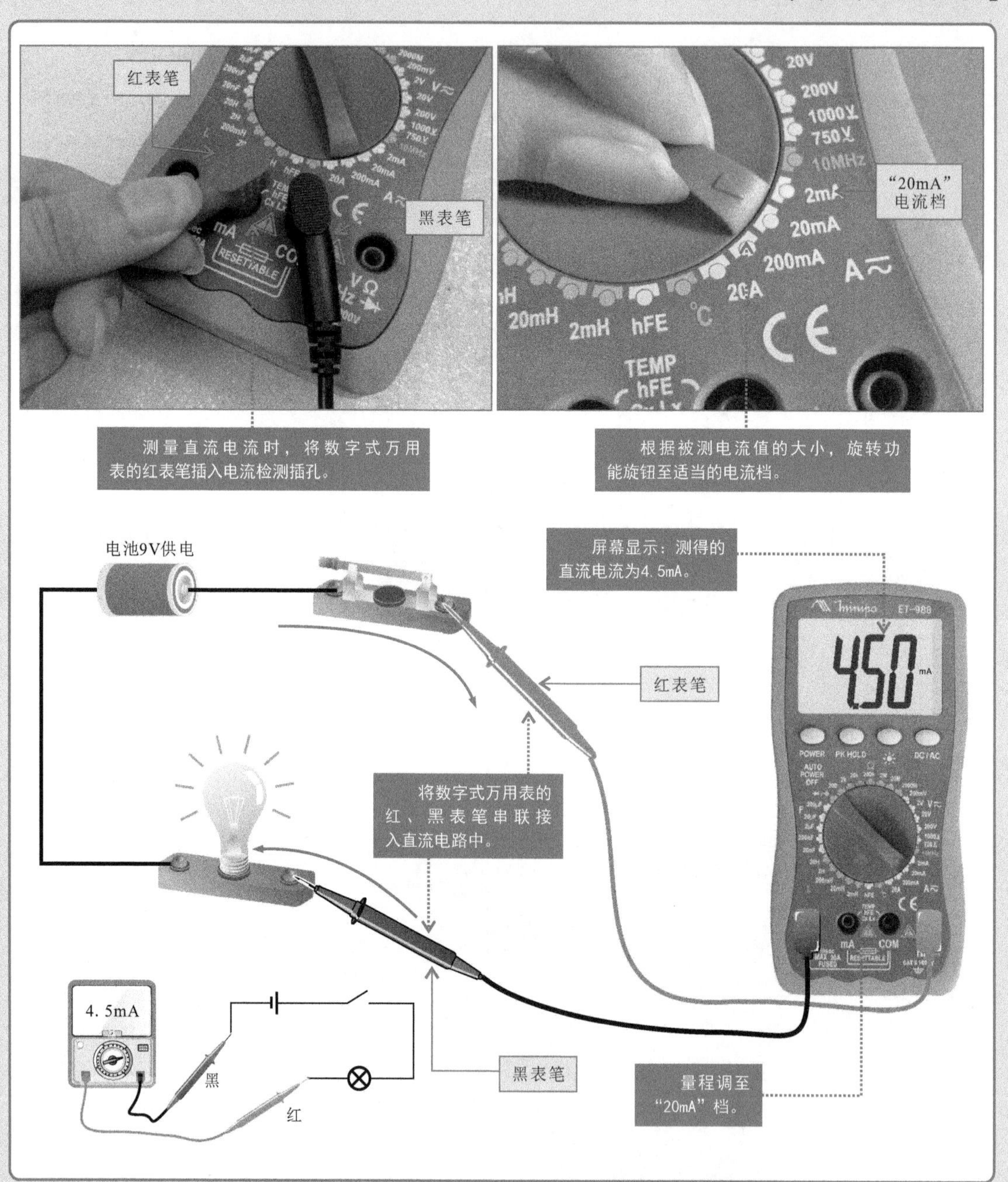

特别提醒

使用数字式万用表测量<200mA的直流电流时，应将红表笔插到标记"mA"的插孔中，如果检测200mA～20A的电流时，应将红表笔插入"20A"的电流检测插孔中，黑表笔插到公共插孔。

3.1.4 绝缘电阻表的使用方法

绝缘电阻表俗称兆欧表，它主要用于检测电气设备的绝缘电阻。绝缘电阻表主要由刻度盘、接线端子、手动摇杆、测试线等部分构成。

【绝缘电阻表的外形结构】

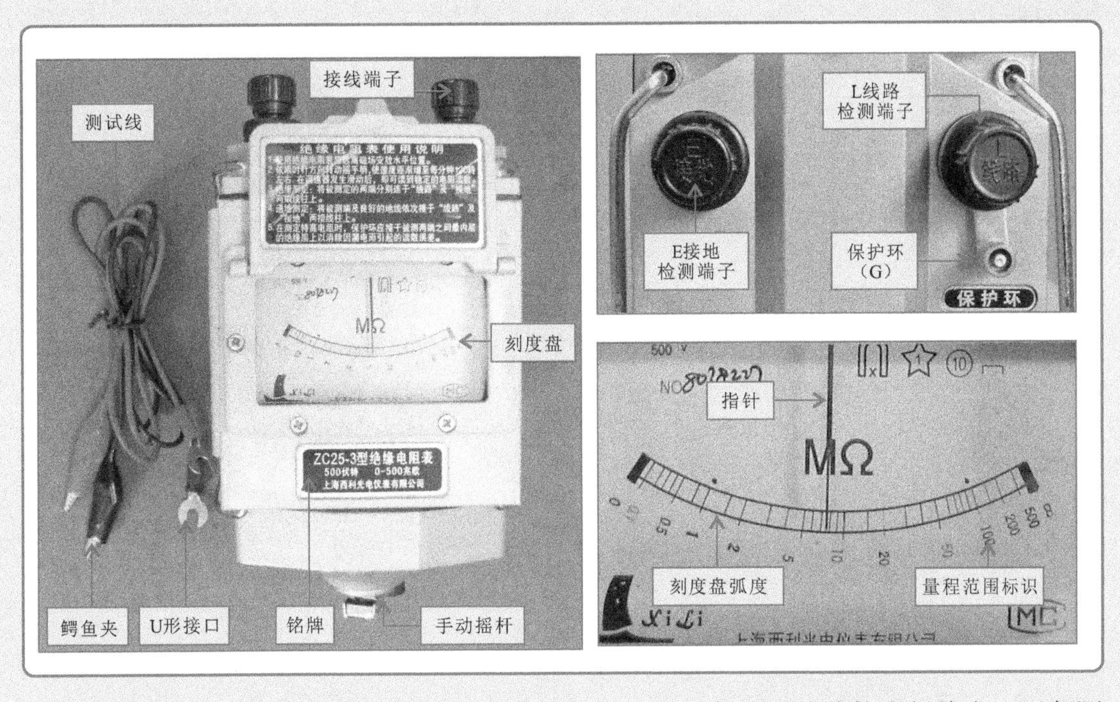

使用绝缘电阻表检测供电线路的绝缘性能时，将红色测试线连接在相线上，黑色测试线连接在零线上，然后顺时针摇动绝缘电阻表的摇杆，观察指针的变化。指针停止摆动时，应停留在200MΩ左右的位置，即说明零线与相线之间绝缘性能良好。

【绝缘电阻表的使用方法】

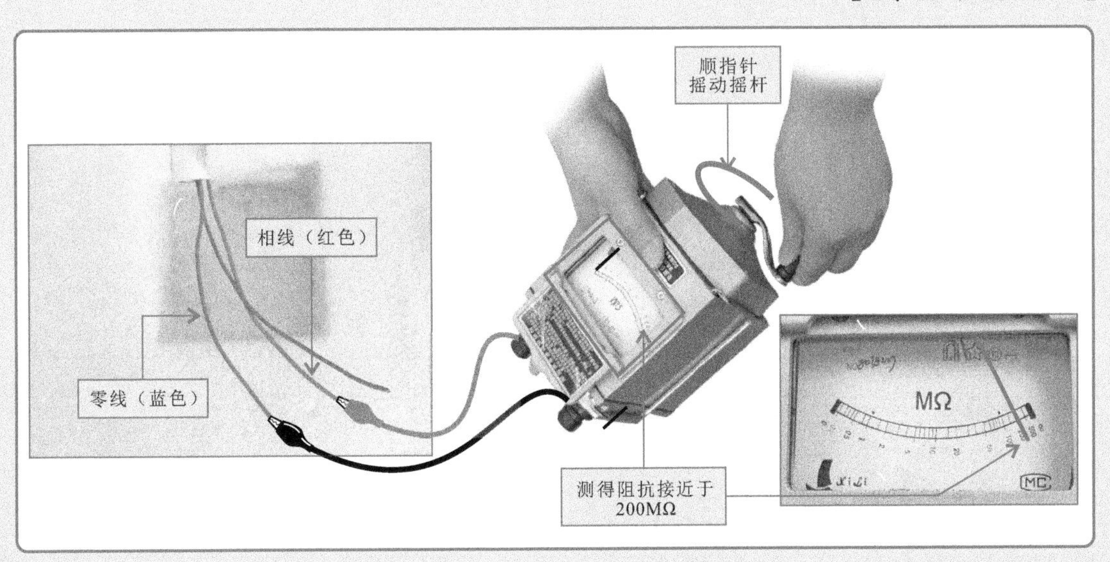

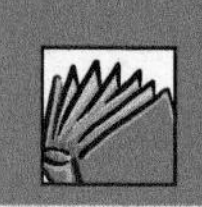

3.2 测量工具的使用方法

3.2.1 游标卡尺的使用方法

游标卡尺是一种精确测量工具，其测量准确度很高，在家庭装修中，常用于准确测量长度、深度以及内外径尺寸等。游标卡尺主要由主尺和游标两部分构成，在主尺和游标上有两处测量爪，分别用于测量外尺寸和内尺寸。

【游标卡尺的实物外形】

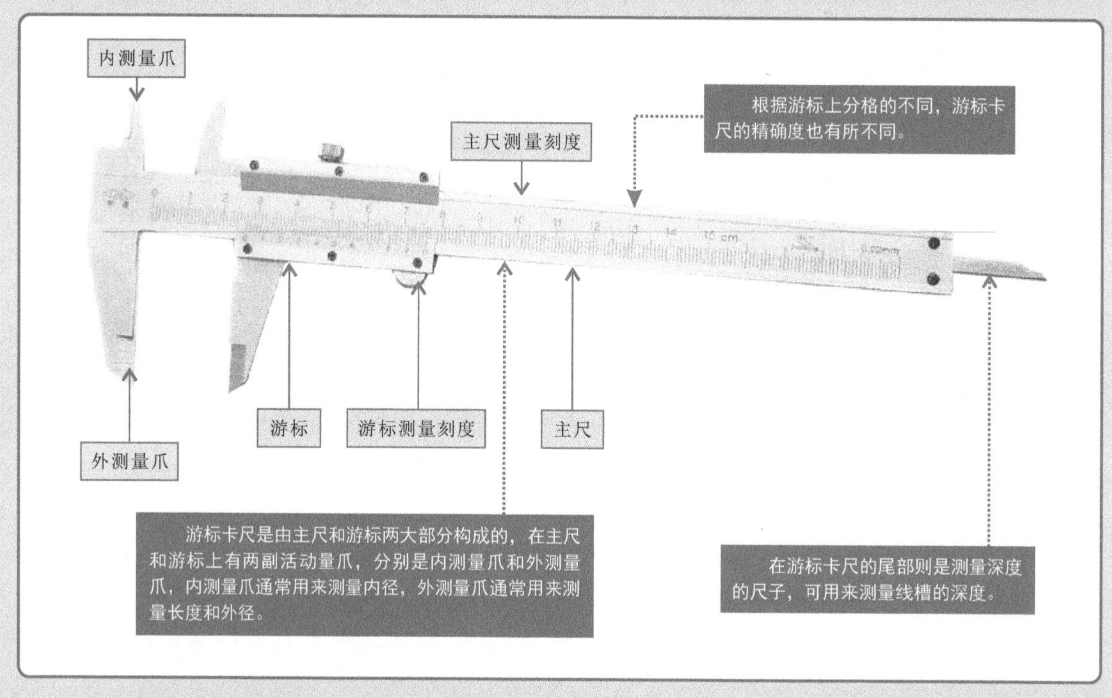

使用游标卡尺测量时，调整测量爪来确定测量长度，然后便可根据游标卡尺的读数，读取准确的测量结果。

【游标卡尺的使用方法】

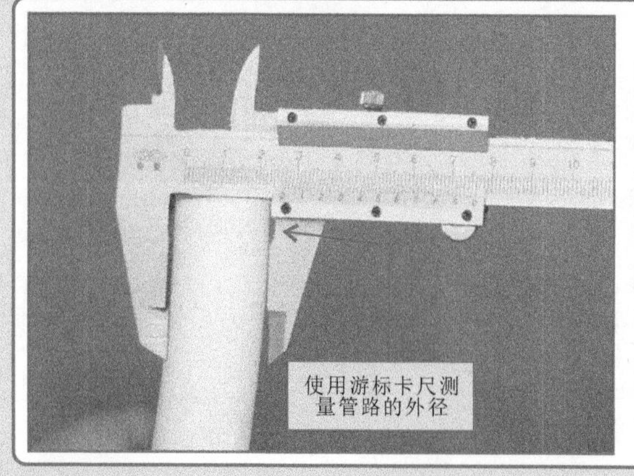

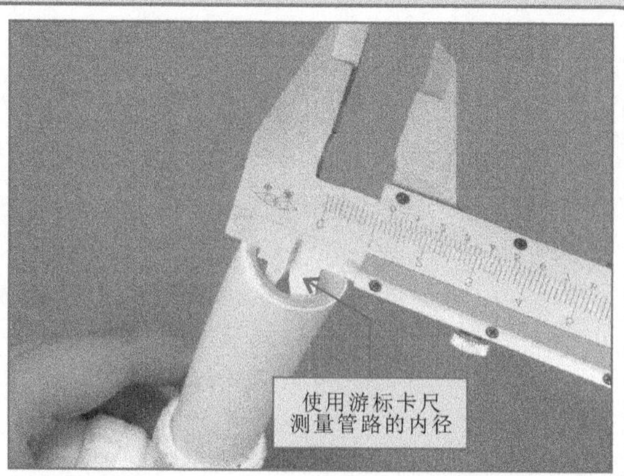

3.2.2 水平尺的使用方法

通常，在水平尺内设有水平柱、倾斜柱和垂直柱。在家装施工现场，水平尺主要是用来测量水平度和垂直度。

【水平尺的实物外形】

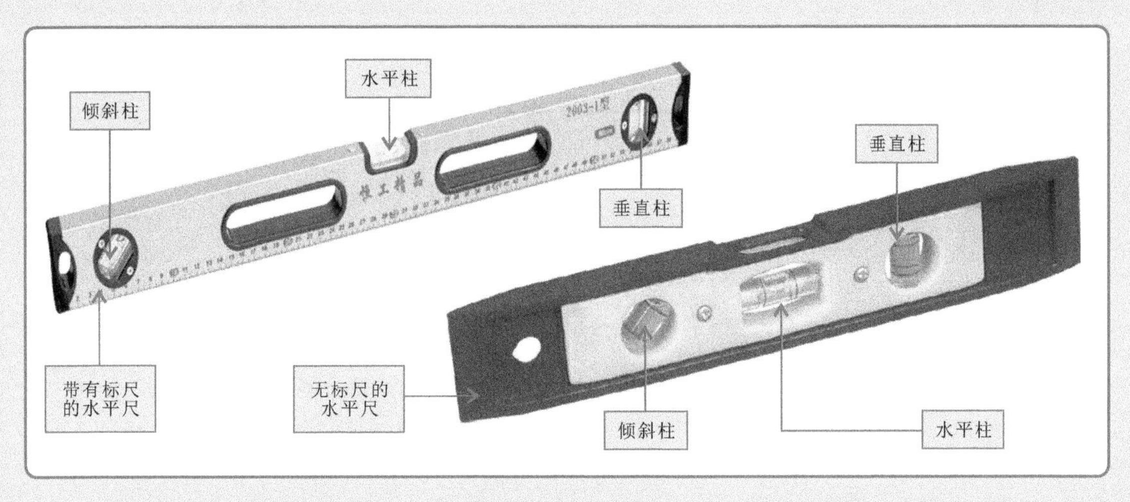

在进行电气设备安装及线路敷设时，常常需要使用水平尺来保证水平或垂直位置。测量时，将水平尺水平放置或垂直放置，观察水平柱或垂直柱中气泡的位置，当气泡的位置接近于水平柱或垂直柱的中心时，即可确保水平或垂直。

【水平尺的使用方法】

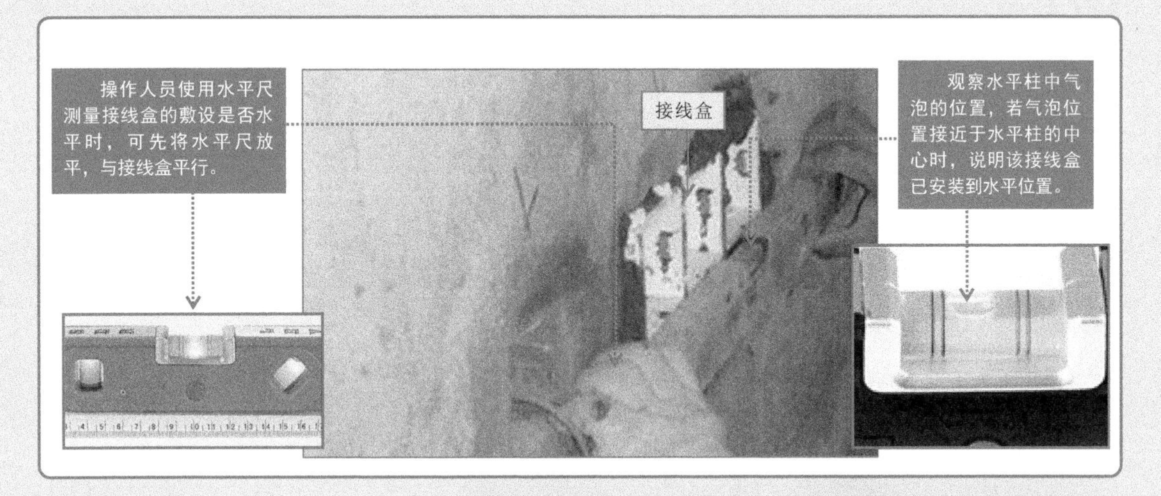

特别提醒

目前，市场上出现了一种新型的激光水平尺。在激光水平尺上同样设有水平柱和垂直柱，与普通水平尺的使用方法基本相同。不同的是激光水平尺可以在平面或凹凸不平的墙面上打出标线，进行标记使用，从而确定是否水平或垂直，一般可以打出一字线、十字线或地脚线等。

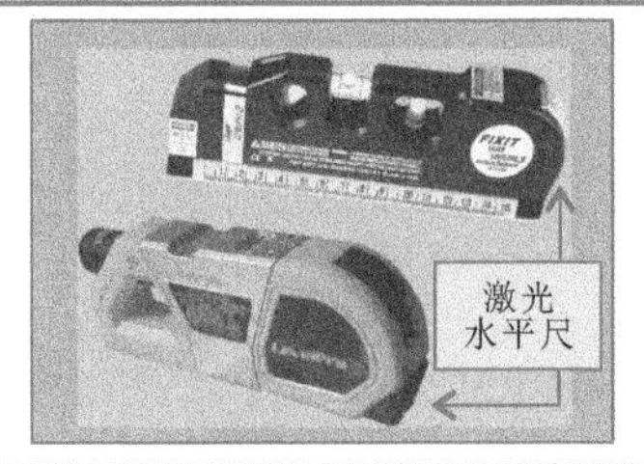

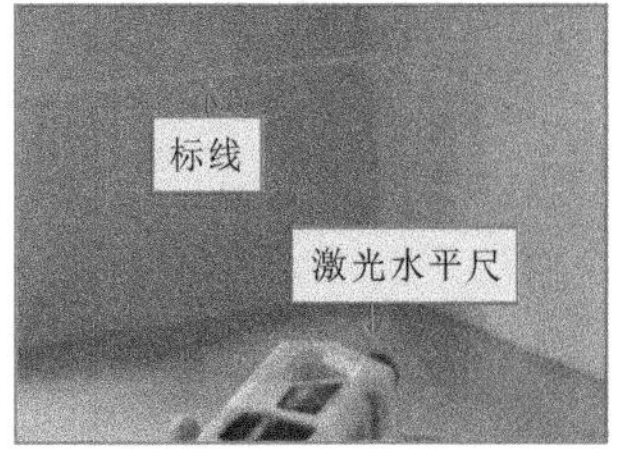

3.2.3 卷尺和角尺的使用方法

卷尺主要是用于测量管道、线路、设备等之间的高度和距离，卷尺可以任意伸缩，在使用时非常方便。

【卷尺的外形与使用方法】

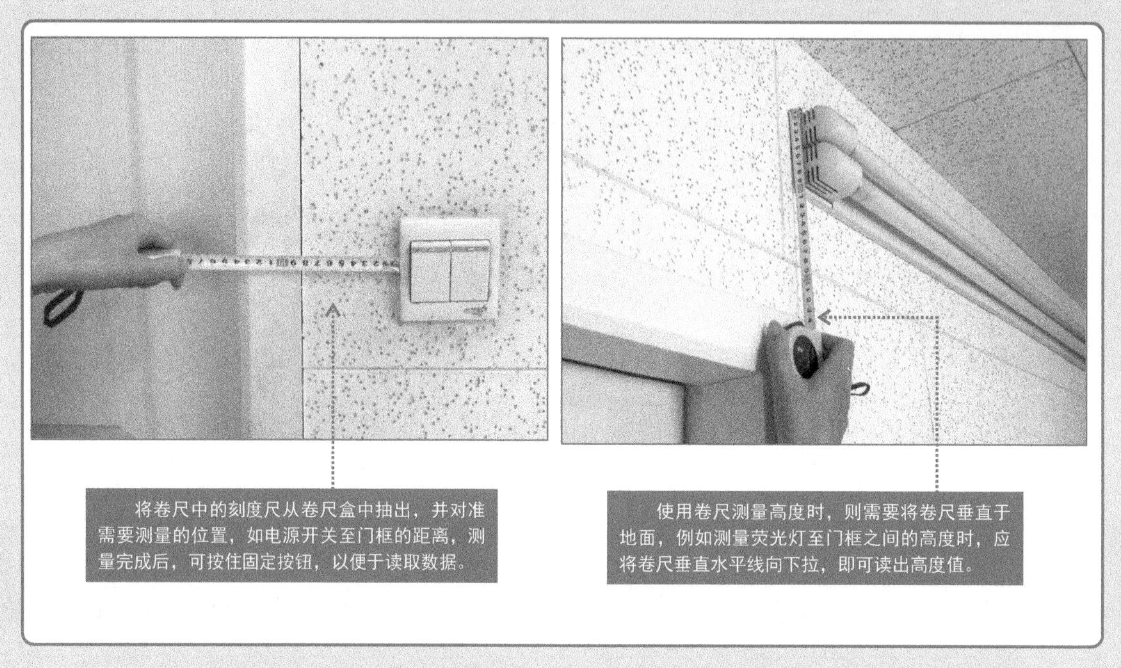

角尺是一种测试角度的专用测量工具，它主要由尺座和尺杆构成。将尺杆打开，使尺座与尺杆分别与被测面贴合，即可实现角度的测量。

【角尺的外形与使用方法】

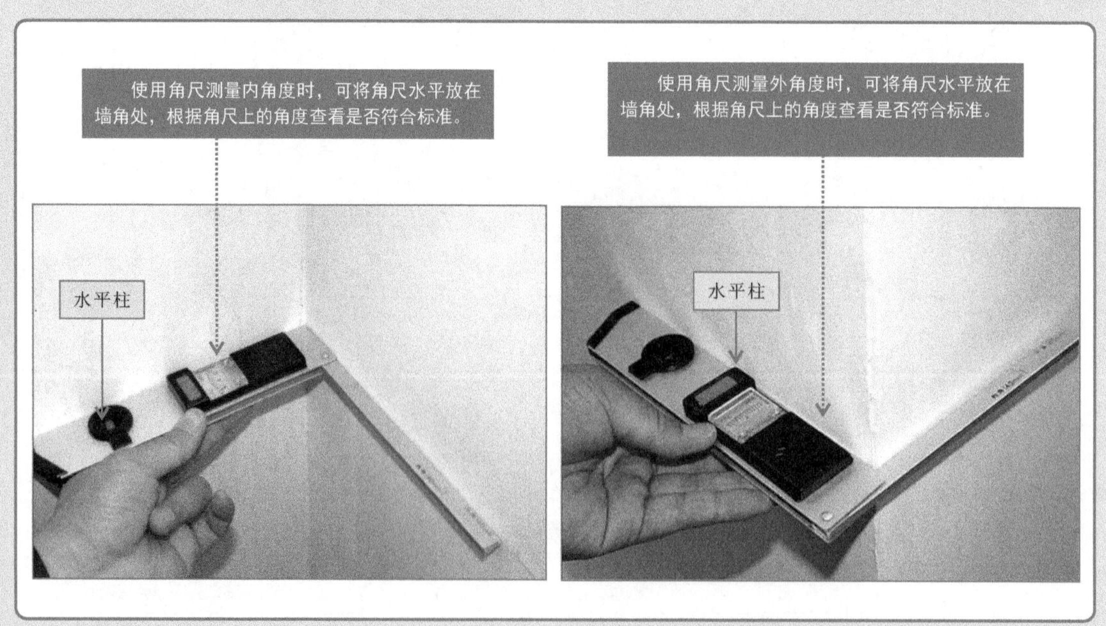

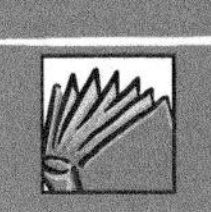

3.3 加工工具的使用方法

3.3.1 螺钉旋具的使用方法

螺钉旋具是用来紧固和拆卸螺钉的工具，俗称螺丝刀或改锥。螺钉旋具主要有一字槽螺钉旋具和十字槽螺钉旋具两种。

【螺钉旋具的实物外形】

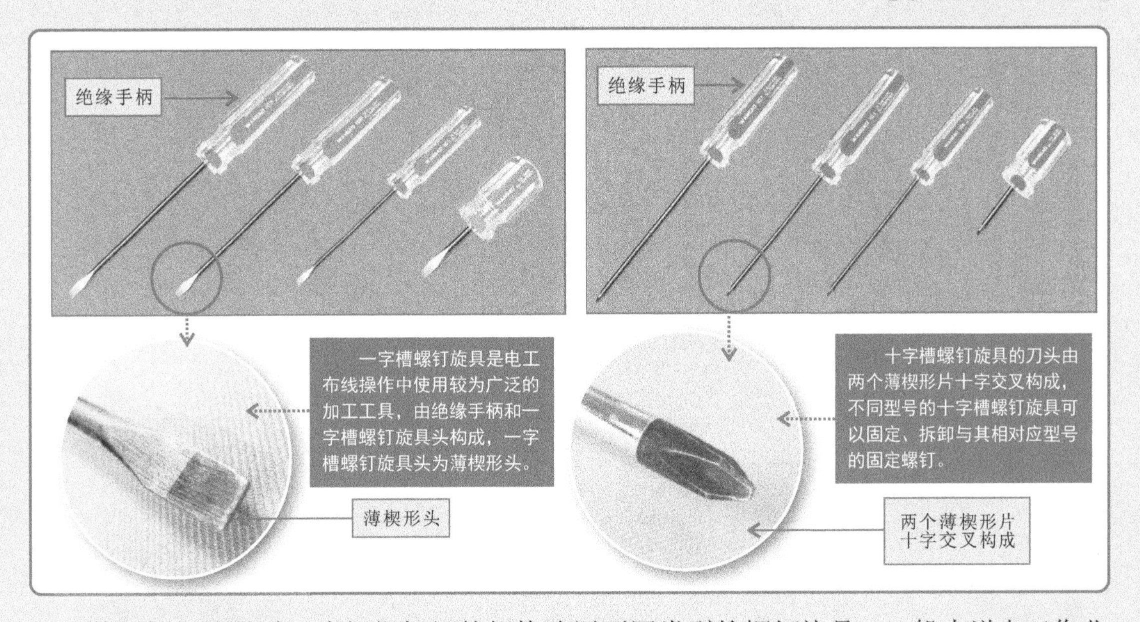

使用螺钉旋具时，应根据螺钉的规格选用不同类型的螺钉旋具，一般来说电工作业中不可使用金属杆直通柄顶的螺钉旋具，否则容易造成触电事故。使用时，将旋具头部放置于螺钉槽口中，用力推压螺钉并平稳旋转螺钉旋具。

【螺钉旋具的使用方法】

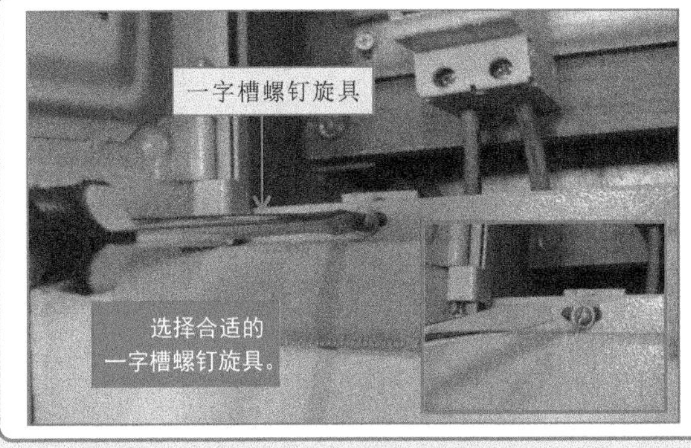

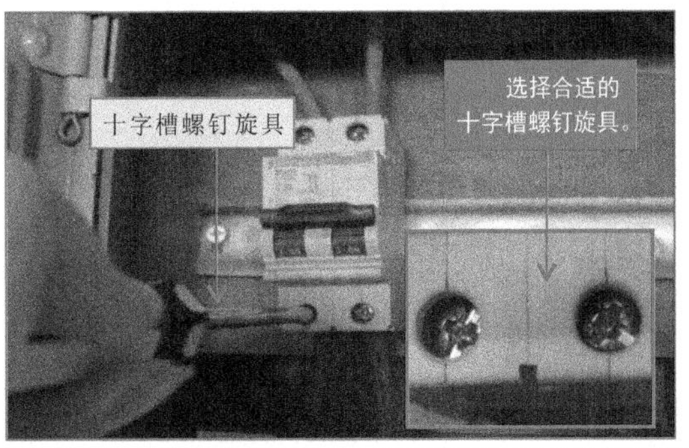

特别提醒

注意螺钉旋具的顶部应与螺钉尾部匹配，不可过大或过小。旋转螺钉时，也应注意用力均匀，斜度不可过大，否则容易打滑或导致螺钉滑丝。

3.3.2 电工刀的使用方法

电工刀是电工作业中常用的一种切削工具，主要用于线缆绝缘外皮的剥削、绳索的切割以及木榫的削制等。电工刀是由刀柄与刀片两部分组成的。电工刀的刀片一般可以收缩在刀柄中，确保下次安全使用。

【电工刀的实物外形】

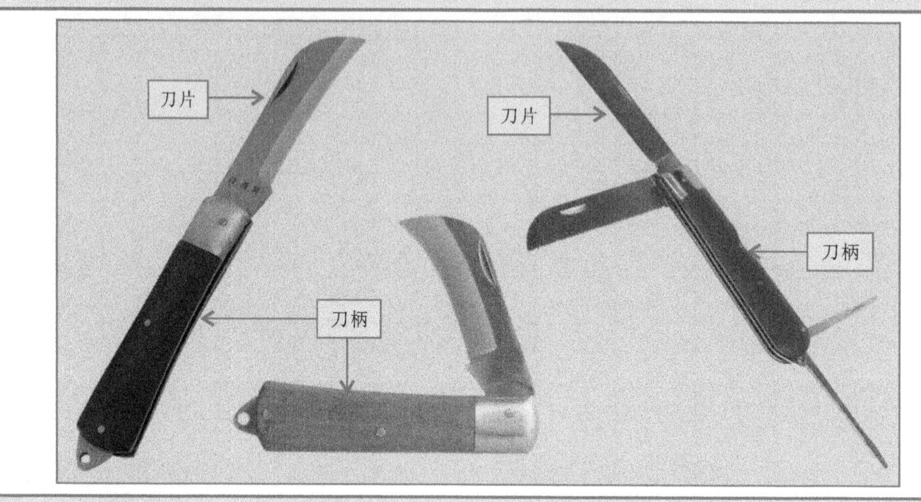

使用电工刀剥削线缆的绝缘层时，应一只手握住电工刀的刀柄，将刀口朝外，使刀刃与线缆绝缘层成45°切入，切入绝缘层后，将刀刃略跷起一些（约25°），用力向线端推削，一定注意不要切削到线芯。

电工刀使用完毕，随即将刀片折进刀柄中。另外需要注意的是，电工刀刀柄通常无绝缘保护性能，切不可在带电导线或器材上剥削，以免造成触电危险。

【电工刀的使用方法】

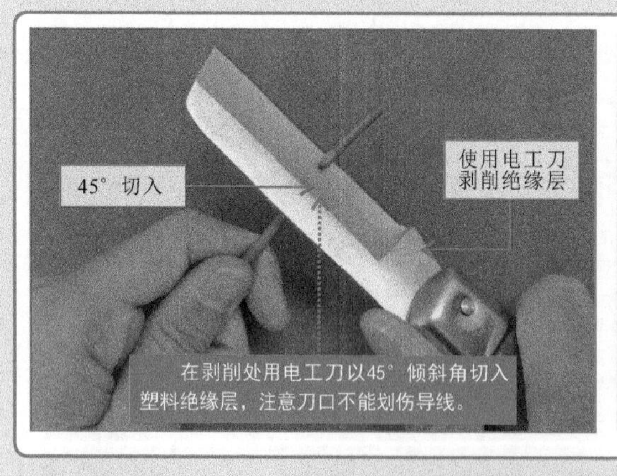

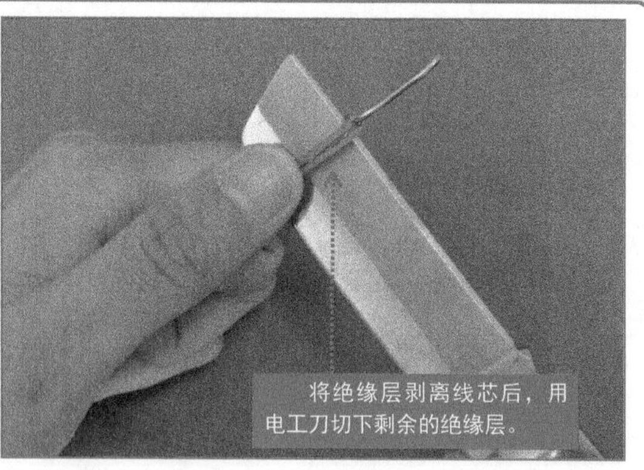

特别提醒

在剥削双芯导线的护套绝缘层时，可使用电工刀对准两芯线的中间位置，将护套一剥为二，然后再剥削绝缘层。

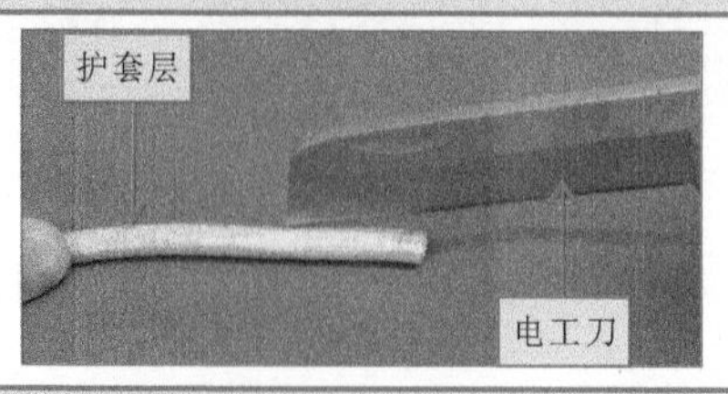

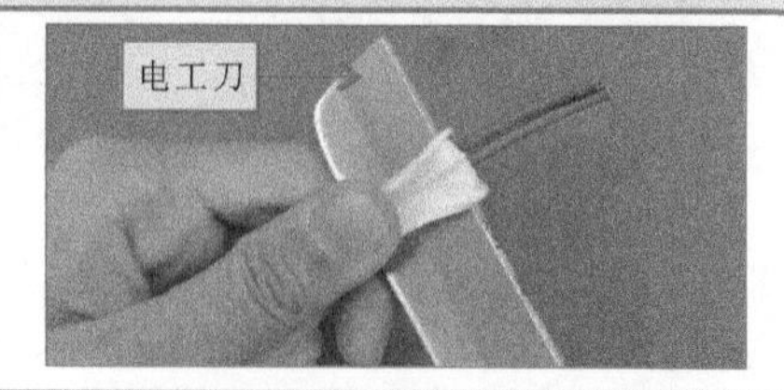

3.3.3 电工钳的使用方法

电工钳是电气线路施工中必不可少的加工工具，常用于导线加工、线缆弯制、连接以及设备安装等场合。根据功能的不同，电工钳主要有钢丝钳、斜口钳、尖嘴钳、剥线钳、压线钳以及网线钳等。

【电工钳的实物外形】

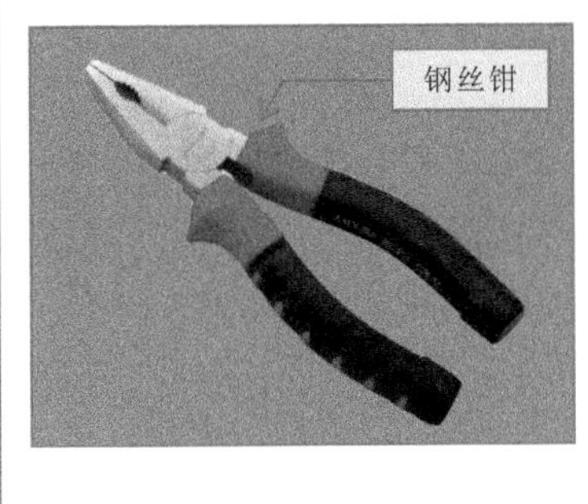

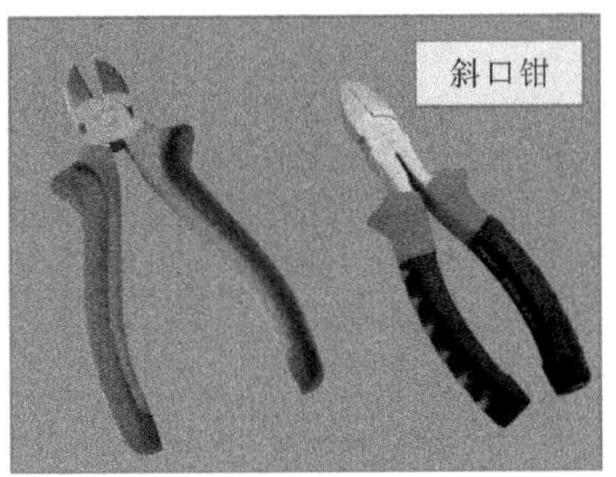

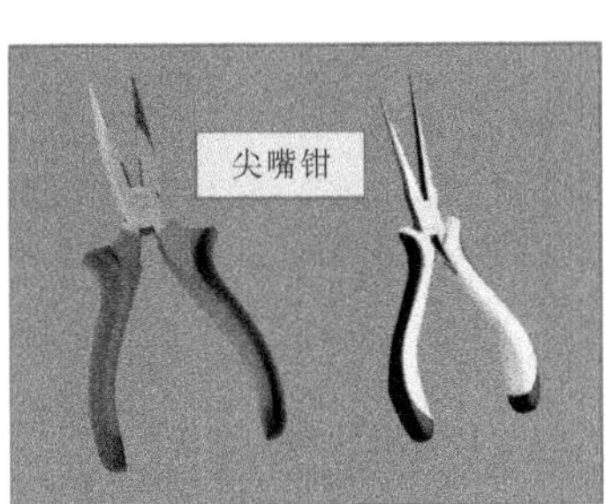

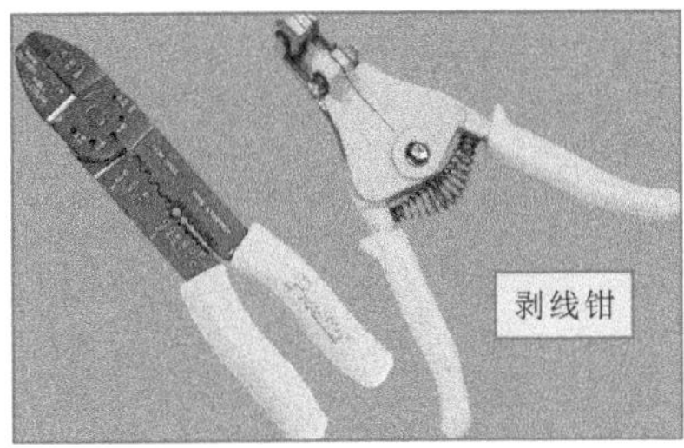

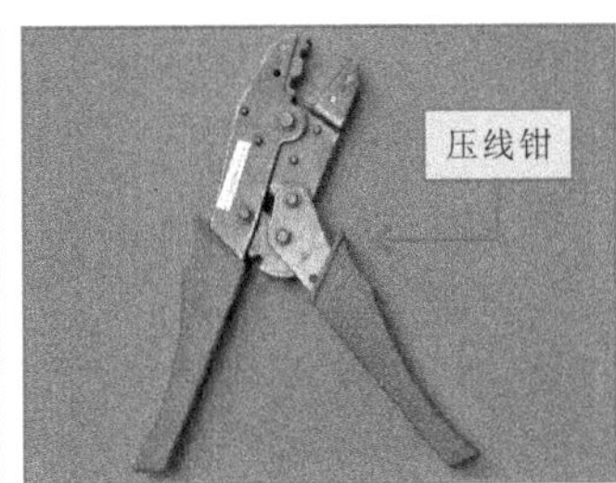

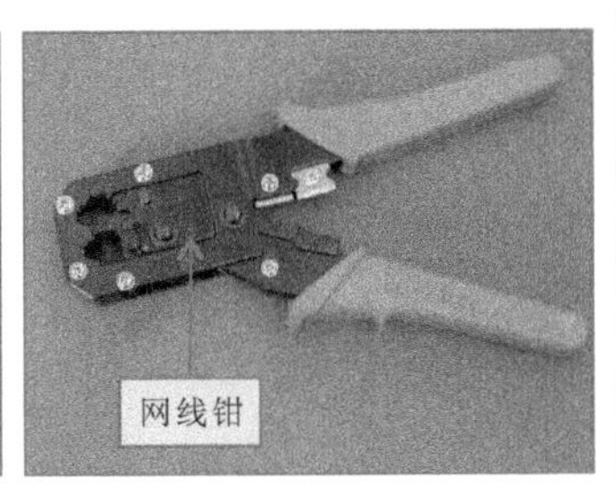

1. 钳丝钳的使用方法

钢丝钳主要用于线缆的剪切、线芯的弯折以及螺母的紧固与拆卸。在使用钢丝钳切割导线时，使钢丝钳的刀口朝内，将导线放入钢丝钳的钳口处，手握钳柄，便可完成导线的线芯的剪切，对于较细导线的切割，可使用钢丝钳的铡口完成。

【电工刀的外形与使用方法】

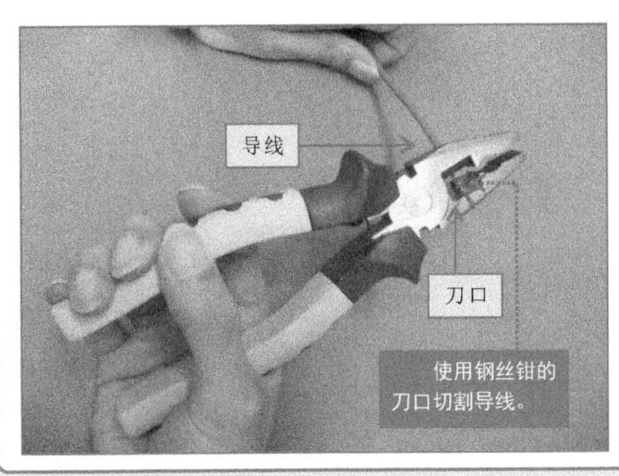

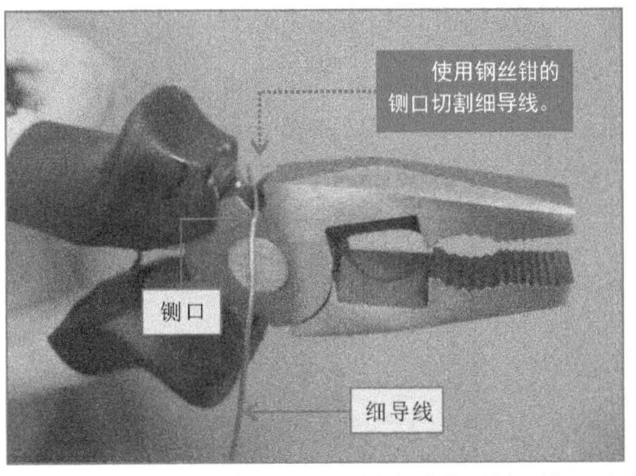

特别提醒

使用钢丝钳时应先查看绝缘手柄上是否标有耐压值，如未标有耐压值，证明此钢丝钳不可带电进行作业；若标有耐压值，则需进一步查看耐压值是否符合工作环境，若工作环境超出钢丝钳钳柄绝缘套的耐压范围，则不能进行带电使用，否则极易引发触电事故。钢丝钳的耐压值通常标注在绝缘套上，该图中的钢丝钳耐压值为“1000V”，表明可以在“1000V”电压值内进行耐压工作。

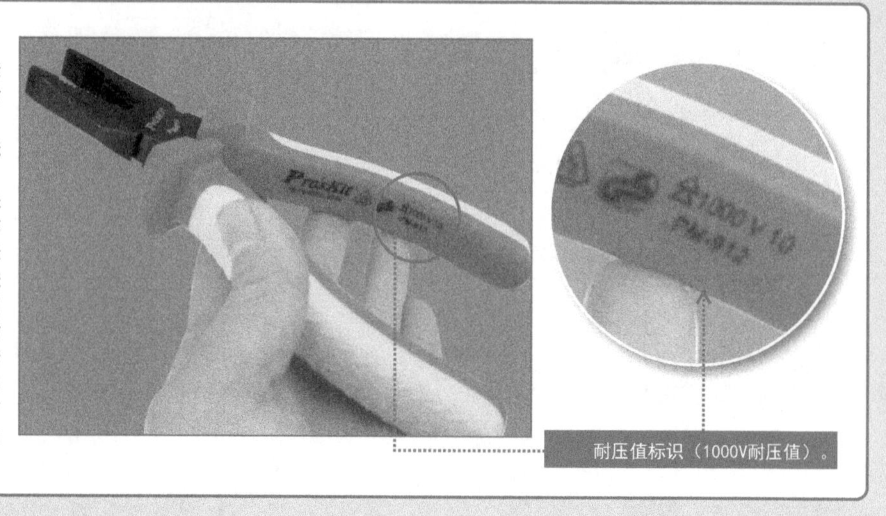

2. 斜口钳的使用方法

斜口钳主要用于线缆绝缘皮的剥削或线缆的剪切。使用斜口钳时，应当将偏斜式的刀口正面朝上，背面靠近需要切割导线的位置，这样可以准确切割到位，防止切割位置出现偏差。

【斜口钳的外形与使用方法】

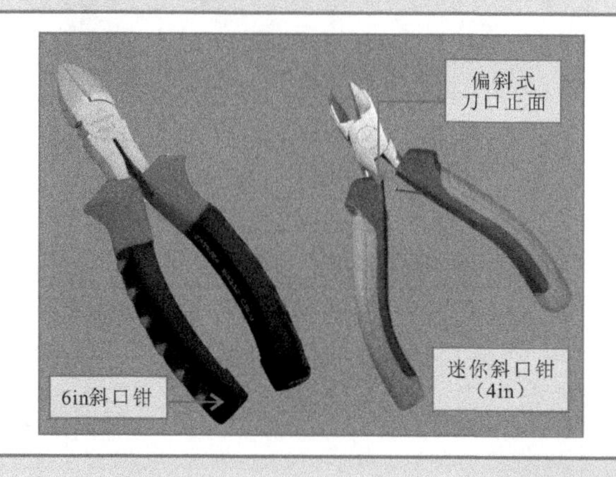

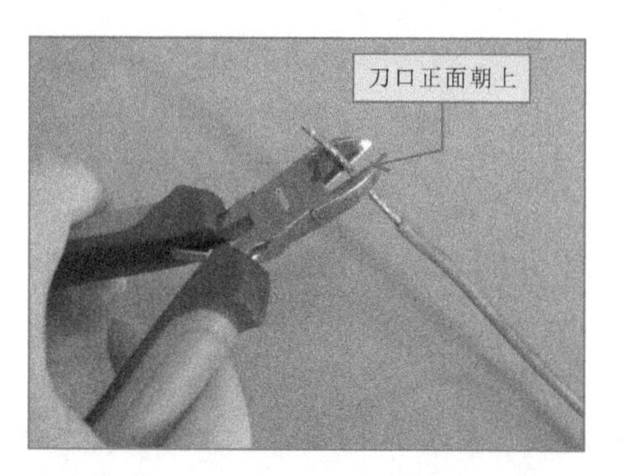

特别提醒

斜口钳的钳头（刀口）为金属材质，具有一定的导电性，因此不可使用斜口钳切割带电的双股线缆。若使用斜口钳切割带电的双股线缆，会导致线路短路，严重时会损坏线缆连接的电气设备。

正确的方法是，先将双股线缆的绝缘护套剥开，再使用斜口钳将导线逐根剪断。

不可使用斜口钳切割带电的双股线缆，由于金属钳口的导电性，在切割时会造成短路。

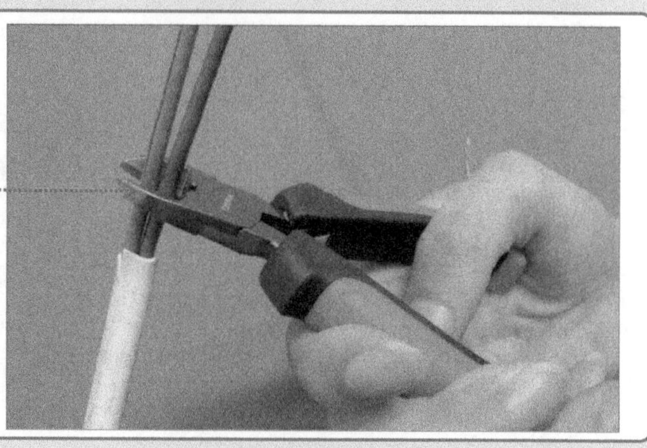

3. 尖嘴钳的使用方法

尖嘴钳主要用于切割较细导线，剥离导线绝缘层或者对线缆进行弯折、修整等加工处理。由于尖嘴钳的钳头较细，适合完成较为精细的弯折、捏合、修整等加工操作。

【尖嘴钳的外形与使用方法】

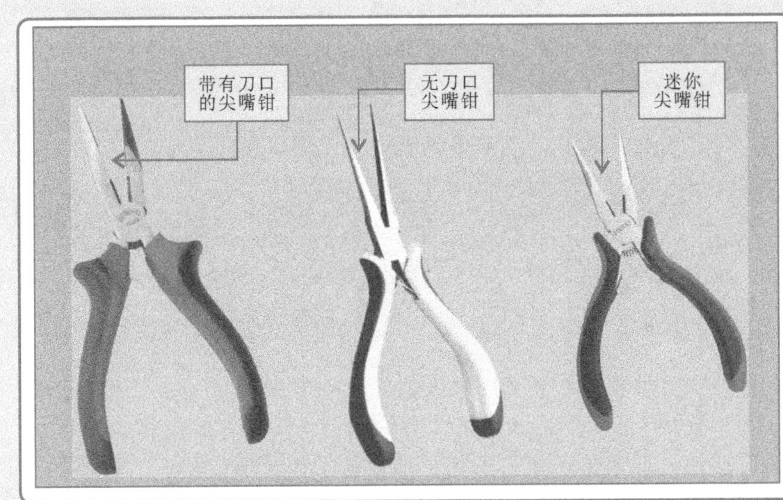

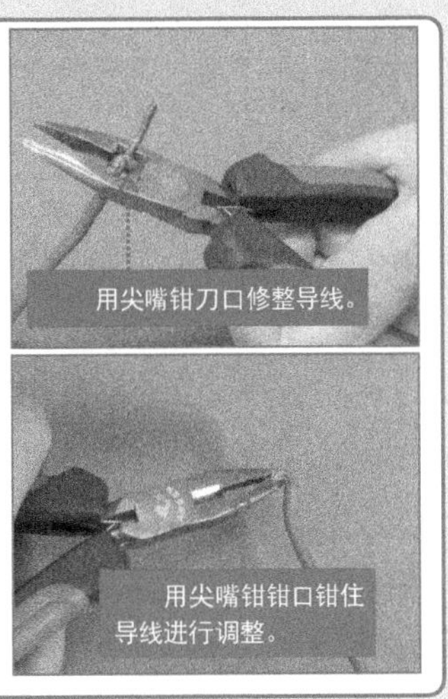

4. 剥线钳的使用方法

剥线钳主要用于剥除线缆的绝缘层，主要有压接手动剥线钳和自动剥线钳两种。剥线钳的钳头有多个规格的剥线切口（线径范围一般为0. 5～4. 5mm）。在使用剥线钳剥线时，要根据导线的线径，选择相应的剥线切口，放置并调整好导线位置，压紧剥线钳钳柄，剥线钳钳口便可将导线绝缘层切开。如果是压接手动剥线钳，用手抓住导线，另一只手握紧钳柄，向外侧用力，即可将导线前端的绝缘层剥离。如果是自动剥线钳，握紧剥线钳钳柄的同时，剥线钳钳口一侧的压线端会随之合拢，压紧导线，剥线钳另一侧的钳口随即将绝缘层切开，剥线钳的切口与压线端随着钳柄的握紧开角增大，便可实现导线绝缘层的自动剥离。

【剥线钳的外形与使用方法】

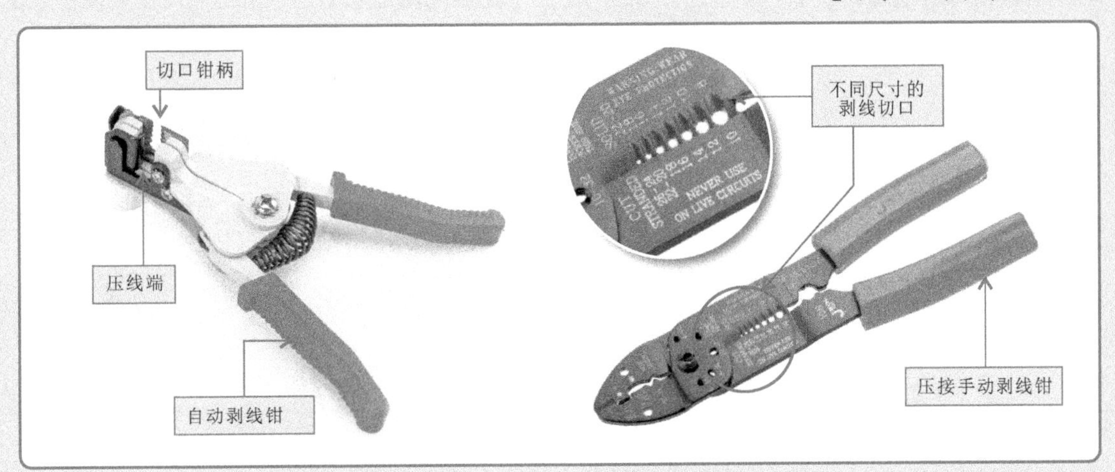

【剥线钳的外形与使用方法（续）】

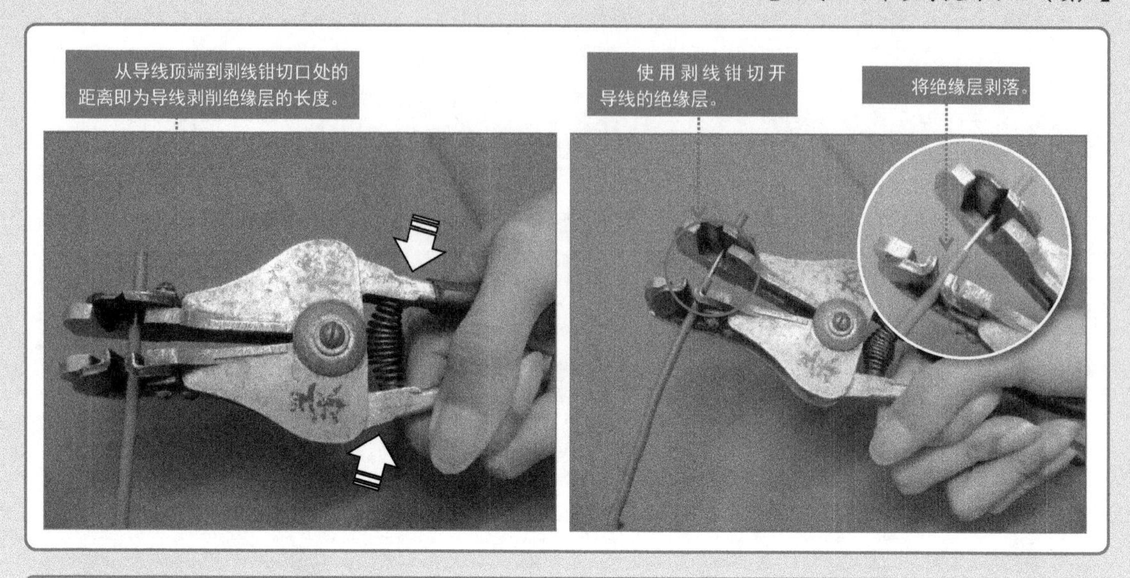

特别提醒

要正确选择合适的切口，若选择的切口比线径小，则剥削绝缘层时会将导线线芯一同切割；如果选择的切口比线径大，则根本无法将线缆的绝缘层剥离。

5. 压线钳的使用方法

压线钳主要用于线缆与连接头的加工处理。在压线钳上有不同规格的压接孔以适用不同压接件的大小。

使用压线钳时，一般使用右手握住压线钳钳柄，将需要连接的线缆和连接头插接后，放入压线钳合适的卡口中，向下按压，直至压接件卡紧在线缆连接头处。

【压线钳的外形与使用方法】

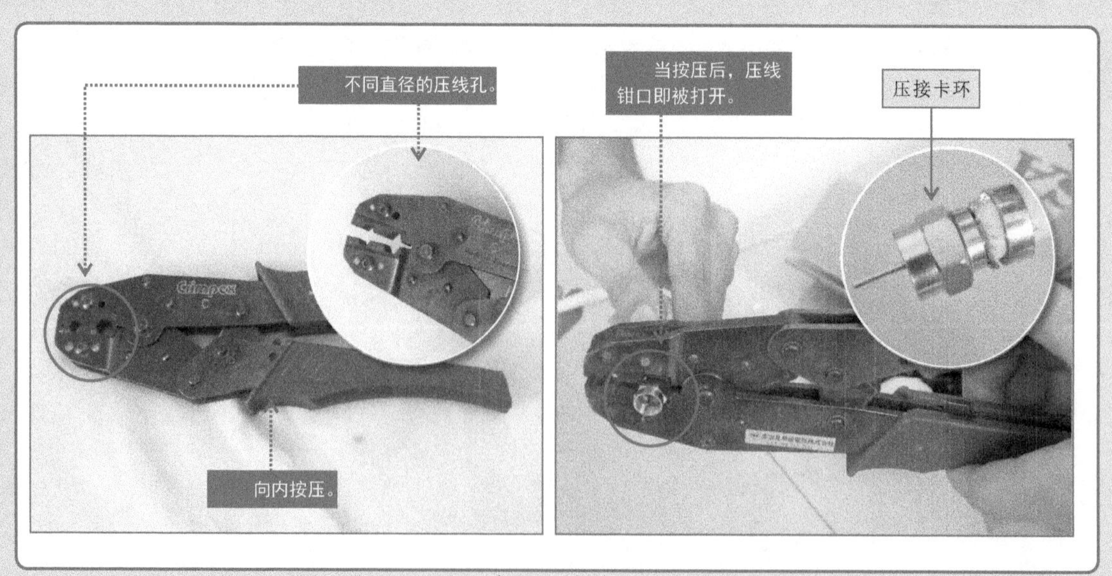

特别提醒

环形压线钳的钳口在未使用时是紧锁的。若需将其打开，则应用力向内按下钳柄即可。使用压线钳时，一般使用右手握住压线钳手柄，将需要连接的线缆和连接头插接后，放入压线钳合适的卡口中，向下按压即可。

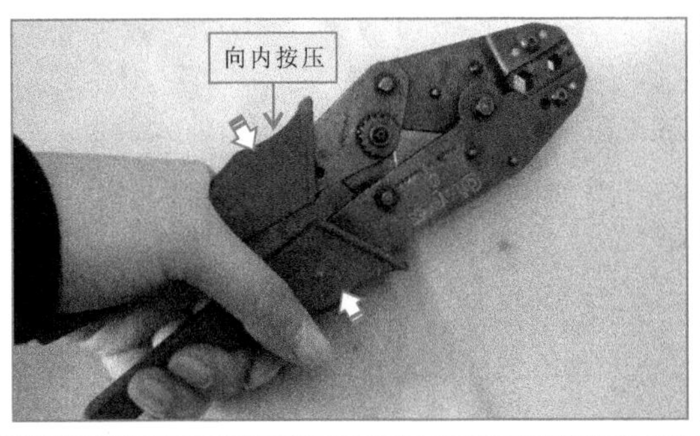

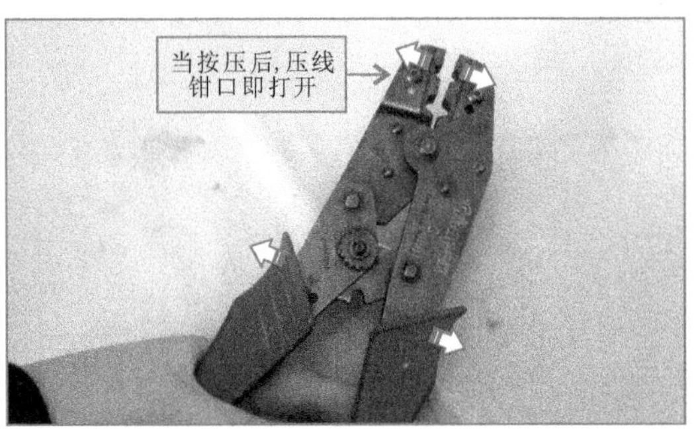

6. 网线钳的使用方法

网线钳主要用于加工电话水晶头和网络水晶头，它可以完成线芯剪切、水晶头压接等功能。

【压线钳的外形与使用方法】

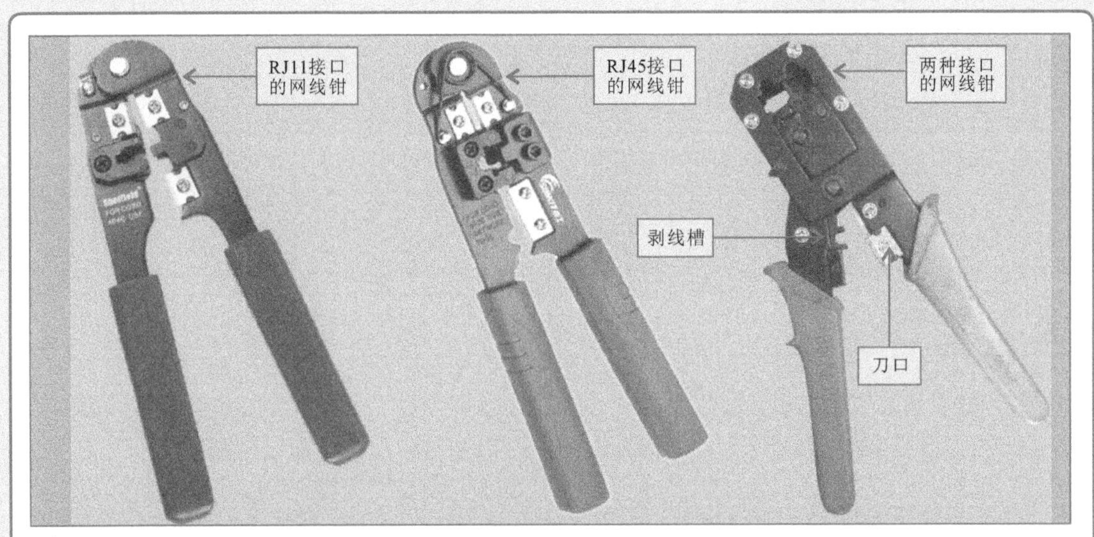

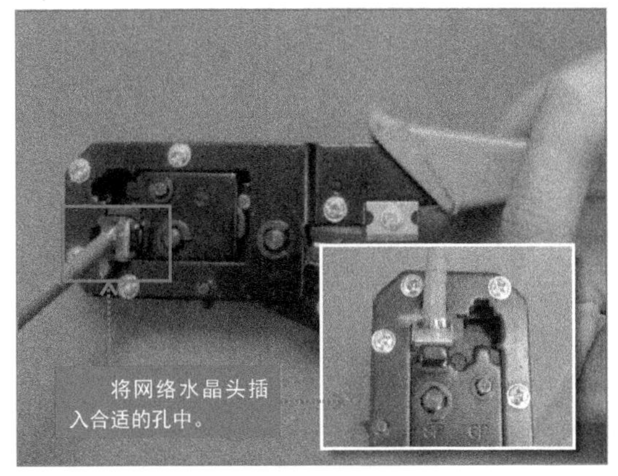

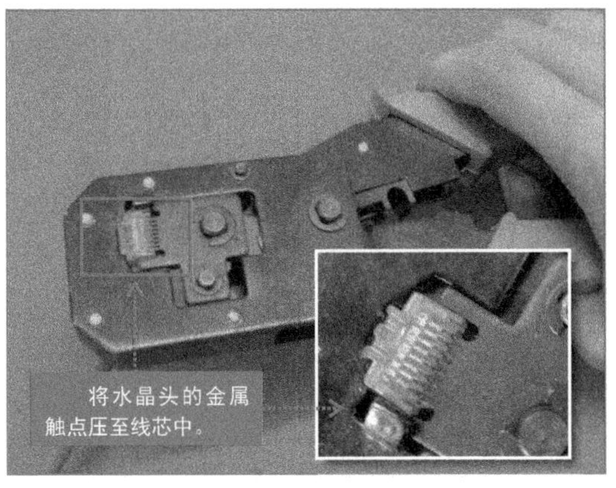

3.3.4 扳手的使用方法

扳手是用来紧固和拆装带有棱角的螺母或螺栓的工具。家装电工操作中常用的扳手主要有活扳手、呆扳手、梅花扳手。

【扳手的实物外形】

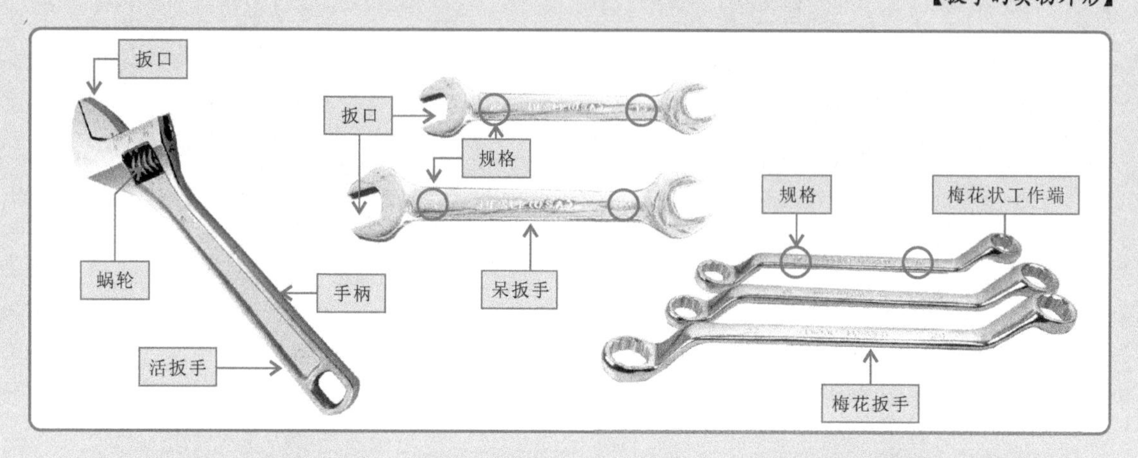

活扳手使用较为灵活，可通过蜗轮调整扳口的大小，以适应不同螺母的规格尺寸。调整好扳口大小，使其正好卡紧螺母，便可通过手柄完成紧固或拆卸螺母的操作。

【活扳手的使用方法】

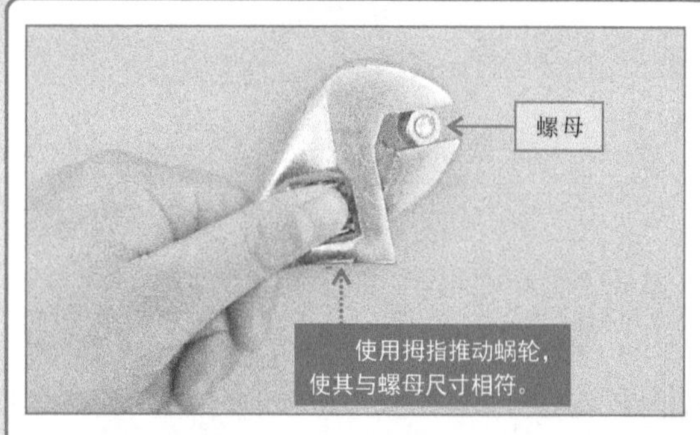

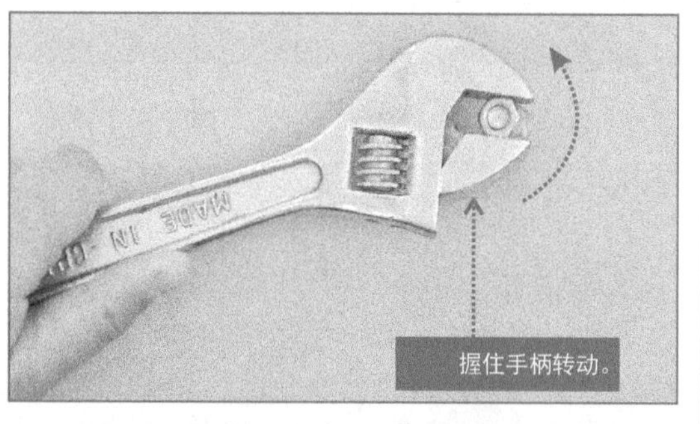

呆扳手和梅花扳手都有很多规格、尺寸，不同规格的扳手对应不同尺寸的螺母型号。选用与螺母尺寸相符的扳手，方可完成紧固或拆卸螺母操作。

【呆扳手、梅花扳手的使用方法】

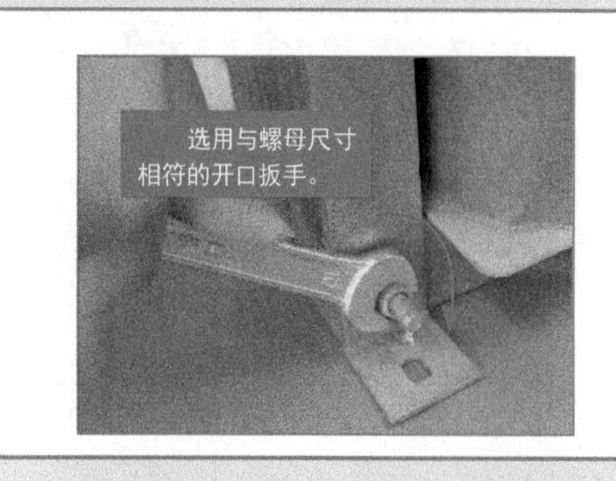

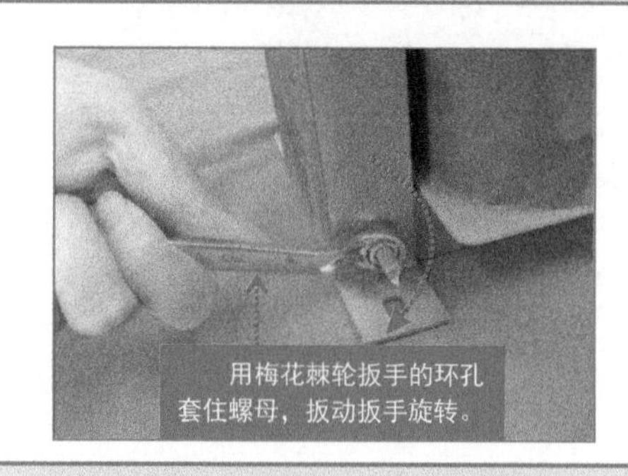

3.4 安全工具的使用方法

3.4.1 个人防护用具的使用方法

个人防护用具主要是指保护家装电工操作人员身体安全的防护用具或设备。例如，安全帽、防护眼镜、防尘护具、绝缘手套和绝缘鞋等。

1. 安全帽的使用方法

安全帽主要是用于保护家装电工操作人员头部的安全。佩戴安全帽时，应系牢下颊带，并检查帽内帽衬是否牢固，帽盖是否有破裂、损坏等情况。

【安全帽的外形与使用方法】

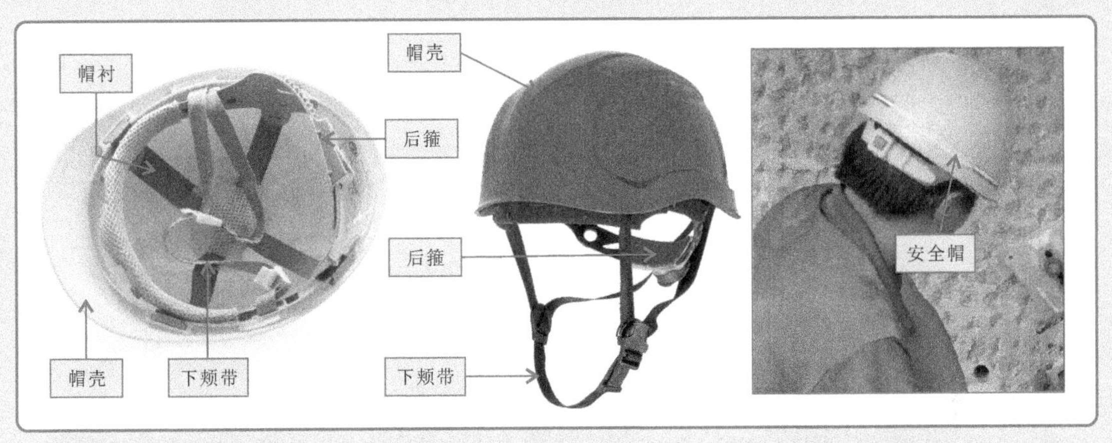

2. 防护眼镜的使用方法

防护眼镜主要用于保护家装电工操作人员眼部的安全。在切削、刨磨、检测等作业时，必须佩戴防护眼镜。

【防护眼镜的外形与使用方法】

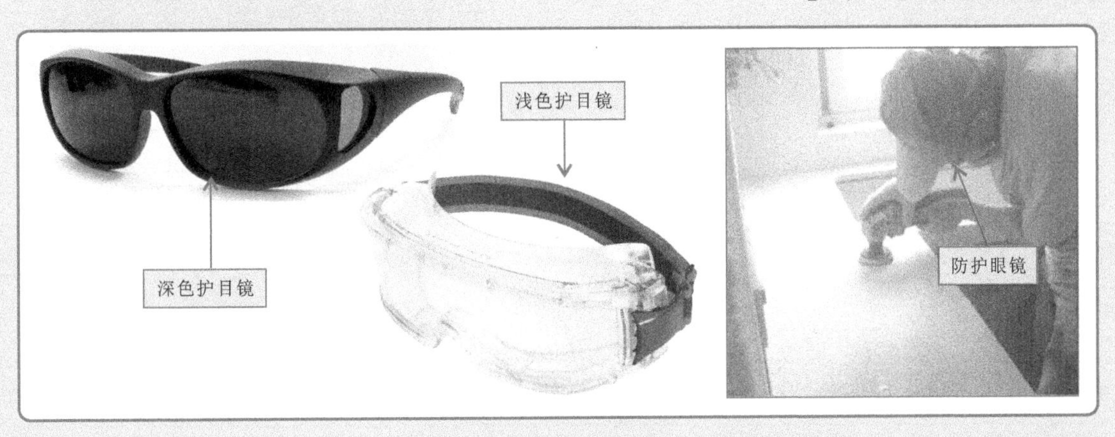

3. 防尘护具的使用方法

防尘护具主要用于粉尘污染较大的作业环境。对于可能会产生有毒气体或污染严重的场合，可选择具有防毒功能的防尘护具。

【防尘护具的外形与使用方法】

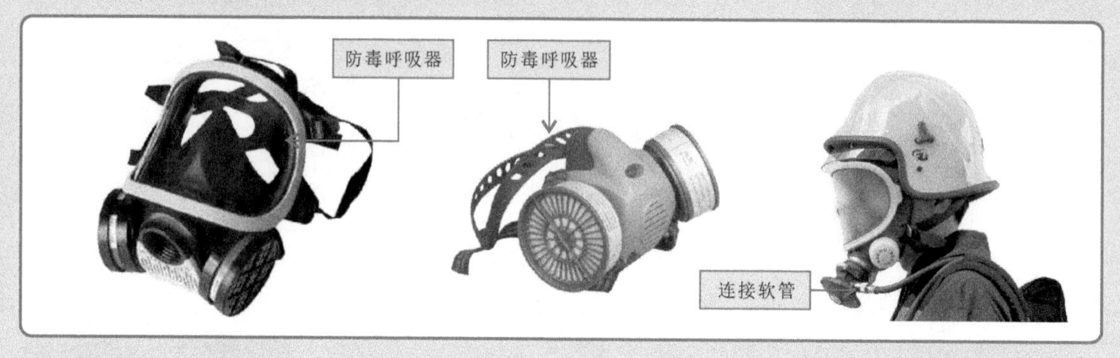

4. 绝缘手套和绝缘鞋的使用方法

绝缘手套和绝缘鞋是家装电工操作人员非常重要的防护用具。电工绝缘手套在电气安装与检测过程中可起到绝缘防护的作用。绝缘鞋是电工操作人员足部防护的设备，通常绝缘鞋的耐压等级及防护功能会标注于绝缘鞋上，电工操作人员可根据实际需要选用具不同耐压等级的绝缘鞋。

【绝缘手套和绝缘鞋的外形与使用方法】

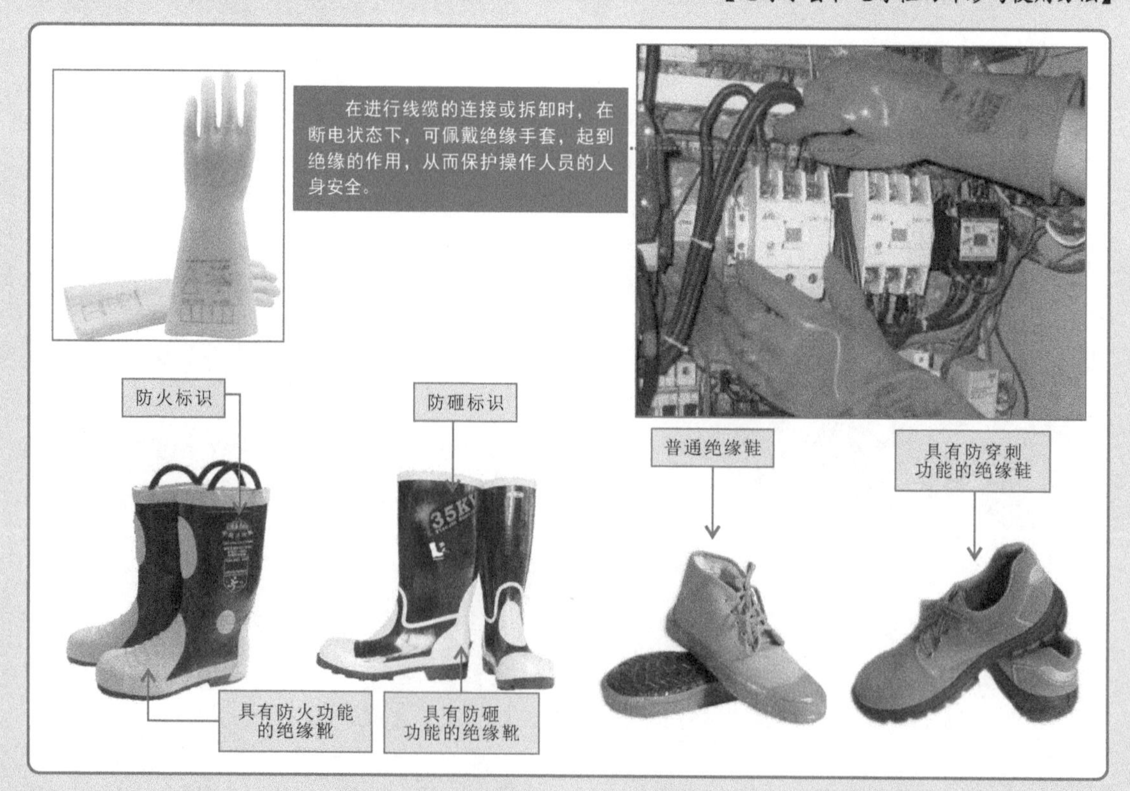

3.4.2 环境安全用具的使用方法

环境安全用具主要是指确保家装电工作业环境安全的器材、设备等。例如，绝缘胶带、安全警示牌、灭火器等。

1. 绝缘胶带的使用方法

绝缘胶带主要用于对导线进行包扎，防止导线漏电。若作业环境需要做好防水处理，需使用具有防水功能的绝缘胶带。

【绝缘胶带的外形与使用方法】

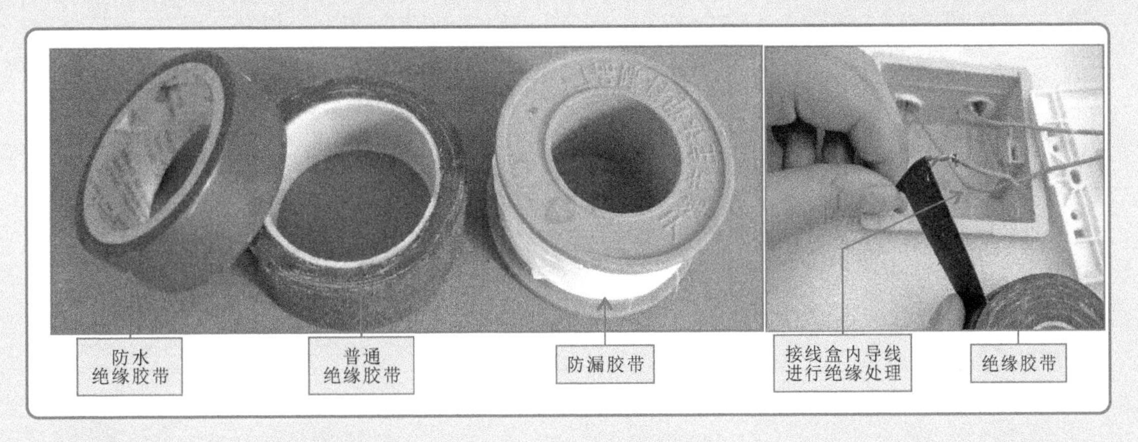

2. 安全警示牌的使用方法

在电工作业环境中，安放、悬挂安全警示牌是非常重要的。安全警示牌主要用以提醒电工作业人员及用户注意安全。

【安全警示牌的外形与使用方法】

第4章　家装电工的识图技能

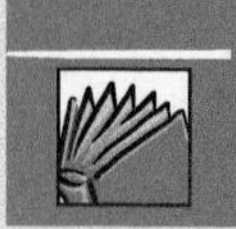

4.1 供配电接线图的识读技能

4.1.1 供配电接线图中的电气符号标识

供配电接线图是利用电气标识来表示供配电线路的结构及供电方式，在供配电接线图中，不同的电气设备及部件都有各自对应的图形符号和文字标识，在识读供配电接线图时，首先要明确常用电气设备的图形符号和文字标识。

【常用电气设备的图形符号和文字标识】

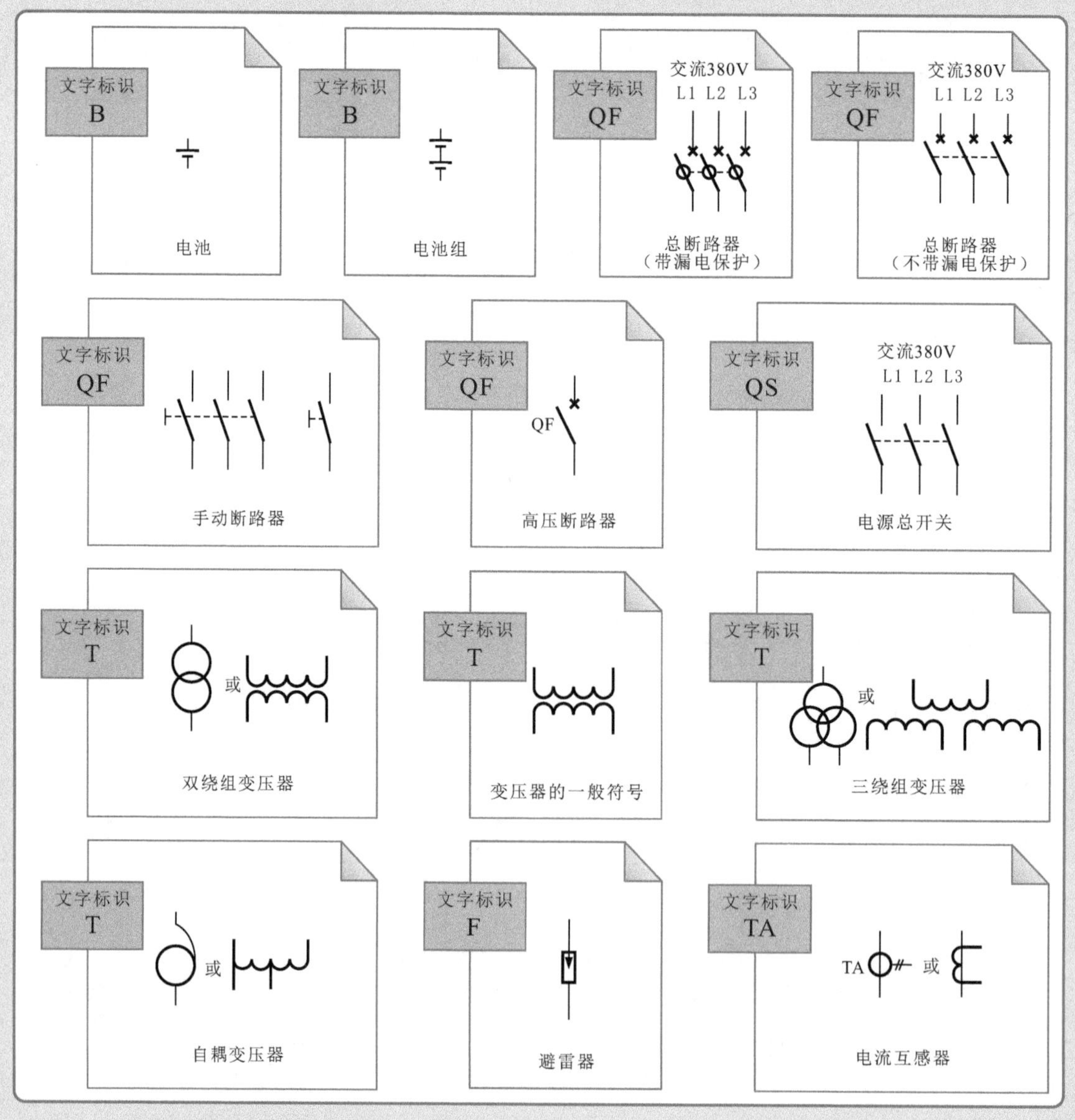

【常用电气设备的图形符号和文字标识（续）】

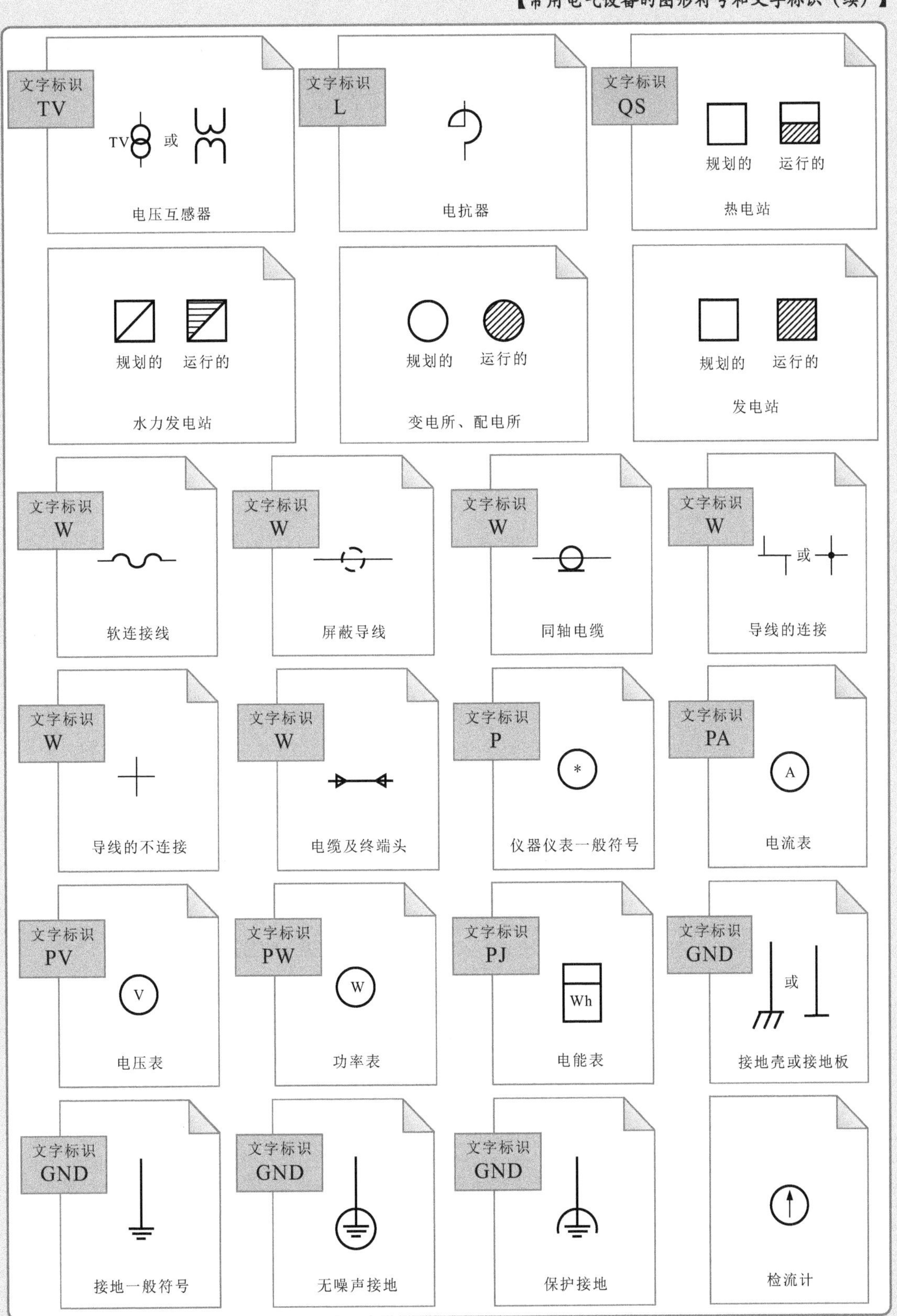

4.1.2 楼宇供配电接线图的识读分析

楼宇供配电接线图清晰标注了整个楼宇供配电线路的分布及各主要电气设备的连接关系。在楼宇供配电接线图中主要有电力变压器、各种断路器、三相电能表、单相电能表及低压配电线路等。

【楼宇供配电接线图的识读分析】

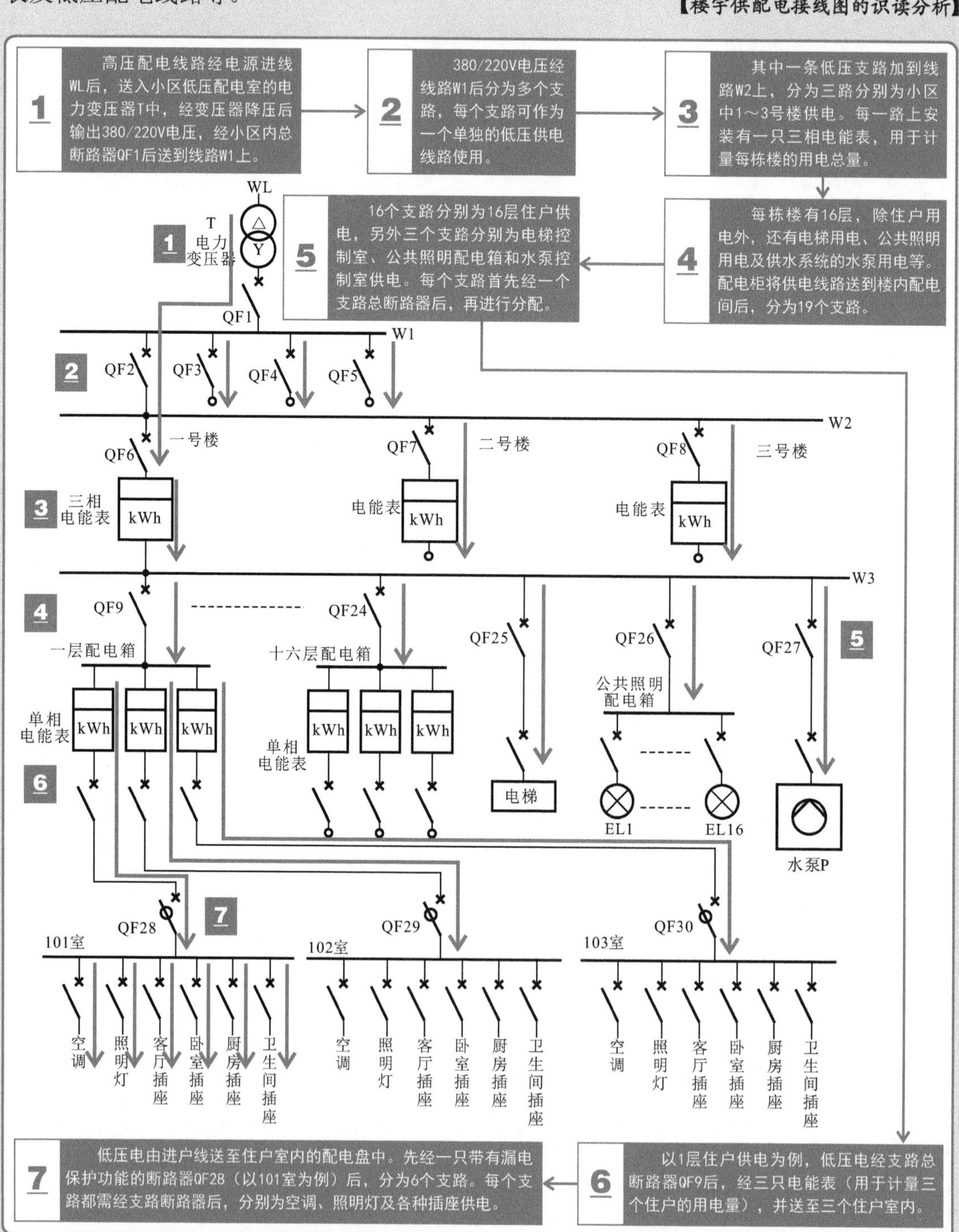

4.1.3 楼层供配电接线图的识读分析

楼层供配电接线图清晰标注了整个楼内总配电设备与各楼层配电箱之间的连接关系。在楼层供配电接线图中主要有电能表、总断路器、供电线等。

【楼层供配电接线图的识读分析】

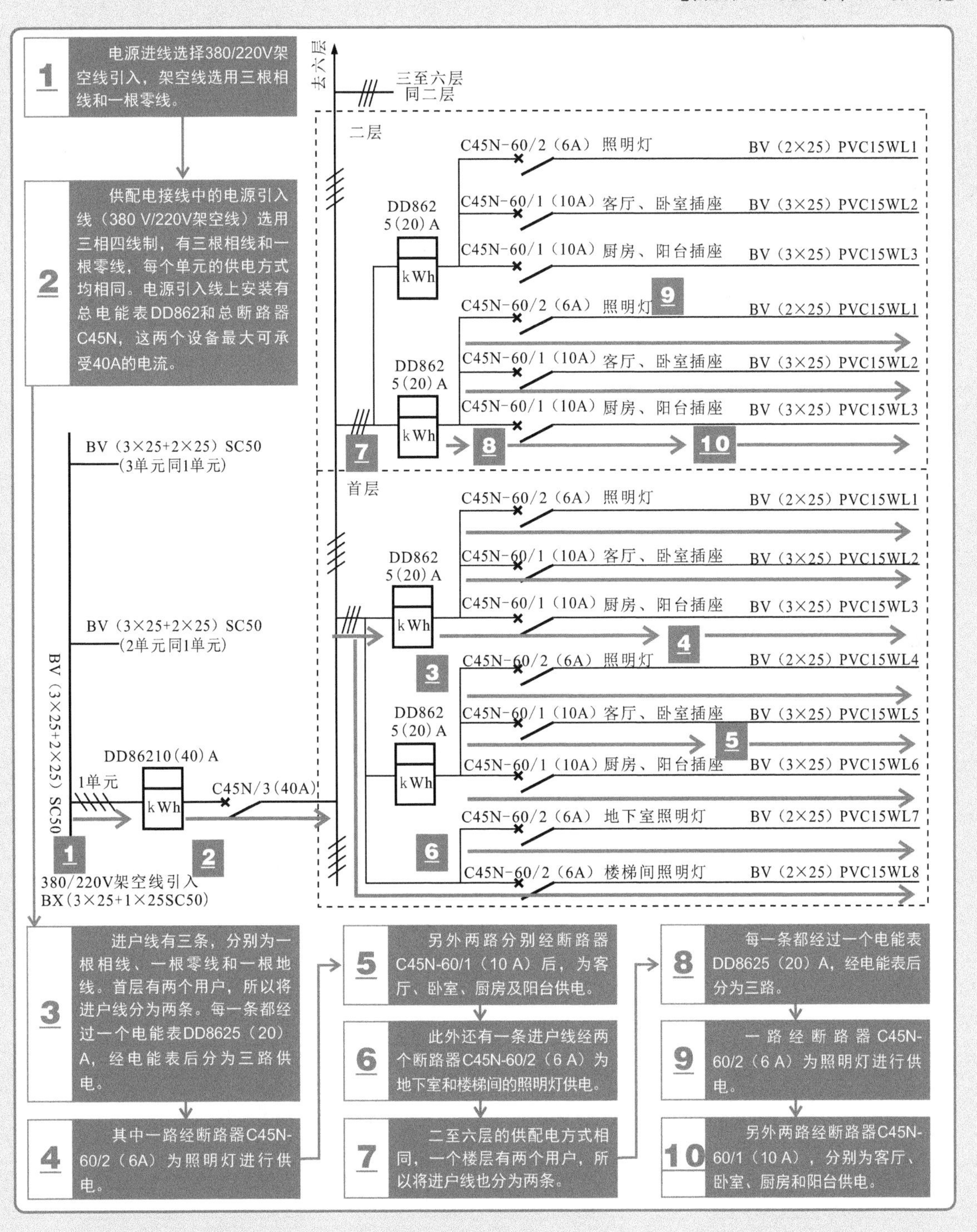

4.1.4 室内供配电接线图的识读分析

室内供配电接线图主要用以反映室内供配电的组合和连接关系及线路的分布情况。在识读室内供配电接线图时首先要了解接线图中的图形符号和文字标识的含义。

【楼宇供配电接线图的识读分析】

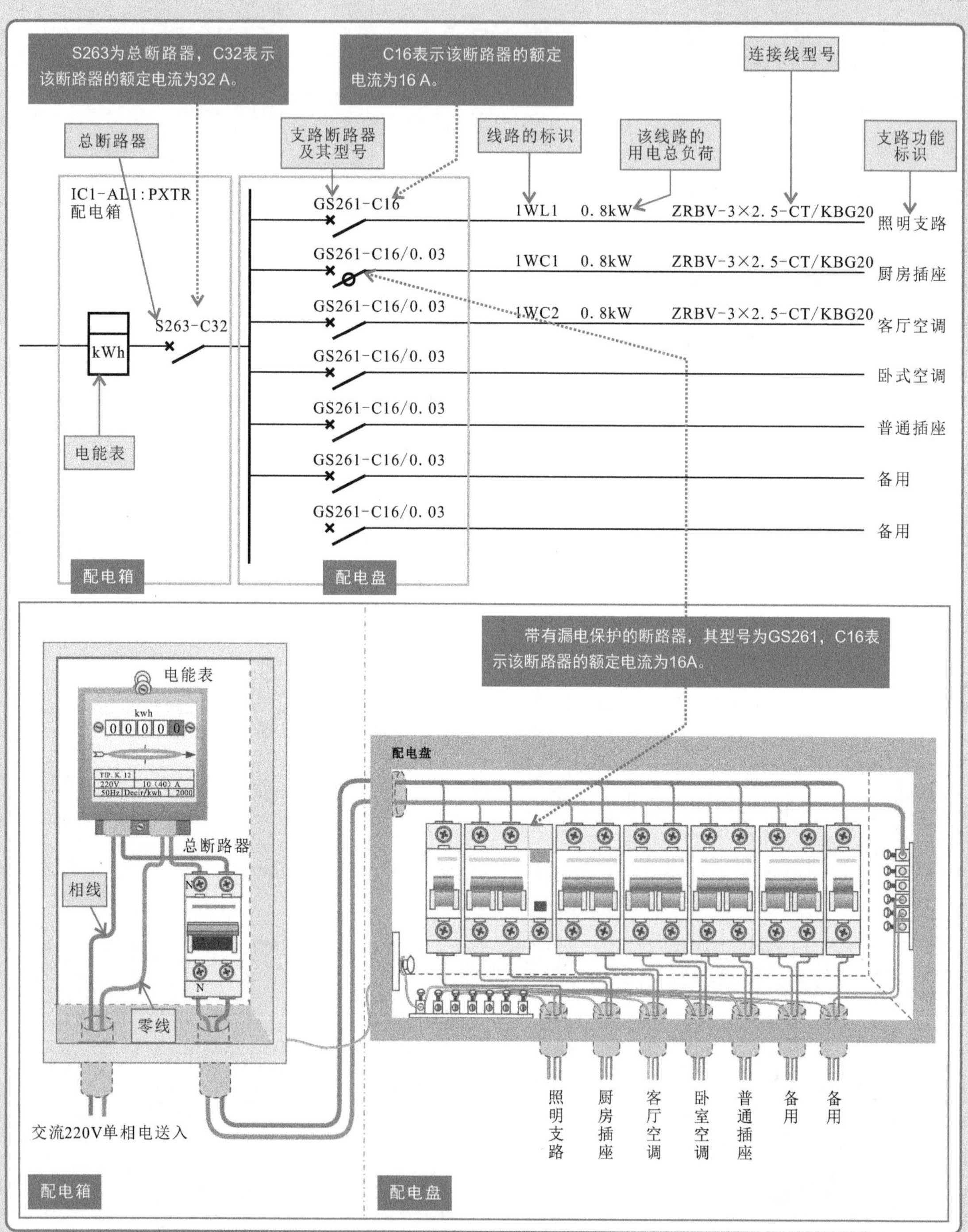

室内供配电接线图是家装电工室内作业的主要参考依据，不同的施工作业所参考的室内供配电接线图会有不同的表现形式。有的室内供配电接线图重点表现配电箱与入户配电盘的线路走向与连接关系，以及室内配电支路的分布；有的则重点表现室内电源插座和照明线路的接线关系。

1. 表现配电箱与配电盘连接关系的接线图

通过识读接线图可以准确地了解配电箱与配电盘之间的线路分布和各电气部件之间的连接关系。

【配电箱与配电盘连接关系的接线图】

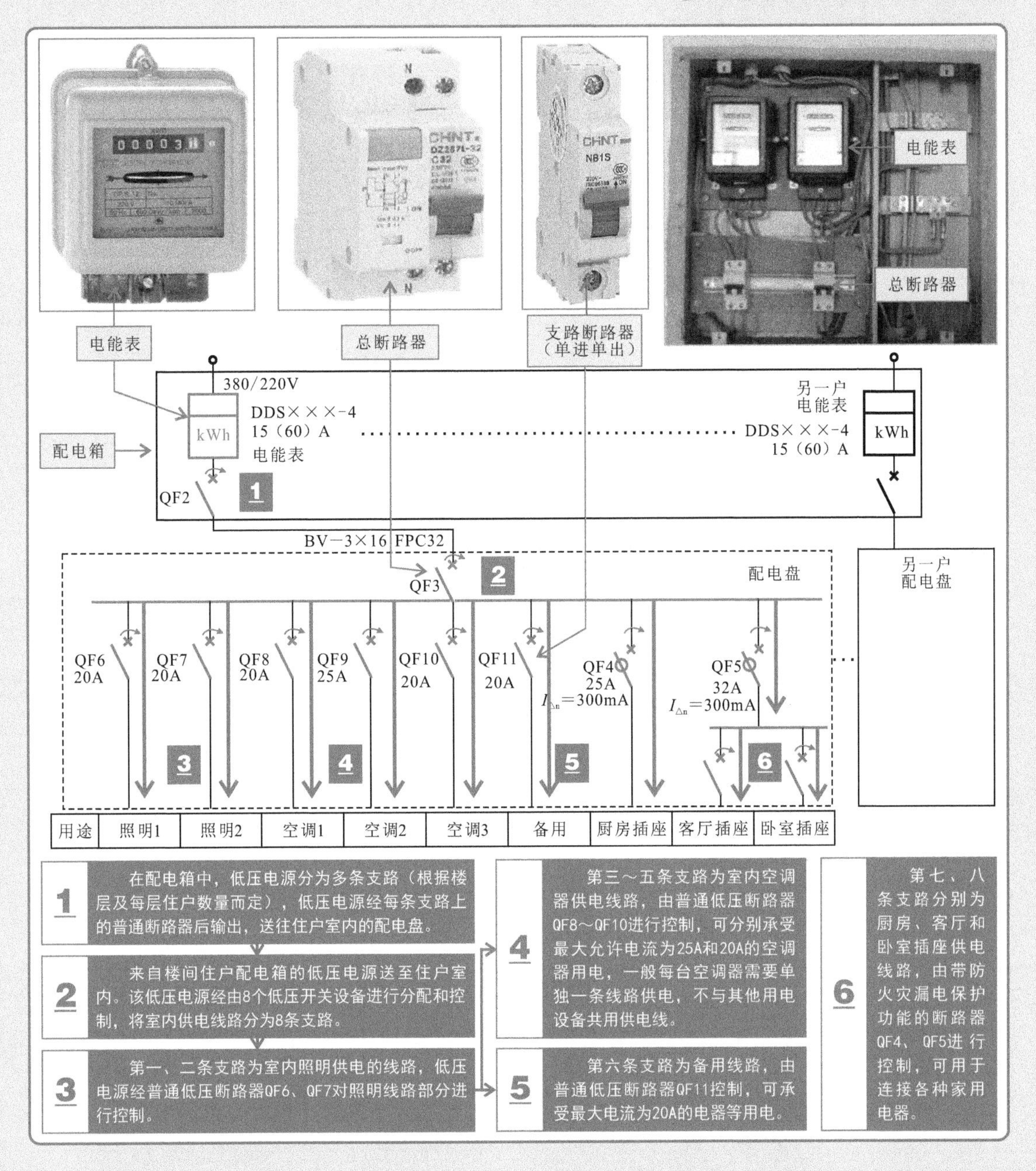

2. 表现室内电路支路分布关系的接线图

通过识读接线图可以准确地了解入户配电线路的分布及各支路的走向。室内电路支路线路主要由电能表、总断路器、支路断路器等构成。

【室内电路支路分布关系接线图】

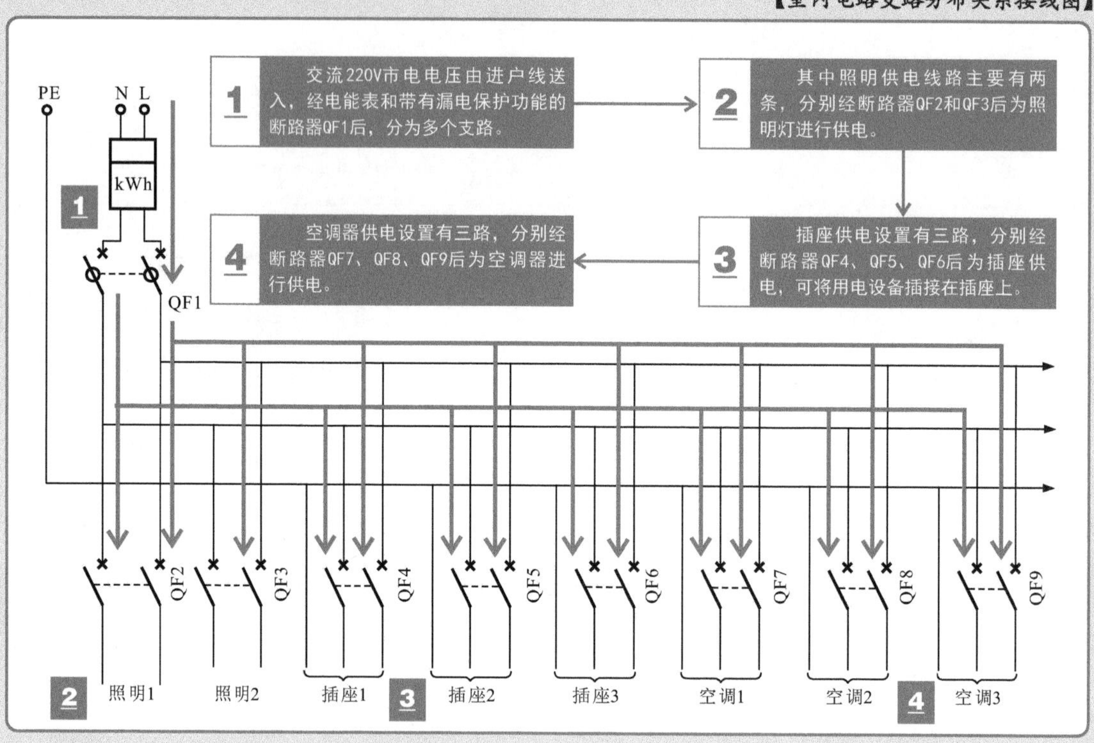

3. 表现电源插座和照明线路接线关系的接线图

通过识读接线图可以准确地了解室内电源插座、照明灯、控制开关等电气部件与供电线路之间的接线关系。电源插座和照明线路主要由进户线、电能表、总开关（断路器）及负载线路等构成。

【电源插座和线路接线关系的接线图】

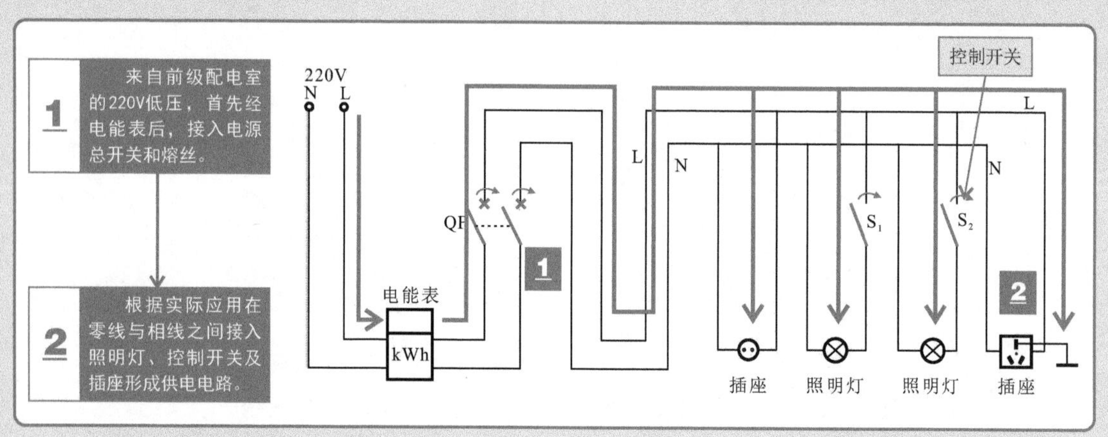

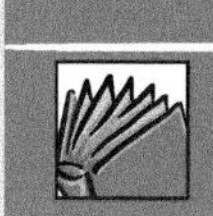

4.2 电气原理图的识读技能

4.2.1 电气原理图中的电气符号标识

电气原理图是利用电气标识来表示供配电线路的结构及供电方式，在电气原理图中，不同的电气设备及部件都有各自对应的图形符号和文字标识，在识读电气原理图时，首先要明确常用电气设备的图形符号和文字标识。

【常用电气设备的图形符号和文字标识】

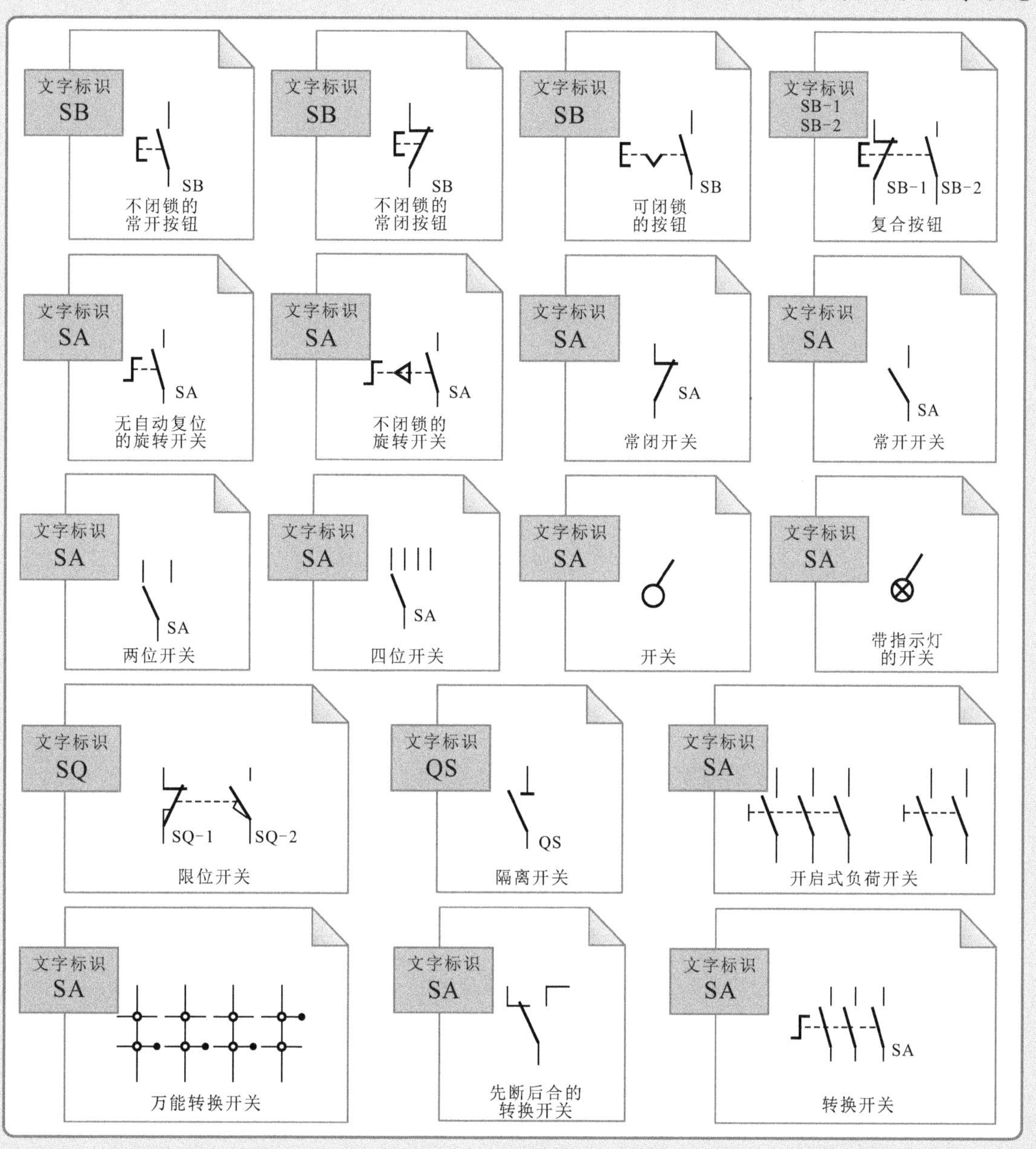

【常用电气设备的图形符号和文字标识（续）】

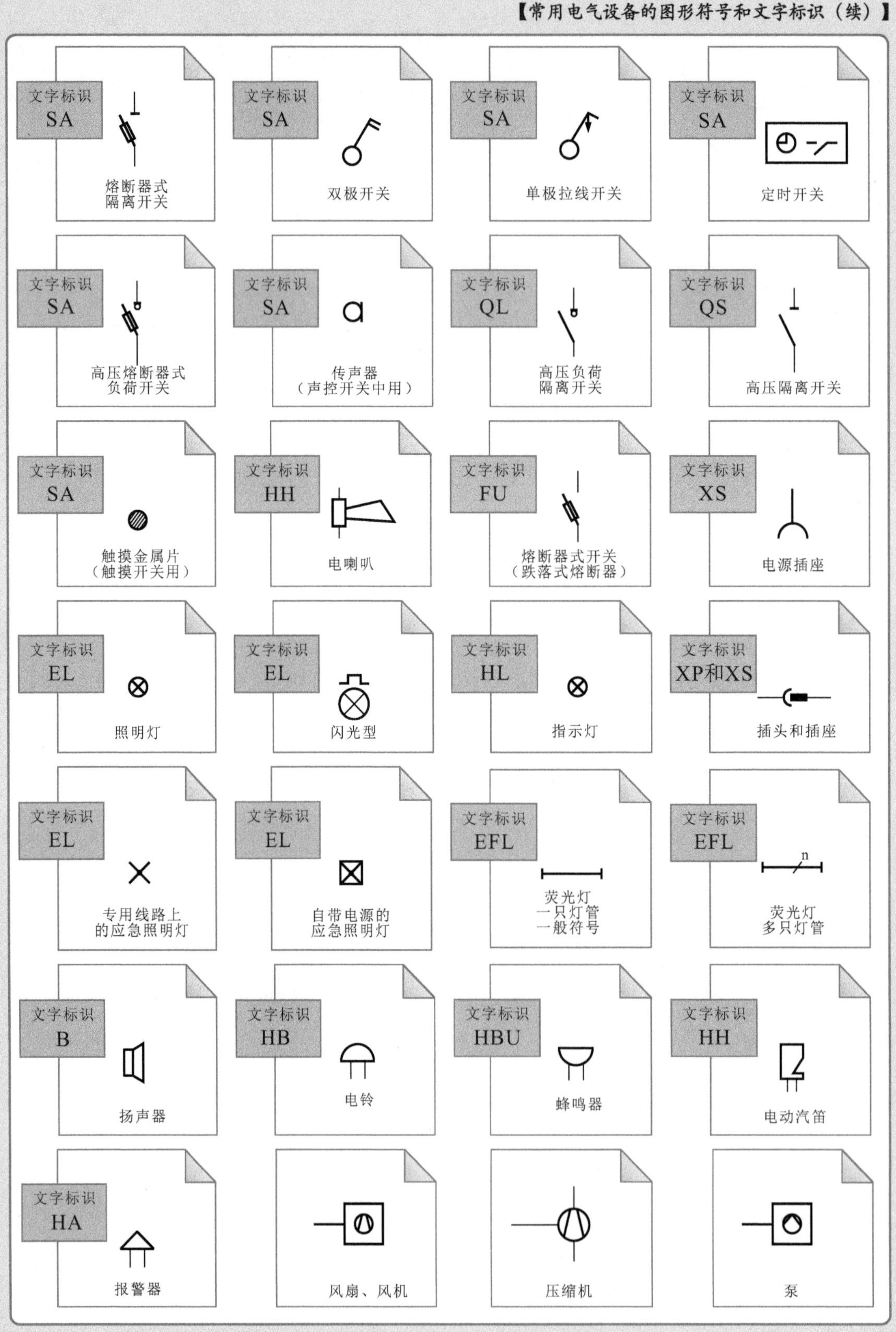

4.2.2 灯控原理图的识读分析

在灯控原理图中各电气部件均以图形符号和文字标识的形式标注于原理图中，并通过连接引线反映实际连接关系。通过识读灯控原理图，家装电工可以清晰地了解灯控线路的控制原理和信号处理过程，对灯控线路的调试与检修非常有帮助。

【灯控原理图的特点】

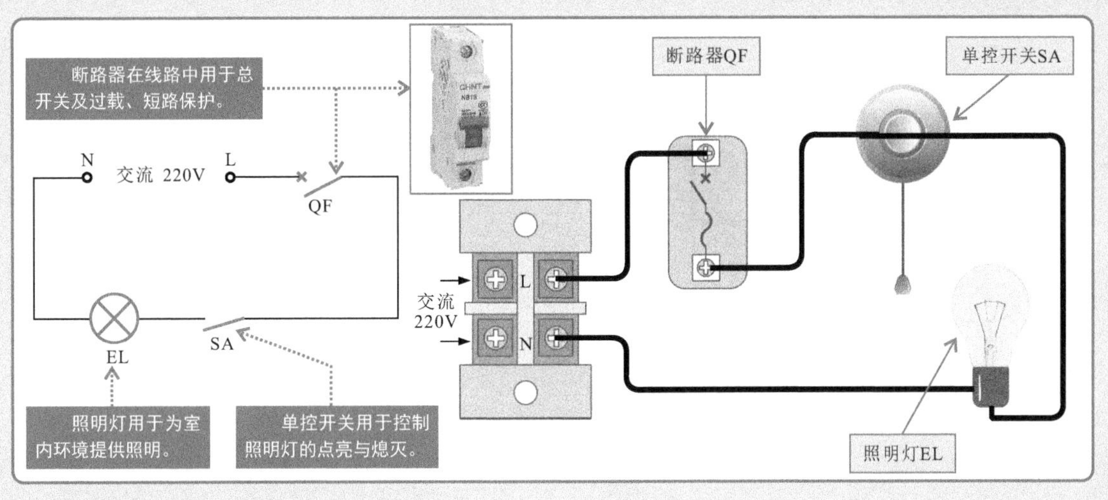

特别提醒

灯控原理图通过简单的图形符号和连线直观地表达了线路的连接关系，易于对电路原理的分析。在相线L端接有断路器，控制开关的一端与断路器相连，另一端接照明灯。照明灯的另一端直接连接零线N端。当控制开关SA闭合形成照明回路，交流220V电压加到照明灯的两端，为其供电，照明灯EL点亮。

1. 两点共控一灯的照明线路识读

两点共控一灯的照明线路主要是采用两个一开双控开关控制同一盏照明灯的点亮和熄灭。

【两点共控一灯照明线路的识读】

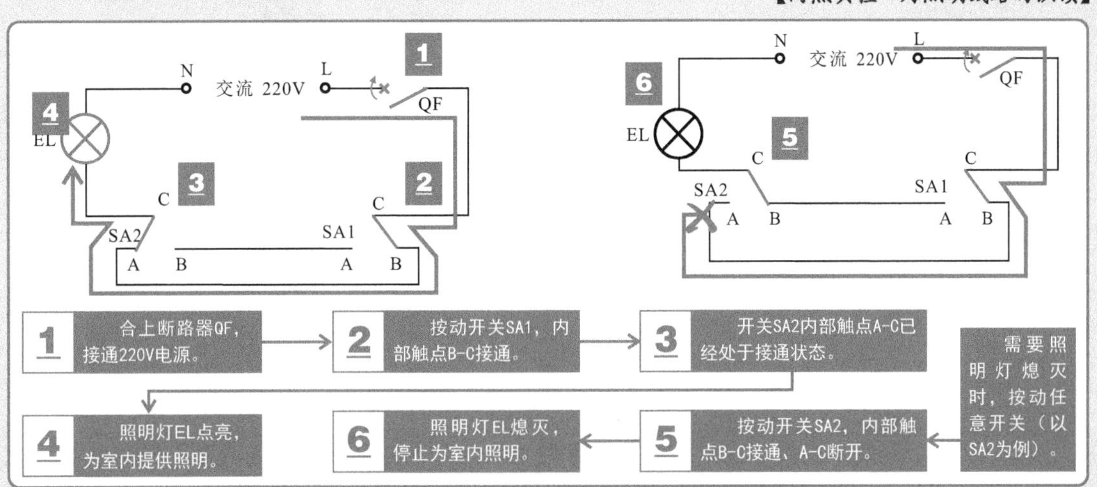

2. 三点共控一灯的照明线路识读

三点共控一灯的照明线路可实现三地同时控制一盏照明灯，即三个开关分别安装于室内不同位置，不管按动哪个开关都可以控制照明灯的点亮和熄灭。

【三点共控一灯照明线路的识读】

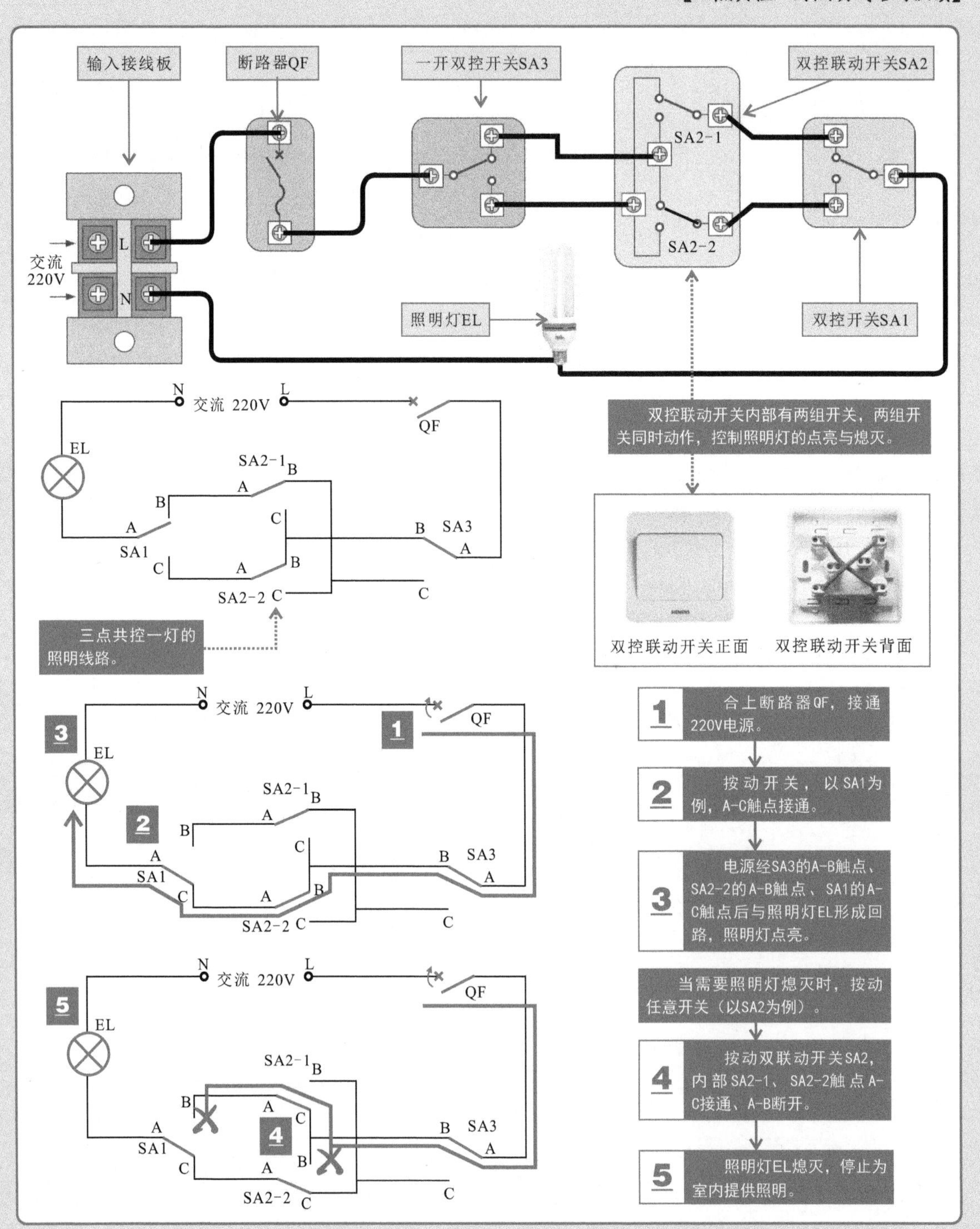

3. 触摸延时灯控的照明线路识读

触摸延时灯控照明线路主要可以实现触摸点亮照明灯后，照明灯会延时一段时间再熄灭。触摸延时灯控照明线路控制关系更为复杂。

【触摸延时灯控照明线路的识读】

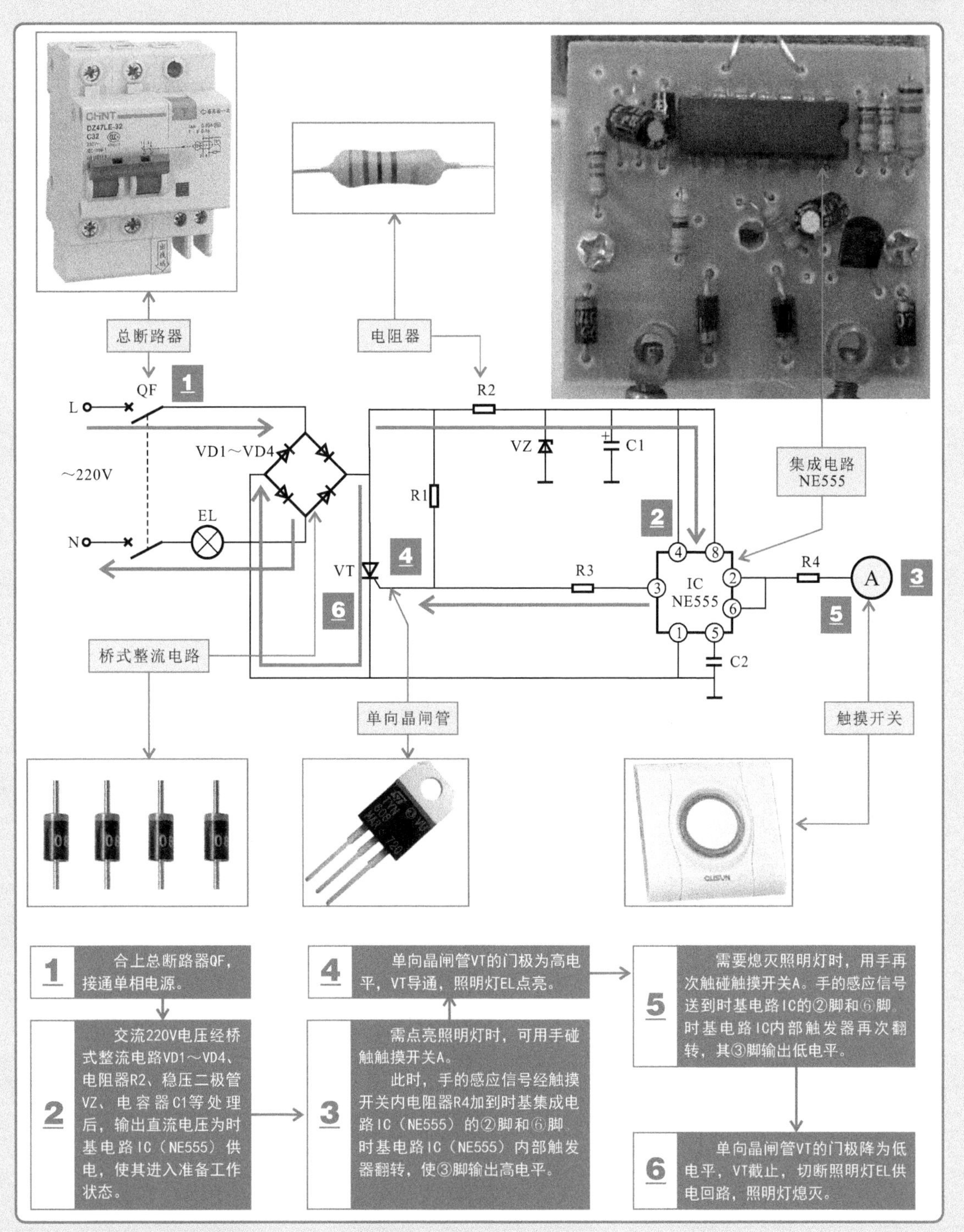

4. 循环闪光灯控的照明线路识读

循环闪光灯控照明线路是一种常见的景观灯控制线路，线路中的各个彩灯在触发和控制元件的作用下分别呈现全亮、向前循环闪光、向后循环闪光及变速循环闪光等8种花样的交替变换。

【循环闪光灯控照明线路的识读】

循环闪光灯照明线路主要是由稳压二极管VS、整流二极管VD、晶闸管VT1～VT4、CMOS彩灯专用集成电路IC2（YX9010）、时基电路IC1（NE555）、彩灯HL1～HL4等构成的。

IC2（YX9010）：是一种CMOS彩灯专用集成电路，该类集成电路的③脚为信号触发端，内部存储有8种彩灯控制方式. 每当③脚接收到一次高电平触发，集成电路内部便可自动转换一种灯控控制模式，控制输出端⑦～⑩脚输出时序不同的控制脉冲。

IC2（YX9010）　彩灯　IC1（NE555）　电阻器　晶闸管

R1 750k　VD　C1 068μ　C4 100p　C2　VS　R6 68k　R7 270k　R8 110k　IC1 NE555　IC2 YX9010　R2 10k　R3 10k　R4 10k　R5 10k　VT1　VT2　VT3　VT4　HL1　HL2　HL3　HL4　C6 100μ　C5 0.01μ　C3 1000p　～220V

1 将控制线路的插头插到市电插座上，接通交流220V电源。

2 交流220V市电经R1、C1降压、VS稳压、VD整流、C2滤波后输出稳定的6V左右的直流电压，为IC1和IC2供电。

3 时基电路IC1（NE555）工作后，由③脚输出固定周期和频率的脉冲信号，送到IC2（YX9010）的⑬脚。

4 IC2受触发后，由⑦～⑩脚输出具有特定规律的脉冲信号。

5 当⑦～⑩脚中有高电平时，其相应的晶闸管便会导通，被控制的彩灯会点亮。

5. 应急照明灯控的照明线路识读

应急照明灯控照明线路是在交流电断电时自动为应急照明灯供电的线路。当交流电供电正常时，应急照明灯自动控制电路中的蓄电池进行充电；当交流电停止供电时，蓄电池为应急照明灯进行供电，应急照明灯点亮进行应急照明。

【应急照明灯控照明线路的识读】

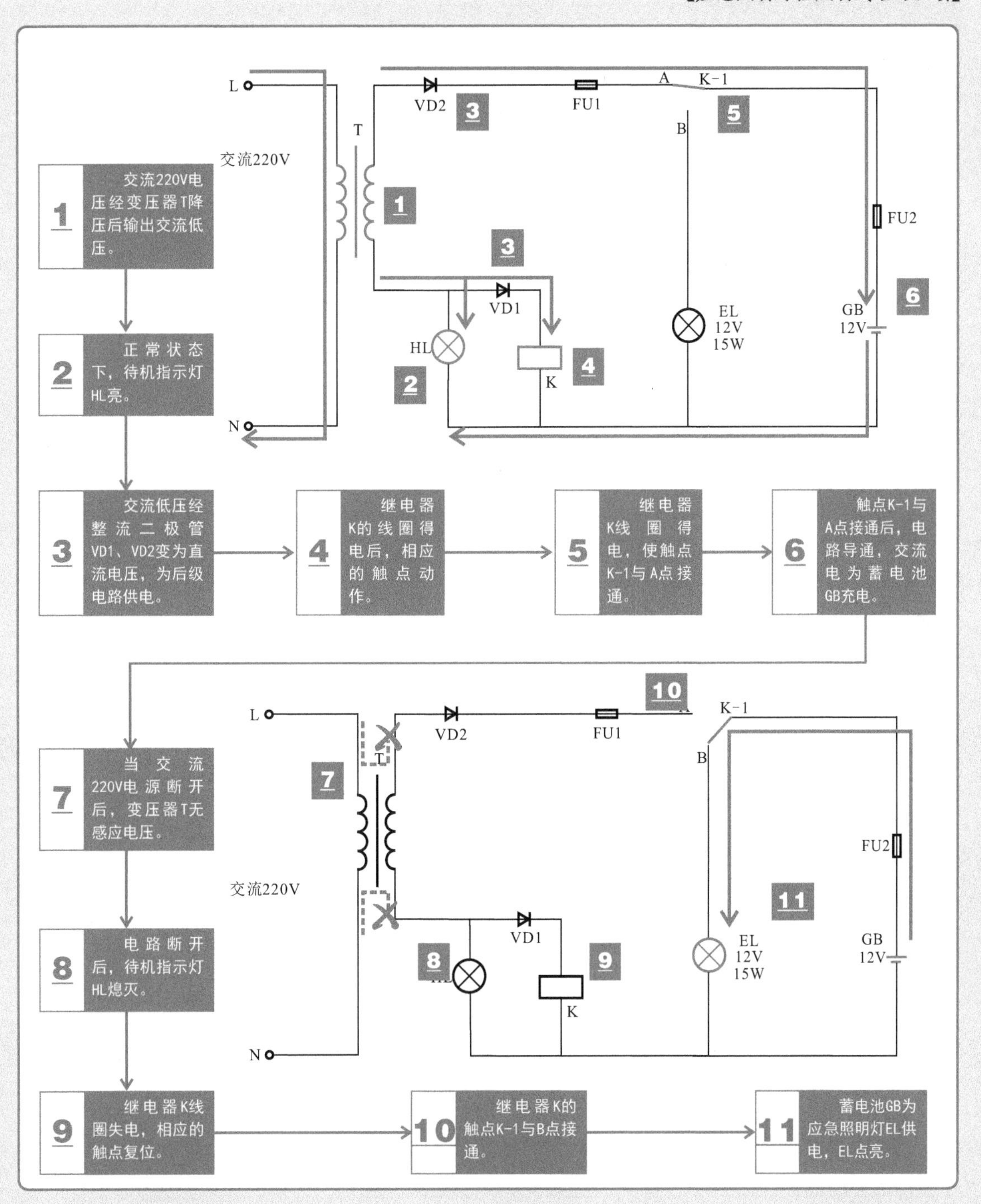

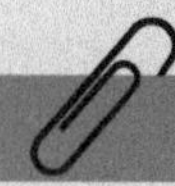

4.2.3 报警原理图的识读分析

在家装实用电路中，报警电路是一种用于环境检测的保护电路。例如，电源故障报警电路、危险气体报警电路。

1. 电源故障报警电路的识读

家庭电源故障报警电路的主要作用是当交流220V供电出现故障时，电路中的发光二极管点亮，蜂鸣器发出警报声，提醒用户及时维修。

电源故障报警电路主要由电源总开关QS、桥式整流电路VD1～VD4、光耦合器IC1、驱动晶体管VT1、晶闸管VS1、发光二极管LED、蜂鸣器BZ1、停止报警按钮SB1等构成。

【电源故障报警电路的识读】

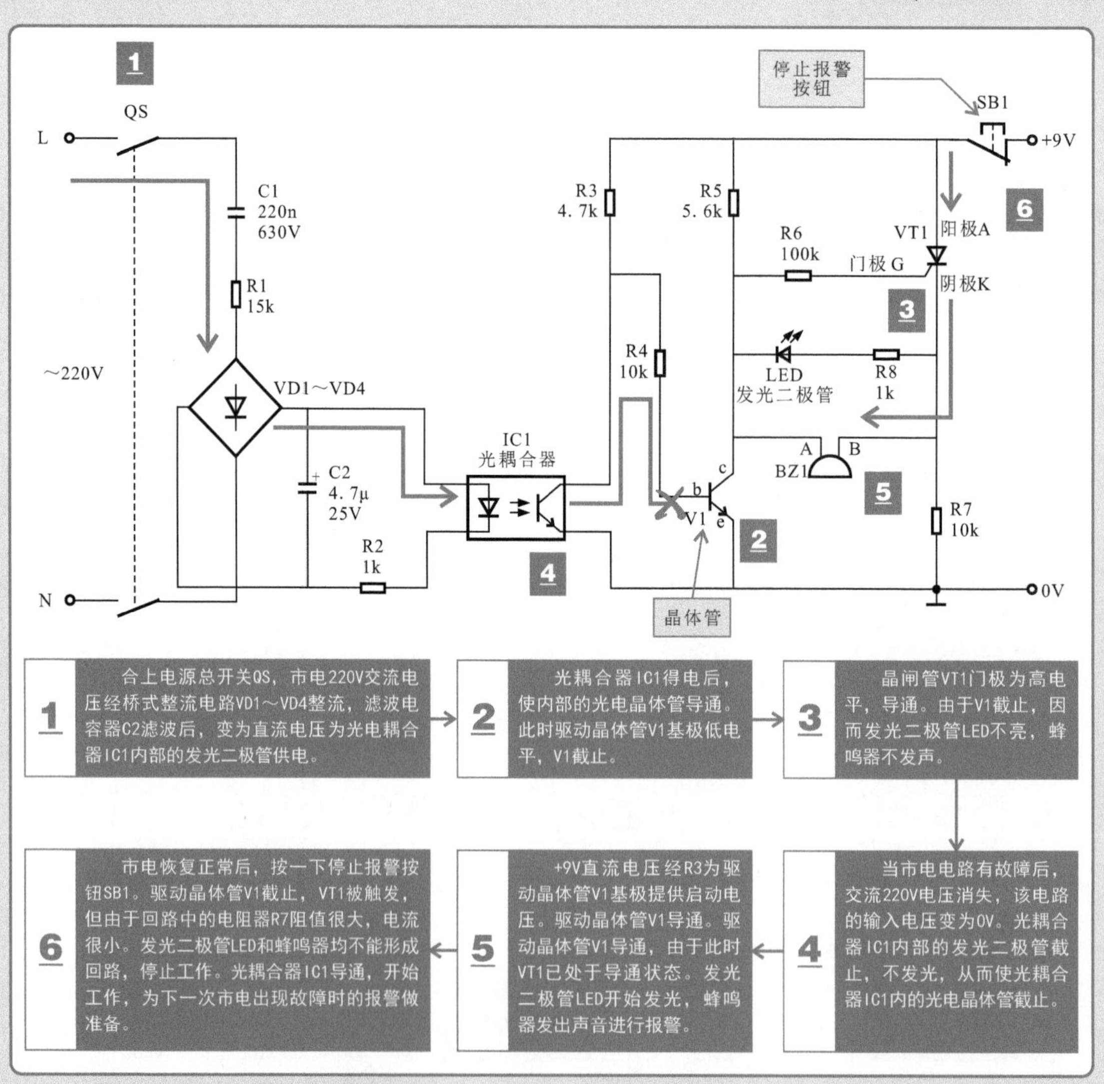

2. 危险气体报警电路的识读

危险气体报警电路是一种采用气敏传感器感知危险气体，可对煤气、天然气、火灾烟雾等气体进行检测，当所检测环境的气体浓度大于正常值时，便会自动报警。

【危险气体报警电路的识读】

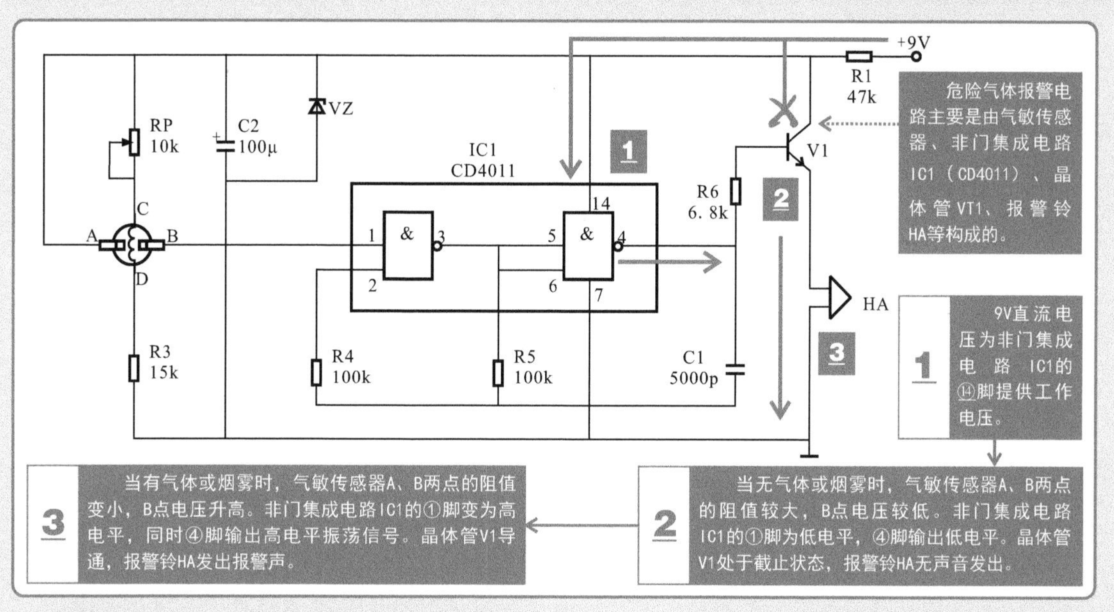

3. 红外线防盗报警电路的识读

红外线防盗报警电路主要安装于阳台、门窗等部位，采用红外探测模块进行环境检测，当有人靠近时，便会发出警报声报警。

【红外线防盗报警电路的识读】

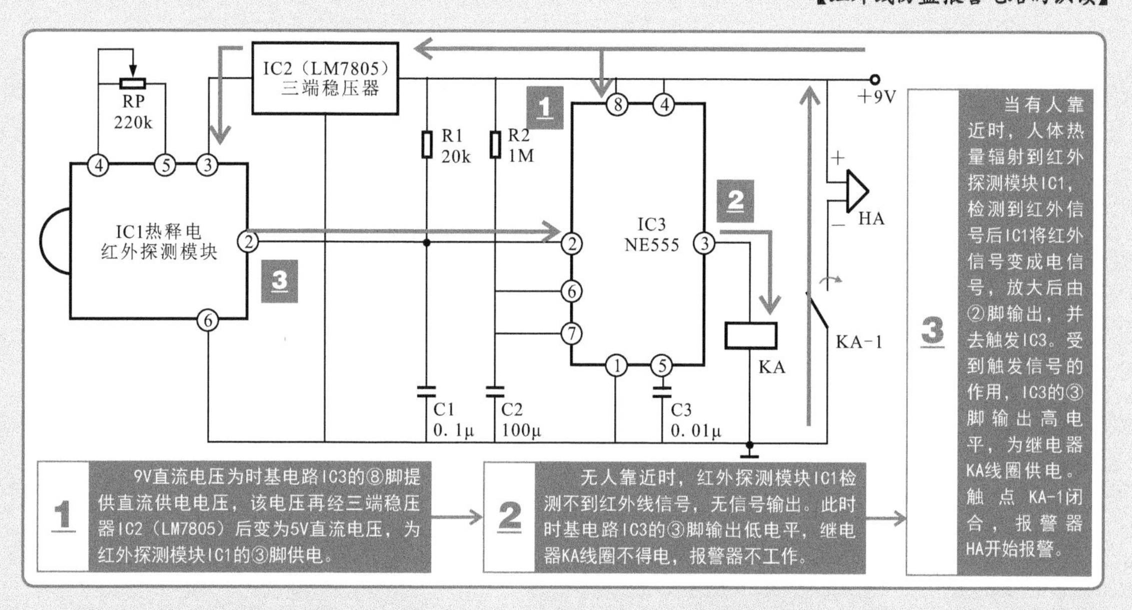

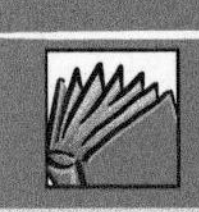

4.3 施工布线图的识读技能

4.3.1 施工布线图中的电气符号标识

施工布线图是家装电工进行线路敷设、电气安装的重要参考依据，施工布线图中详细标识了电气设备的类型、数量、安装位置等信息。

【常用电气设备的图形符号和文字标识】

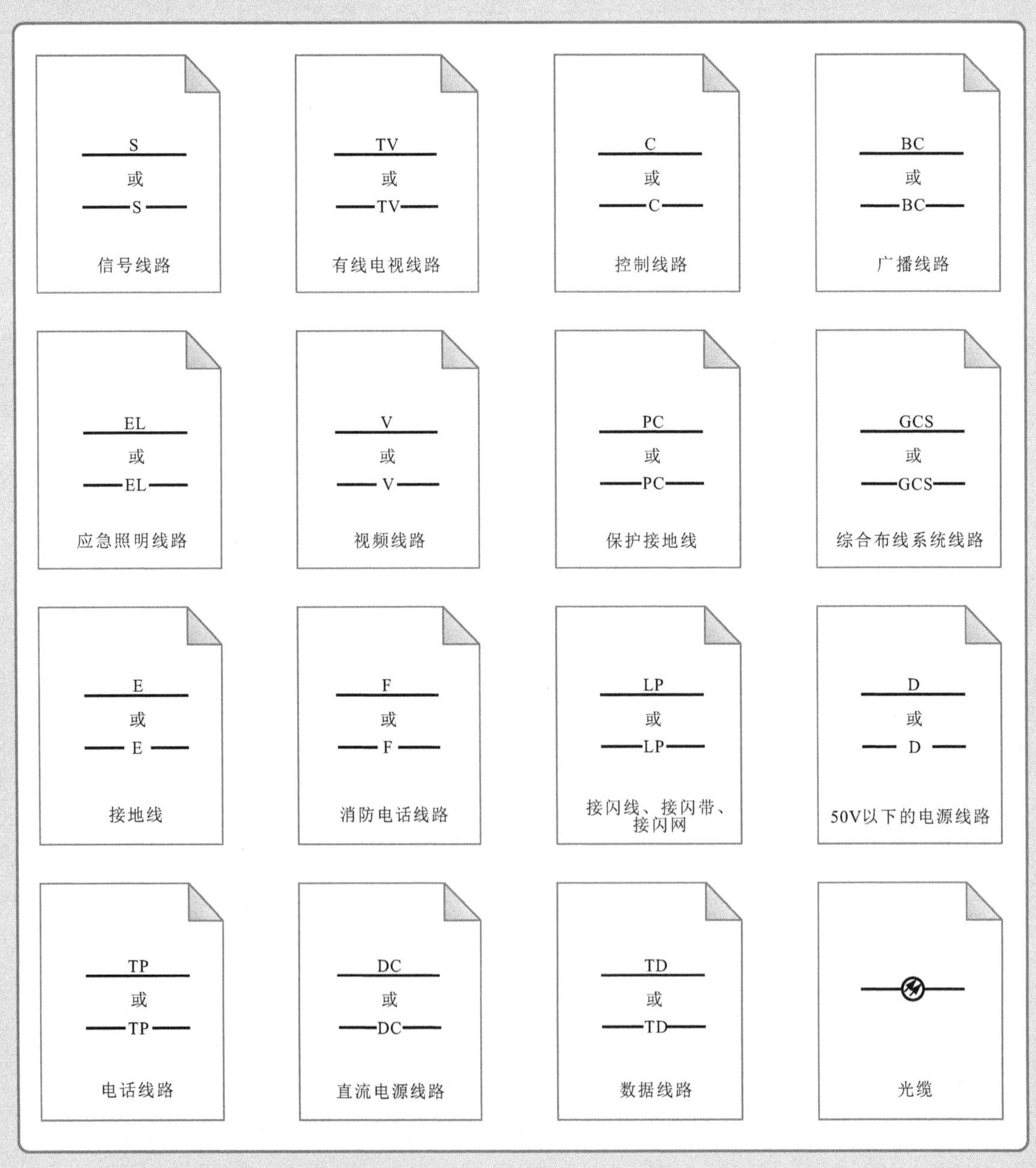

【常用电气设备的图形符号和文字标识（续）】

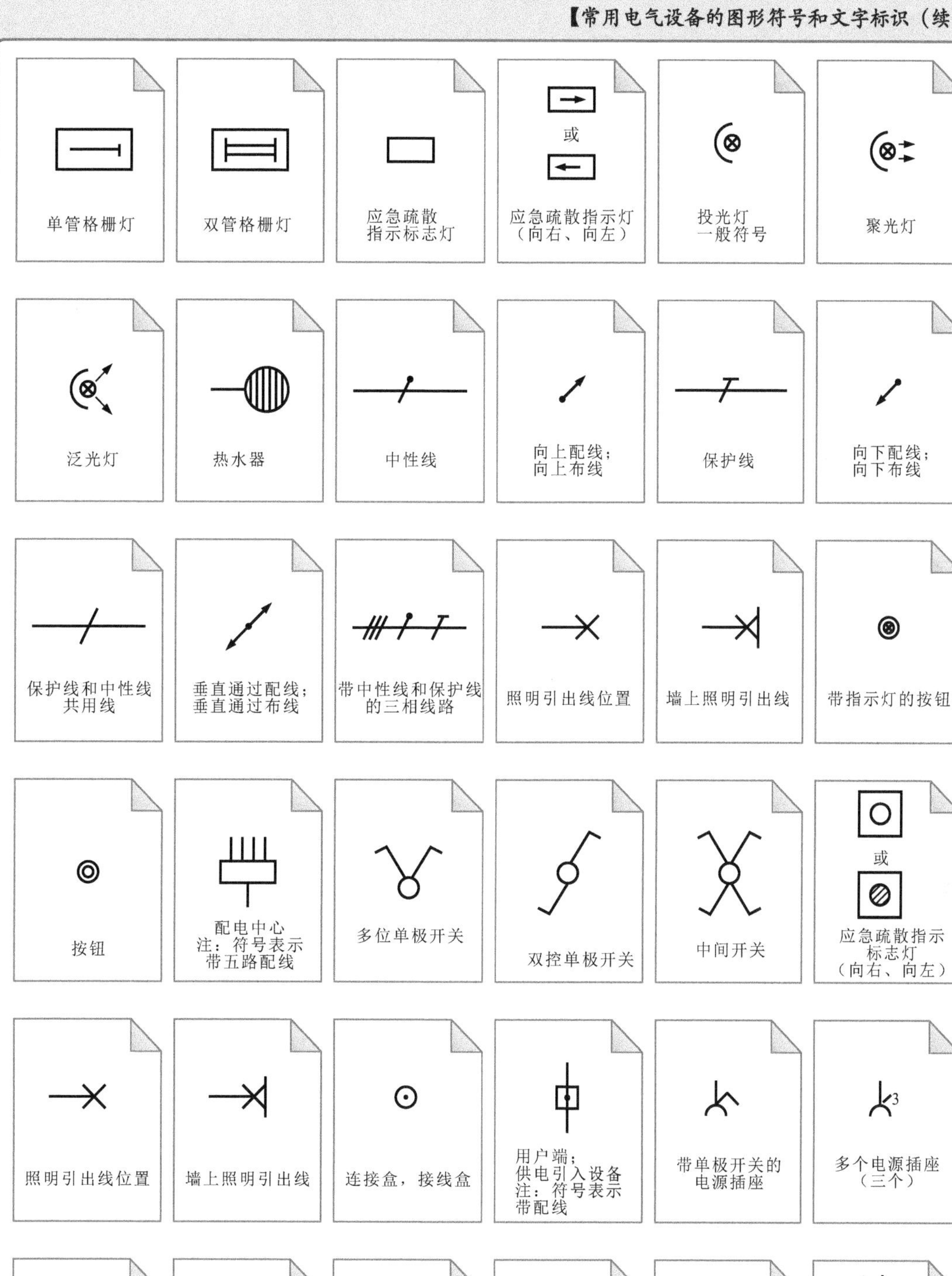

带联锁开关的电源插座

多个电源插座（三个）

带保护极的电源插座

带滑动防护板的电源插座

带隔离变压器的电源插座

电信插座

BC：广播
T：电信
TD：数据传输
TFX：用户传真
TP：电话
TV：电视

4.3.2 施工布线图的识读分析

家装电工进行线路敷设、控制开关安装、照明灯具安装等电气布线与安装操作都要依据施工布线图来完成。施工布线图将电气设备的类型、安装方式、安装数量、线路走向等施工信息，通过图形符号和文字标识清晰标注于原有房型图上，家装电工便可通过识读施工布线图完成施工作业。

【施工布线图的识读分析】

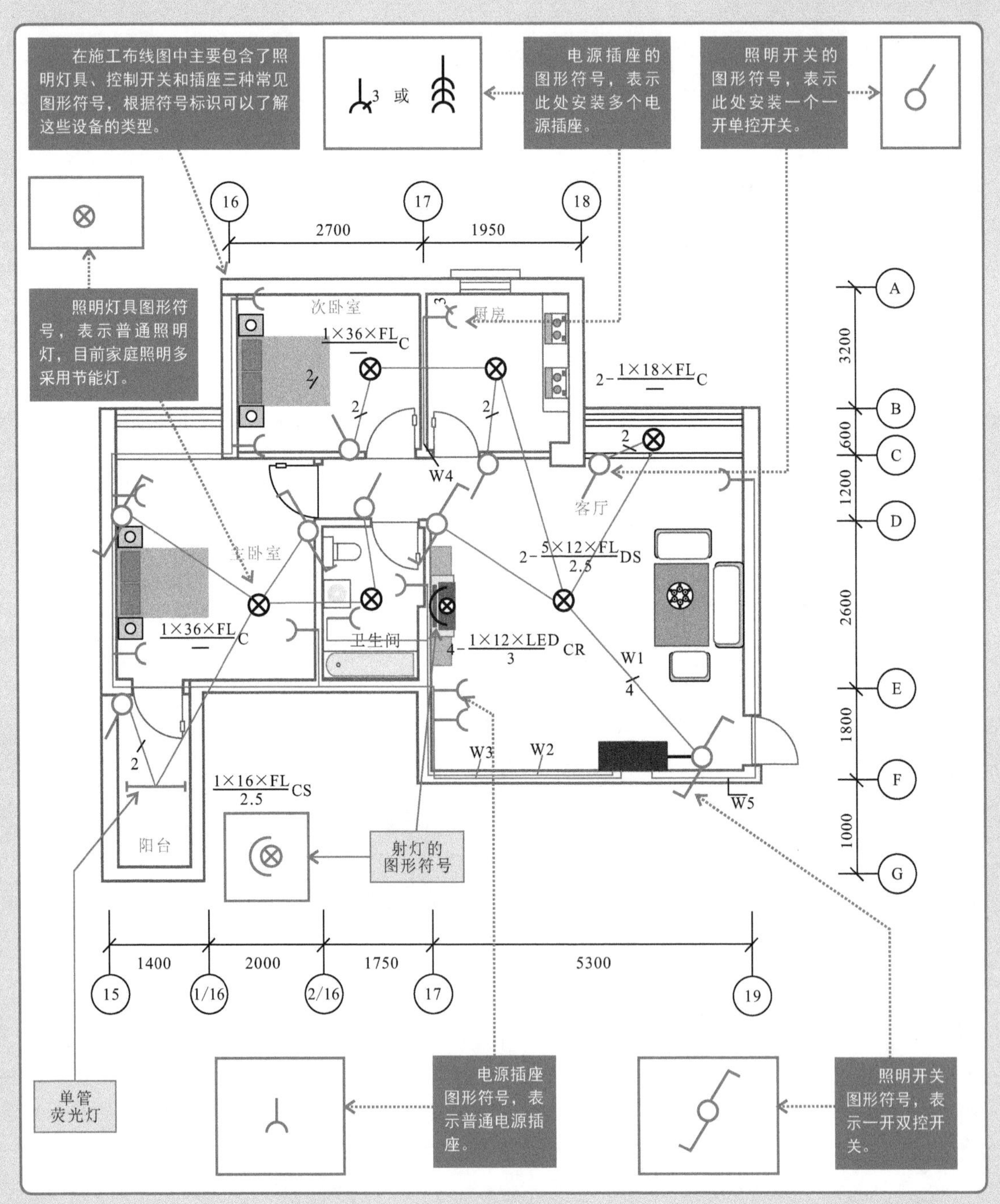

【施工布线图的识读分析（续）】

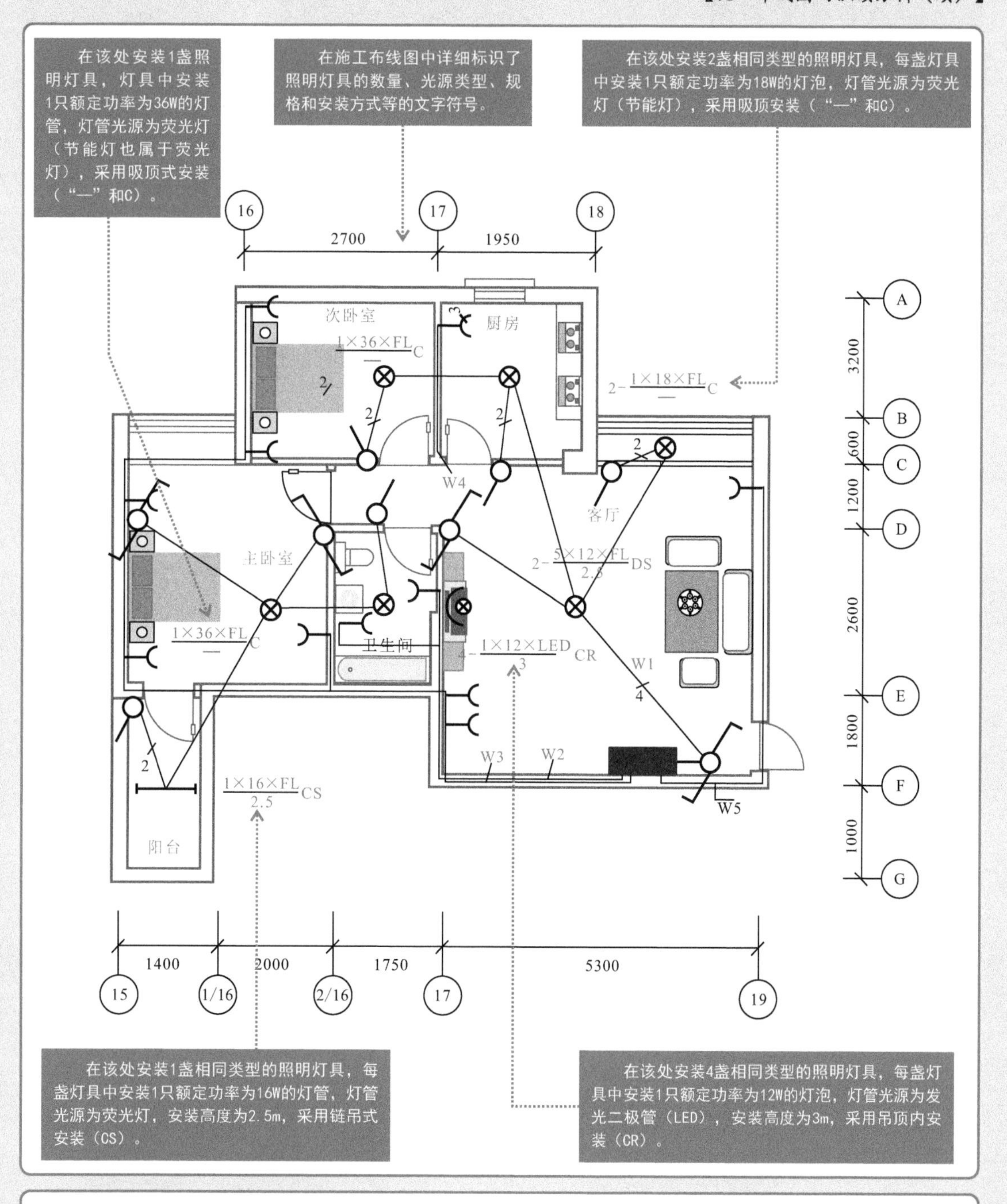

特别提醒

结合上图中的图形符号和文字符号的识读，可以了解到该供配电线路的施工布线图所表达的基本内容。

照明线路W1，用于控制室内照明灯具，其中：

客厅中安装2盏吊灯，每个吊灯中包含5只12W的灯泡，由两只一开双控开关控制。

客厅阳台上和小卧室各安装一盏18W节能灯，分别由一只一开单控开关控制。

主卧室安装一盏36W节能灯，由两只一开双控开关控制。

主卧室阳台安装一盏16W的荧光灯灯管，由一只一开单控开关控制。

W2为卫生间插座线路；W3为主次卧室普通插座线路；W4为厨房插座线路；W5为客厅空调专用线路。

第5章 家装电工的线缆加工与敷设技能

5.1 线缆的加工连接技能

5.1.1 硬导线的加工连接技能

硬导线是家装电工中最常使用的线缆之一。以最常见的铜芯塑料绝缘硬导线为例，对硬导线的加工连接包括绝缘层的剥削和线芯的连接两个环节。在实际操作时，又可根据线芯的粗细、加工工具类型、连接要求等的不同采用不同的加工或连接方法。

1. 横截面积小于4mm²（线径2.25mm）硬导线绝缘层的剥削

线芯横截面积为4mm²及以下硬导线绝缘层的剥削操作，一般可用钢丝钳进行。

【使用钢丝钳剥削线芯横截面积小于4mm²硬导线的绝缘层】

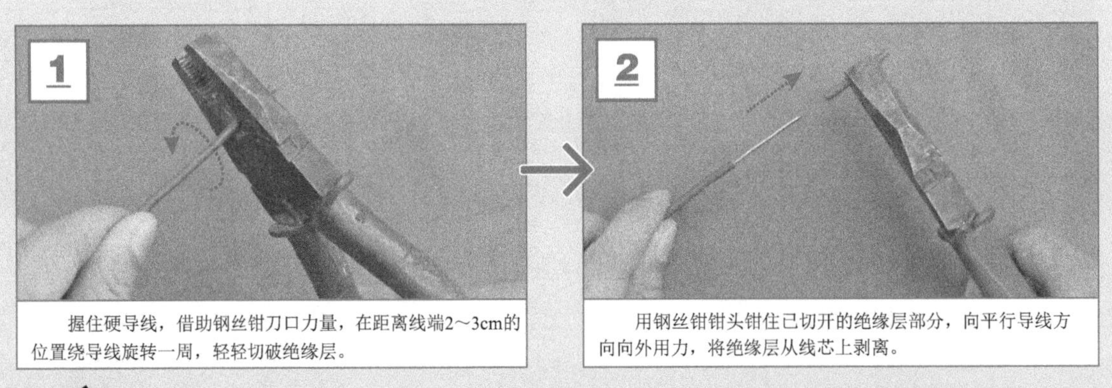

握住硬导线，借助钢丝钳刀口力量，在距离线端2～3cm的位置绕导线旋转一周，轻轻切破绝缘层。

用钢丝钳钳头钳住已切开的绝缘层部分，向平行导线方向向外用力，将绝缘层从线芯上剥离。

2. 横截面积大于4mm²（线径2.25mm）硬导线绝缘层的剥削

剥削线芯横截面积大于4mm²硬导线的绝缘层，可用电工刀或剥线钳进行。

【使用电工刀剥削线芯横截面积大于4mm²硬导线的绝缘层】

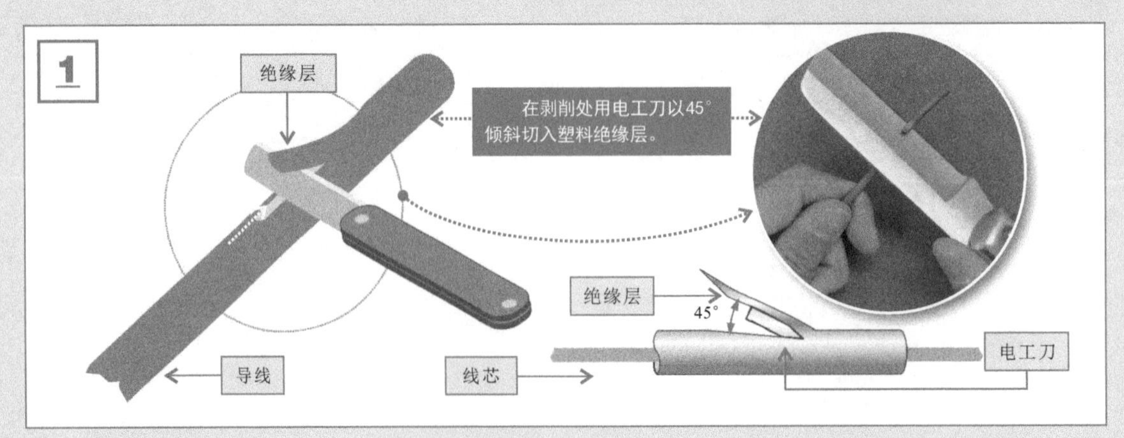

【使用电工刀剥削线芯横截面积大于$4mm^2$硬导线的绝缘层（续）】

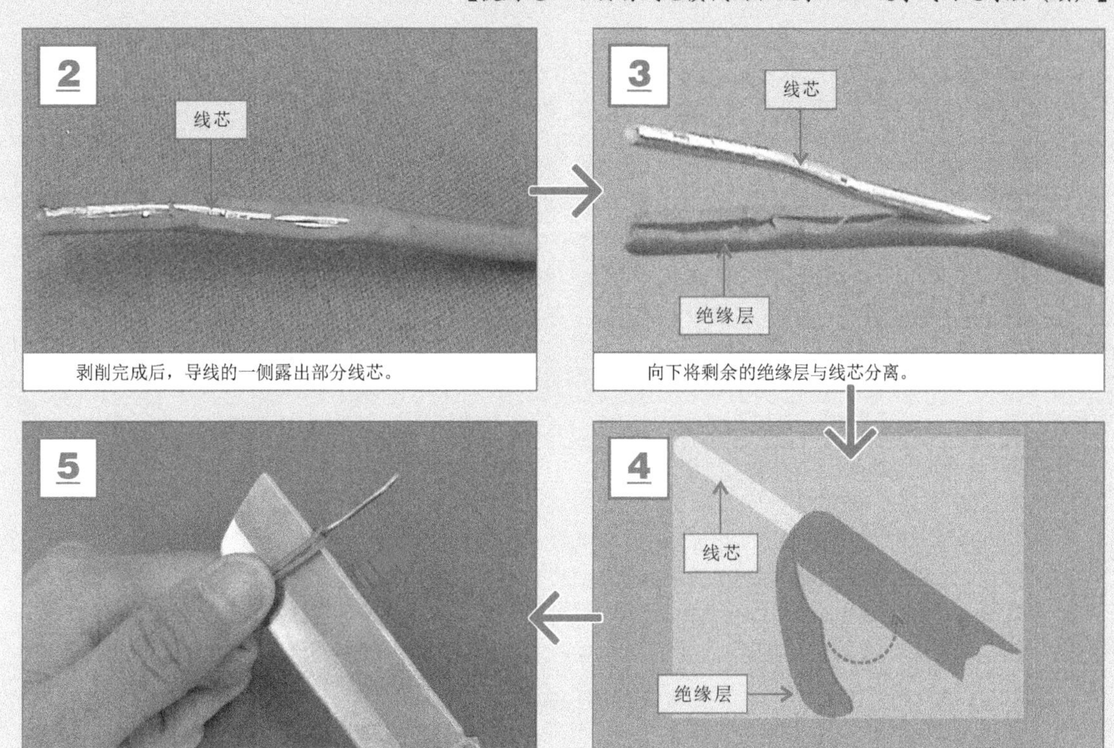

剥削完成后，导线的一侧露出部分线芯。

向下将剩余的绝缘层与线芯分离。

将多余的绝缘层向后扳翻，以便将多余的绝缘层切除。

用电工刀切下剩余的绝缘层。

【使用剥线钳剥削线芯横截面积大于$4mm^2$硬导线的绝缘层】

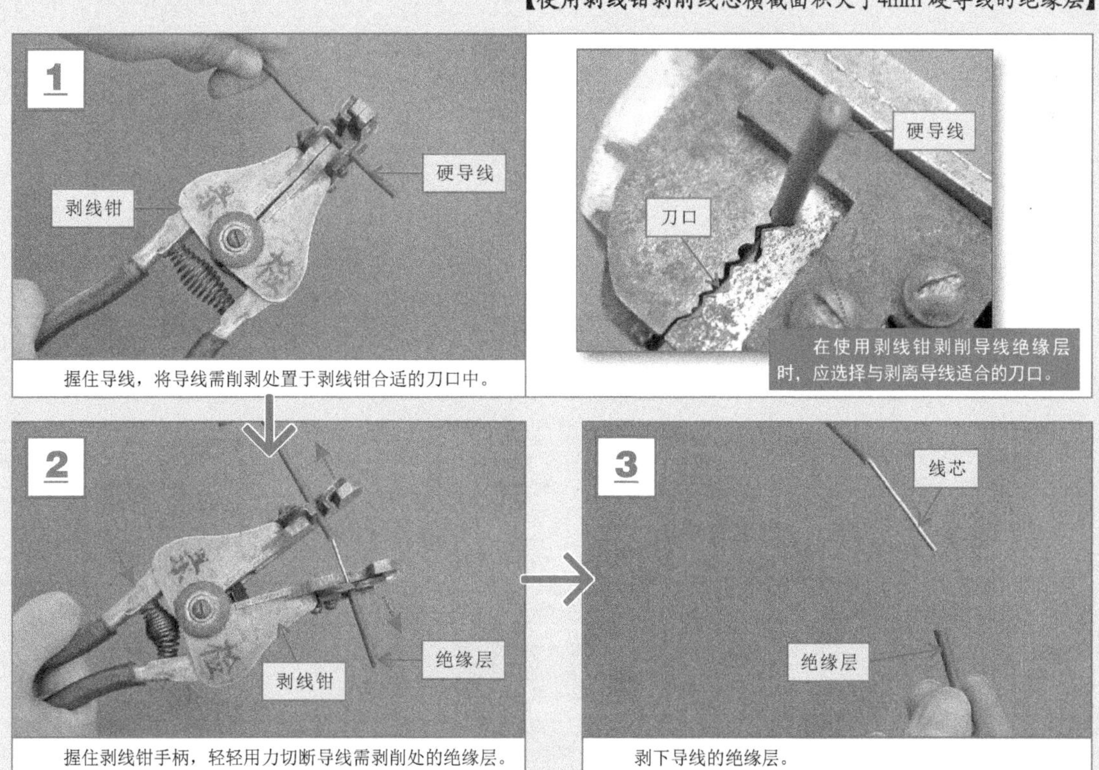

握住导线，将导线需削剥处置于剥线钳合适的刀口中。

在使用剥线钳剥削导线绝缘层时，应选择与剥离导线适合的刀口。

握住剥线钳手柄，轻轻用力切断导线需剥削处的绝缘层。

剥下导线的绝缘层。

特别提醒

家装过程中，剥离硬导线绝缘层时不可损坏线芯，即剥离绝缘层后的线芯必须光滑平整，不可有切痕、割痕等任何损伤。若不慎使线芯破损，则应将损伤的线芯剪掉，重新对导线线端的绝缘层进行剥削。

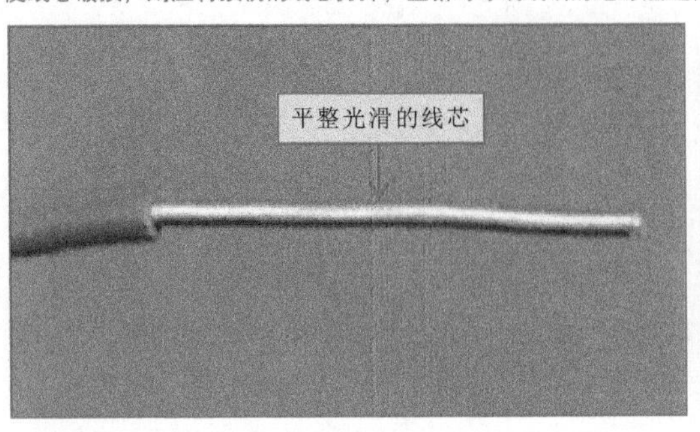

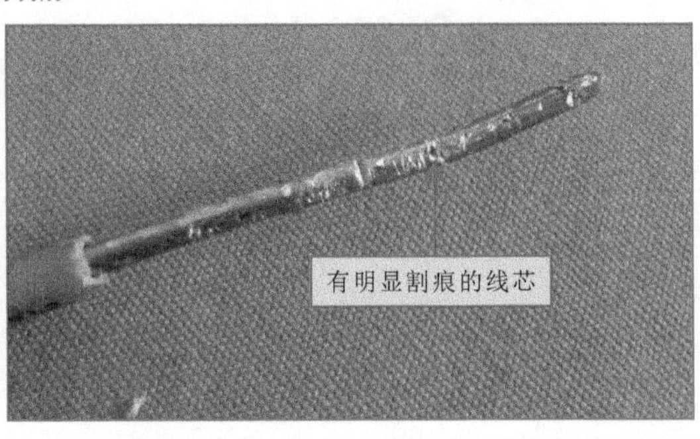

3. 硬导线的并头连接

家装电工的接线操作中，大多线缆的连接都要求采用并头连接的方法，如常见的照明控制开关中零线的连接、电源插座内同相导线的连接等。

并头连接是指将需要连接的导线线芯部分并排摆放，然后用其中一根导线线芯绕接在其余线芯上的一种连接方法。

两根硬导线（单股铜芯硬导线）并头连接时，先将两根导线线芯并排合拢，然后在距离绝缘层15mm处，将两根线芯捻绞3圈后，留适当长度，剪掉多余线芯，并将余线折回压紧。

【两根硬导线的并头连接】

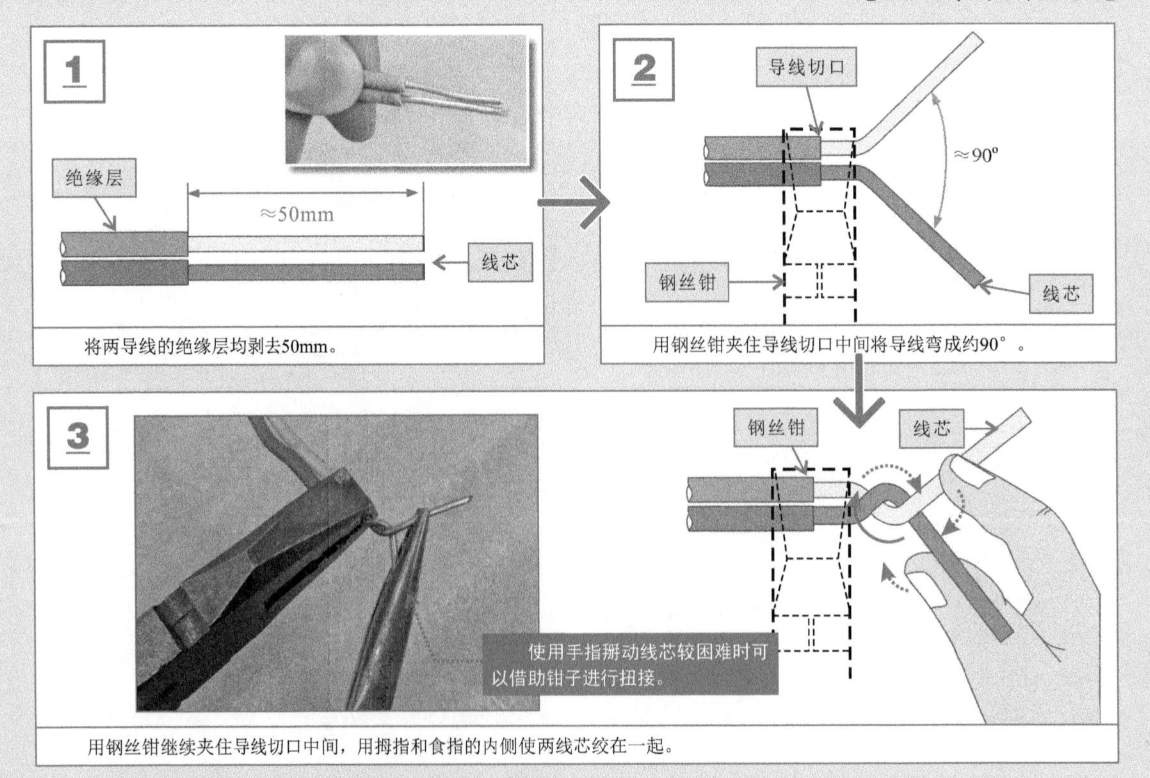

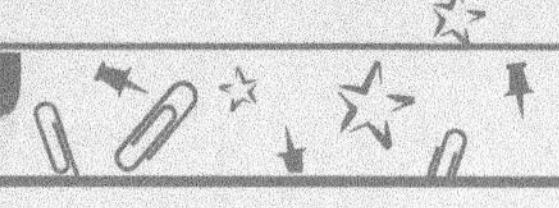

【两根硬导线的并头连接（续）】

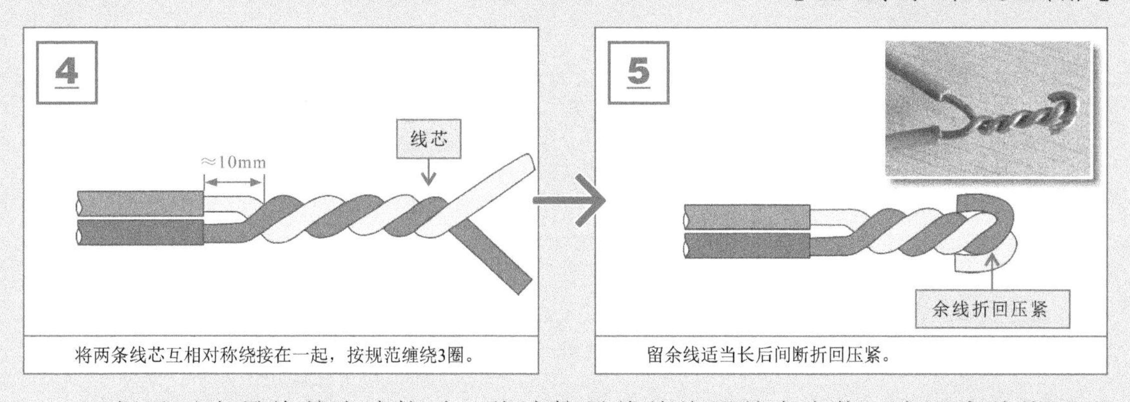

三根及以上导线并头连接时，将连接导线绝缘层并齐合拢，在距离绝缘层约15mm处，将其中的一根线芯（卷绕线芯剥除绝缘层长度是被卷绕线芯的3倍以上）缠绕其他线芯至少5圈后剪断，把其他线芯的余头并齐折回压紧的缠绕线上。

【三根硬导线的并头连接】

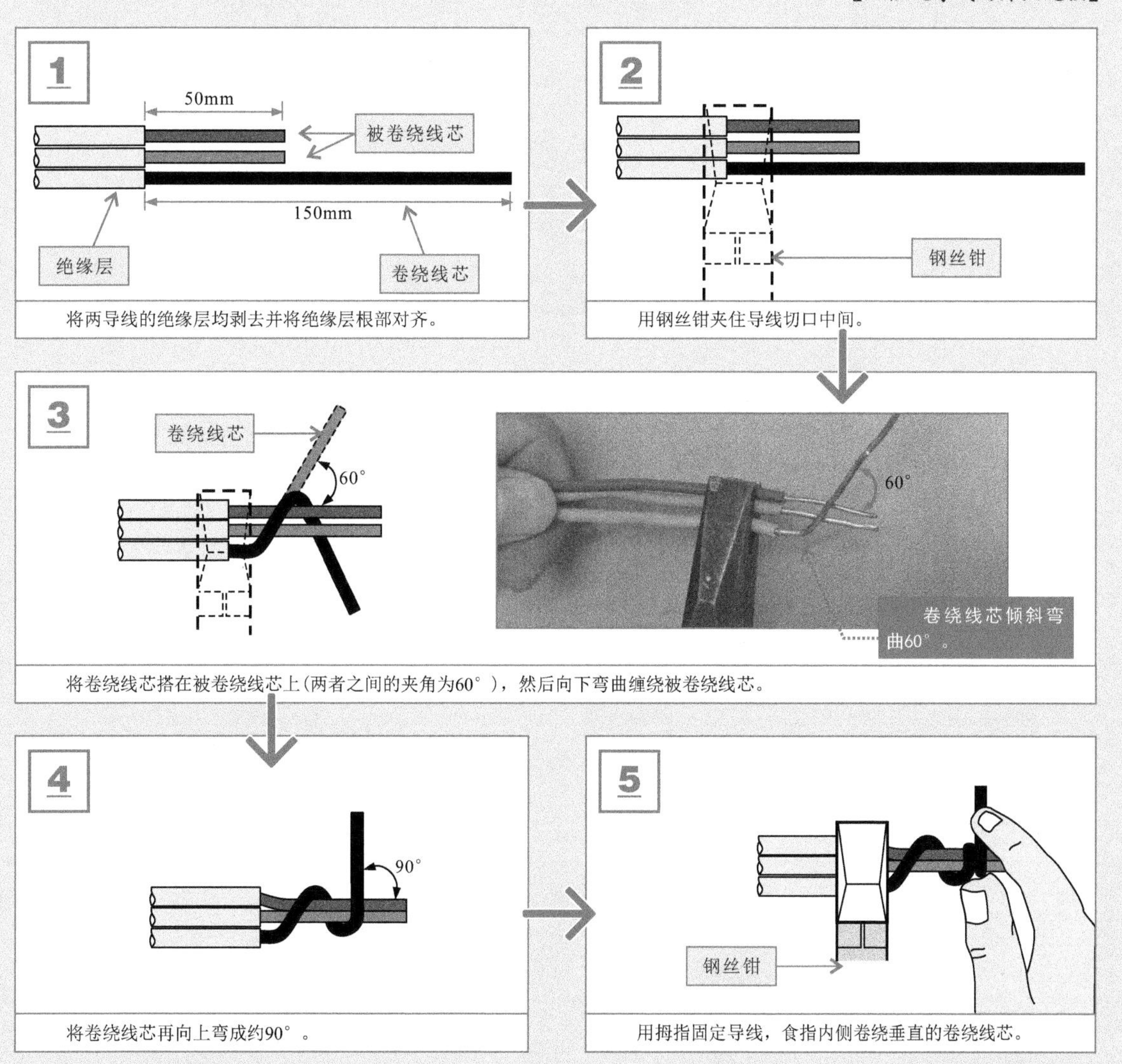

【三根硬导线的并头连接（续）】

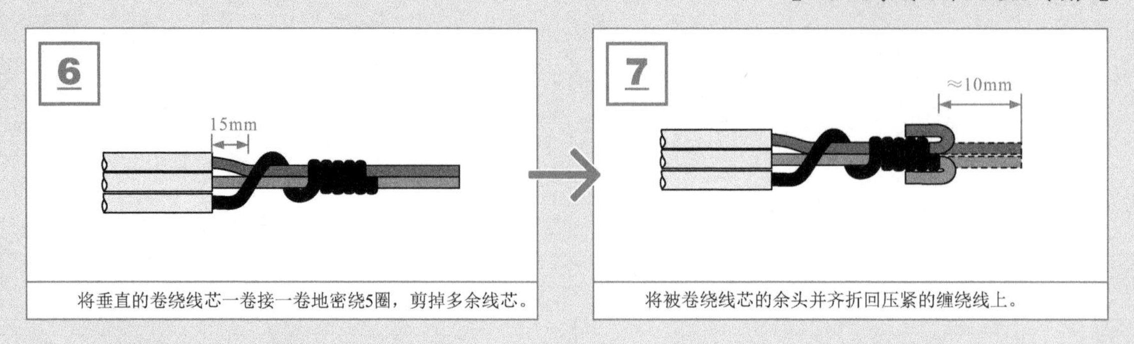

将垂直的卷绕线芯一卷接一卷地密绕5圈，剪掉多余线芯。

将被卷绕线芯的余头并齐折回压紧的缠绕线上。

特别提醒

《建筑电气工程施工质量验收规范》（GB 50303-2015）中规定，导线连接时，若搭接面是铜与铜连接：在室外、高温且潮湿的室内，搭接面搪锡；在干燥的室内，不搪锡。所有接头相互缠绕必须在5圈以上，保证连接紧密，连接后接头处需要进行绝缘处理。

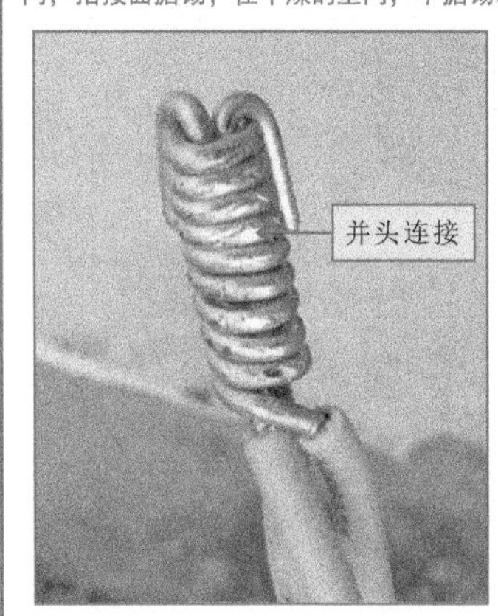

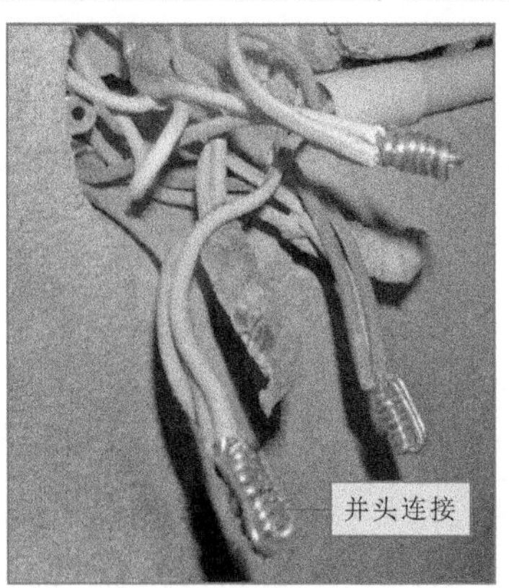

4. 硬导线的X形连接

连接两根横截面积较小的单股铜芯硬导线时，可采用X形连接（绞接）。

【单股铜芯硬导线的X形连接】

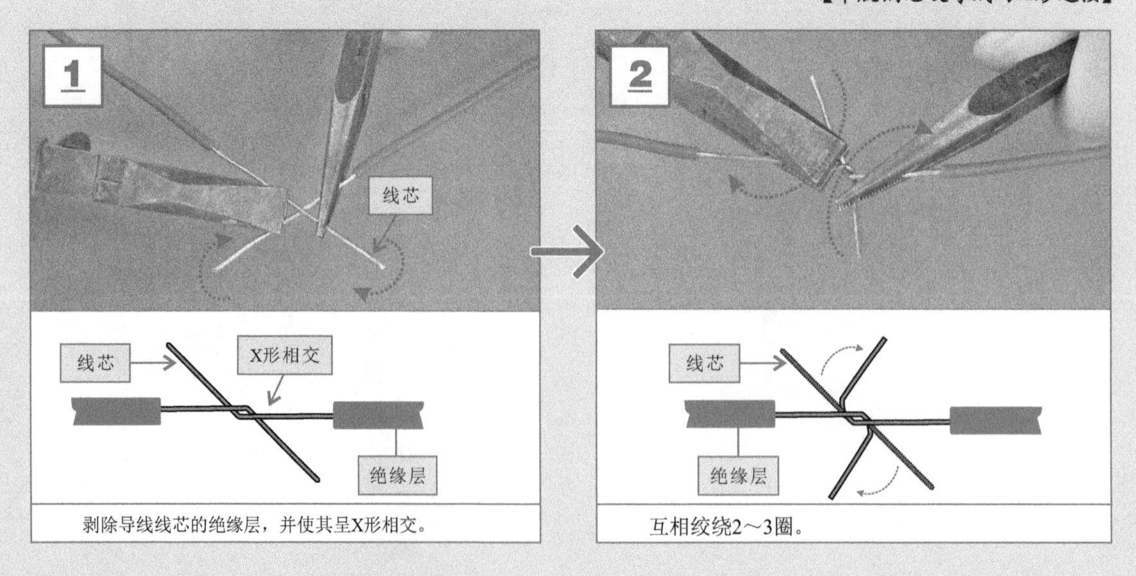

剥除导线线芯的绝缘层，并使其呈X形相交。

互相绞绕2～3圈。

【单股铜芯硬导线的X形连接（续）】

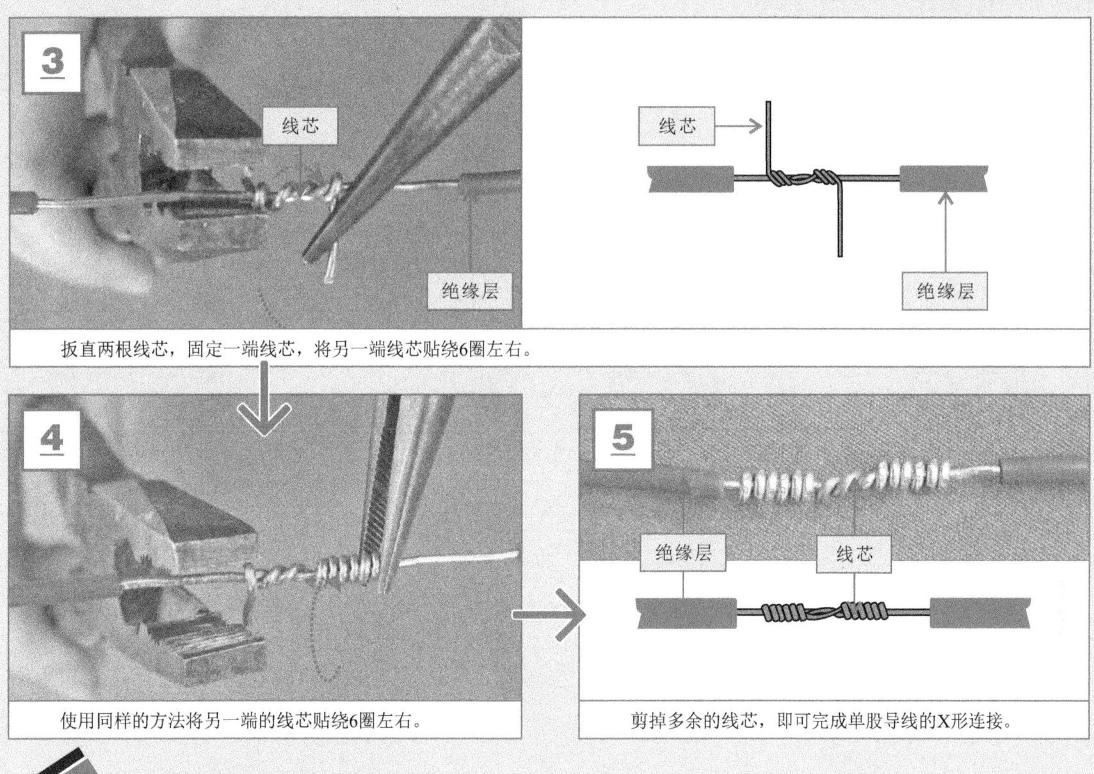

5. 硬导线的T形连接

将一根硬导线作为支路与一根主路硬导线连接时，通常采用T形连接。

【单股铜芯硬导线的T形连接】

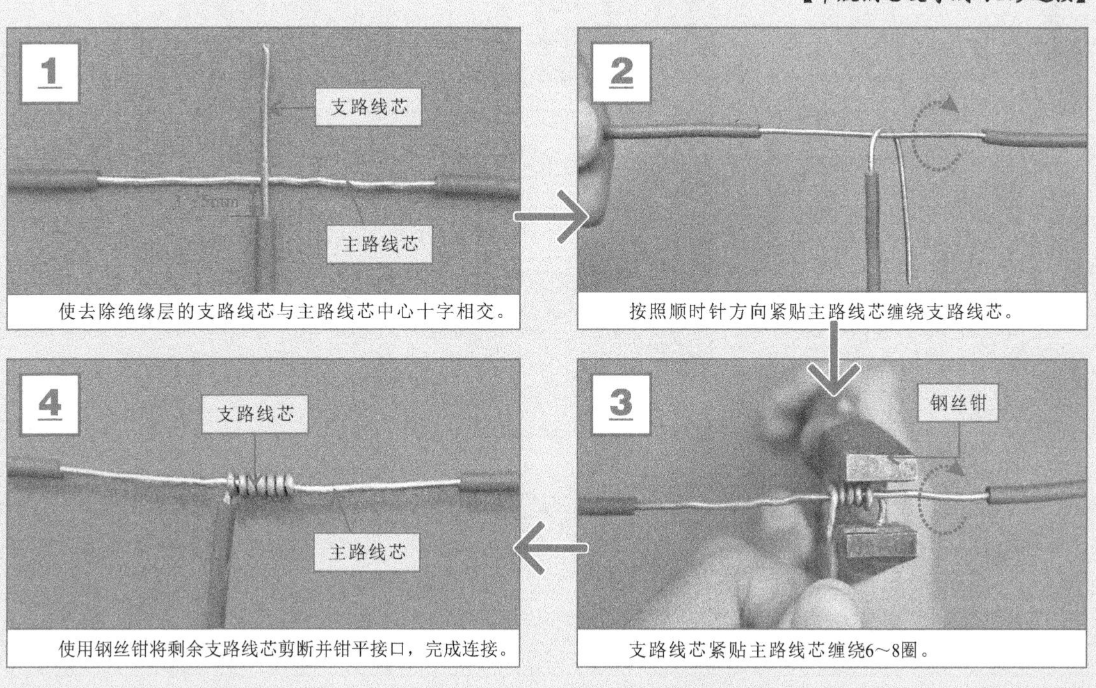

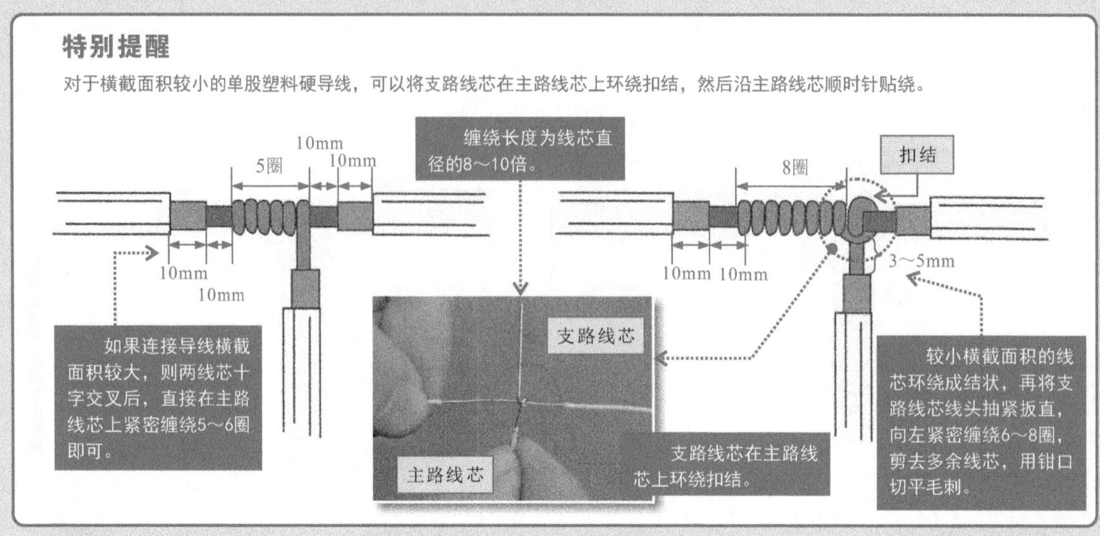

6. 硬导线的线夹连接

在家装电工线缆的连接中，还常用线夹连接硬导线，操作简单，安装牢固可靠。

【常见线夹的正确使用方法】

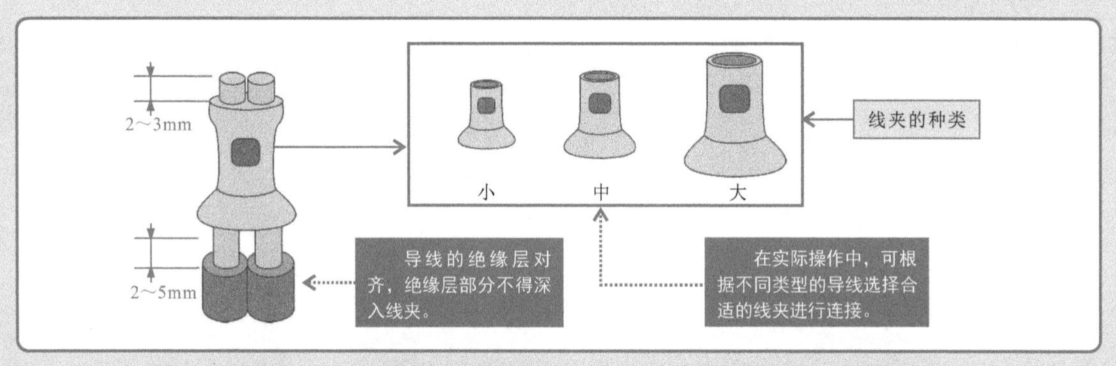

使用线夹连接硬导线，一般需要借助压线钳实现压接操作。

【使用线夹连接硬导线】

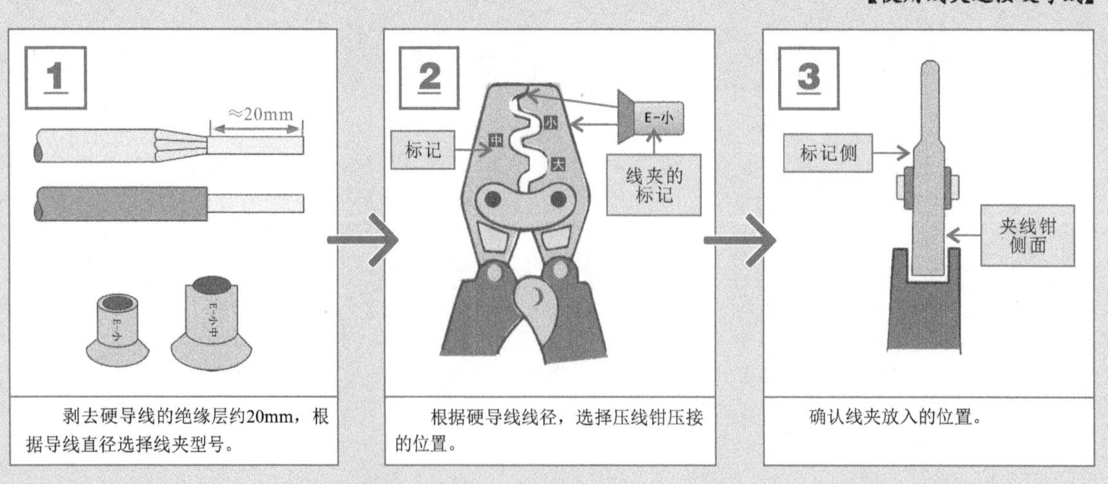

【使用线夹连接硬导线（续）】

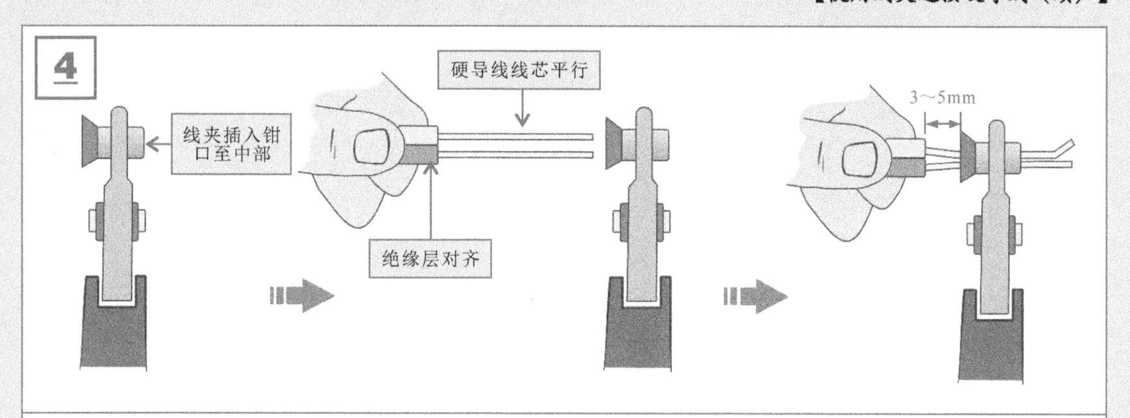

将线夹放入压线钳中，先轻轻夹持确认具体操作位置，然后将硬导线的线芯平行插入线夹中，要求线夹与硬导线的绝缘层间距3～5mm，然后用力压线，使线夹牢固压接在硬导线线芯上。

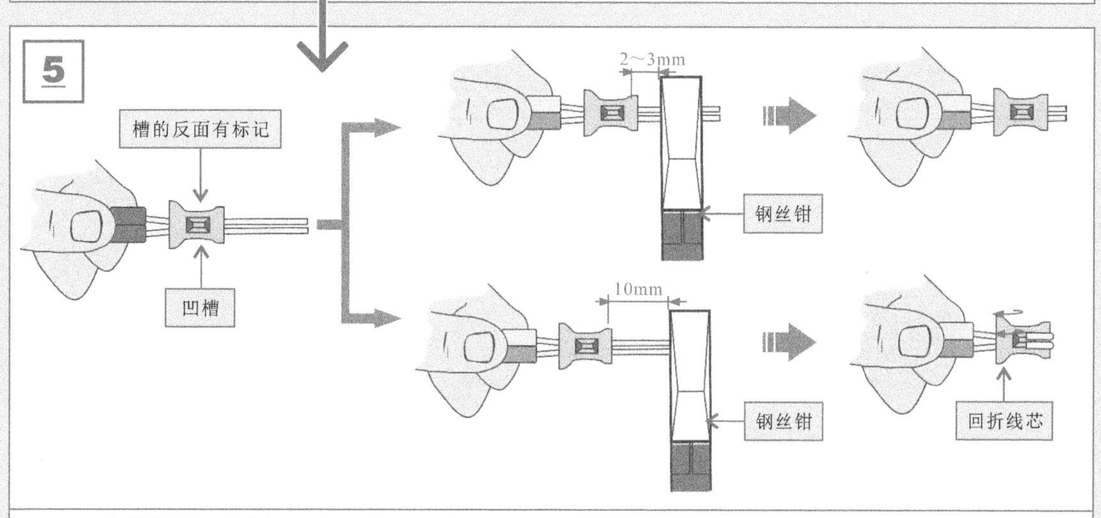

用压线钳将线夹用力夹紧，用钢丝钳切去多余的线芯，线芯余留2～3mm，或余留10mm线芯后将线芯回折，更加紧固。

特别提醒

在实际的导线连接操作过程中，各个操作步骤要规范，才能保证线头的连接质量。若连接时线夹连接不规范、不合格，需要剪掉线夹重新连接，以免因连接不良，出现导线接触不良、漏电等情况。

7. 硬导线的连接器连接

在家装电工导线连接中，还常用连接器连接导线，操作也比较简单、方便，可通过连接器将硬导线线芯连接在一起。

【使用连接器连接硬导线】

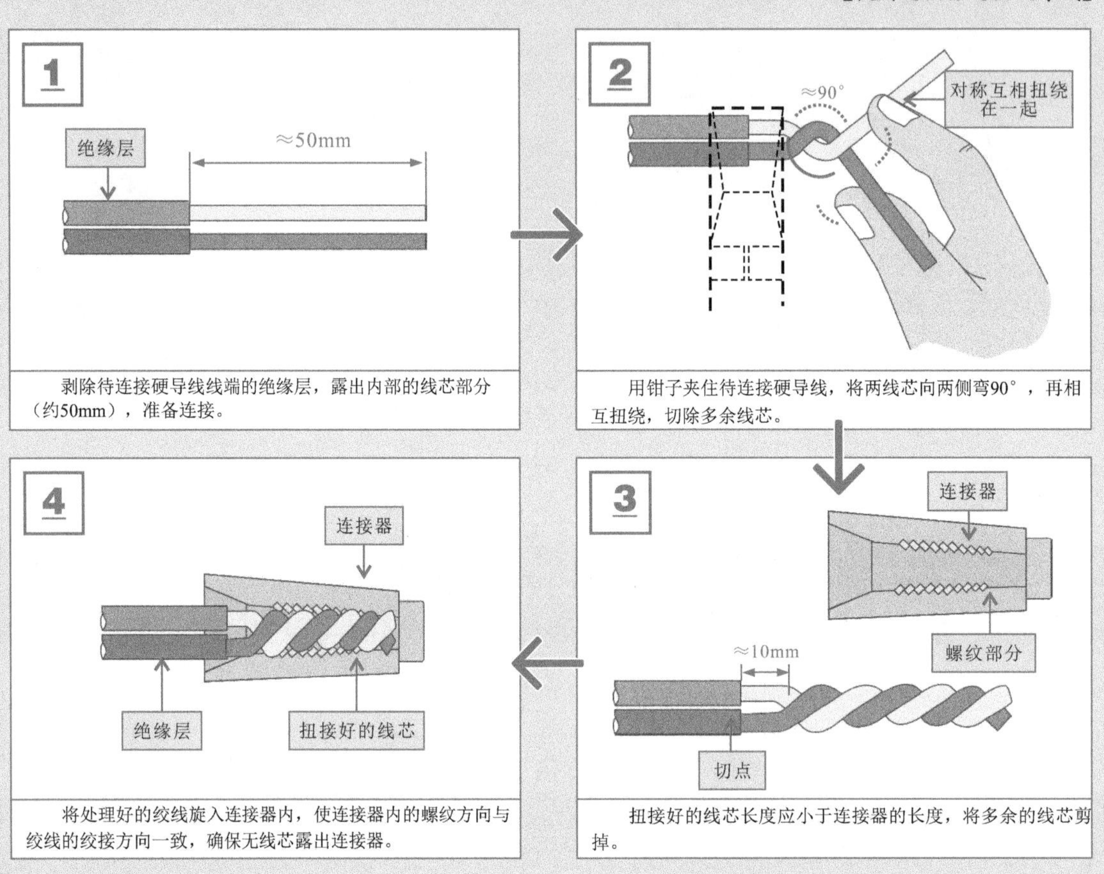

剥除待连接硬导线线端的绝缘层，露出内部的线芯部分（约50mm），准备连接。

用钳子夹住待连接硬导线，将两线芯向两侧弯90°，再相互扭绕，切除多余线芯。

扭接好的线芯长度应小于连接器的长度，将多余的线芯剪掉。

将处理好的绞线旋入连接器内，使连接器内的螺纹方向与绞线的绞接方向一致，确保无线芯露出连接器。

特别提醒

使用连接器连接硬导线时，连接完成后必须检查硬导线与连接器内螺纹是否扣合，若导线连接不合格需要剪断线芯，重新连接。

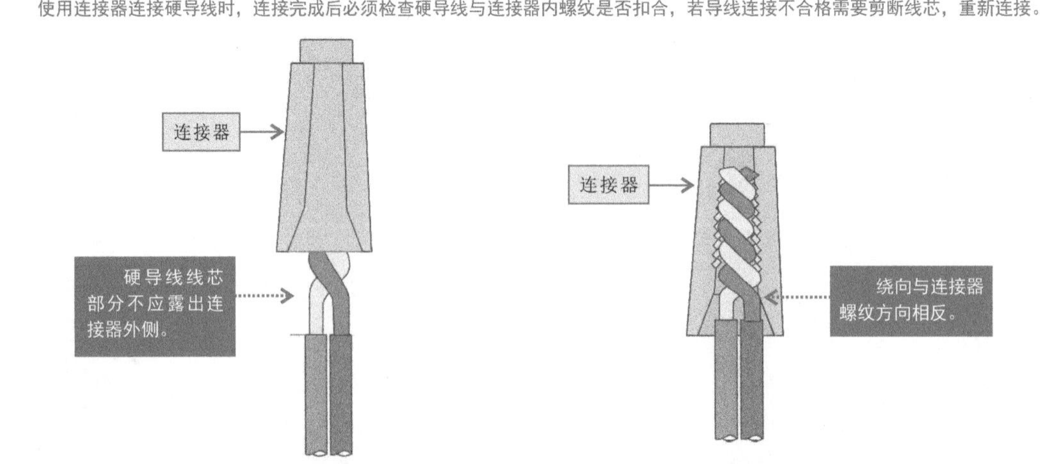

8. 硬导线的封端处理

在家装电工接线时，导线与电气设备接线端子的连接操作也十分常见，需要对硬导线线端进行封端处理。

导线的封端实际上就是导线连接头的加工处理。硬导线一般可以直接连接，需要平接时，提前加工连接头，即需将塑料硬导线的线芯加工为大小合适的连接环。

【硬导线的封端处理操作演示】

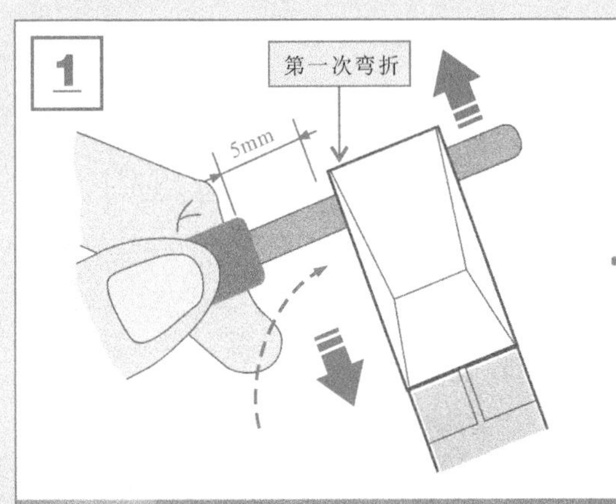

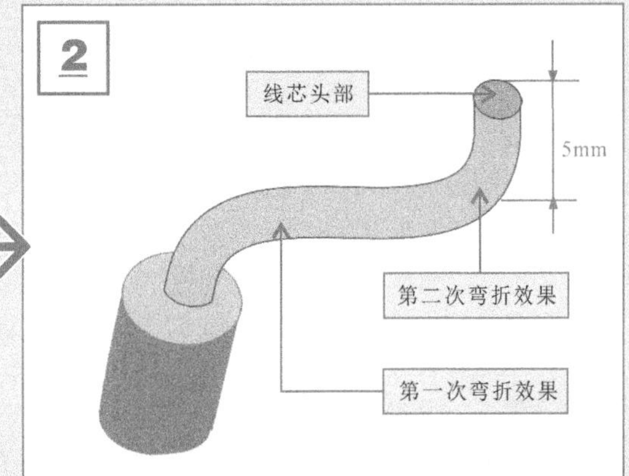

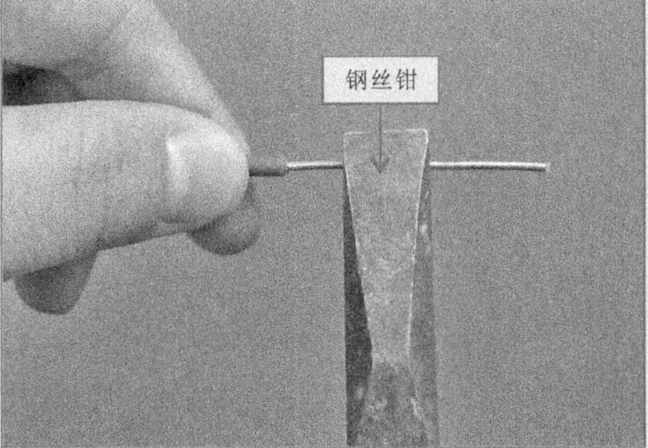

用左手握住导线的一端，右手持钢丝钳在距绝缘层5mm处将硬导线线芯弯成直角，注意不要损伤线芯。

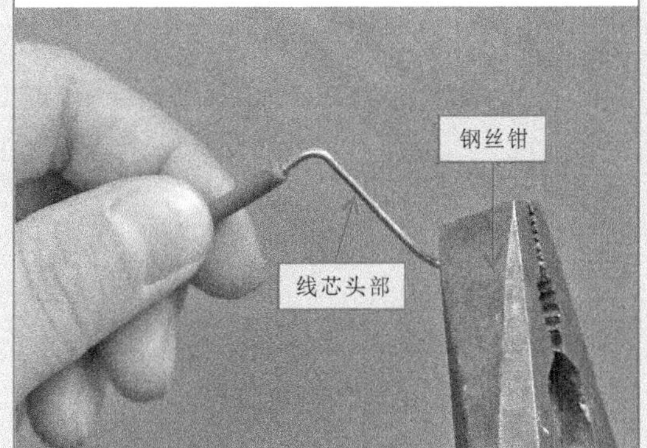

使用钢丝钳在距线芯头部5mm处将线芯头部弯折成直角，弯折方向与之前弯折的方向相反。

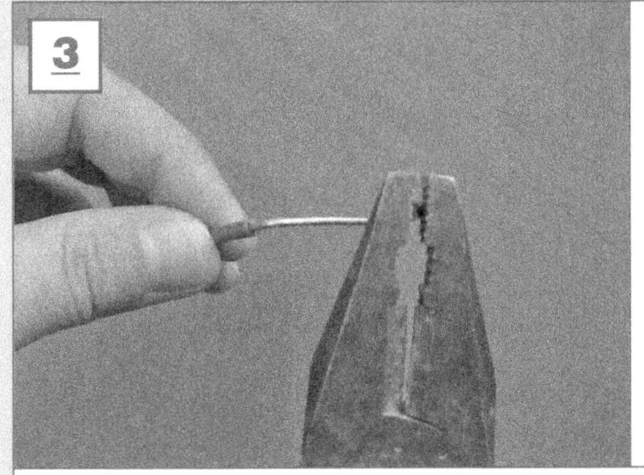

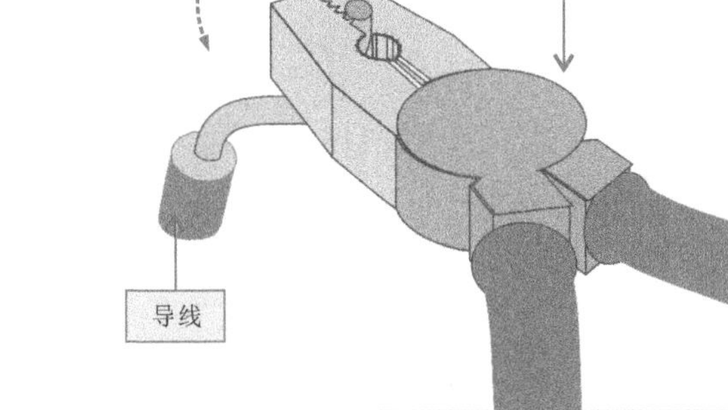

使用钢丝钳钳住线芯头部弯曲的部分朝最初弯曲的方向扭动，使线芯弯曲成圆形。

【硬导线的封端处理操作演示】

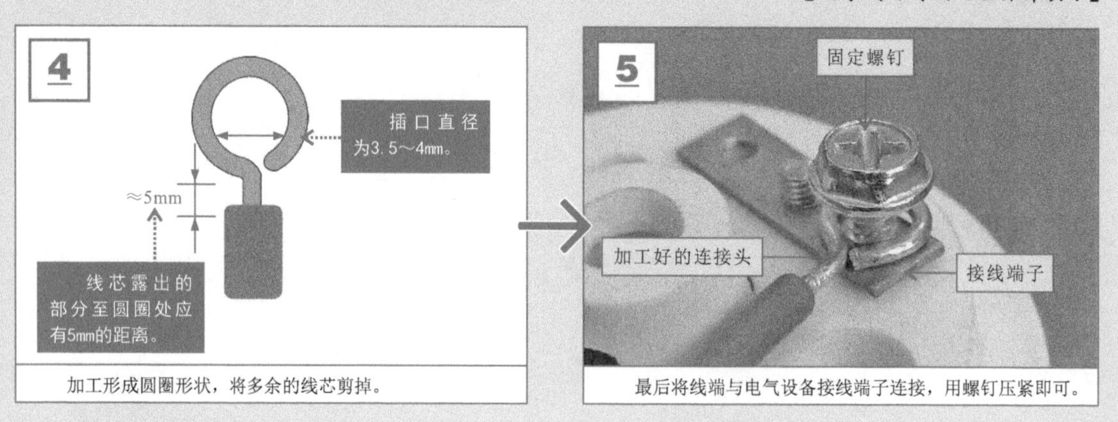

加工形成圆圈形状，将多余的线芯剪掉。

最后将线端与电气设备接线端子连接，用螺钉压紧即可。

特别提醒

硬导线封端操作中，应当注意连接环弯压质量，若尺寸不规范或弯压不规范，都会影响接线质量，在实际操作过程中，若出现不合规范的封端时，需要剪掉，重新加工。

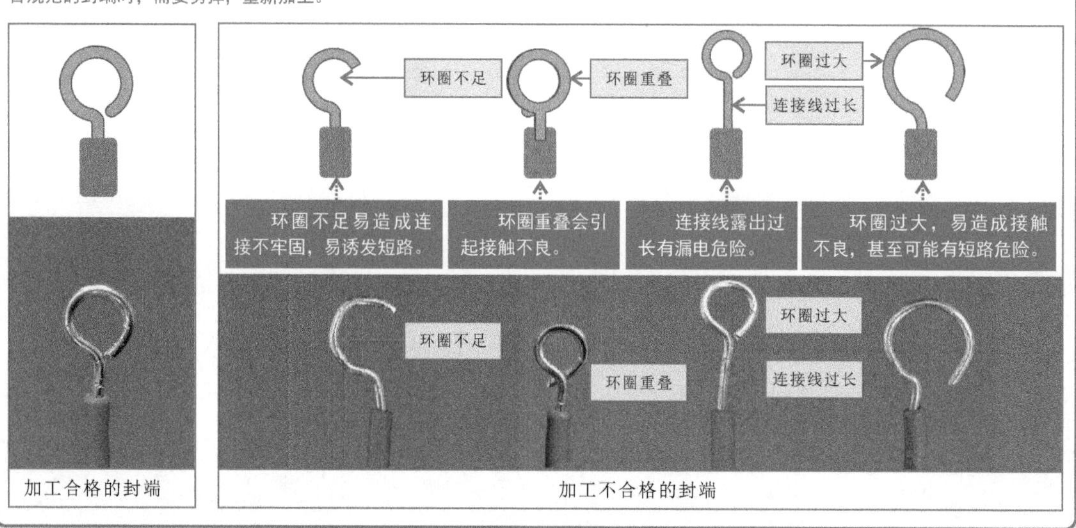

加工合格的封端

加工不合格的封端

特别提醒

当硬导线的内部为铝线芯时，由于该类氧化铝膜的电阻率较高，因此除了直径较小的铝线芯外，其余的铝线芯无法与铜线芯采用相同的线芯进行连接。通常铝线芯会采用压接器进行连接。

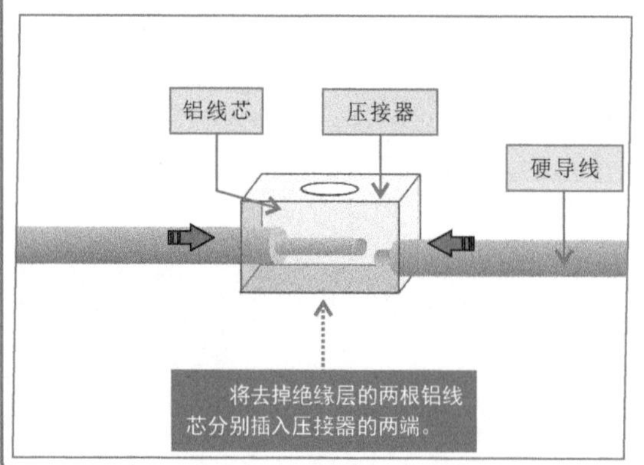

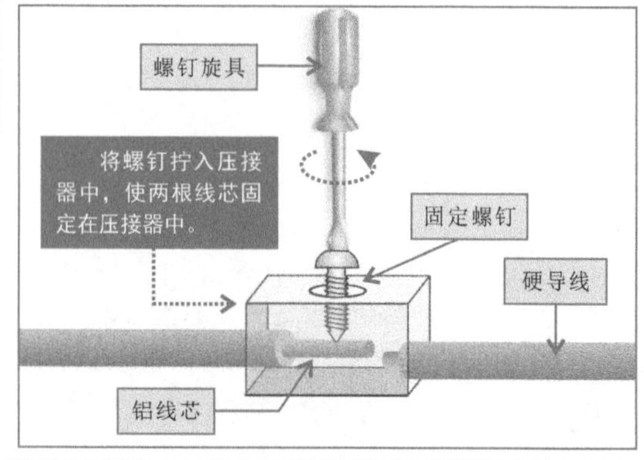

5.1.2 软导线的加工连接技能

软导线也是家装电工中最常使用的线缆之一。以最常见的多股铜芯护套绝缘软导线和橡胶绝缘软导线为例，对软导线的加工连接包括护套层的剥削、绝缘层的剥削和线芯的加工连接等环节。在实际操作时，又可根据线芯的粗细、连接环境和要求等的不同采用不同的加工或连接方法。

1. 软导线护套层的剥削

多股铜芯护套绝缘软导线是将两根带有绝缘层的导线用护套层包裹在一起，因此剥削时要先剥削护套层，一般可使用电工刀进行剥削。

【多股铜芯护套绝缘软导线护套层的剥削】

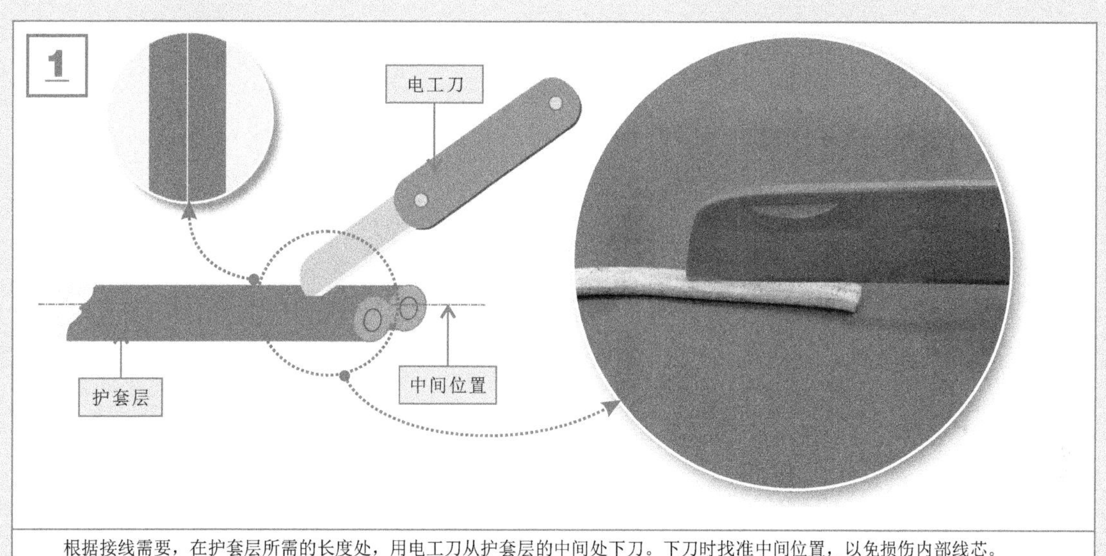

根据接线需要，在护套层所需的长度处，用电工刀从护套层的中间处下刀。下刀时找准中间位置，以免损伤内部线芯。

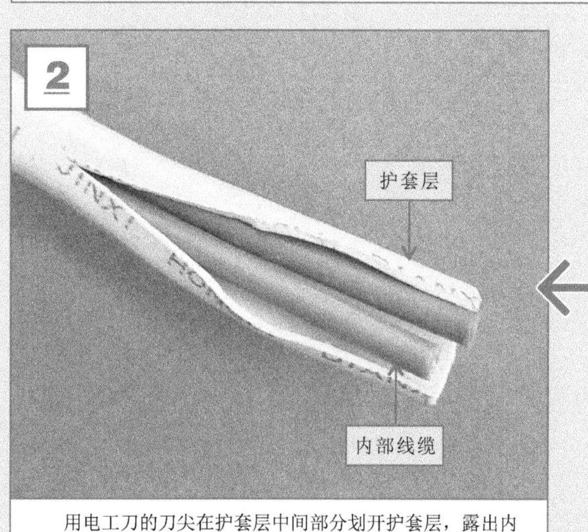

用电工刀的刀尖在护套层中间部分划开护套层，露出内部软导线。

特别提醒

在使用电工刀剥削护套层时，切忌从线缆的一侧下刀，这样会导致内部的线缆损伤。

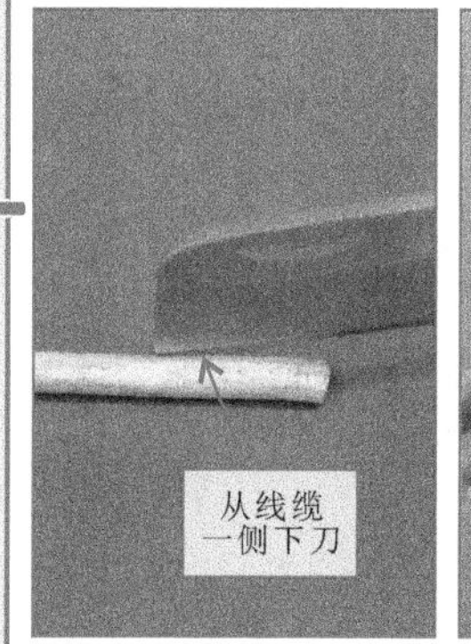

【多股铜芯护套绝缘软导线护套层的剥削（续）】

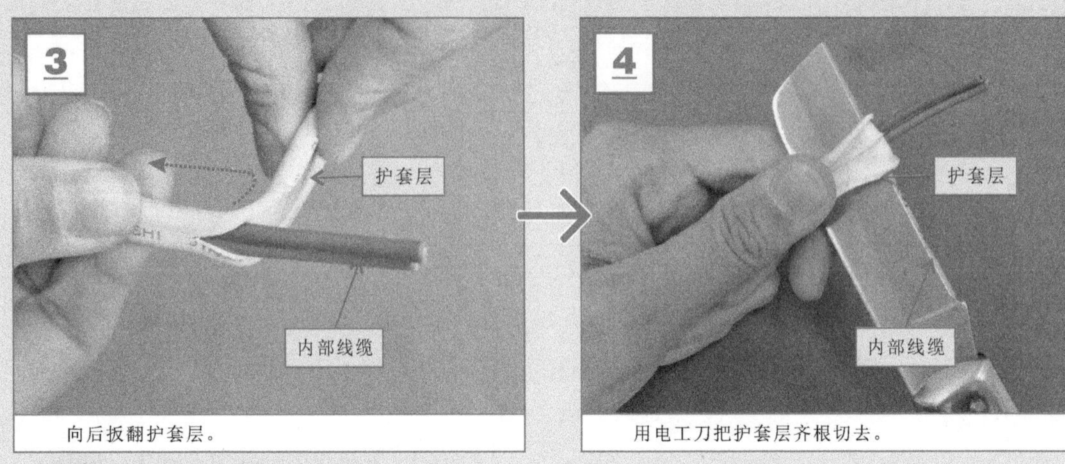

向后扳翻护套层。

用电工刀把护套层齐根切去。

2. 软导线绝缘层的剥削

剥除护套层后，软导线还包裹有一层绝缘层，在进行导线连接时，需要剥除绝缘层露出内部线芯部分。

【多股铜芯护套绝缘软导线绝缘层的剥削】

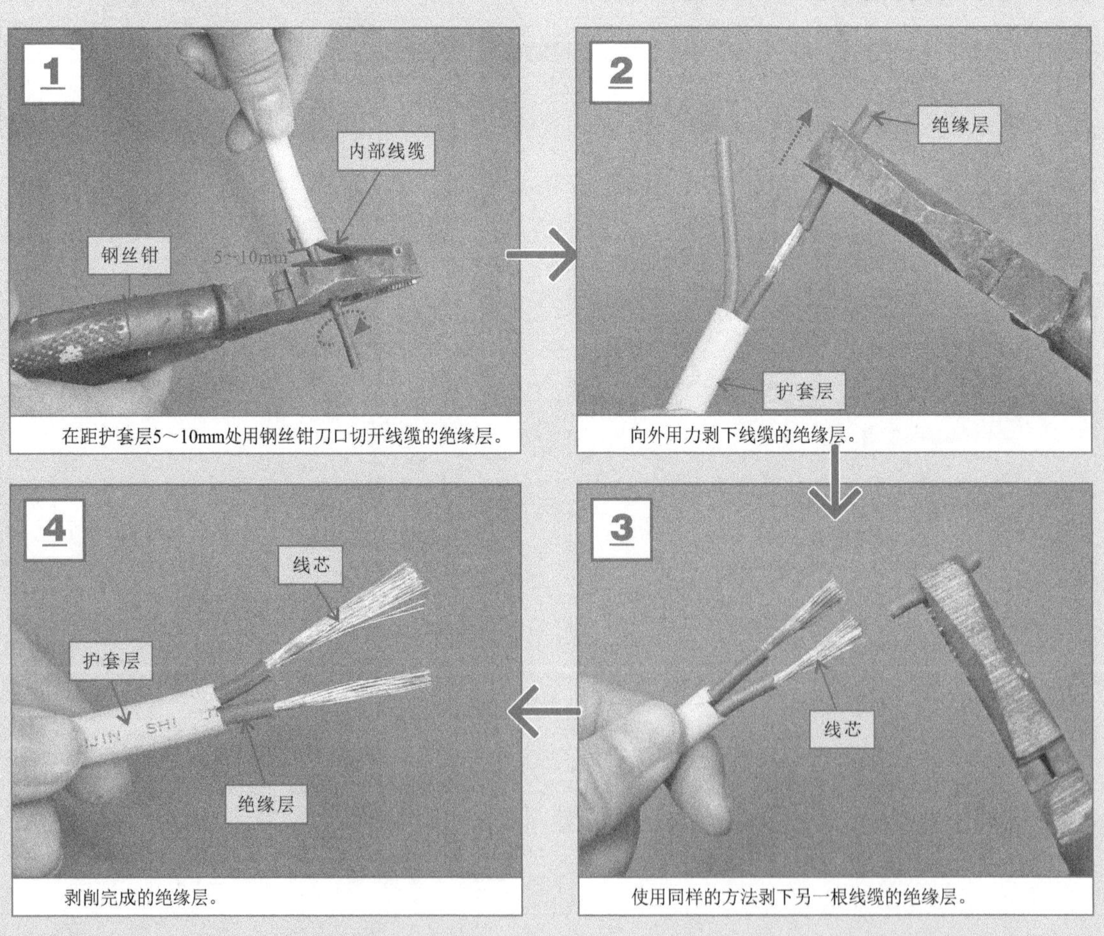

在距护套层5～10mm处用钢丝钳刀口切开线缆的绝缘层。

向外用力剥下线缆的绝缘层。

剥削完成的绝缘层。

使用同样的方法剥下另一根线缆的绝缘层。

塑料护套层内部线缆的绝缘层也可采用剥线钳进行剥削，操作更简单一些。

【使用剥线钳剥除软导线的绝缘层】

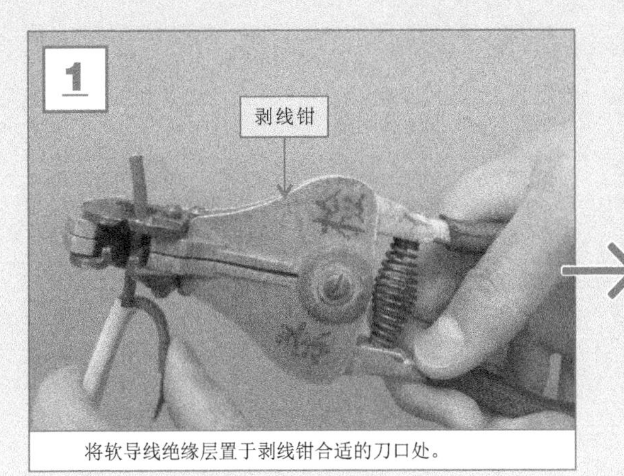

将软导线绝缘层置于剥线钳合适的刀口处。

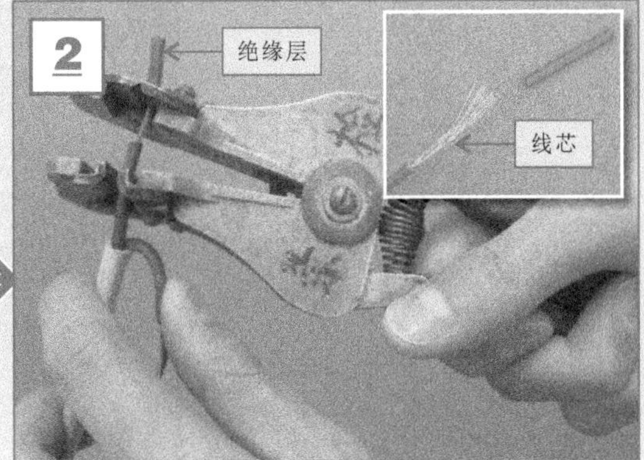

握住剥线钳手柄，轻轻用力切断导线需剥削处的绝缘层。

特别提醒

在使用剥线钳剥离塑料软导线绝缘层时，切不可选择小于剥离线缆的刀口，否则会导致软导线多根线芯与绝缘层一同被剥落。

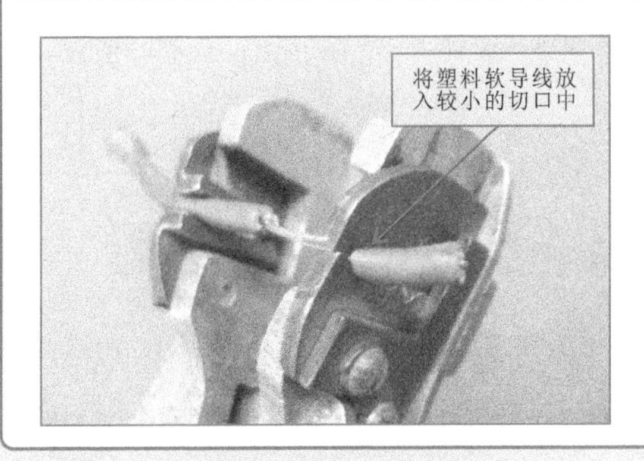

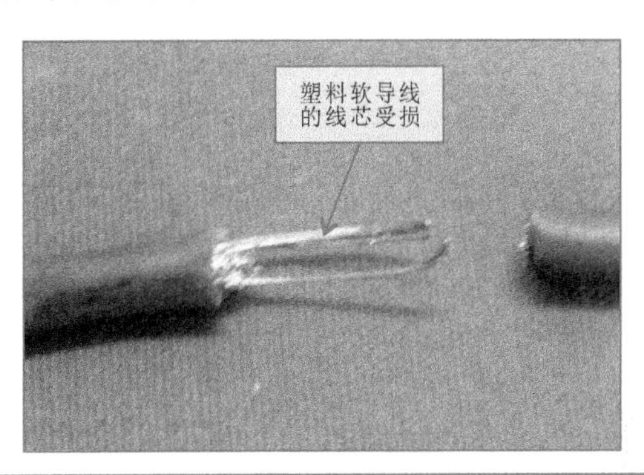

3. 软导线的缠绕式连接

软导线内部多为多股线芯，在连接线芯时，应按照连接规范进行操作。软导线中多股线芯的连接一般采用缠绕式。

【软导线的缠绕式接线方法】

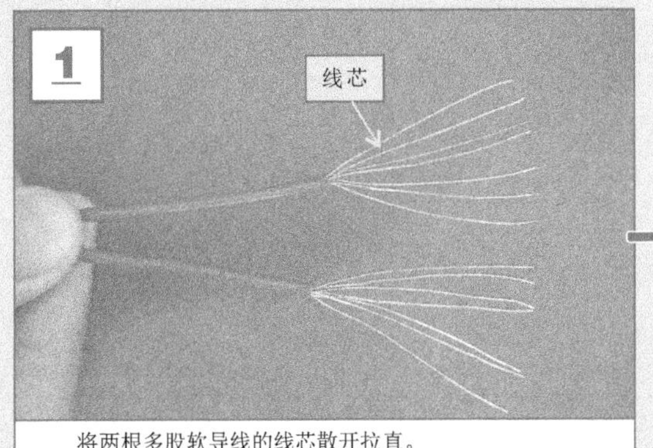

将两根多股软导线的线芯散开拉直。

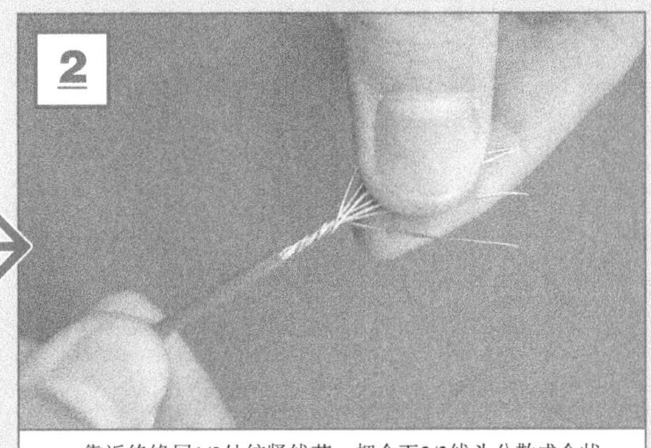

靠近绝缘层1/3处绞紧线芯，把余下2/3线头分散成伞状。

【软导线的缠绕式接线方法（续）】

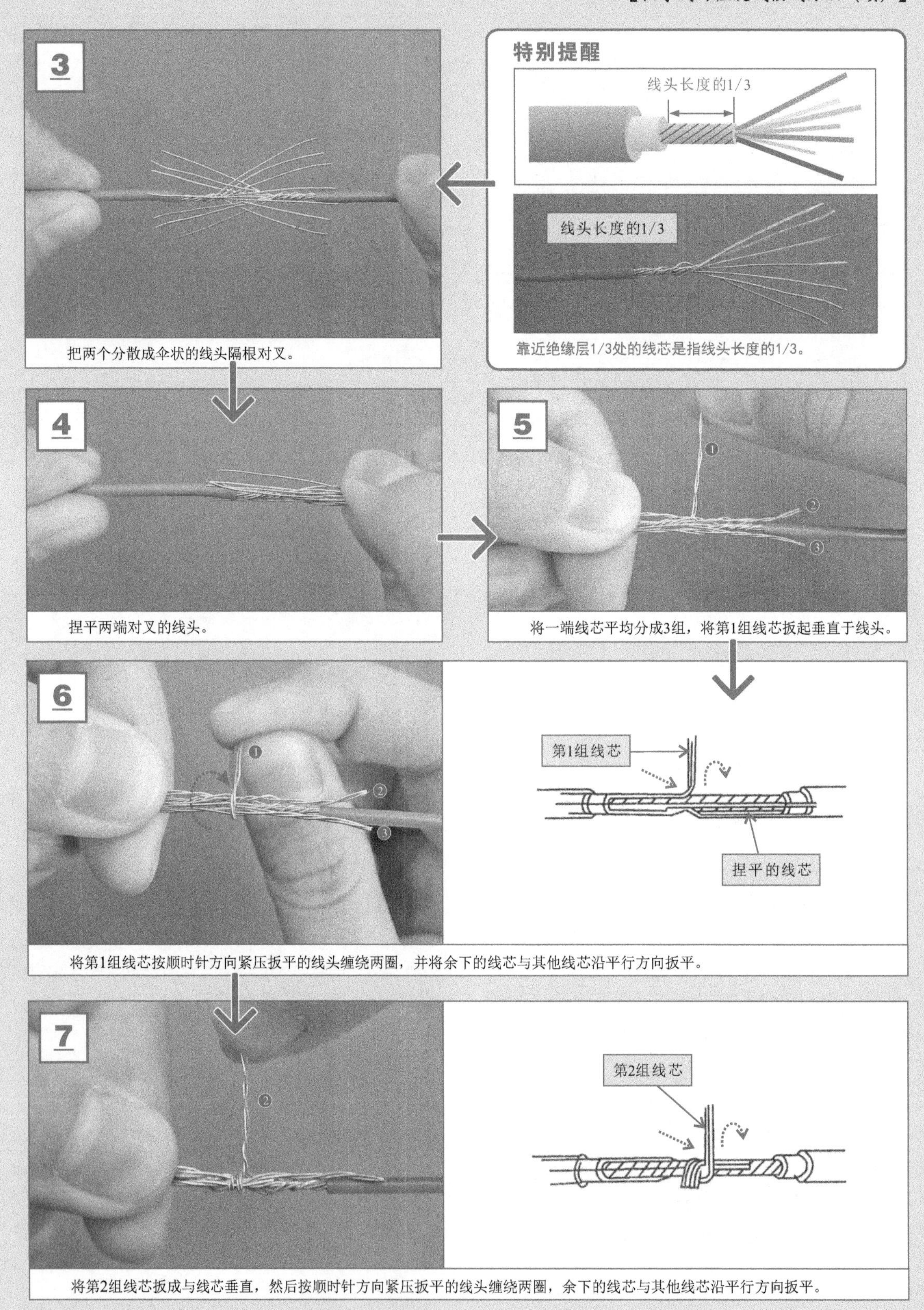

把两个分散成伞状的线头隔根对叉。

靠近绝缘层1/3处的线芯是指线头长度的1/3。

捏平两端对叉的线头。

将一端线芯平均分成3组，将第1组线芯扳起垂直于线头。

将第1组线芯按顺时针方向紧压扳平的线头缠绕两圈，并将余下的线芯与其他线芯沿平行方向扳平。

将第2组线芯扳成与线芯垂直，然后按顺时针方向紧压扳平的线头缠绕两圈，余下的线芯与其他线芯沿平行方向扳平。

【软导线的缠绕式接线方法（续）】

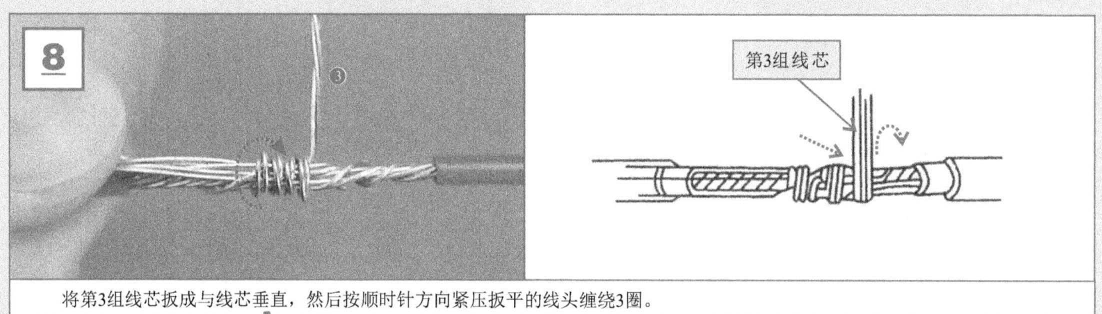

将第3组线芯扳成与线芯垂直，然后按顺时针方向紧压扳平的线头缠绕3圈。

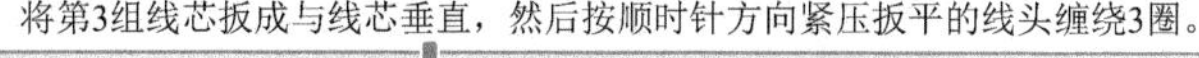

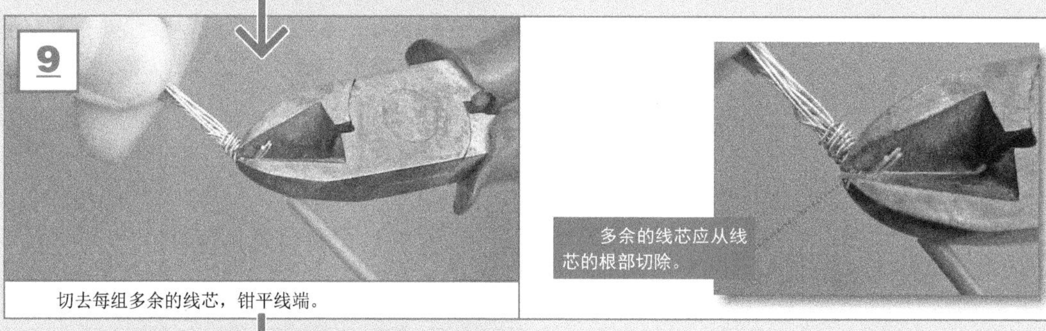

切去每组多余的线芯，钳平线端。

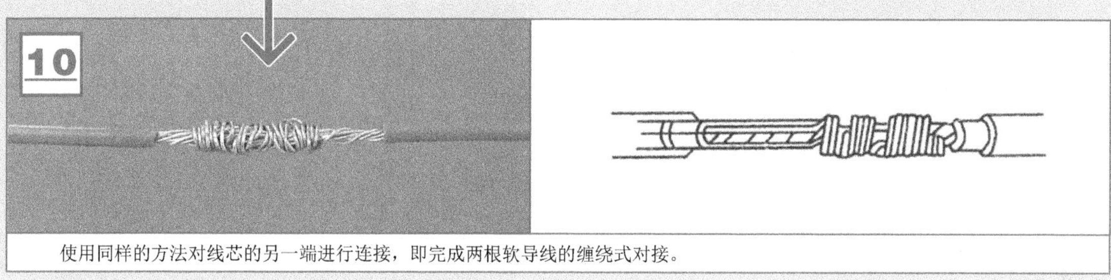

使用同样的方法对线芯的另一端进行连接，即完成两根软导线的缠绕式对接。

4. 软导线的T形连接

当连接一根支路软导线（多股线芯）与一根主路软导线（多股线芯）时，通常采用缠绕式T形连接方法。

【软导线的T形接线方法】

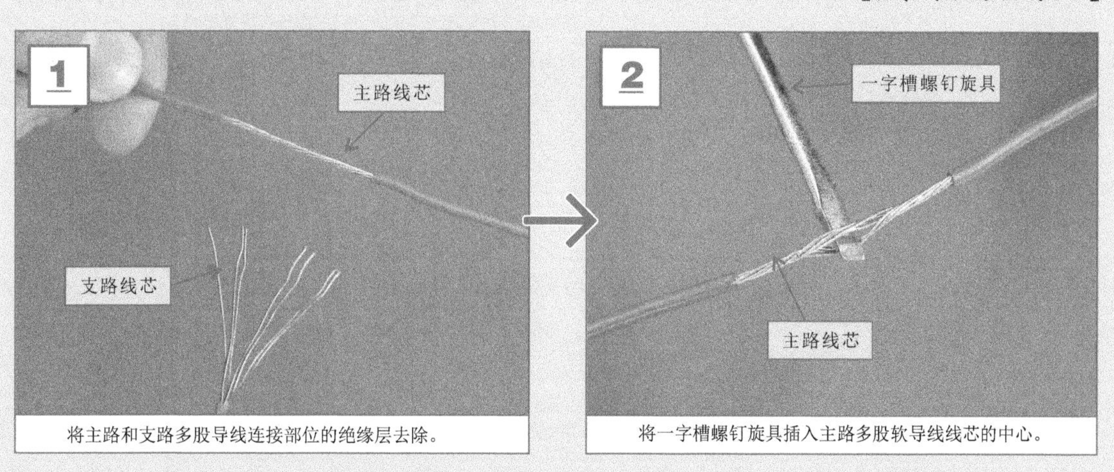

将主路和支路多股导线连接部位的绝缘层去除。

将一字槽螺钉旋具插入主路多股软导线线芯的中心。

【软导线的T形接线方法（续）】

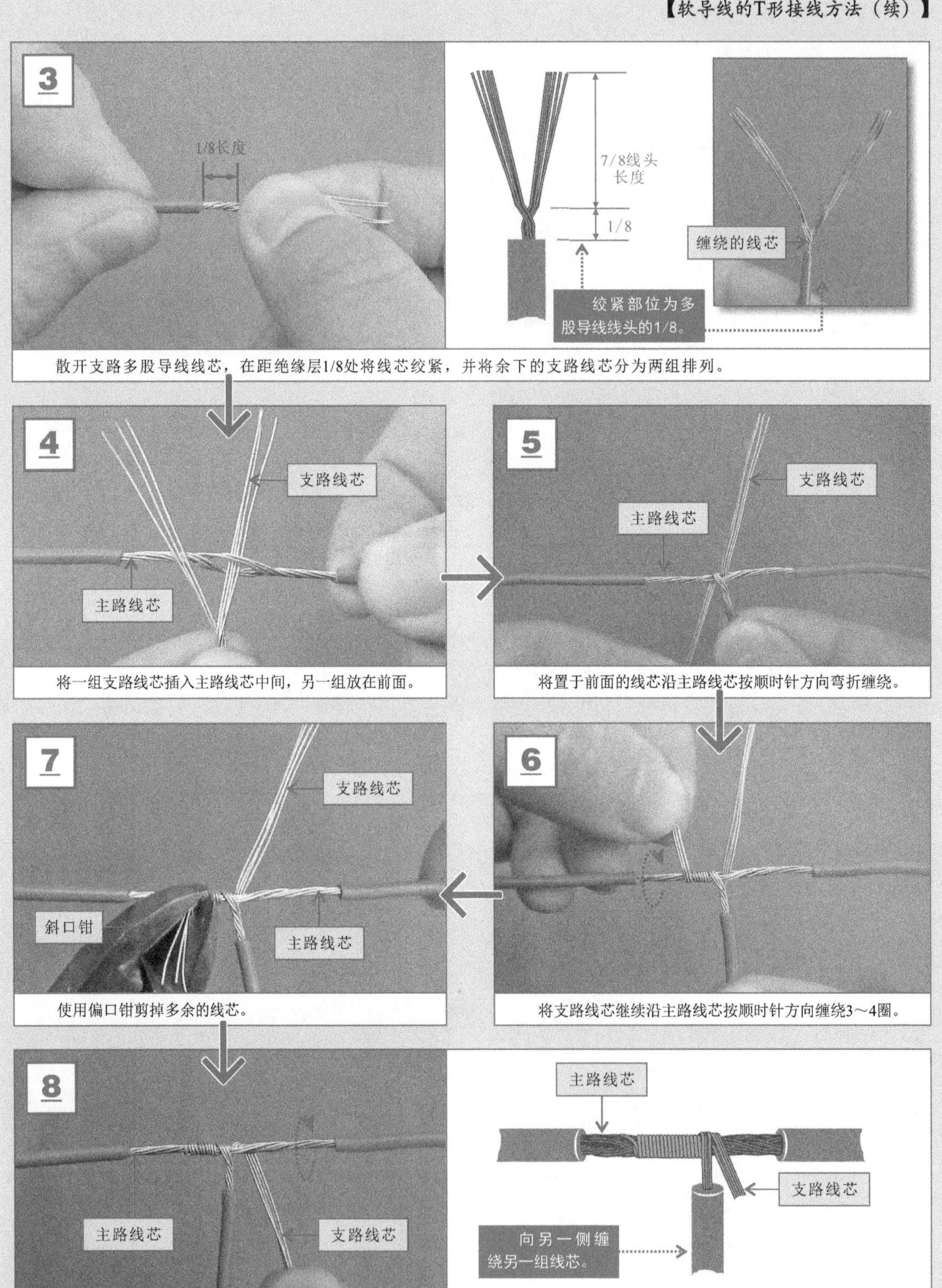

散开支路多股导线线芯，在距绝缘层1/8处将线芯绞紧，并将余下的支路线芯分为两组排列。

将一组支路线芯插入主路线芯中间，另一组放在前面。

将置于前面的线芯沿主路线芯按顺时针方向弯折缠绕。

将支路线芯继续沿主路线芯按顺时针方向缠绕3～4圈。

使用偏口钳剪掉多余的线芯。

使用同样的方法将另一组支路线芯沿主路线芯按顺时针方向弯折缠绕。

【软导线的T形接线方法（续）】

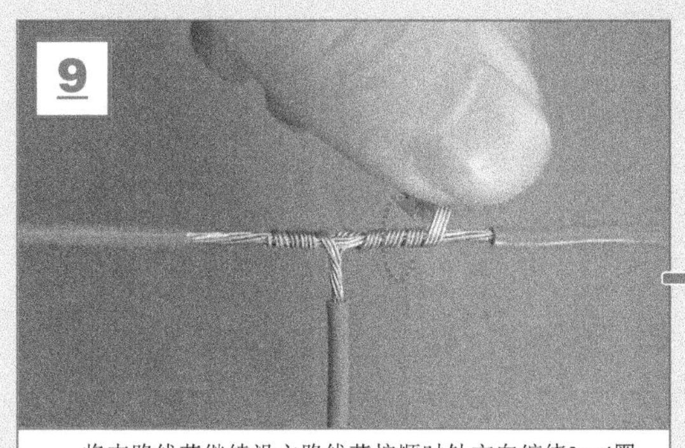

将支路线芯继续沿主路线芯按顺时针方向缠绕3～4圈。

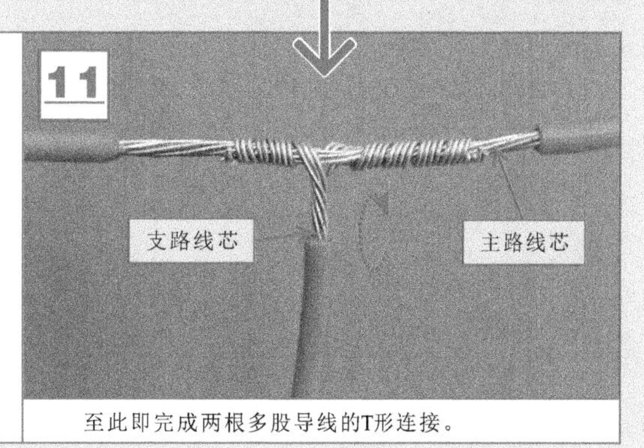

使用偏口钳剪掉多余的线芯。

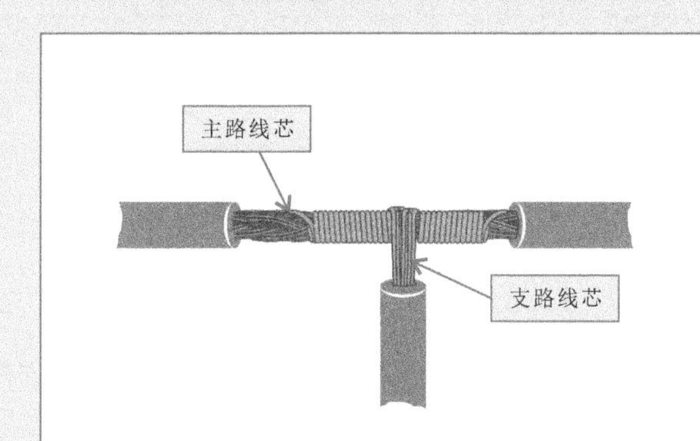

11
支路线芯
主路线芯

至此即完成两根多股导线的T形连接。

5. 软导线的封端处理

家装电工进行软导线接线操作时，常常需要与电气设备各种接线端子连接。根据接线端子不同，需要对软导线线端进行相应处理。

当需要与压紧式接线柱连接时，需要将多股线芯绞接后连接。

【软导线线端的绞接处理】

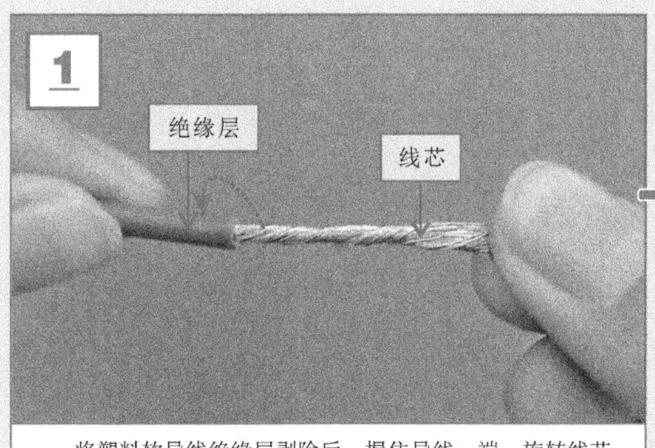

将塑料软导线绝缘层剥除后，握住导线一端，旋转线芯，使导线连接时不松散。

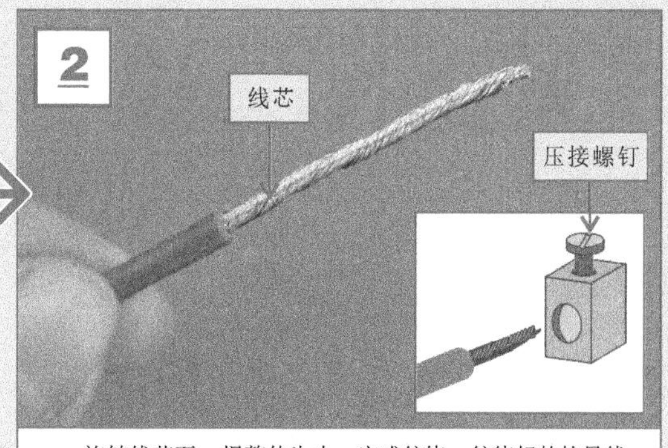

旋转线芯至一根整体为止，完成绞绕。绞绕好的软导线通常与压接螺钉连接。

当需将软导线连接柱形接线端子时，可将线芯加工为环形。即将剥除绝缘层的多股线芯绞接，弯曲后，使其线端形成圆形，连接时，将圆形线端套在柱形连接端子上，并用连接端子固定螺钉紧固，实现可靠连接。

【软导线线端的环形封端处理】

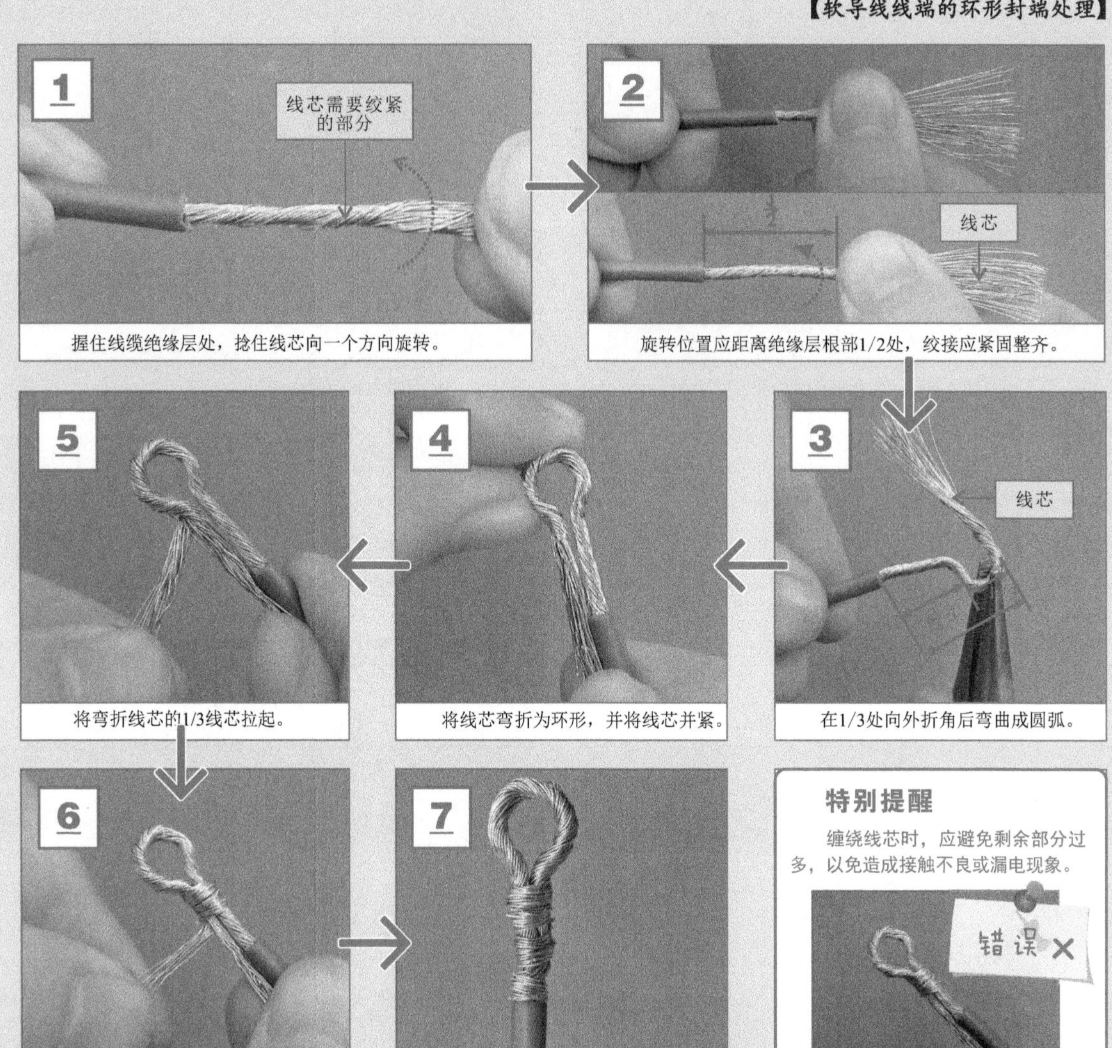

握住线缆绝缘层处，捻住线芯向一个方向旋转。

旋转位置应距离绝缘层根部1/2处，绞接应紧固整齐。

在1/3处向外折角后弯曲成圆弧。

将线芯弯折为环形，并将线芯并紧。

将弯折线芯的1/3线芯拉起。

将拉起的线芯顺时针方向缠绕2圈。

剪掉多余线芯，完成封端。

家装电工在进行软导线连接时，还常常与固定螺钉连接紧固。连接时，需要先将线芯与固定螺钉螺纹部分绞紧，然后旋紧固定螺钉将线芯压紧在连接部位。

【使用钢丝钳剥削线芯横截面积小于4mm²硬导线的绝缘层】

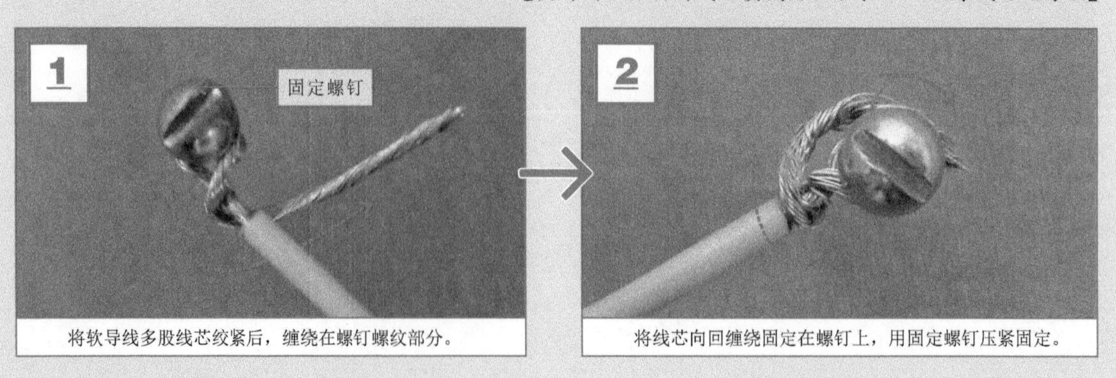

将软导线多股线芯绞紧后，缠绕在螺钉螺纹部分。

将线芯向回缠绕固定在螺钉上，用固定螺钉压紧固定。

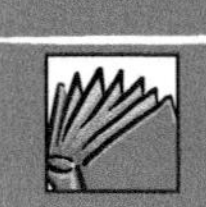

5.2 线缆的敷设技能

家装电工操作中，线缆的敷设是一项十分重要的技能。目前，实现线缆的敷设主要有明敷和暗敷两种方式，不同方式的敷设方法和要求有所不同。

5.2.1 线缆的明敷技能

线缆的明敷是将穿好线路的线槽按照敷设标准安装在室内墙体表面，如沿着墙壁、天花板、桁架、柱子等。这种敷设操作一般是在土建抹灰后或房子装修完成后，需要增设电气线路、更改电气线路或维修电气线路替换暗敷线路时采用的一种敷设方式。

目前，一般的线缆明敷操作包括定位划线、选择线槽和附件、加工线槽、钻孔安装固定线槽、敷设线缆、安装附件等环节。

1. 定位划线

定位划线是指根据室内电气线路布线图或根据增设线路需求，规划好布线的位置，并画出线缆走线的路径，开关、灯具、插座的固定点，在固定中心划出“×”标记。

【室内线缆明敷定位划线示意图】

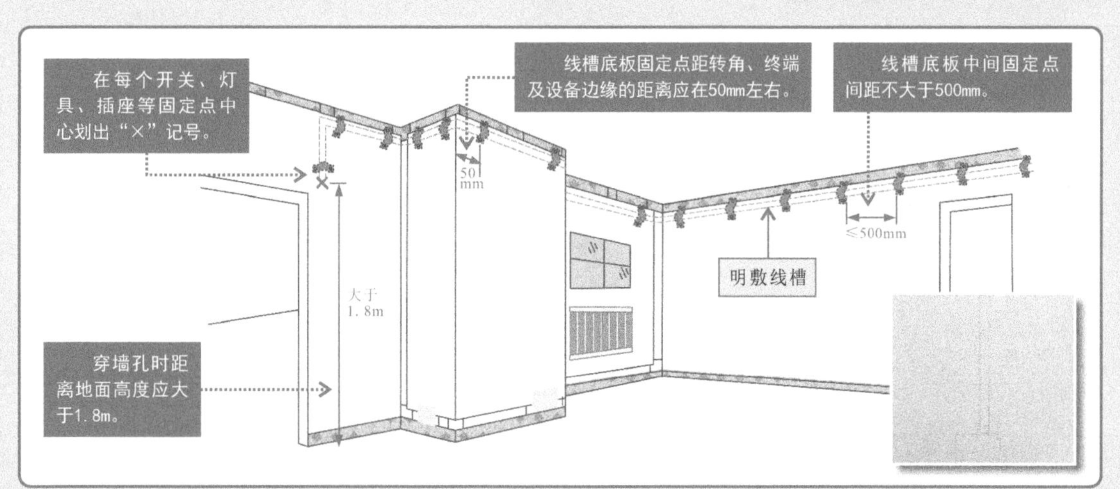

特别提醒

由于室内线缆的明敷操作是在土建抹灰以后进行的，为使线路安装得整齐、美观，应尽量沿房屋的线脚、横梁、墙角等处敷设。定位划线时，应考虑线路的整洁美观，划线时也应尽量避免弄脏墙面（可用铅笔划线）。

2. 选择线槽和附件

室内线缆采用明敷方式敷设时，主要借助线槽及附件实现走线，起到固定、防护功能，并保证整体布线美观。目前家装明敷中采用的线槽多为PVC塑料线槽。选配时，应

根据规划线路路径选择相应长度、宽度的线槽，并选配相关的附件，如直通、分支三通、阳转角、阴转角和直转角等。附件的类型和数量根据实际敷设时的需求进行选用。

【线缆明敷线槽及附件的选用】

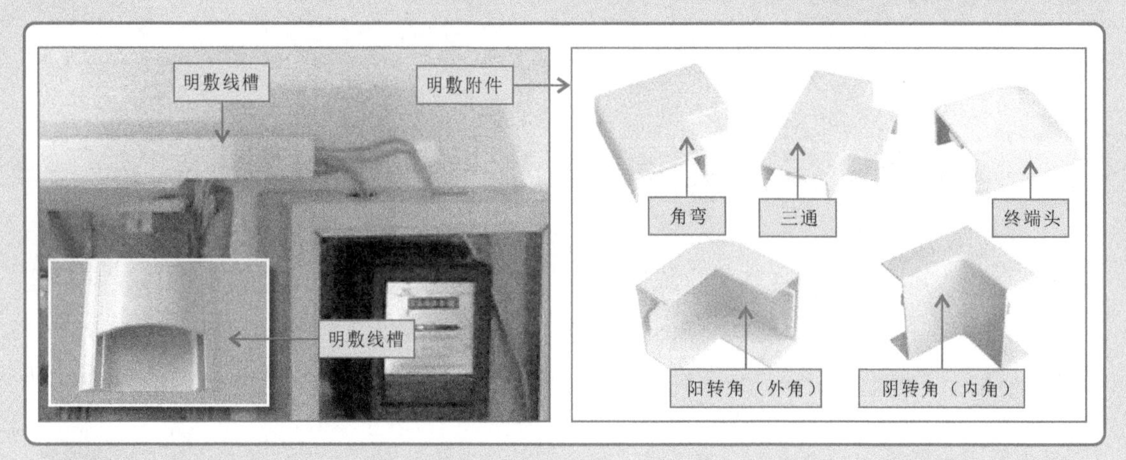

3. 加工线槽

塑料线槽选择好后，需要根据定位划线位置对线槽长度进行剪裁，并对连接处、转角、分路等位置进行加工，使得线路符合安装走向。

【线槽的加工处理】

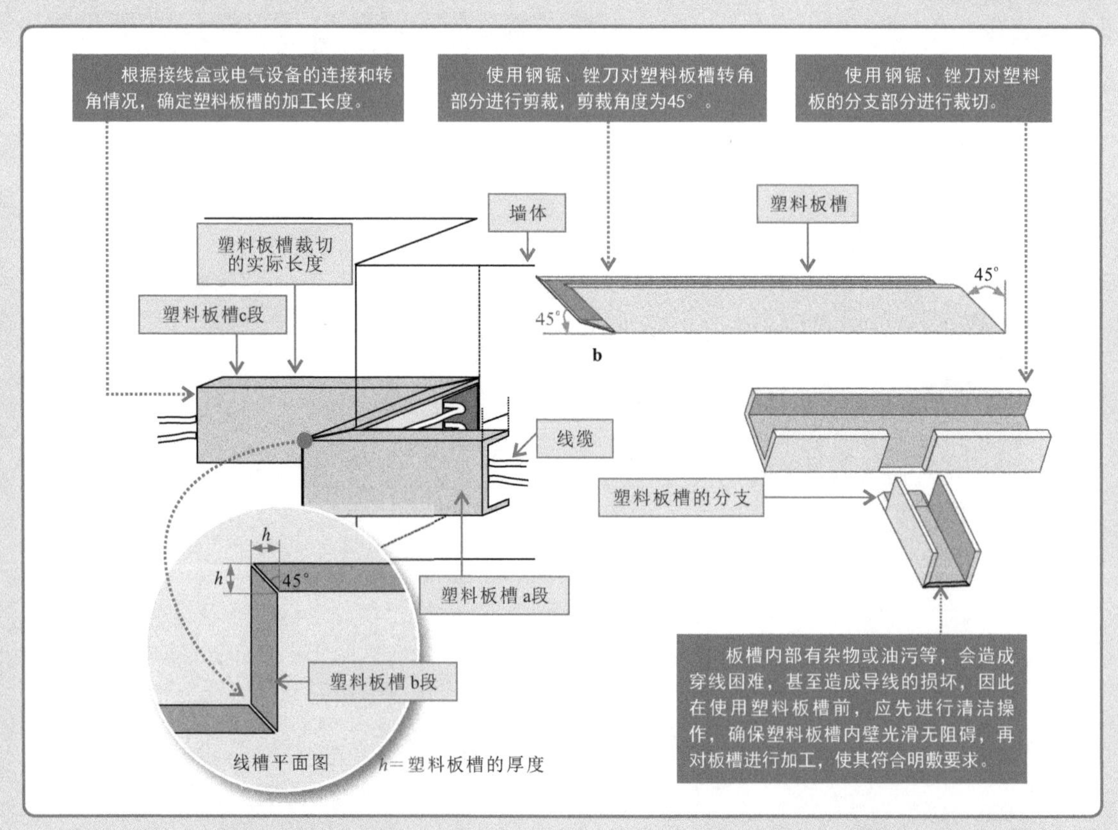

4. 钻孔安装固定线槽

塑料线槽加工完成后，将其放到划线位置，借助电钻在固定位置钻孔，并在钻孔处安装固定螺钉实现固定。

【线槽的安装固定】

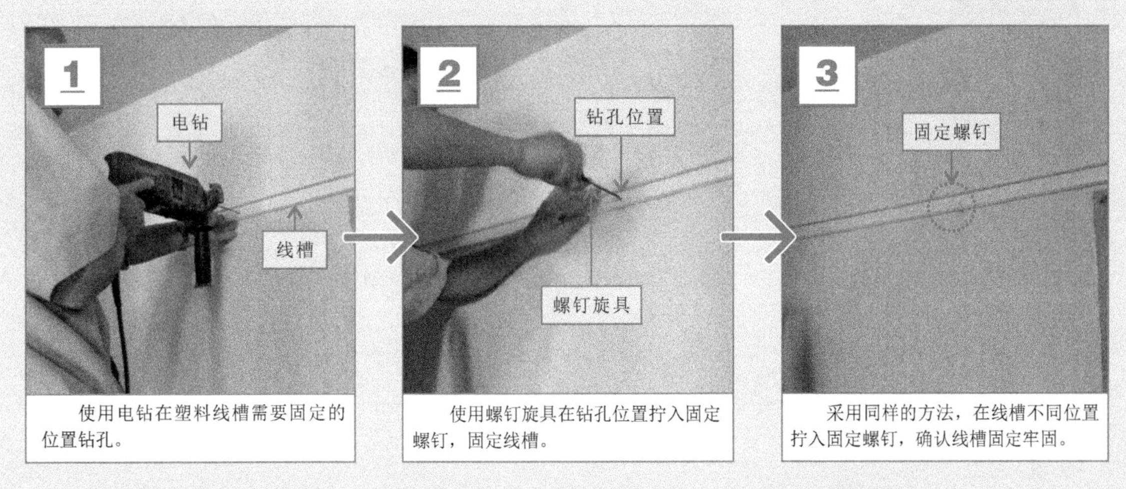

使用电钻在塑料线槽需要固定的位置钻孔。

使用螺钉旋具在钻孔位置拧入固定螺钉，固定线槽。

采用同样的方法，在线槽不同位置拧入固定螺钉，确认线槽固定牢固。

根据规划线路，沿画好的定位线，将线槽逐段固定在墙壁或天花板上。

【规划线路中线槽的固定效果】

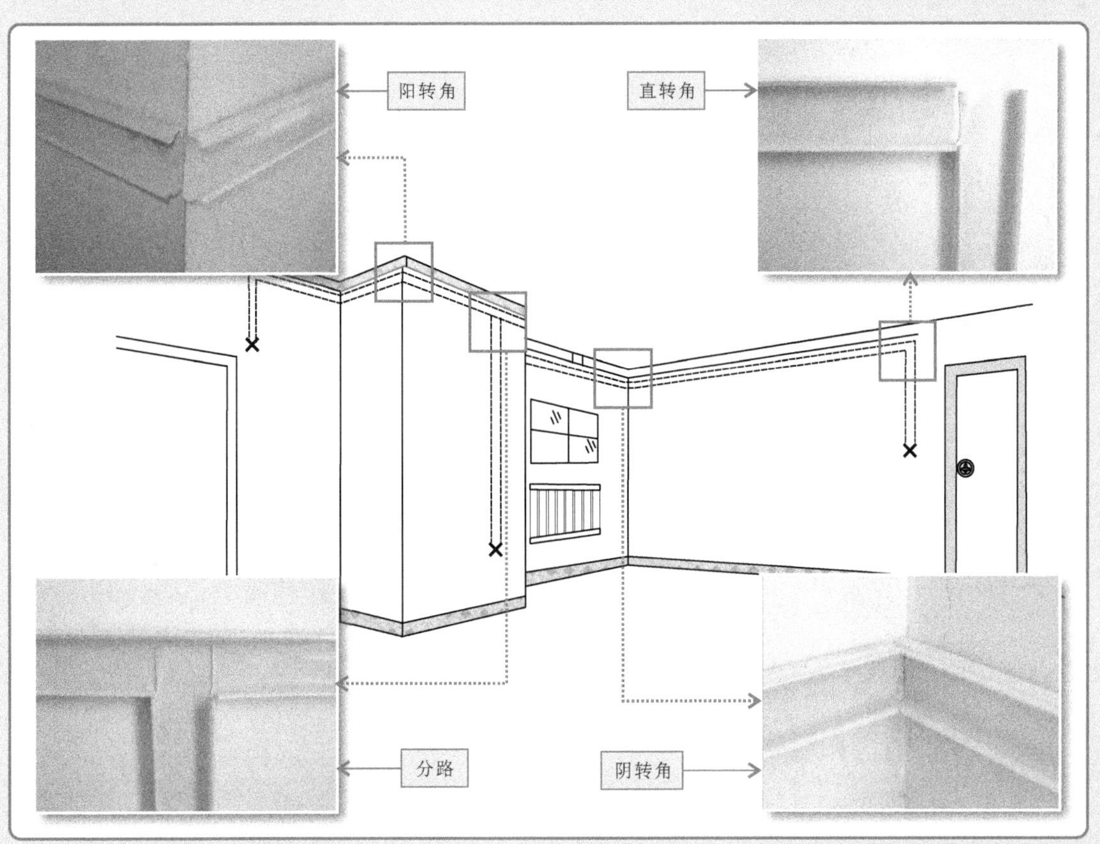

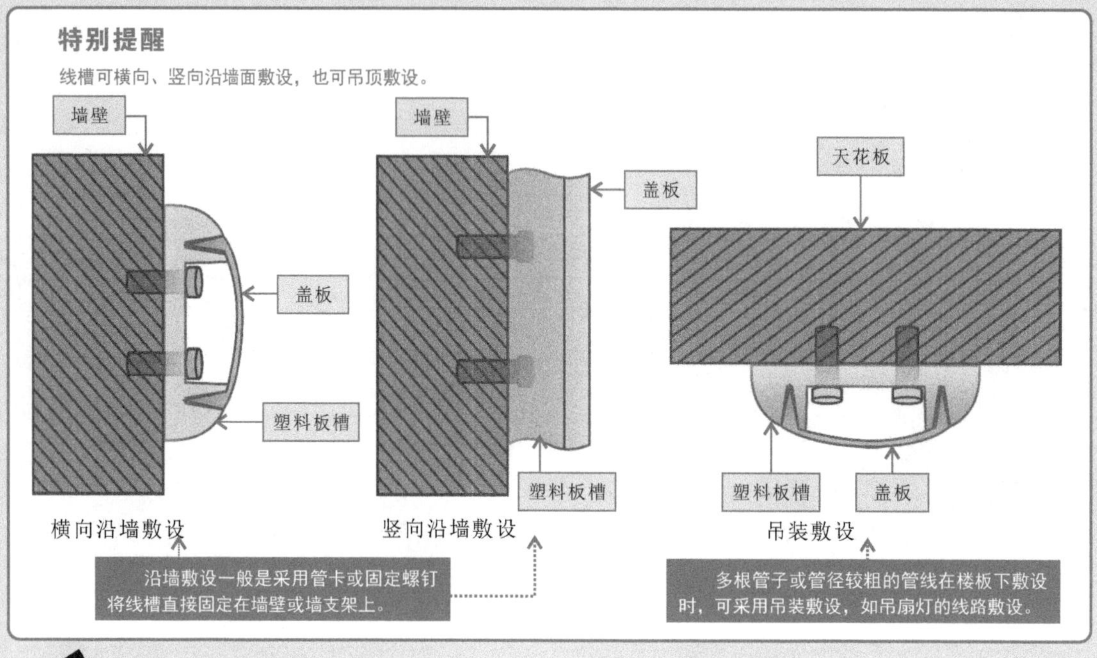

5. 敷设线缆

塑料线槽固定完成后，将线缆沿线槽内壁逐段敷设，敷设完成的位置扣好线槽盖板即可。

【线缆在线槽中的敷设操作】

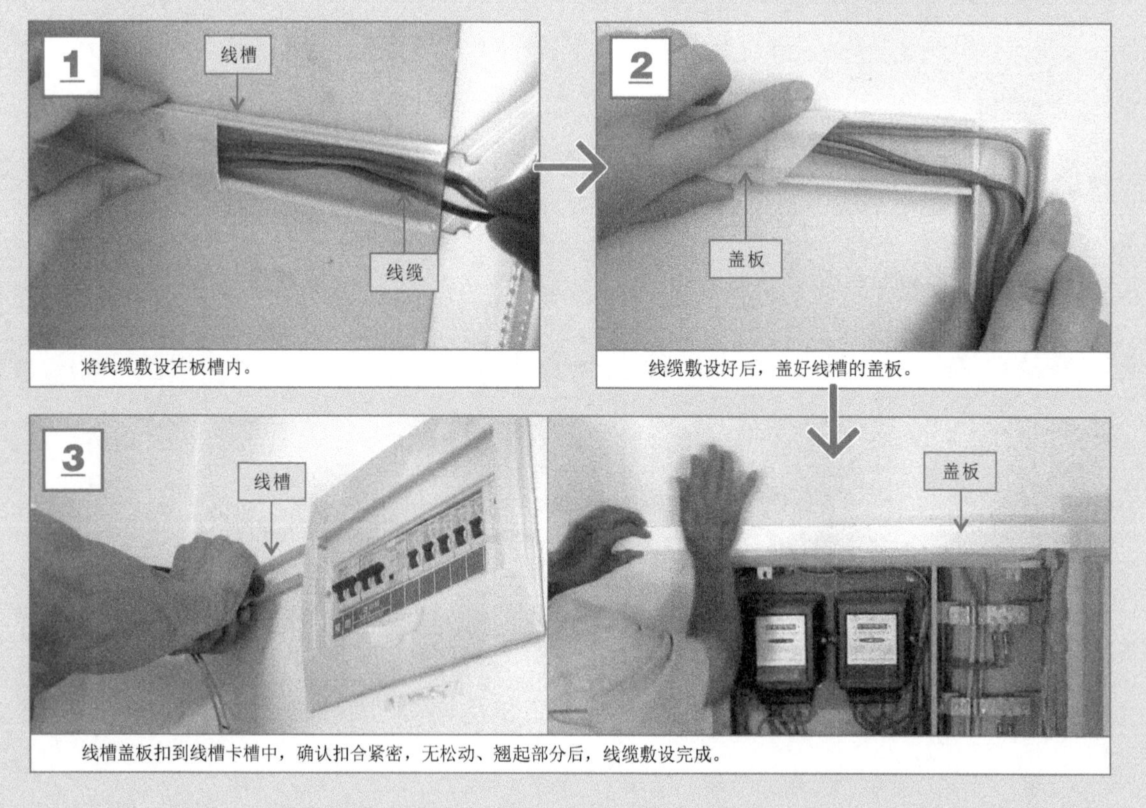

特别提醒

在明敷操作时，线缆在线槽的内部不能出现接头，如果导线的长度不够，则将不够的导线拉出，重新使用足够长的导线敷设。

【线缆明敷中线槽拐角、接头部分的处理】

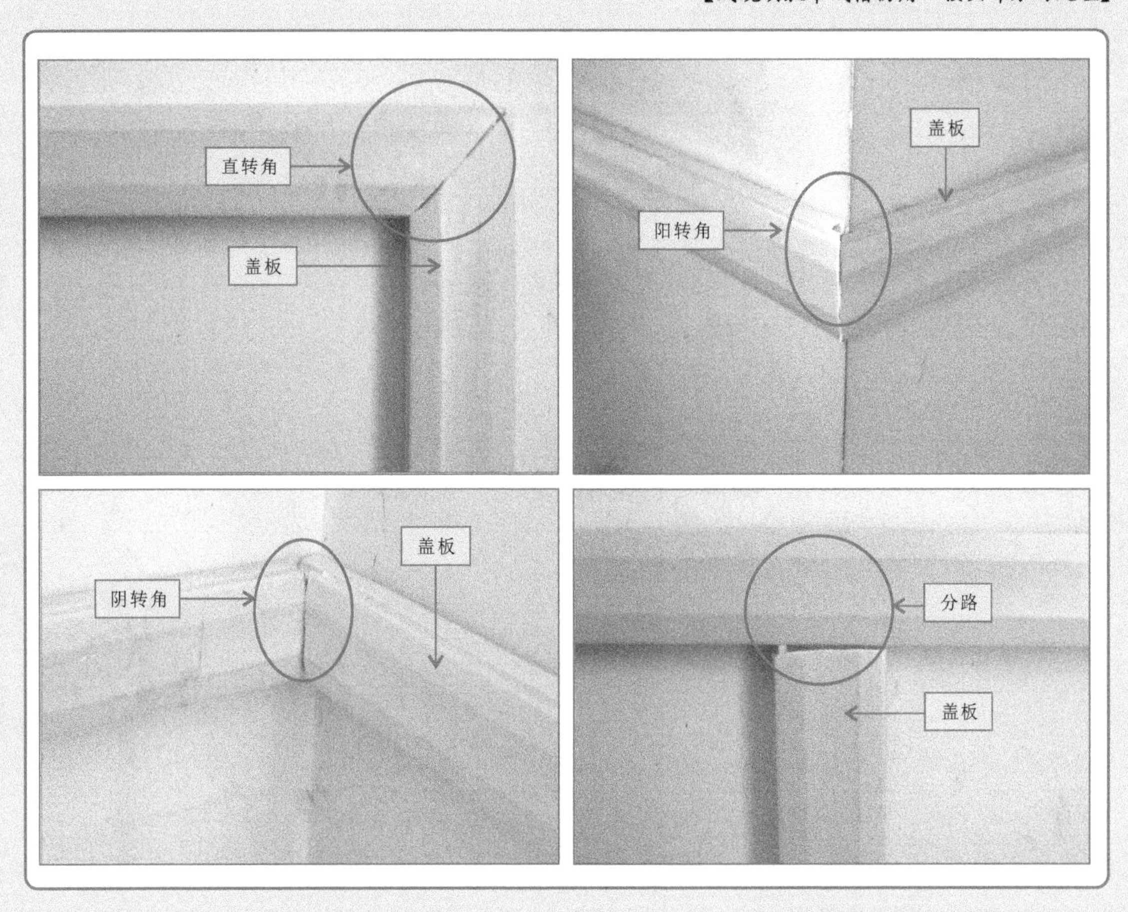

线缆敷设完成，安装好盖板后，安装线槽转角及分支部分的配套附件，确保安装牢固可靠。至此，线缆的明敷操作完成。

【线缆明敷中线槽配套附件的安装】

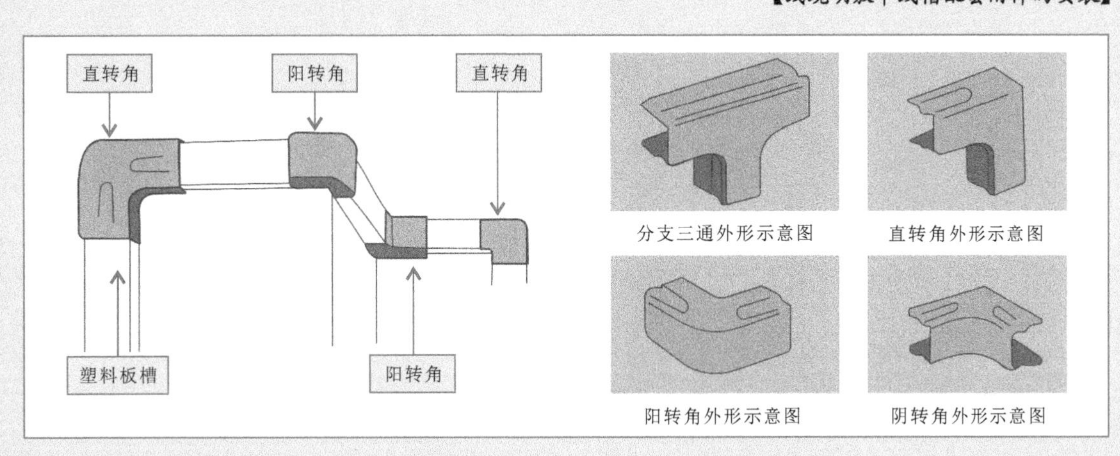

5.2.2 线缆的暗敷技能

室内线缆的暗敷是指将室内线路埋设在墙内、顶棚内或地板下的敷设方式，也是目前普遍采用的一种敷设方式。线缆暗敷通常在土建抹灰之前操作。

目前，一般的线缆暗敷操作包括定位划线、选择线管和附件、开槽、加工线管、线管和接线盒的安装固定、穿线等六个环节。

1. 定位划线

定位划线是指根据室内电气线路布线图或施工图，规划好布线的位置，确定线缆的敷设路径，并在墙壁或地面、屋顶上画出线缆的敷设路径，开关、灯具、插座的固定点，在固定中心划出“×”标记。

【室内线缆暗敷操作定位划线效果图】

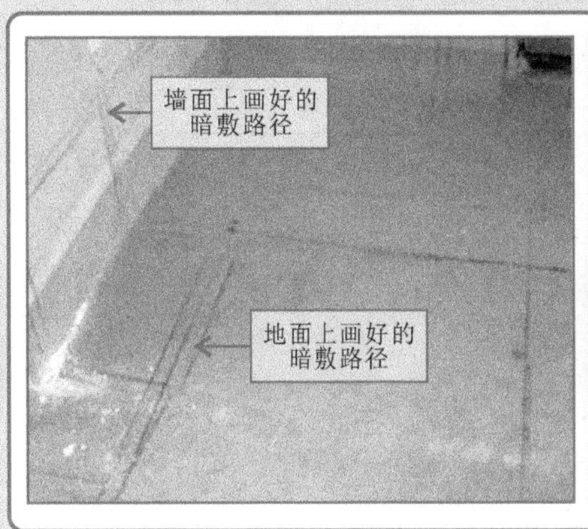

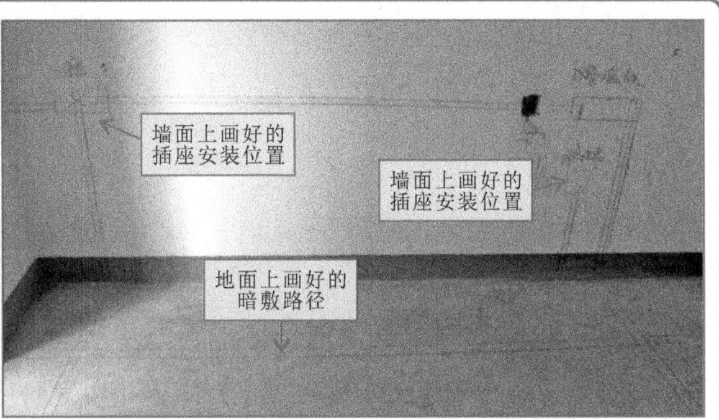

特别提醒

室内线缆暗敷需要符合基本的操作规范要求，如暗敷线槽的距离要求，强弱电线槽的距离要求，各种插座的安装高度要求等，这些规范在规划设计时已经明确提出，定位划线时需要严格按照规范要求进行。

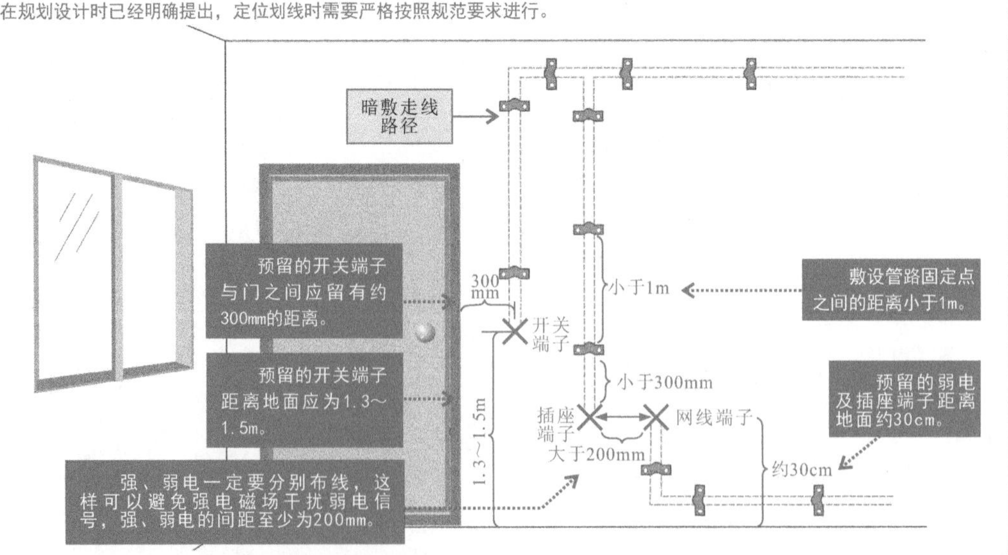

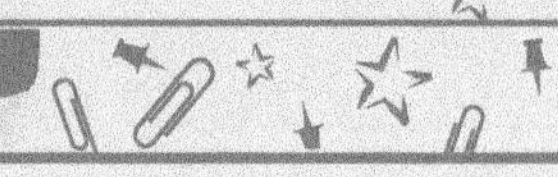

2. 选择线管和附件

室内线缆采用暗敷方式敷设时，主要借助线管及附件实现走线，起到固定、防护功能。目前家装暗敷中采用的线管多为阻燃PVC线管。选配时，根据施工图要求，确定线管的长度、所需配套附件的类型和数量等。

【室内线缆暗敷中常用线管及附件】

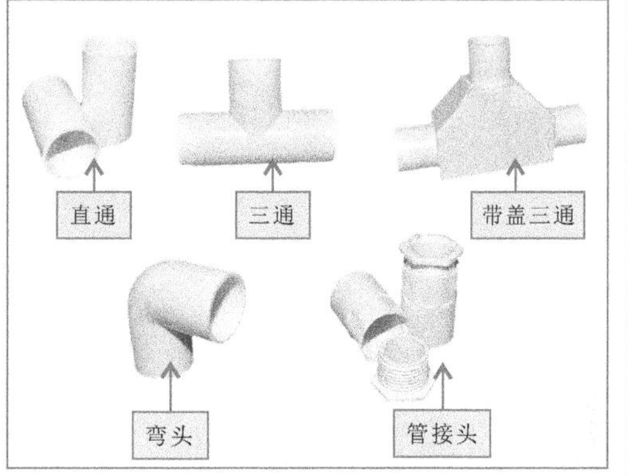

特别提醒

线管应根据线管的管径、质量、长度、使用环境等参数进行选择，应符合室内线路暗敷操作的要求。线管管径的要求：管内绝缘导线或电缆的总横截面积（包括绝缘层）不应超过线管横截面积的40%。

导线横截面积/mm^2	线管直径/mm										
	水煤气钢管穿入导线根数				电线管穿入导线根数				硬塑料管穿入导线根数		
	2	3	4	5	2	3	4	5	2	3	4
1. 5	15	15	15	20	20	20	20	20	15	15	15
2.5	15	15	20	20	20	20	25	20	15	15	20
4	15	20	20	20	20	20	25	20	15	20	25
6	20	20	20	25	20	25	25	25	20	20	25
10	20	25	25	32	25	32	32	32	25	25	32
16	25	25	32	32	32	32	40	40	25	32	32
25	32	32	40	40	32	40	—	—	32	40	40

另外，当线管超过下列长度时，线管的中间应装设分线盒或拉线盒，否则应选用大一级的管子。

a. 线管全长超过45m，并且无弯头时。

b. 线管全长超过30m，有一个弯头时。

c. 线管全长超过20m，有两个弯头时。

d. 线管全长超过12m，有三个弯头时。

敷设于垂直线管中的导线，每超过下列长度时，应在管口处或接线盒内加以固定。

a. 导线横截面积为50mm^2及以下，长度为30m时。

b. 导线横截面积为70～95mm^2，长为20m时。

c. 导线横截面积为120～240mm^2，长为18m时。

3. 开槽

开槽是室内线缆暗敷操作中的重要环节。一般可借助切割机、锤子、錾子及冲击钻等在画好的敷设路径线路上进行开槽操作。

【室内线缆暗敷中的开槽操作】

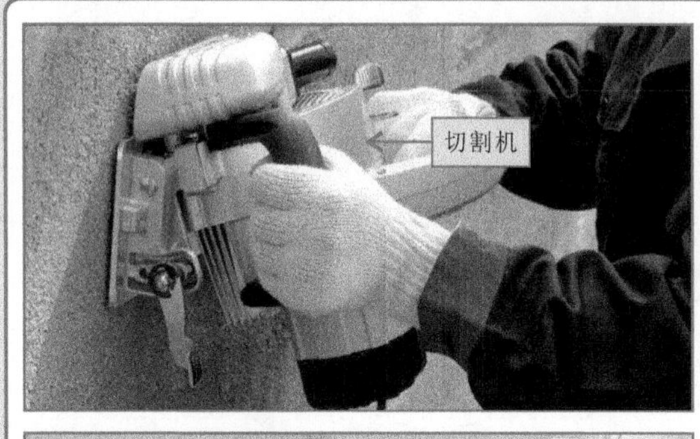

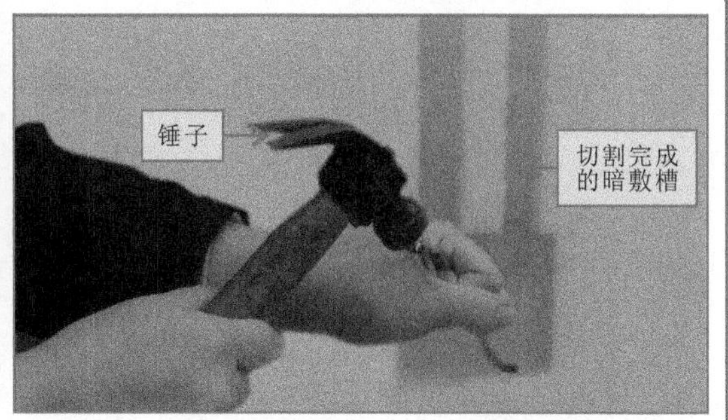

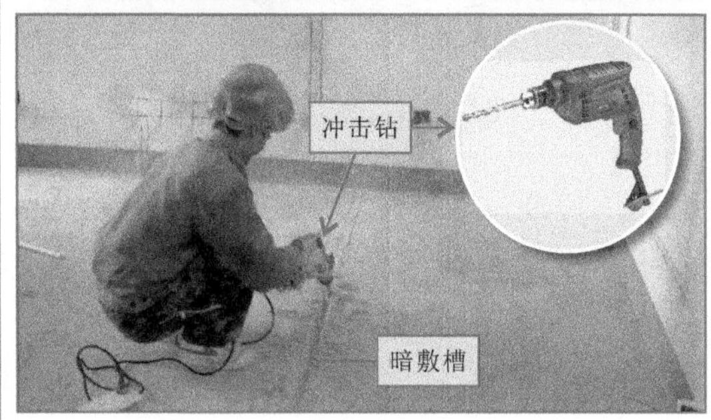

特别提醒

切割线槽的深度应能够容纳线管或线盒，一般深度为线管埋入墙体后，抹灰层的厚度为15mm。

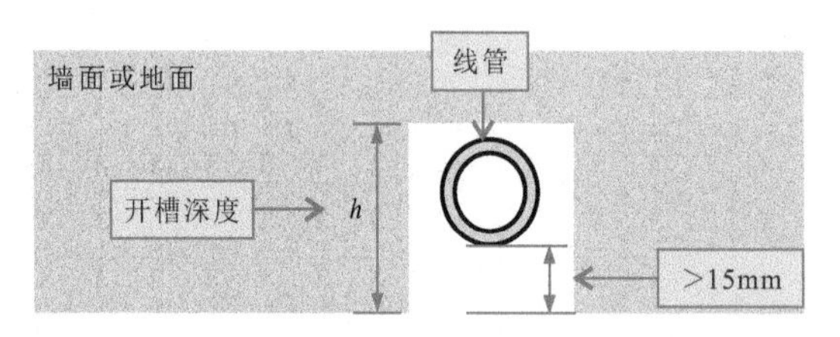

另外值得注意的是，开槽期间要注意灰尘，特别是在使用切割机切割墙体的时候，极易造成大量的灰尘。过多的粉尘会对肺造成损害，也会污染环境，因此在开槽的时候，要做好降尘工作。一般情况下，使用切割机开槽时，应先用水浇灌墙体中需要开槽的位置，使墙面潮湿，以此来减低粉尘污染。在切割操作中，还应一边切割一边向切割部位浇水。但不要将水浇入切割机中，以免造成短路，烧毁切割机。

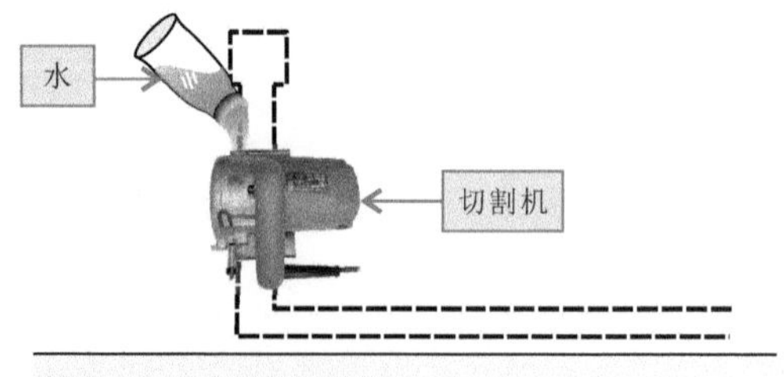

4. 加工线管

开槽完成后，接下来根据开槽的位置、长度等加工线管，为布管和埋盒操作做好准备。线管的加工操作主要包括线管的清洁、裁切及弯曲等操作。

【室内线缆暗敷中线管的加工操作】

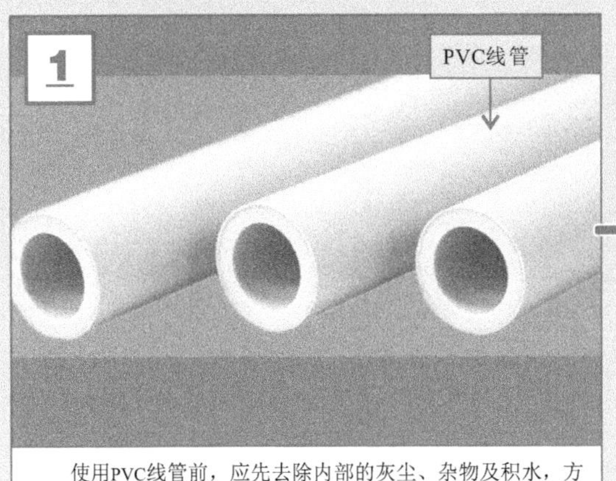

使用PVC线管前，应先去除内部的灰尘、杂物及积水，方便导线的敷设。

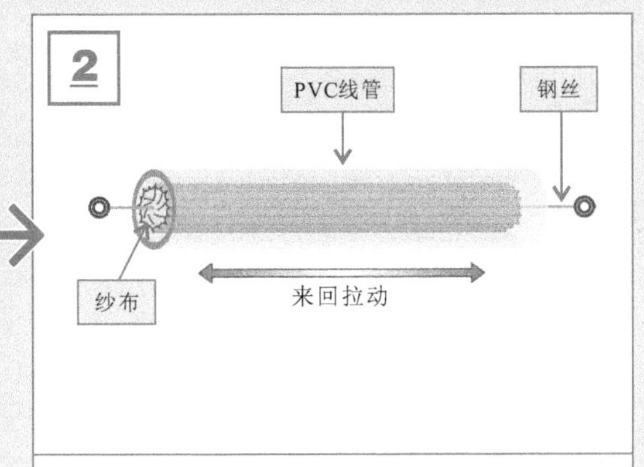

用绑着纱布的钢丝来回拉动，将管内的水分或灰尘擦净，也可以使用压缩空气吹入塑料线管内进行清洁。

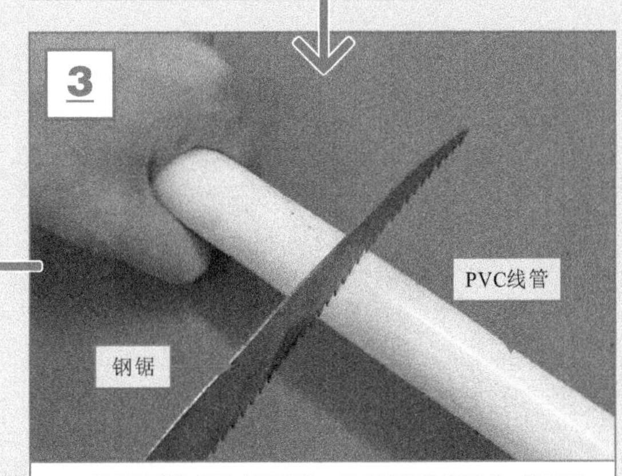

根据开槽位置的实际长度，确定线管长度需求，使用钢锯裁切塑料线管。

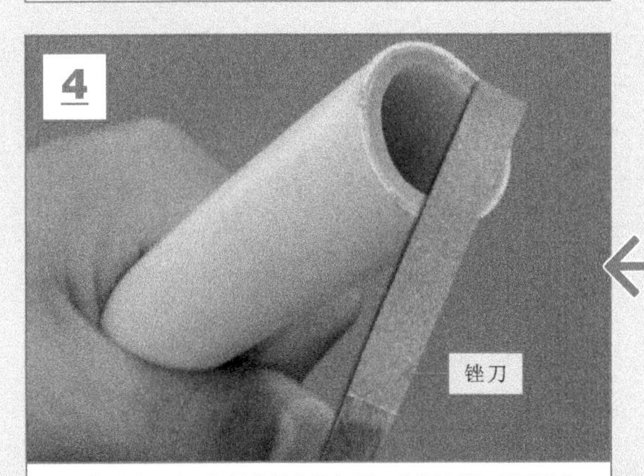

使用锉刀处理塑料线管的裁切面，使线管的切割面平整、光滑。

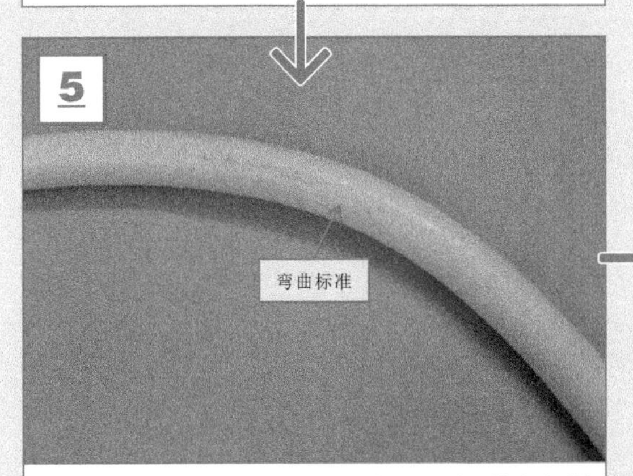

弯曲PVC线管，使其具有一定弧度，用于在开槽中需要转弯的部位。

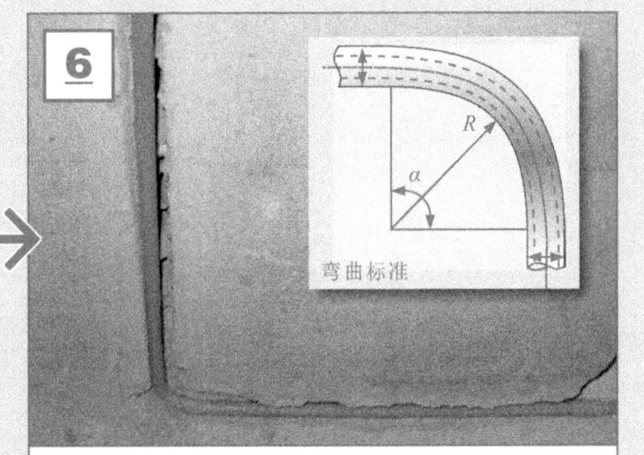

弯管操作中，注意PVC线管的弯曲角度不宜过大，避免穿线困难。

5. 线管和接线盒的安装固定

线管加工完成后，进行布管以及接线盒的安装固定。即将线管和接线盒敷设到开凿好的暗敷槽中，使用固定件进行安装固定。

【室内线缆暗敷中线管和接线盒的安装固定】

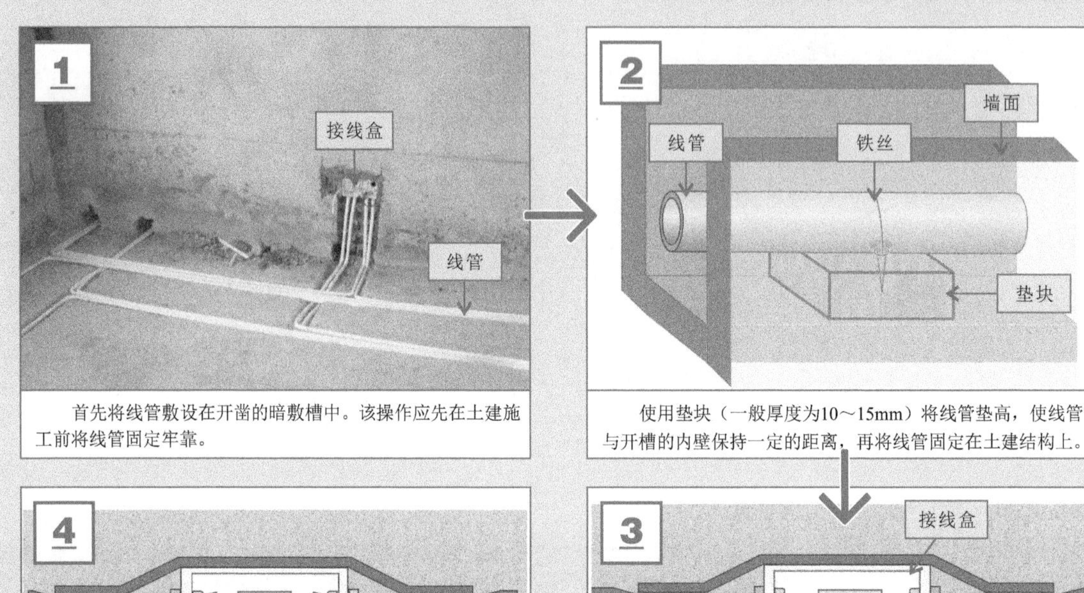

首先将线管敷设在开凿的暗敷槽中。该操作应先在土建施工前将线管固定牢靠。

使用垫块（一般厚度为10～15mm）将线管垫高，使线管与开槽的内壁保持一定的距离，再将线管固定在土建结构上。

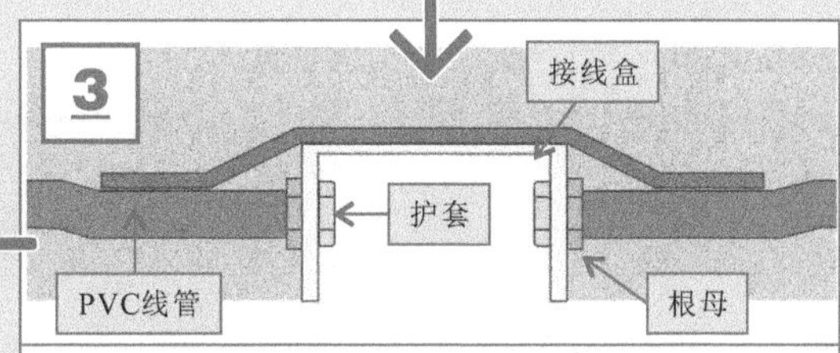

敷设接线盒时，应将线管从接线盒的侧孔中穿出，并利用根母和护套将其固定。

4

木塞

固定后，应将线管的管口用木塞或其他塞子堵上，其目的是防止水泥、砂浆或其他杂物进入线管内，造成堵塞。

特别提醒

线管和接线盒的敷设、固定和安装操作，应遵循基本的操作规范，线管应规则排列，圆弧过渡应符合穿线要求。

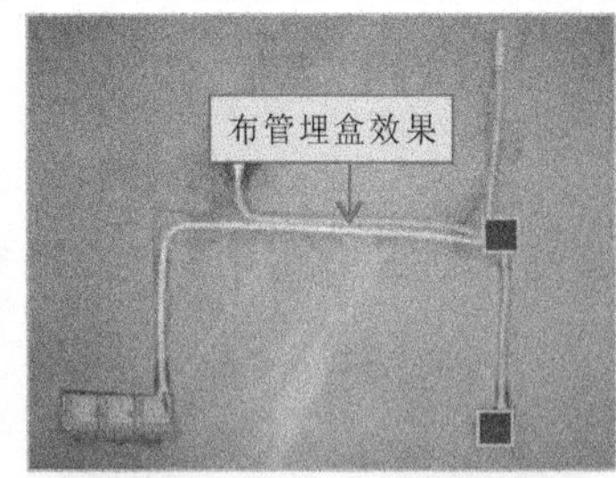

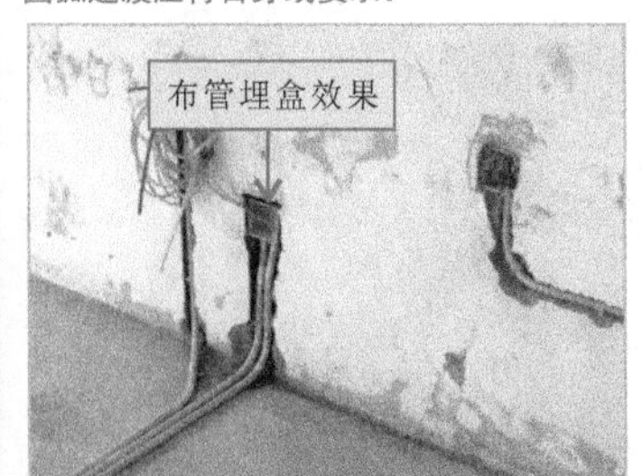

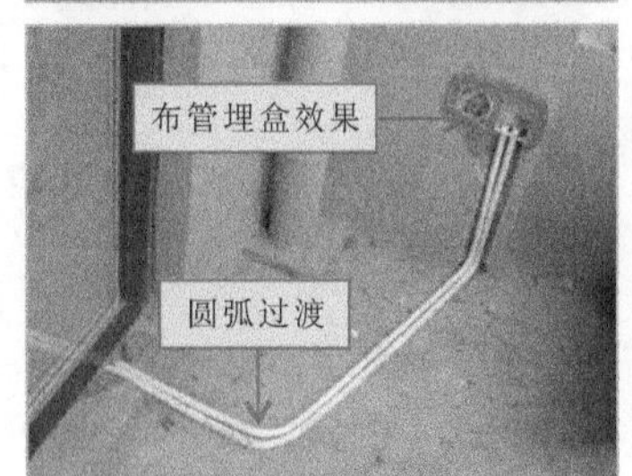

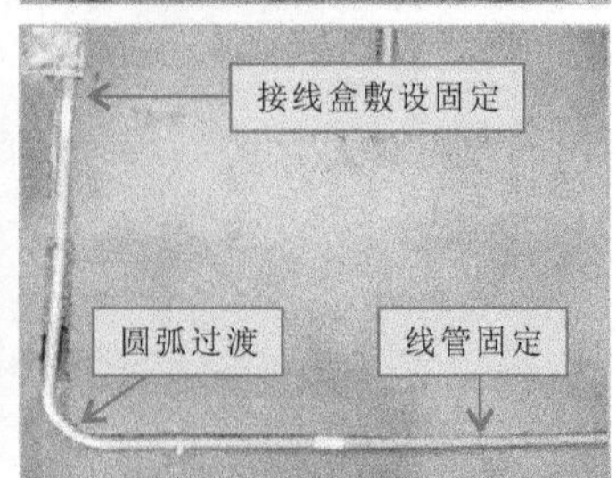

6. 穿线

穿线是室内线路暗敷操作中最为关键的步骤之一，且该步骤必须在暗敷线管完成后进行。穿线操作一般可借助穿管弹簧，将线缆从线管一端引至接线盒中。

【室内线缆暗敷中的穿线操作】

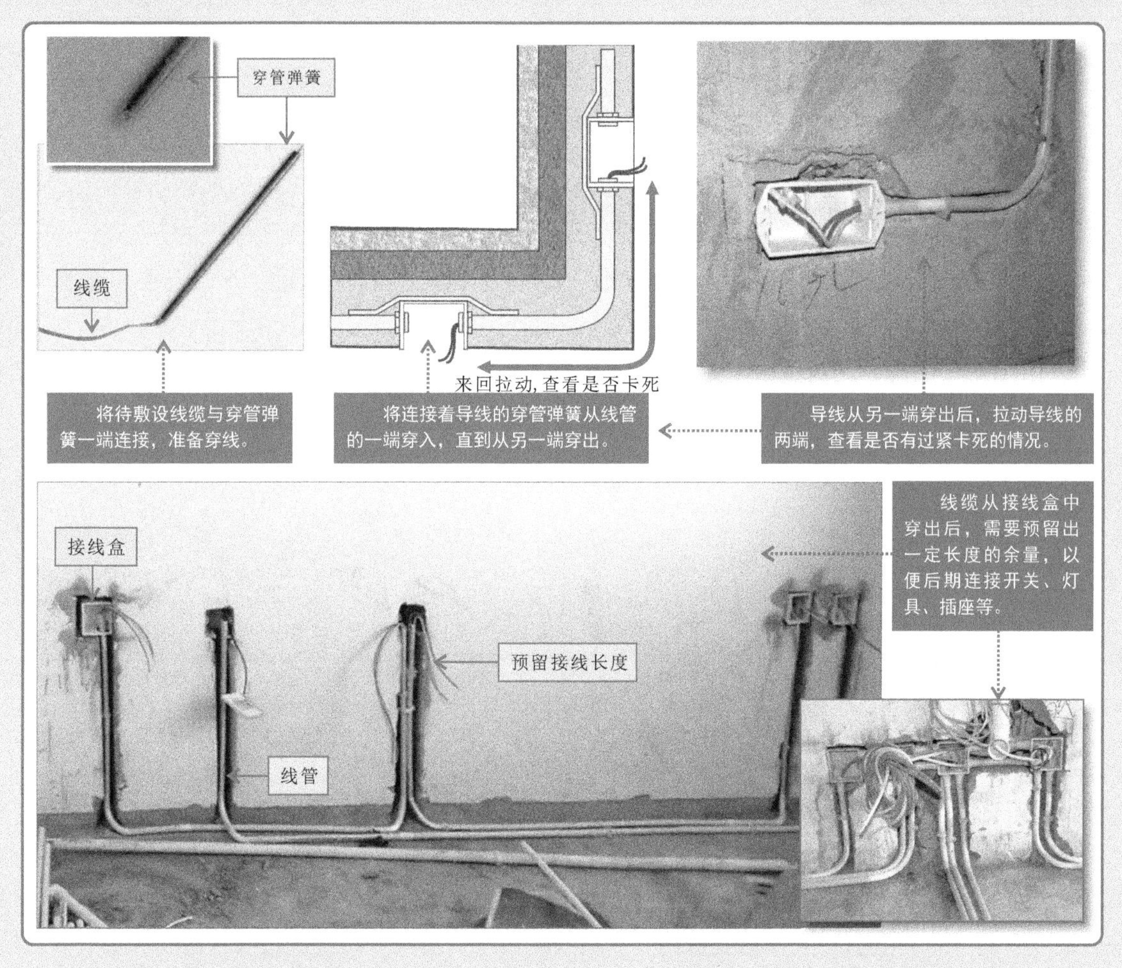

管内穿线完成后，暗敷操作基本完成，验证线管布置无误，线缆可自由拉动后，将凿墙孔和开槽进行抹灰恢复。至此，室内线缆的暗敷操作完成。

【室内线缆暗敷中的穿线操作】

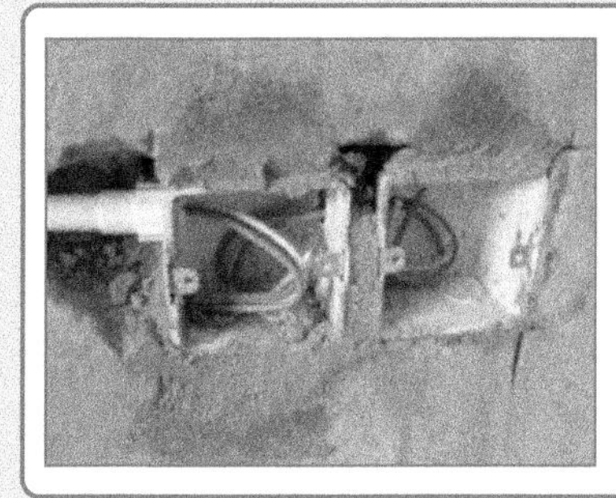

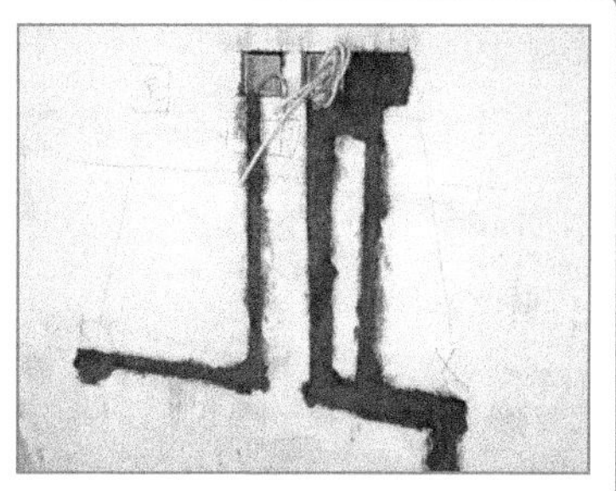

第6章　室内常用插座的安装与增设技能

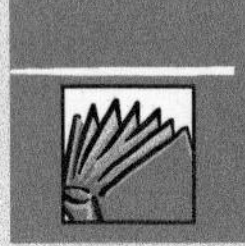

6.1 室内电源插座的安装与增设技能

在家装电工中用到的电源插座类型较多，通常有三孔电源插座、五孔电源插座、功能电源插座以及组合电源插座等。不同的电源插座安装时的方法也有所区别，下面分别以几种常用电源插座为例进行安装操作演示。

6.1.1 三孔电源插座的安装技能

三孔电源插座是指插座面板上仅设有相线孔、零线孔和接地孔三个插孔的电源插座。家装中三孔电源插座属于大功率电源插座，规格多为16A，主要用于连接空调器等大功率电器。

在实际安装操作前，需要首先了解三孔电源插座的特点和接线关系。

【三孔电源插座的特点和接线关系】

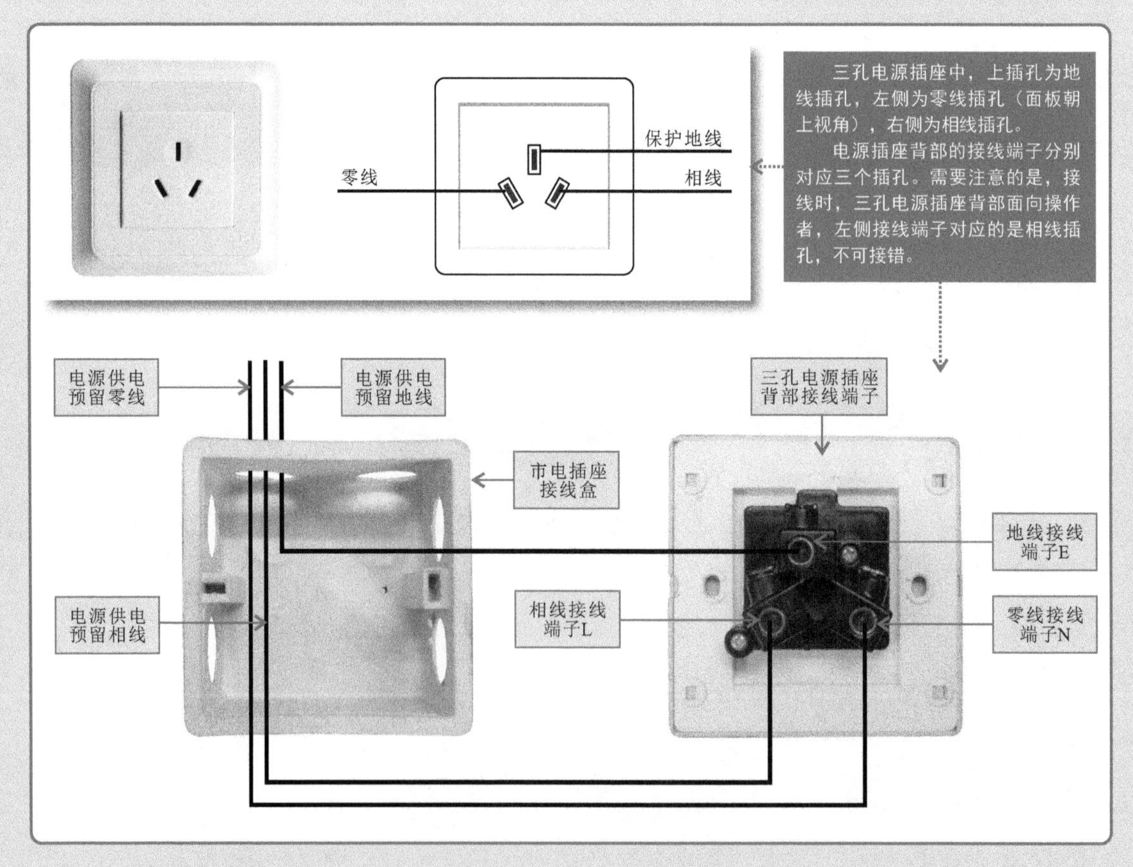

以典型家庭空调用三孔电源插座为例。其安装操作可以分为接线、固定与护板安装两个环节。

1. 接线

接线是将三孔电源插座与电源供电预留导线连接。接线前，需要先将三孔电源插座护板取下，为接线和安装固定做好准备。

【三孔电源插座接线前的准备】

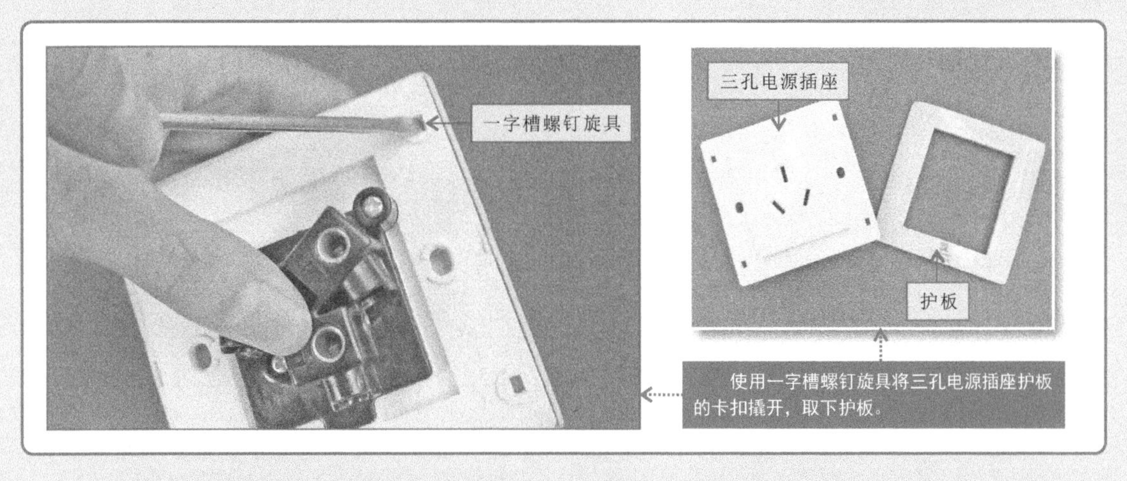

接下来，先将预留插座接线盒中的三根电源线进行处理，剥除线端一定长度（约3cm，即完全插入插座即可）的绝缘层，露出线芯部分，准备接线。

【电源供电预留导线的处理】

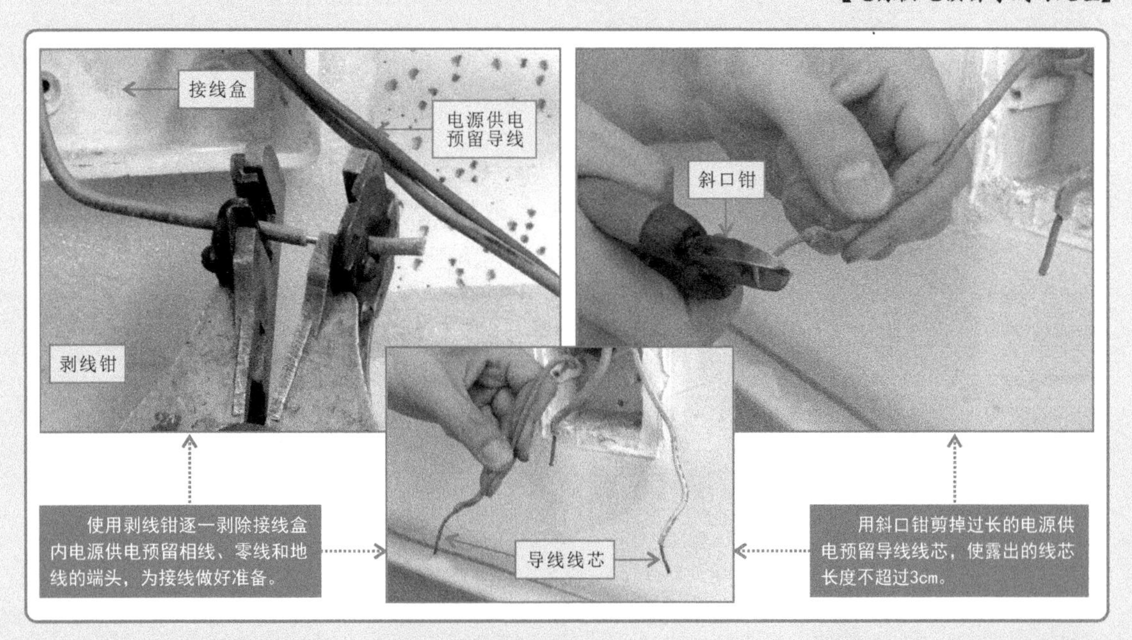

接着，将三孔电源插座背部接线端子的固定螺钉拧松，并将预留插座接线盒中的三根电源线线芯对应插入三孔电源插座的接线端子内，即相线插入相线接线端子内，零线插入零线接线端子内，保护地线插入地线接线端子内，然后逐一拧紧固定螺钉，完成三孔电源插座的接线。

【三孔电源插座的接线操作演示】

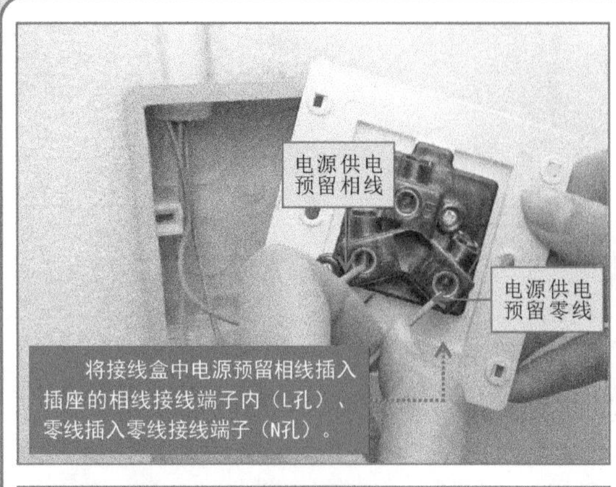

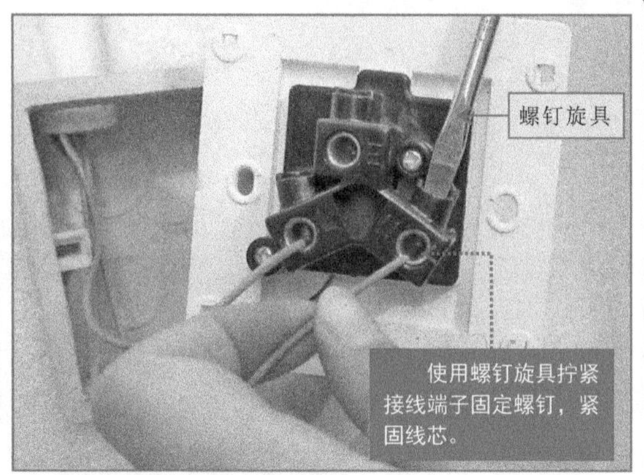

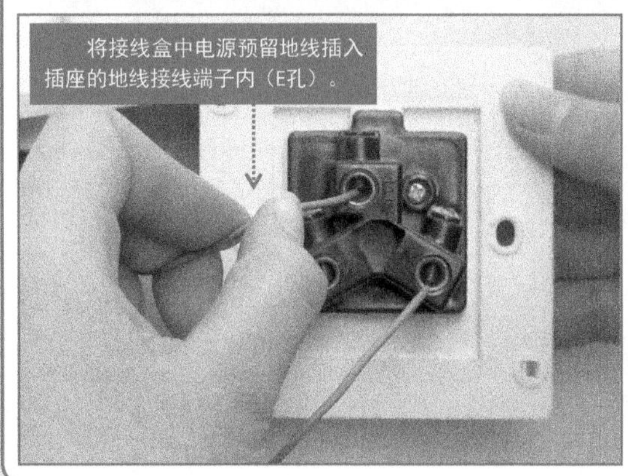

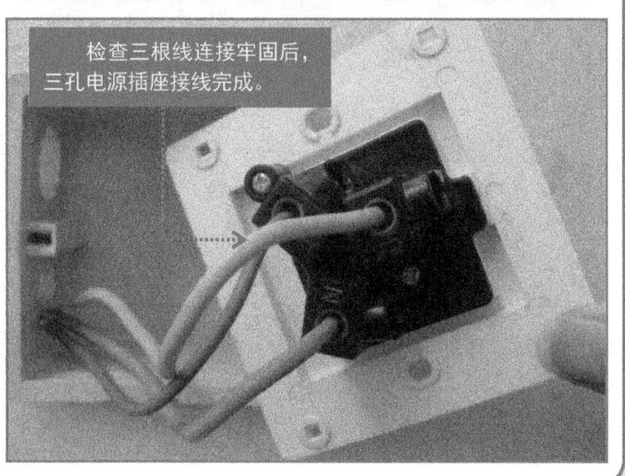

2. 固定与护板安装

三孔电源插座接线完成后，将连接导线合理盘绕在接线盒中，然后将三孔电源插座固定孔对准接线盒中的螺钉固定孔推入、按紧，并使用固定螺钉固定，最后将三孔电源插座的护板扣合到面板上，确认卡紧到位后，三孔电源插座安装完成。

【三孔电源插座的固定与护板的安装】

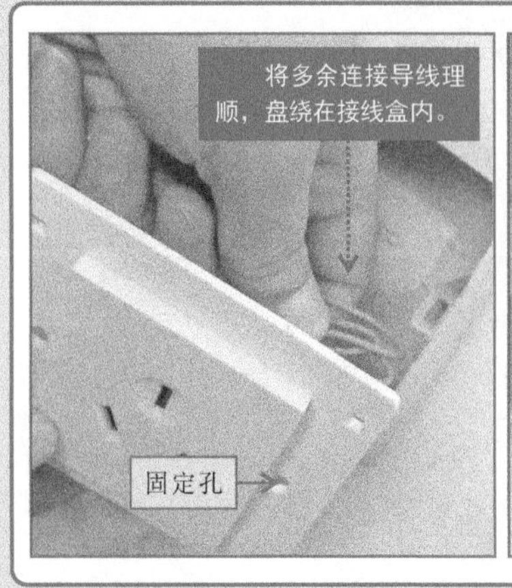

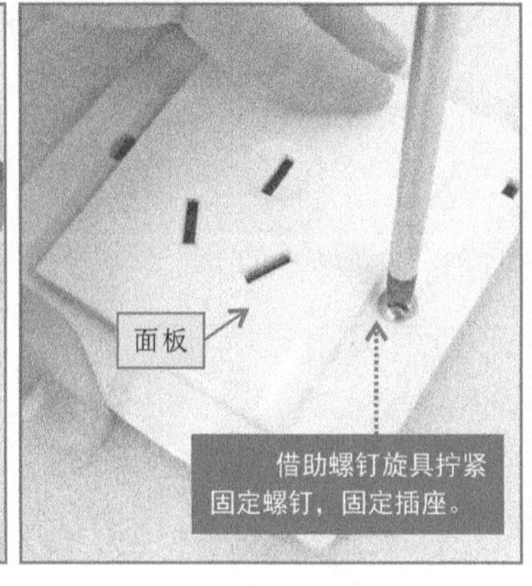

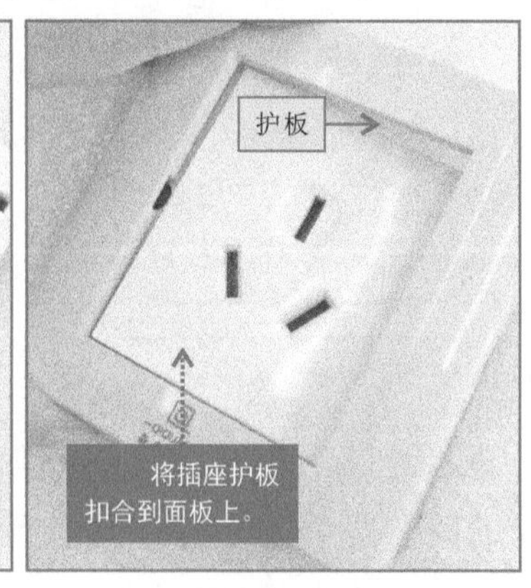

6.1.2 五孔电源插座的安装技能

五孔电源插座实际是两孔电源插座和三孔电源插座的组合，面板上面为平行设置的两个孔，用于为采用两孔插头电源线的电气设备供电；下面为一个三孔电源插座，用于为采用三孔插头电源线的电气设备供电。

家装中五孔电源插座应用十分广泛，常见规格一般为10A，可为大多数家用电器设备供电，如电视机、饮水机、电冰箱、电吹风、电风扇等。

在实际安装操作前，需要首先了解五孔电源插座的特点和接线关系。

【五孔电源插座的特点和接线关系】

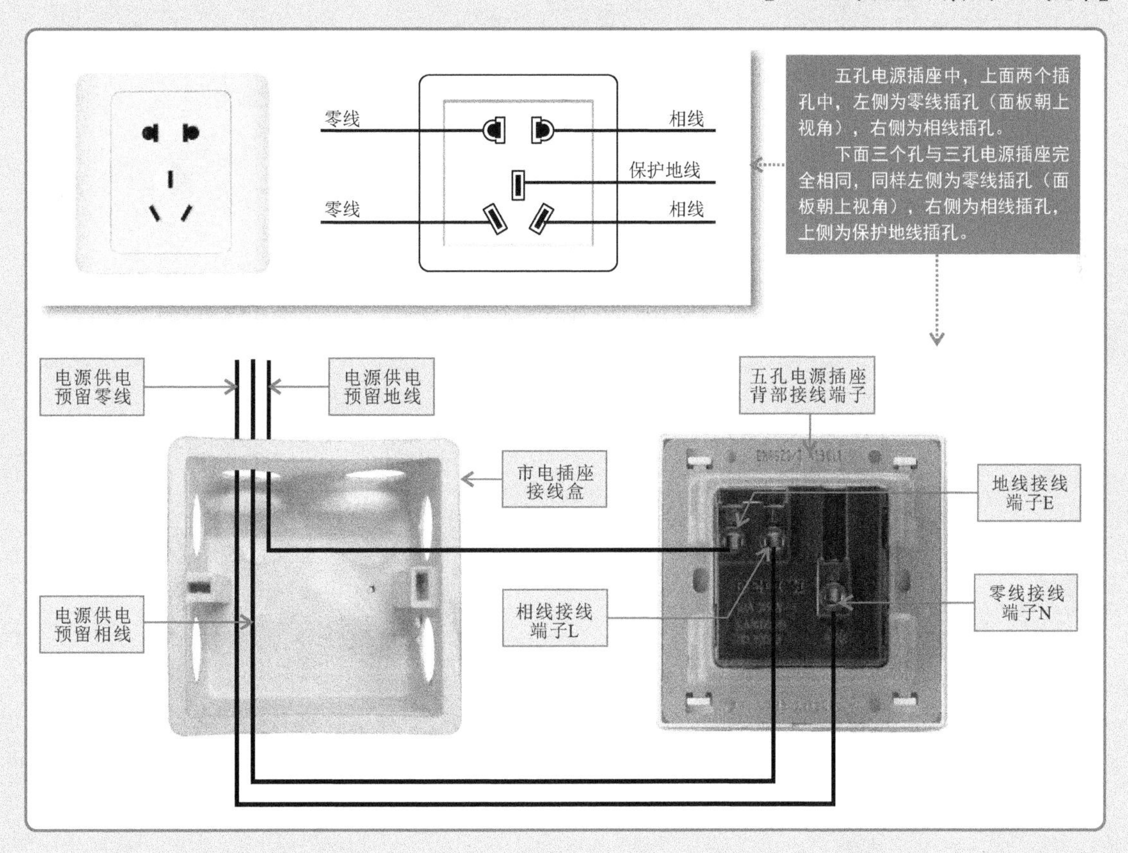

特别提醒

目前，五孔电源插座面板侧为五个插孔，但背面接线端子侧多为三个插孔，这是因为大多电源插座生产厂家在生产时已经将五个插座进行相应连接，即两孔中的零线与三孔的零线连接，两孔的相线与三孔的相线连接，只引出三个接线端子即可，方便连接。

以典型家庭用五孔电源插座为例。其安装操作与三孔电源插座安装操作基本相同，也可以分为接线与固定两个环节。

1. 接线

区分五孔电源插座接线端子的类型，在断电状态下将电源供电预留相线、零线、保护地线连接到五孔电源插座相应标识的接线端子（L、N、E）内，并用螺钉旋具拧紧固定螺钉。

【五孔电源插座的接线操作演示】

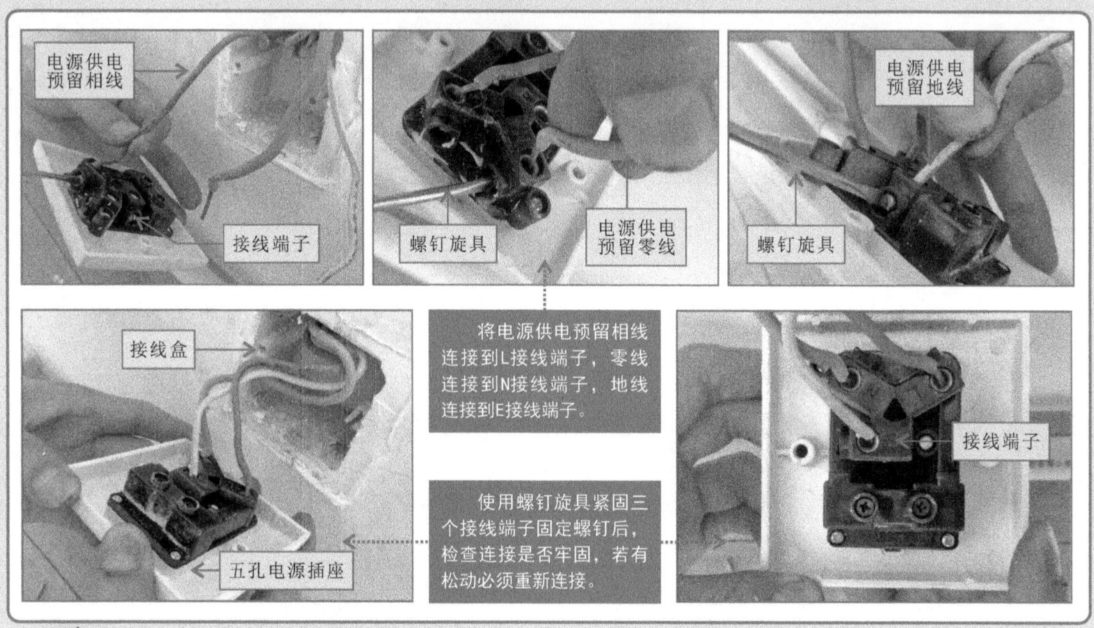

2. 固定

将五孔电源插座固定到预留接线盒上。先将接线盒内的导线整理后盘入盒内，然后用固定螺钉紧固电源插座面板，扣好挡片或护板后，安装完成。

【五孔电源插座的固定】

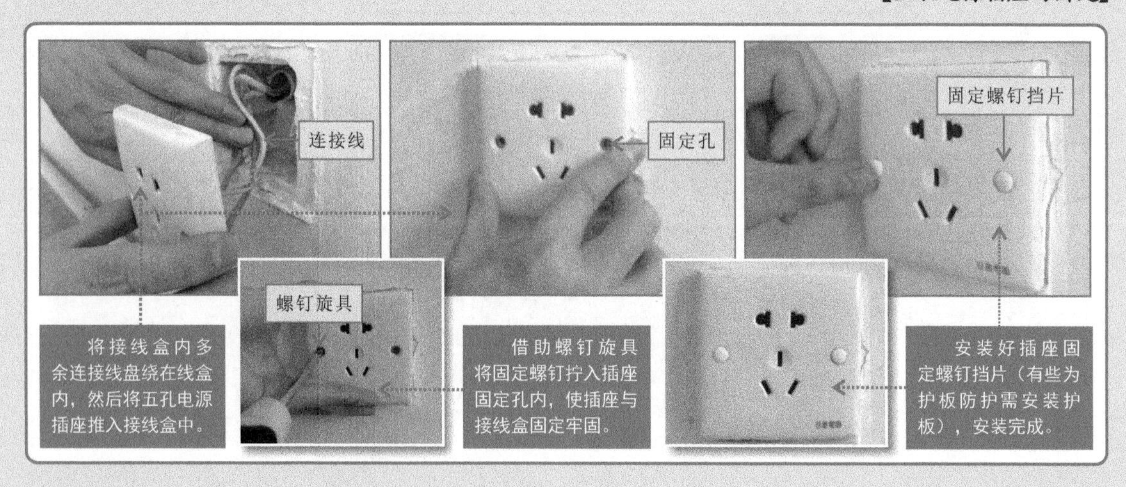

6.1.3 功能电源插座的安装技能

功能电源插座是指在插座中设有开关，可通过开关控制电源插座电源通断的实用功能较强的电源插座。家装中，功能电源插座多应用于厨房、卫生间中。实际应用时，可通过开关控制电源通断，无须频繁拔插电气设备电源插头，控制方便，操作安全。

在实际安装操作前，需要首先了解功能电源插座的特点和接线关系。

【功能电源插座的特点和接线关系】

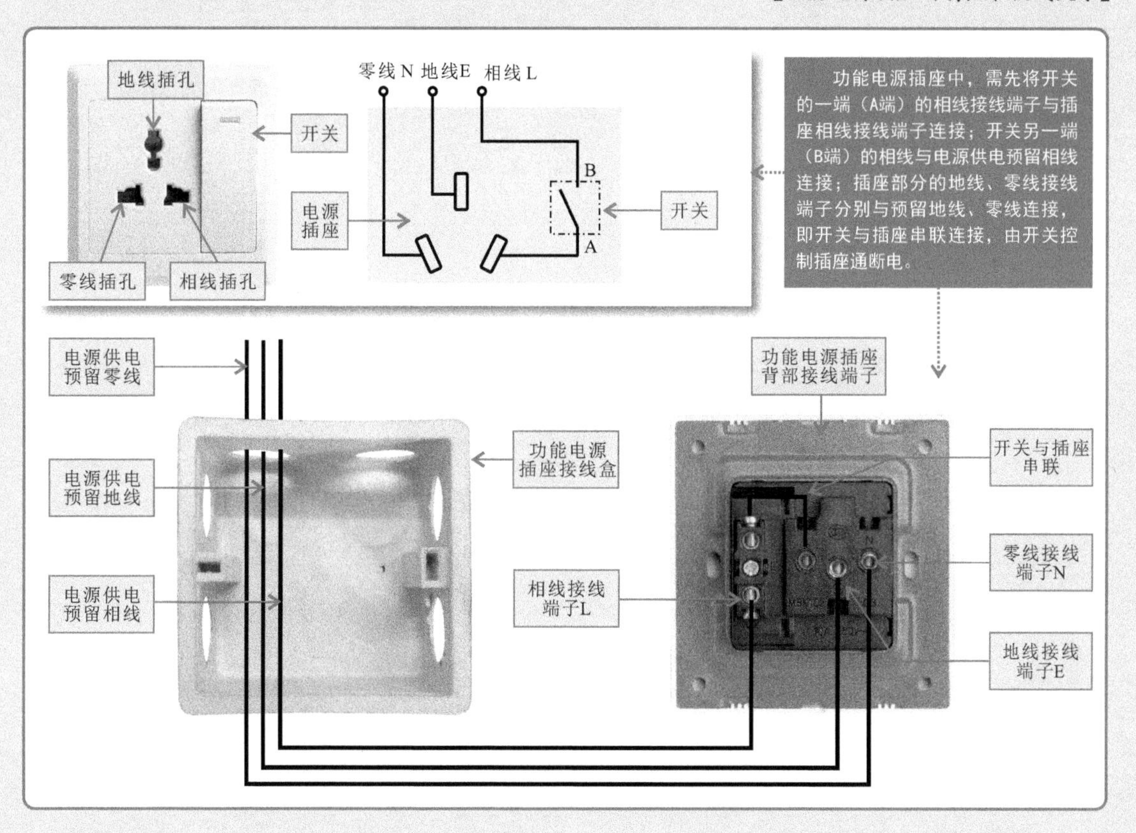

特别提醒

功能电源插座结构形式多样，可用一个开关同时控制一组插座的通断电，这类功能电源插座相当于将一个开关同时与几个电源插座串联连接，在接线时需要明确区分相线、零线和地线连接端子后再进行操作，严禁错接、漏接。

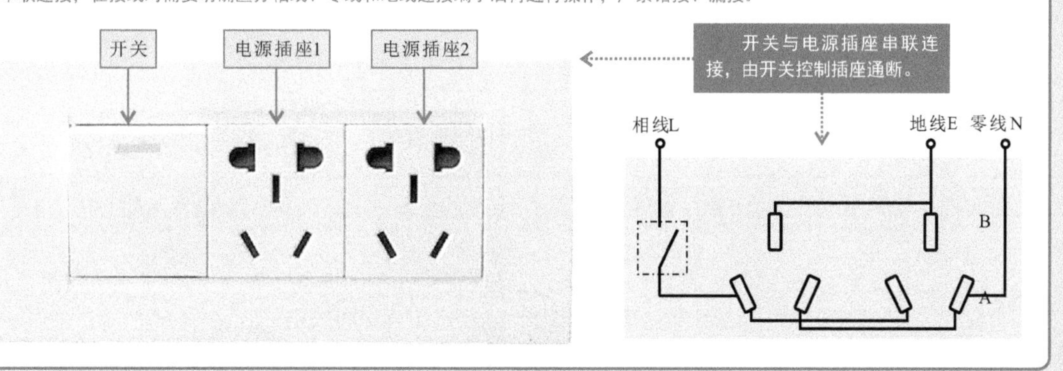

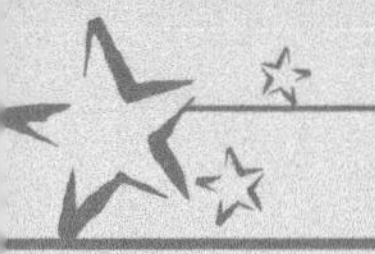

以典型家庭用功能电源插座为例。其安装操作分为接线与固定两个环节。

1. 接线

接线前，需先将功能电源插座的护板取下，并将开关与电源插座之间的接线连接完成（有些出厂已连接，则需检查连接是否牢固）。

【功能电源插座接线前的准备】

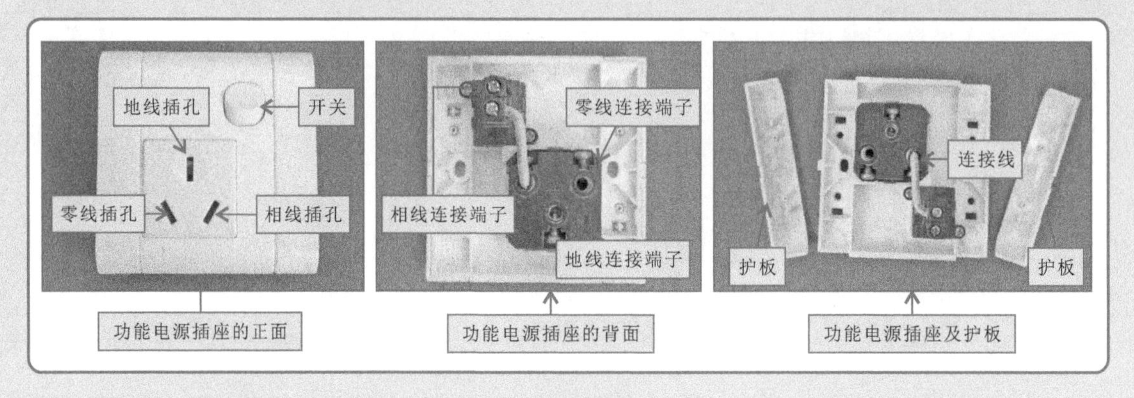

接着，根据接线关系图，将接线盒内预留相线与开关的相线连接端子连接；将预留零线与电源插座的零线连接端子连接；将预留地线与电源插座的地线连接端子连接。

【功能电源插座的接线操作演示】

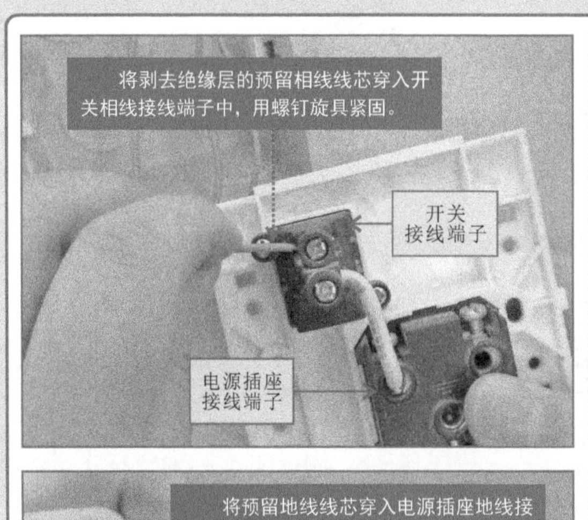

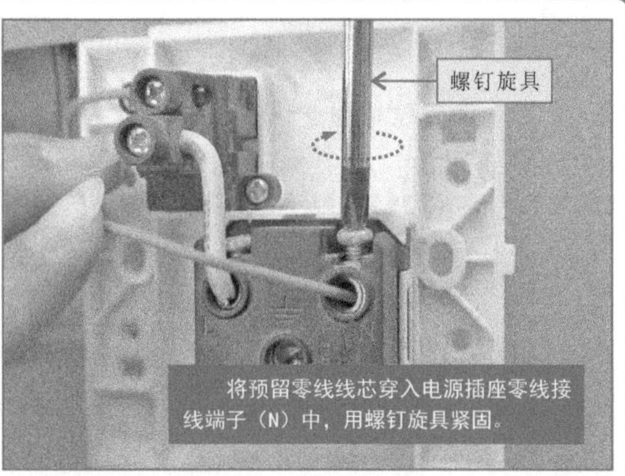

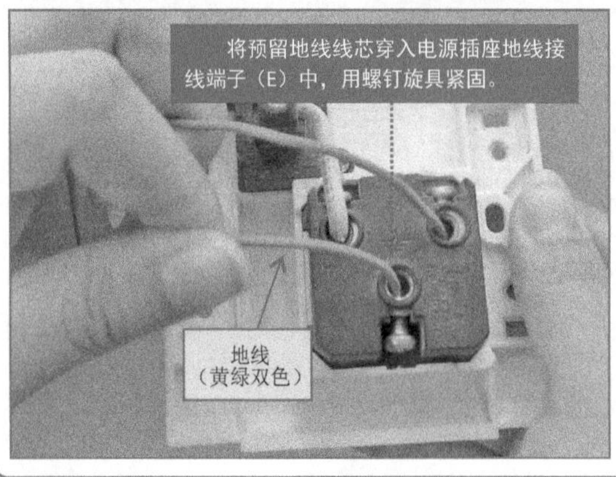

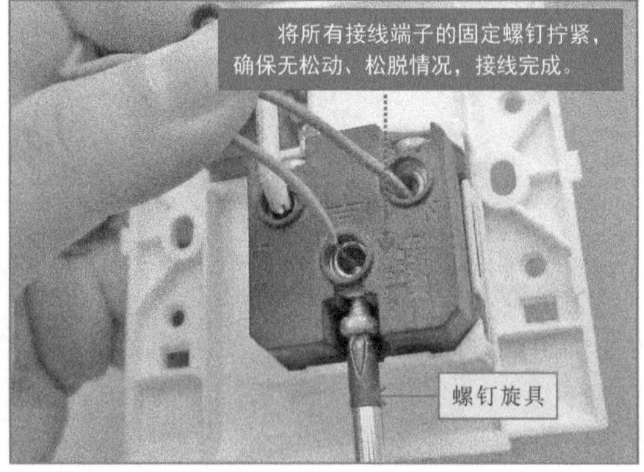

2. 固定

将连接导线合理地盘绕在预留接线盒中，拧紧功能电源插座固定螺钉，扣好护板，安装固定完成。

【功能电源插座的固定】

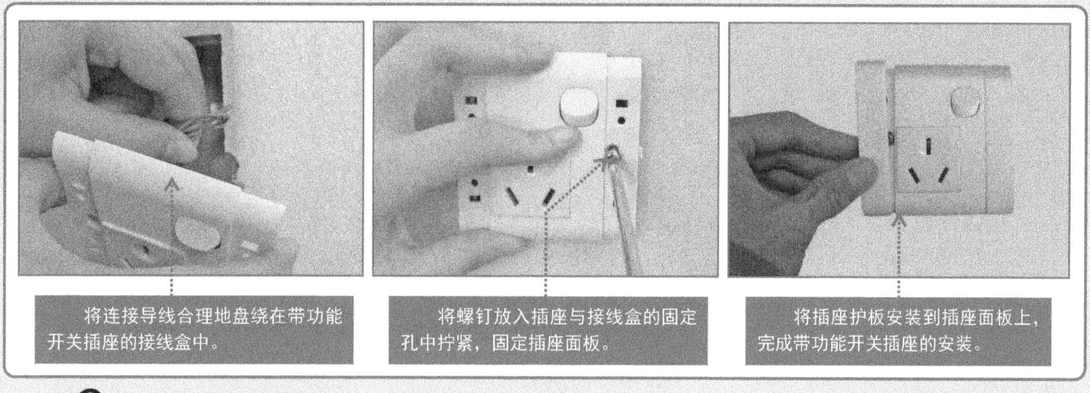

6.1.4 组合电源插座的安装技能

组合电源插座是指将多个三孔或五孔电源插座组合在一起，构成的电源插座排，这种电源插座结构紧凑，占用空间小。在家装中，组合电源插座多用于放置电气设备比较集中的场合，例如客厅中集中安放的电视机、机顶盒、路由器等可连接在一套组合电源插座中，有效节省空间。

在实际安装操作前，需要首先了解组合电源插座的特点和接线关系。

【组合电源插座的特点和接线关系】

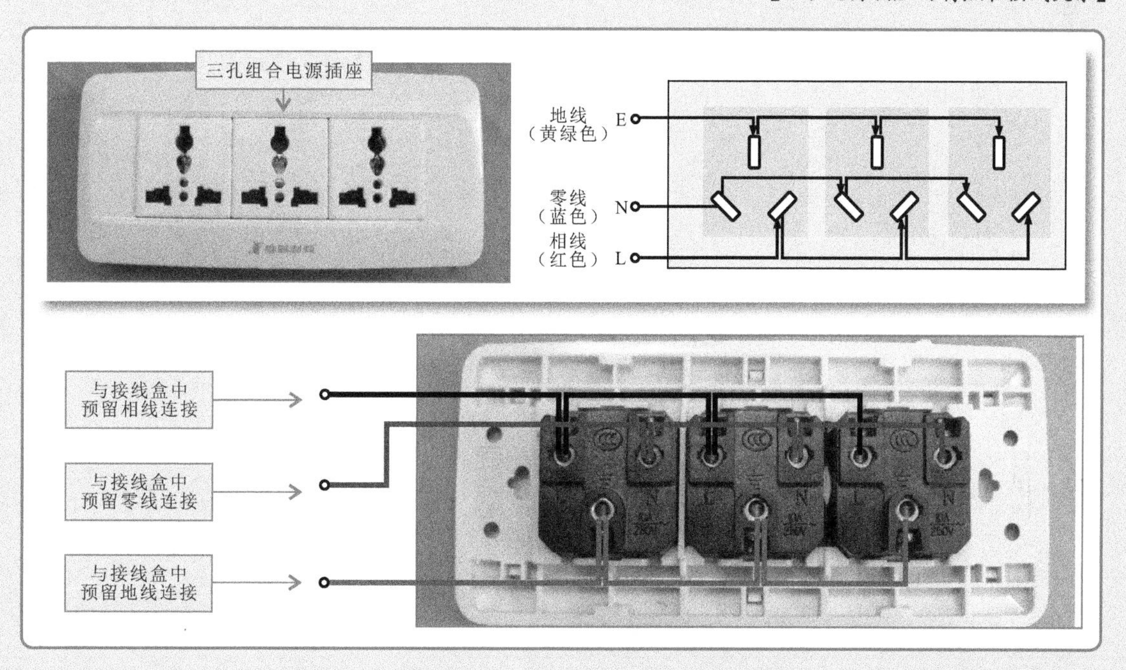

【组合电源插座的特点和接线关系（续）】

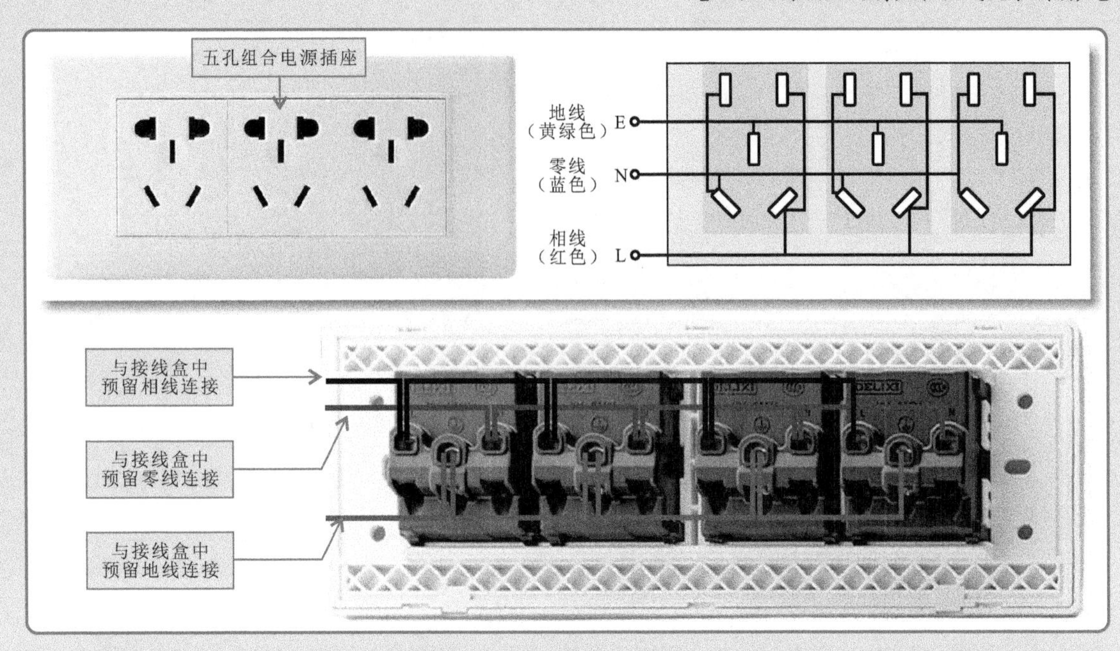

以典型三孔组合电源插座为例。其安装操作分为插座内部接线、插座供电接线与固定两个环节。

1. 插座内部接线

安装三孔组合插座前，需要先将插座内部各插座串联连接。实际操作前，需要先做好连接准备，即根据接线关系和实际连接距离制作连接短线，用于将三孔组合插座内的相应接线端子串接。

【三孔组合电源插座接线前的准备】

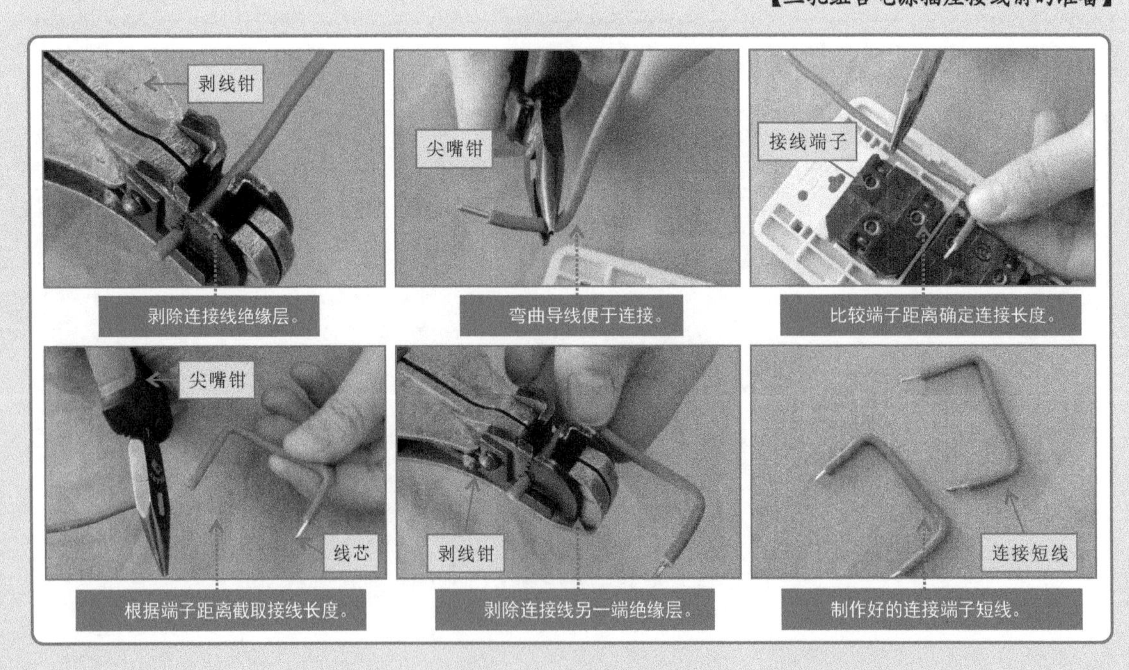

剥除连接线绝缘层。

弯曲导线便于连接。

比较端子距离确定连接长度。

根据端子距离截取接线长度。

剥除连接线另一端绝缘层。

制作好的连接端子短线。

接下来，根据内部接线端子的连接关系，用制作好的连接短线，将三孔组合电源插座中的相线连接端子串联连接。

【三孔组合电源插座内相线连接端子的接线操作】

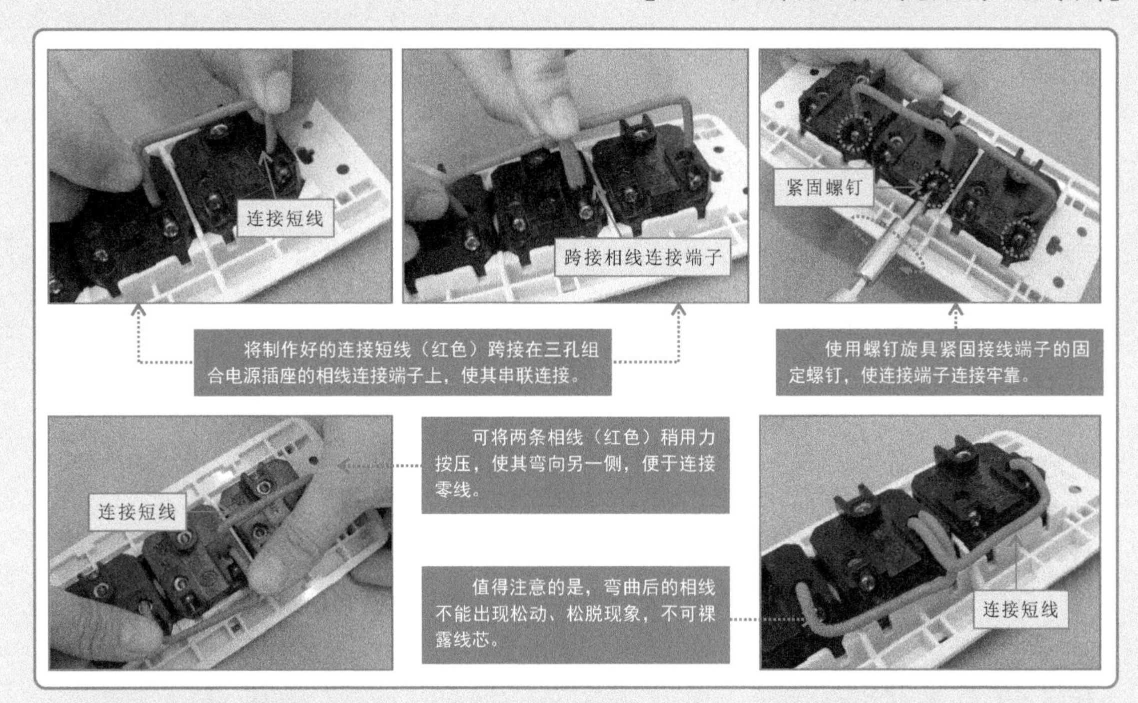

同样，采用同样的方法使用制作好的连接短线，将三孔组合电源插座中的零线接线端子和地线接线端子也分别串联连接起来。至此，三孔组合电源插座内部接线完成。

【三孔组合电源插座内零线、地线连接端子的接线操作】

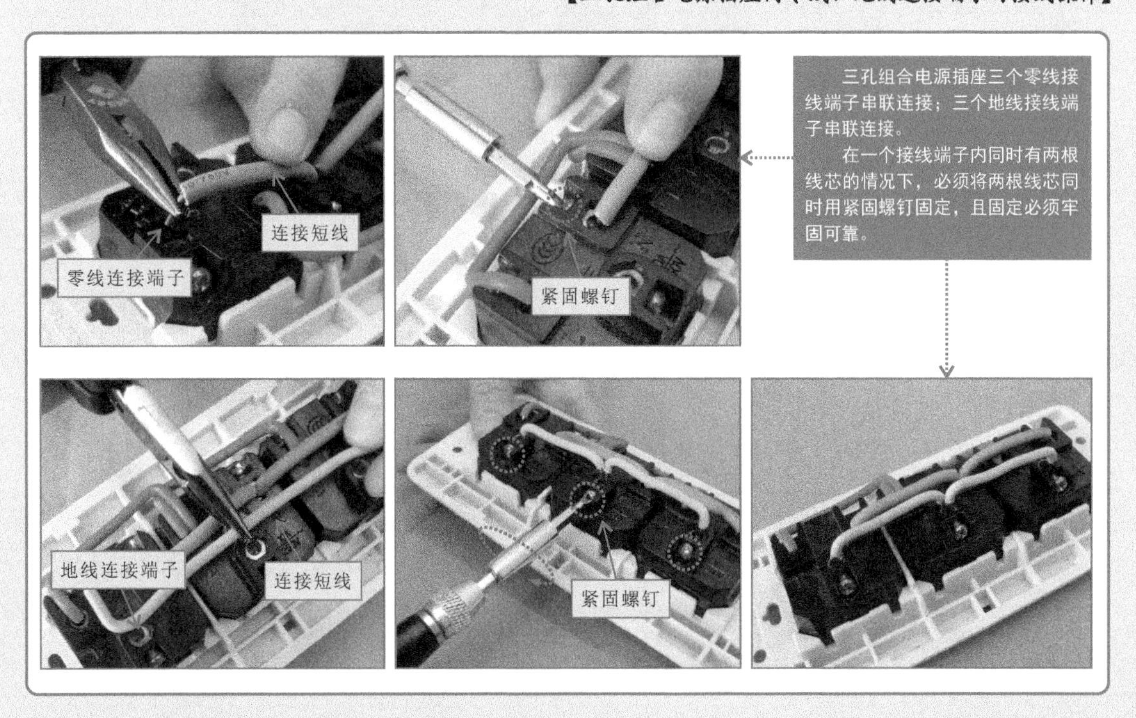

特别提醒

注意连接中不同线型之间的线芯不可出现搭接短路情况，且连接端子处必须紧固牢靠，不可出现松动、错接情况。

2. 插座供电接线与固定

完成三孔组合插座内部接线后，内部插座串联，最后相当于形成三个公共接线端子，分别为相线接线端子（L）、零线接线端子（N）和地线接线端子（E），将这三个端子分别与接线盒中预留相线、零线和地线连接，最后将三孔组合电源插座固定到接线盒中，盖好护板，安装完成。

【三孔组合电源插座与电源供电预留引线的连接和固定】

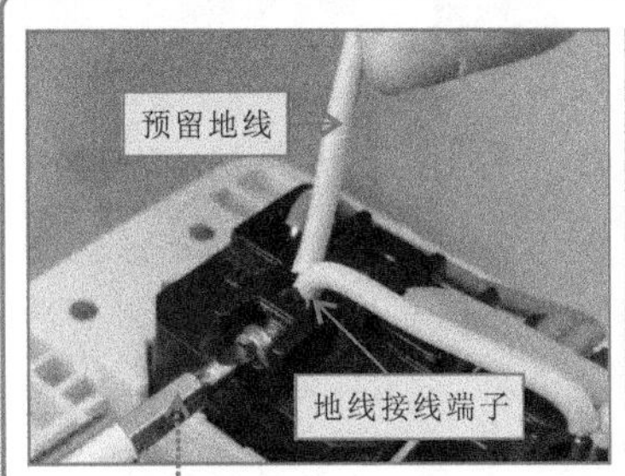

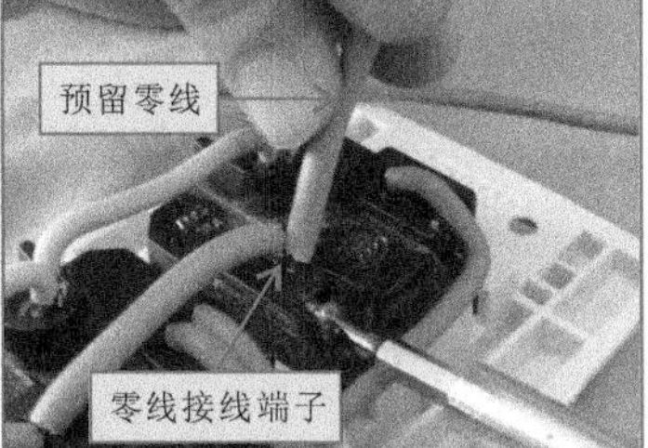

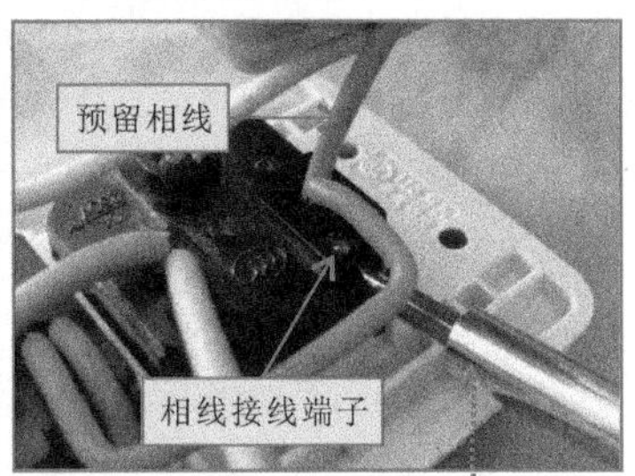

将接线盒中预留地线线芯插入三孔电源插座的公共地线接线端子中，并用螺钉旋具将固定螺钉拧紧。

将接线盒中预留相线线芯插入三孔电源插座的公共相线接线端子中，并用螺钉旋具将固定螺钉拧紧。

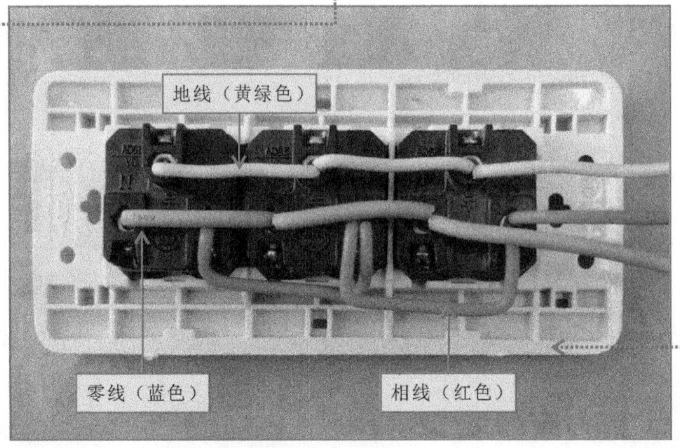

将接线盒中预留零线线芯插入三孔电源插座的公共零线接线端子中，并用螺钉旋具将固定螺钉拧紧。

检查三孔电源组合插座内部接线与电源供电预留引线接线是否牢靠。若有松动需要重新连接。

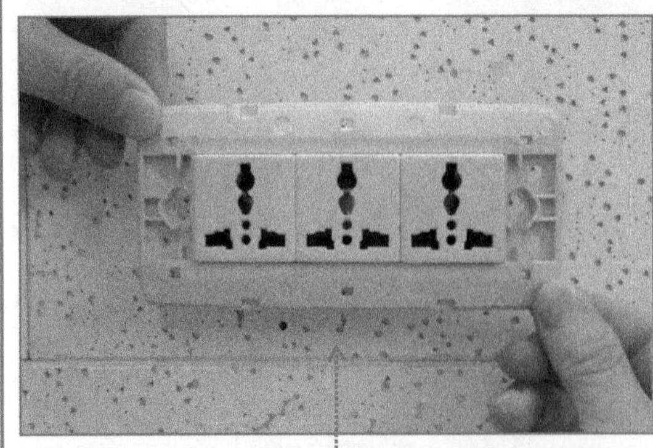

整理接线盒内多余连接线，将三孔电源插座的固定孔对准接线盒上的固定孔，拧紧固定螺钉。

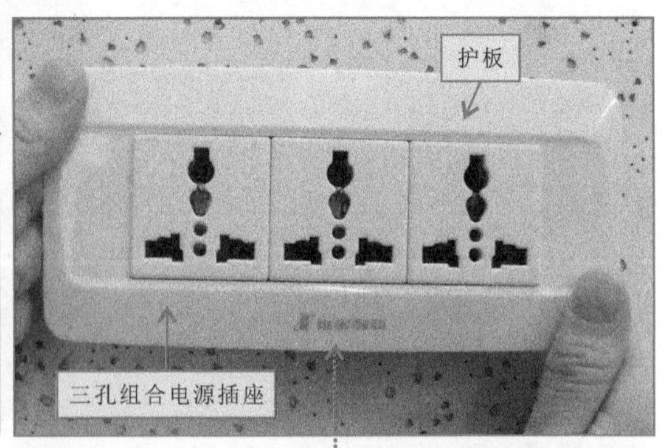

将三孔组合电源插座的护板扣合到插座面板上，并使卡扣全部到位。至此，三孔组合电源插座安装完成。

6.1.5 室内电源插座的增设技能

当已有电源插座安装的数量或是位置不能满足用户实际需求时，常常需要增设电源插座。一般来说，增设电源插座的方法有两种：一种是直接用已有的插座增设新的插座；另一种是利用已有的供电线路增设新的插座。

1. 根据原有插座增设电源插座

利用原有电源插座增设新电源插座是指利用原有电源插座接线盒中的供电引线，延长连接新的线缆，并通过敷设管路将新线缆引至新增电源接线盒中，相当于在原电源插座后级再串联连接一只电源插座。

【根据原有插座增设电源插座时的示意图】

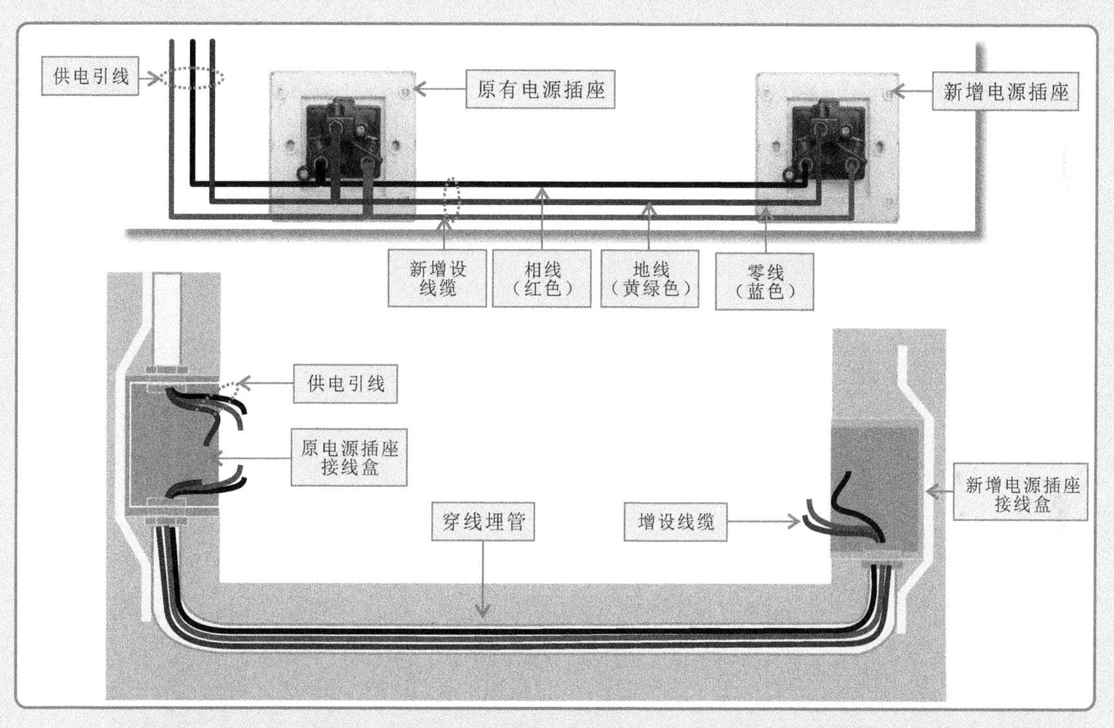

以大功率三孔电源插座为例，在原有电源插座基础上增设新电源插座的操作可以分为增设线缆、调整原有电源插座接线、新增电源插座接线与安装三个环节。

【根据原有插座增设电源插座的操作步骤】

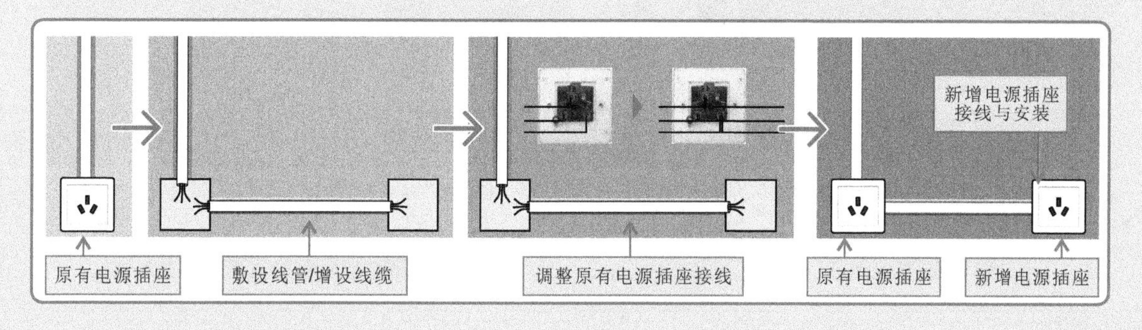

新增线缆需要先根据实际增设需求，在墙壁上进行开槽，敷设线管，然后在线管中穿线（对应原供电引线中的相线、零线、地线三根引线）为增设电源插座做好准备。

【新增线缆操作示意图】

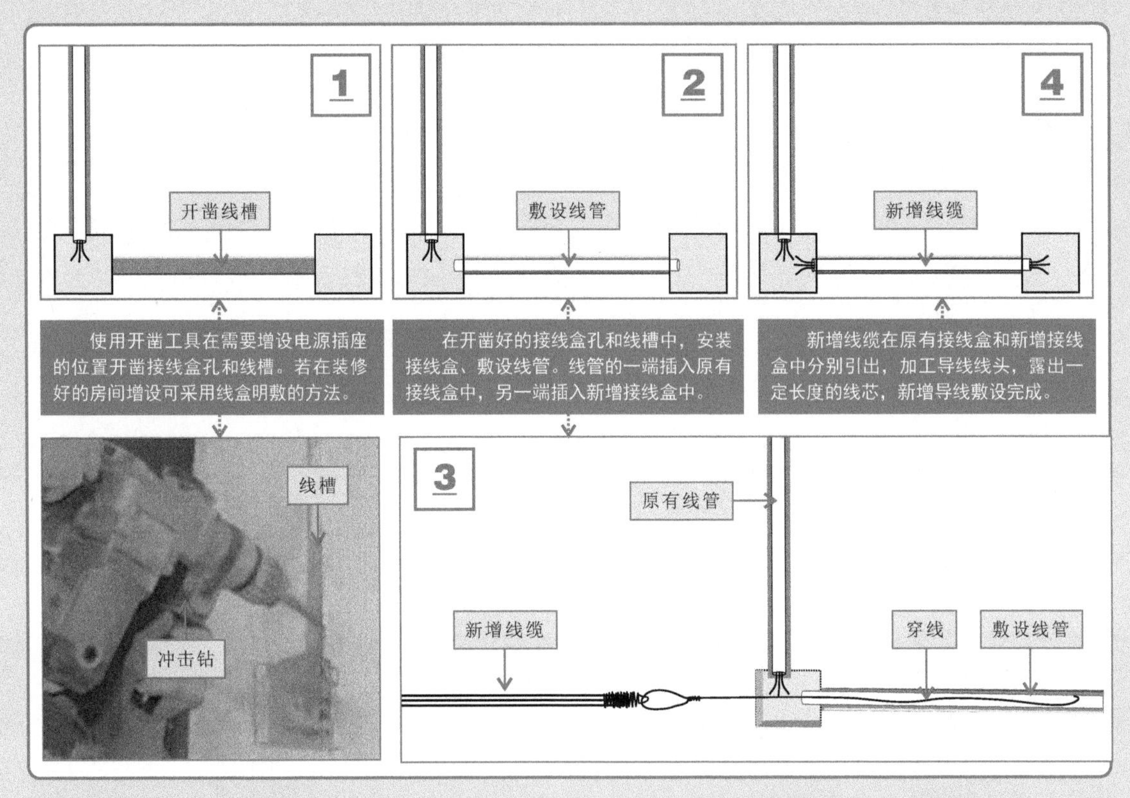

接下来，调整原有电源插座的连接引线，即将原有电源插座的三根连接引线与新增的三根线缆一端的线芯扭接，然后将扭接好的三组线芯均插入原有电源插座的连接端子内，使用固定螺钉紧固。

【原有电源插座接线的调整操作】

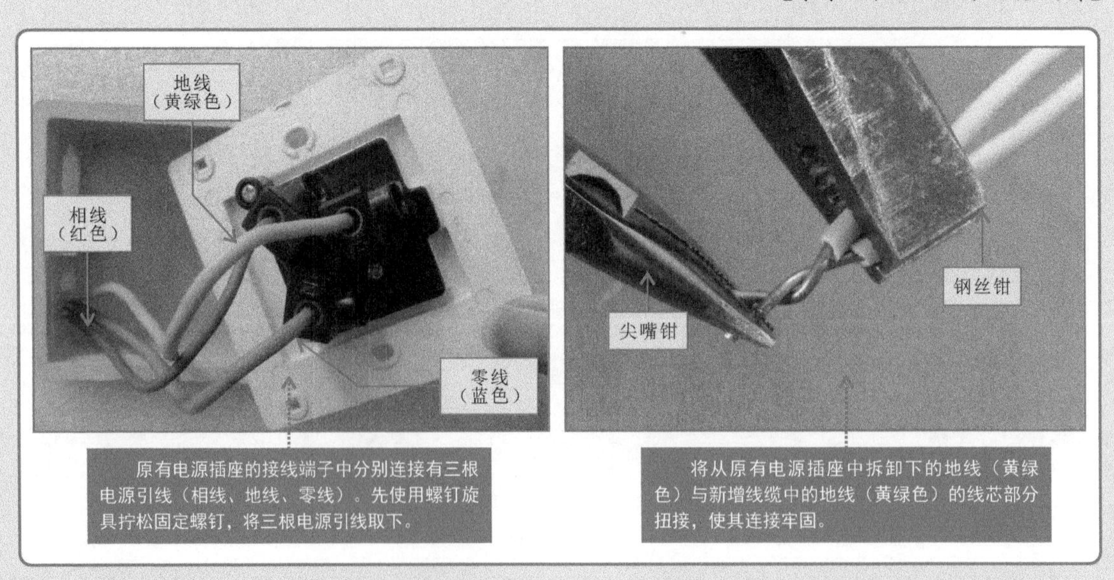

【原有电源插座接线的调整操作（续）】

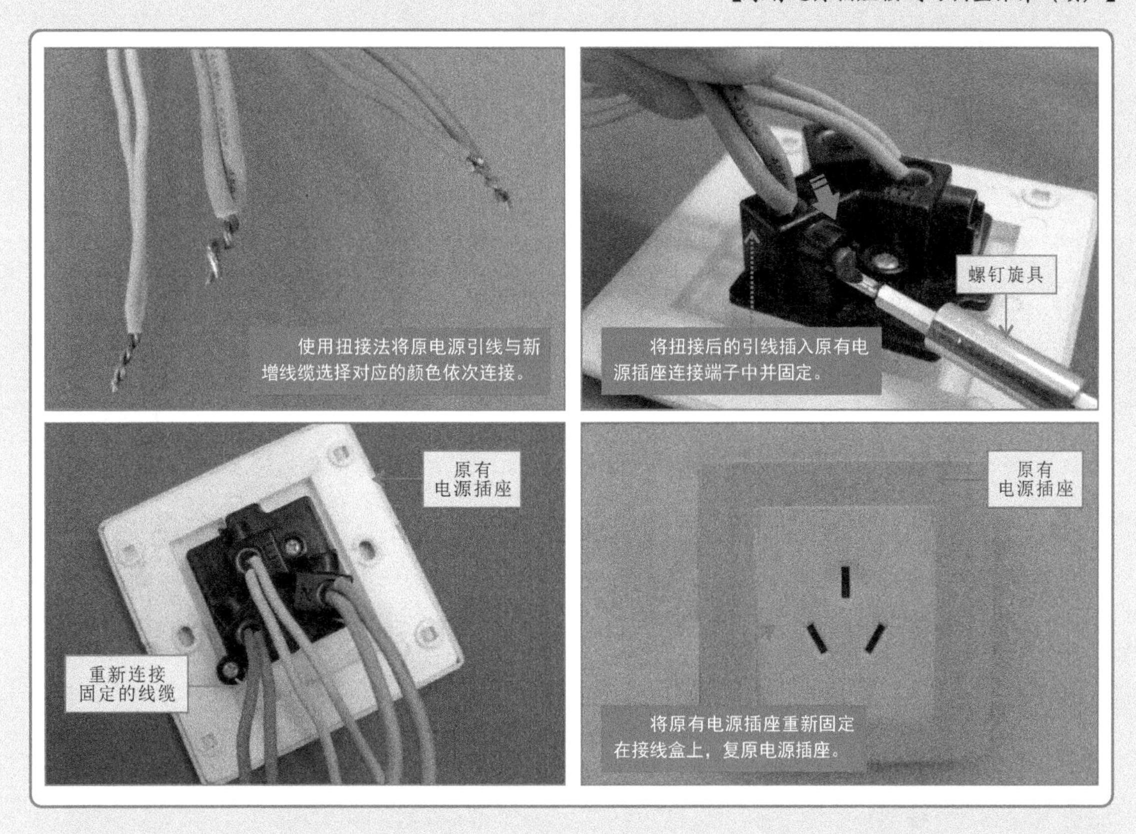

最后，将新增线缆三根引线的另一端对应连接新增电源插座的接线端子，并将新增电源插座安装固定到新增接线盒中。至此，利用原有电源插座增设电源插座的操作完成。

【新增线缆操作示意图】

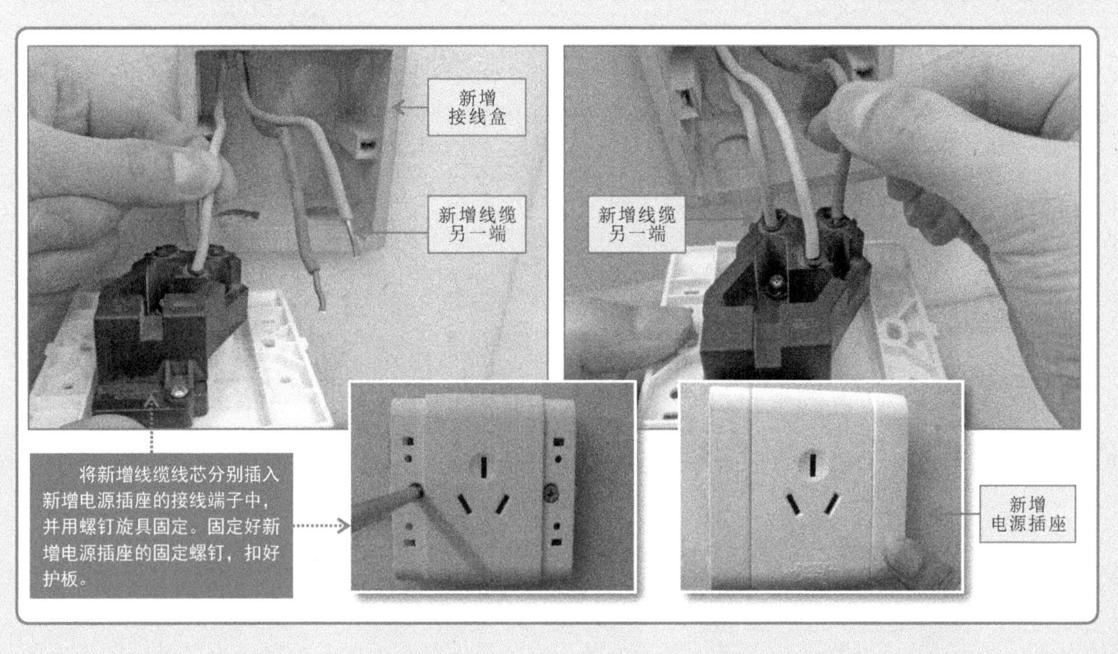

2. 利用已有的供电线路增设电源插座

利用已有供电线路增设电源插座就是在原有的供电线路上连接出新的电源引线，通过敷设新的线槽将新线缆连接至增设的接线盒中，再将新线缆与增设的电源插座连接，即可完成增设工作

【利用已有的供电线路增设新插座示意图】

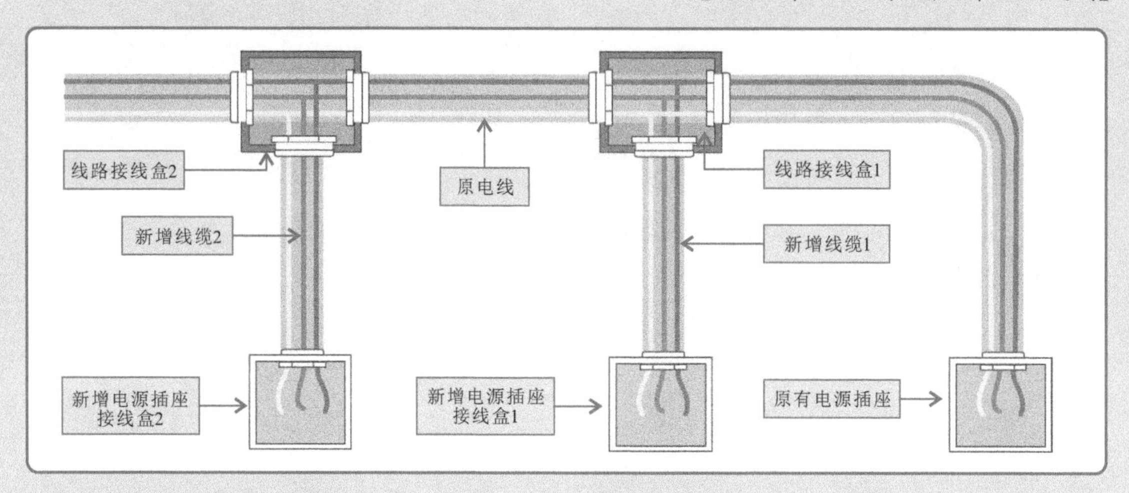

需要在原有供电线路连接新的线缆时，应在墙面上开槽并敷设管路，并新增电源插座接线盒1与电源插座接线盒2，还需要在线缆连接处安装线路接线盒1、2，并将新增线缆由线路接线盒穿入，将另一端引至新增的电源插座接线盒1、2中。

【根据原有插座增设电源插座的操作步骤】

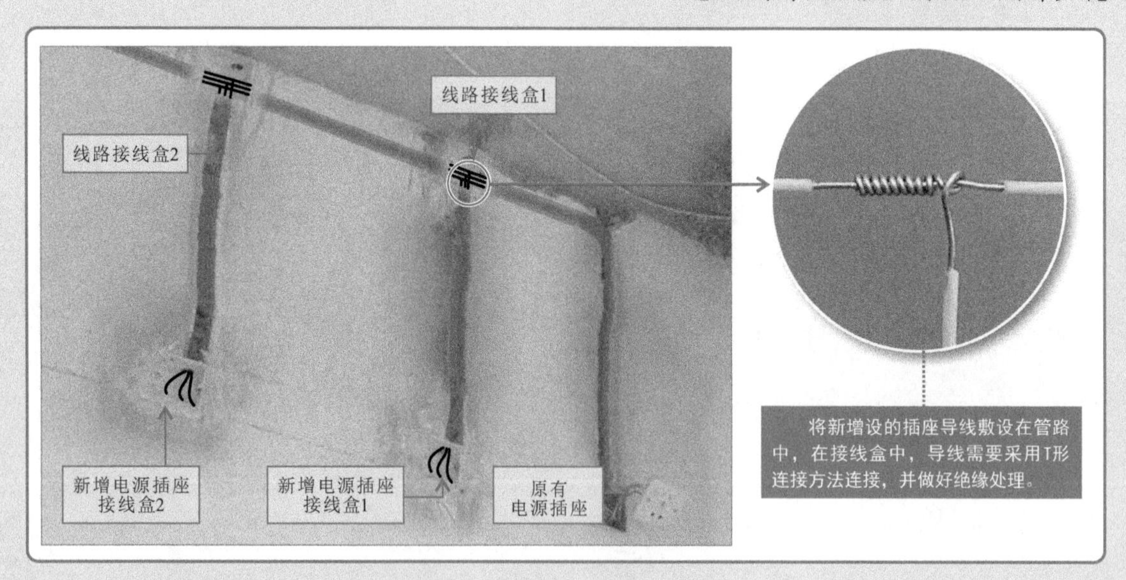

特别提醒

在开凿墙面并重新埋管时，应当注意管路连接的弯管角度不能小于90°。若弯管的角度小于90°，则可能会导致电线无法从线管穿过，并且在后期需要更换导线时，将无法顺利地将电线拉出。

以常见三孔电源插座为例，利用已有供电线路增设电源插座的操作可分为增设线路接线盒和接线、增设电源插座和接线固定两个环节。

增设线路接线盒需要在原供电引线线槽基础上开凿接线盒槽，安装线路接线盒，并将三根新增线缆按导线颜色对应连接原有电源引线。

【增设线路接线盒和连接新增线路操作演示】

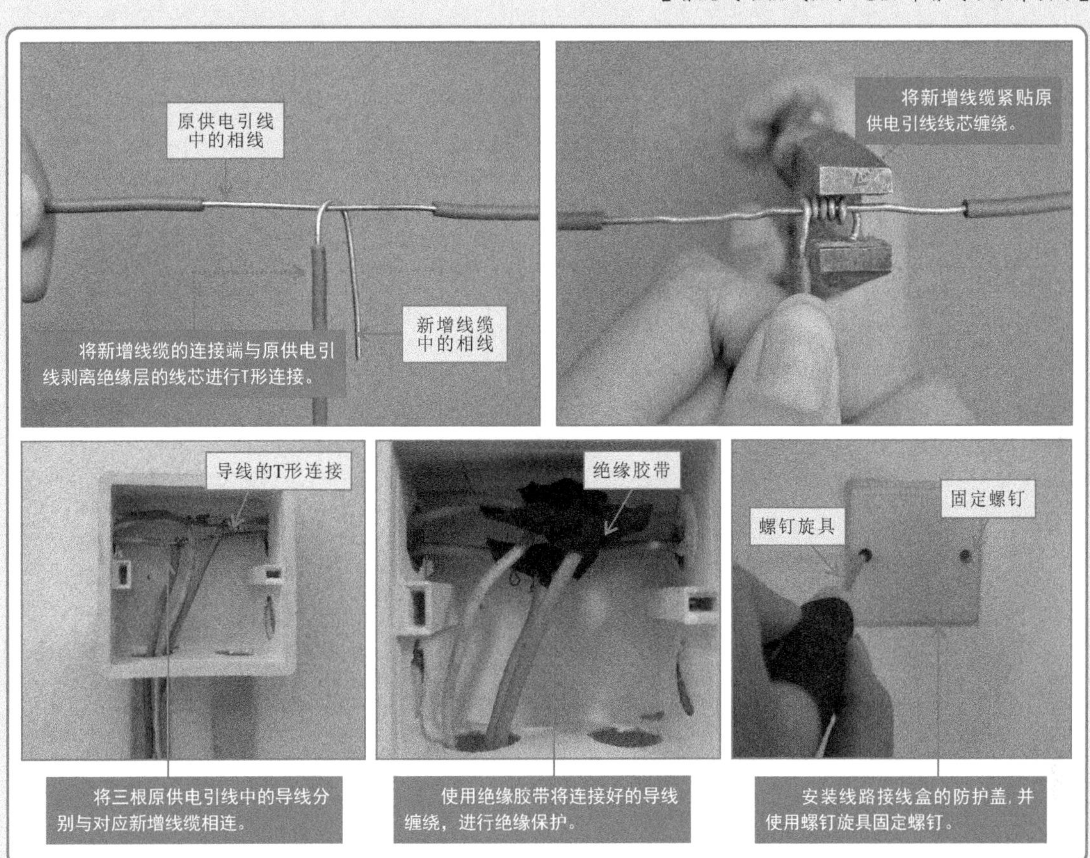

将新增线缆引入新增电源插座接线盒中，与新增电源插座的接线端子对应连接，最后固定新增电源插座。至此，利用已有供电线路增设电源插座完成。

【增设电源插座并接线和固定操作演示】

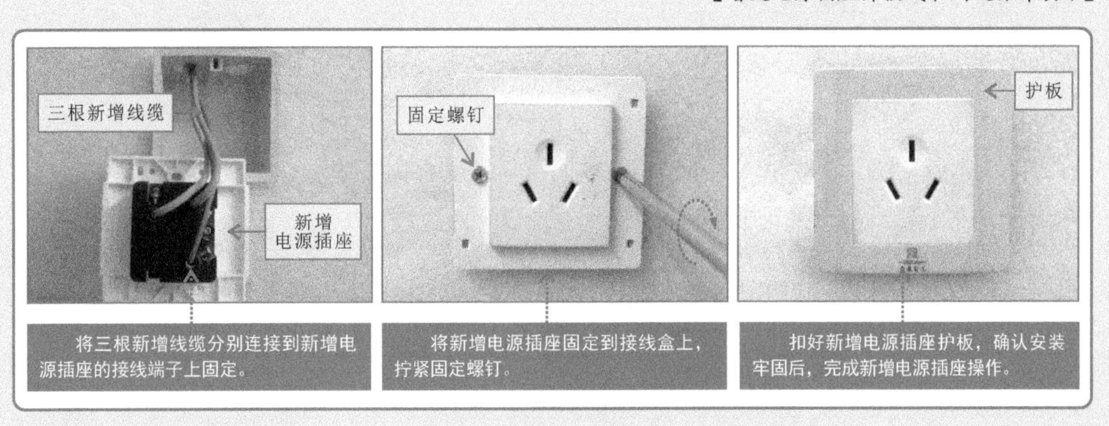

6.2 室内电话插座的安装与增设技能

6.2.1 室内电话插座的安装技能

电话插座是电话通信系统与用户电话机连接的端口。电话通信线缆送入用户室内预留的接线盒中，经接线盒与电话插座连接构成完整的电话通信线路。

在实际安装操作前，首先需要了解电话插座的特点和连接方式。

【电话插座的特点和接线关系】

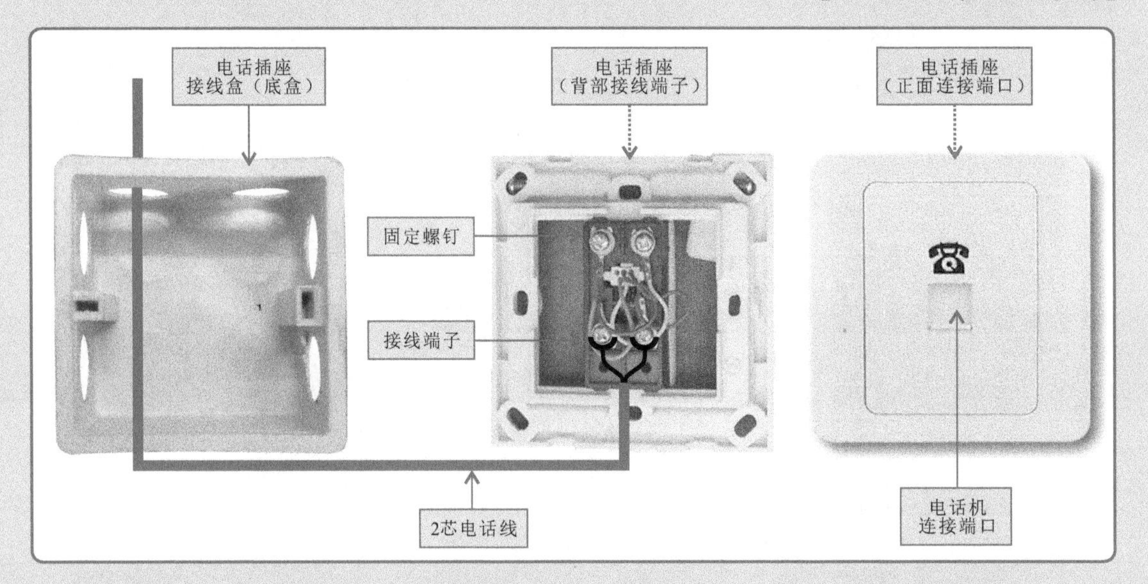

以常见的普通电话插座为例，电话插座的安装操作可分为电话线的加工处理、电话插座接线与安装固定三个环节。

1. 电话线的加工处理

安装电话插座需要将户外引入的电话线与插座接线端子连接，接线前，需要先将电话线的线端剥除绝缘层，并安装接线耳，为接线操作做好准备。

【电话线的加工处理操作演示】

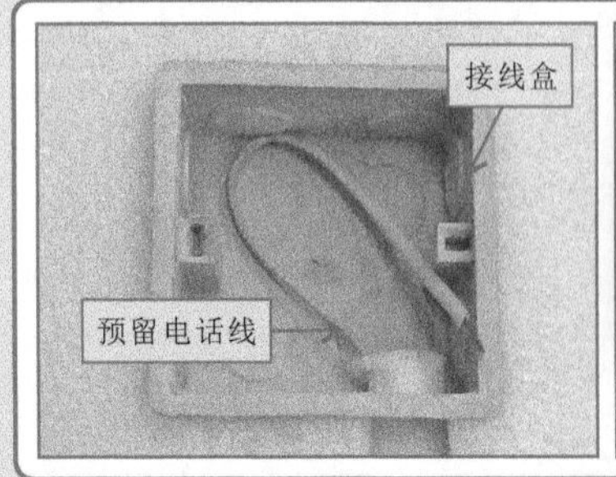

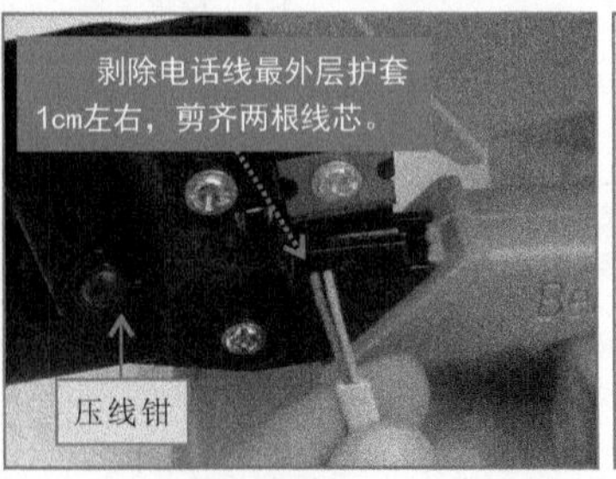

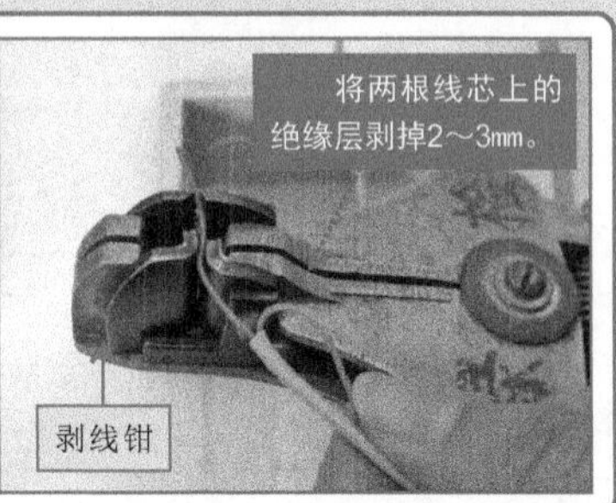

【电话线的加工处理操作演示（续）】

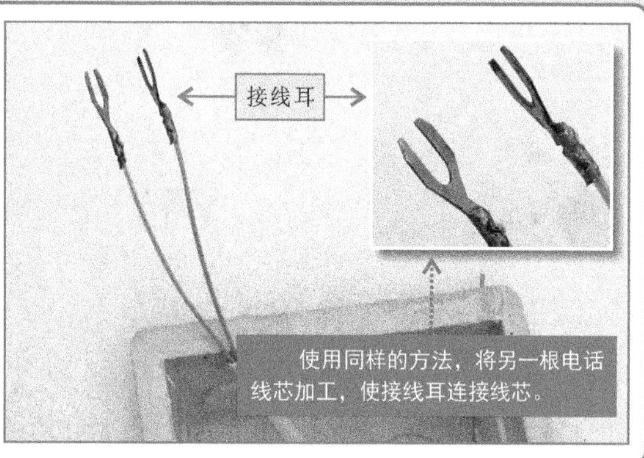

2. 电话插座接线

在进行电话插座接线前，先将电话插座的护板取下，从安装槽中取出配套的固定螺钉，为接线做好准备。

【电话插座接线前的准备工作】

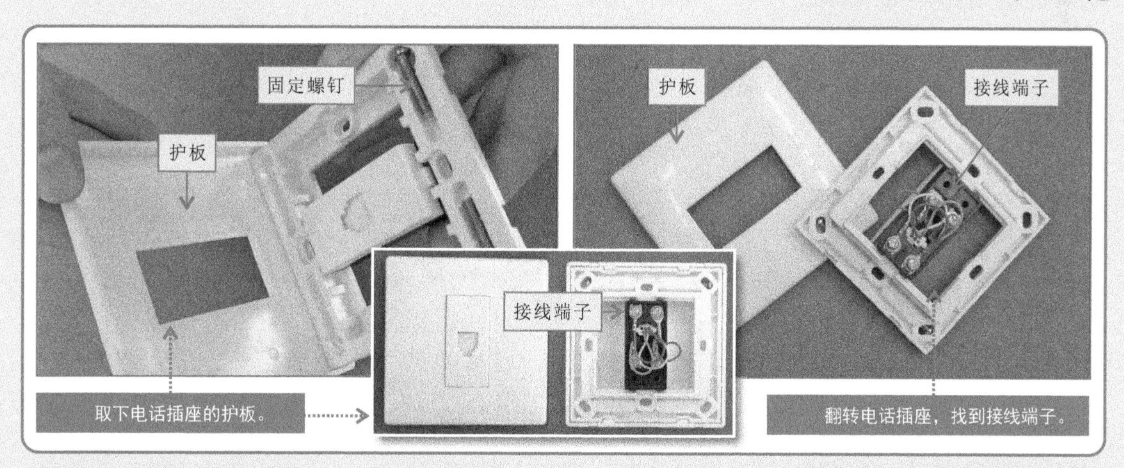

接下来，将加工好的电话线的接线耳插入电话插座连接端子垫片下，拧紧固定螺钉即可完成电话插座的接线。

【电话插座接线操作演示】

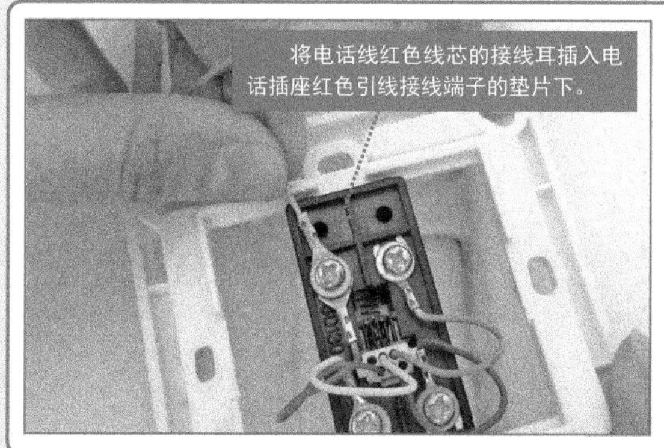

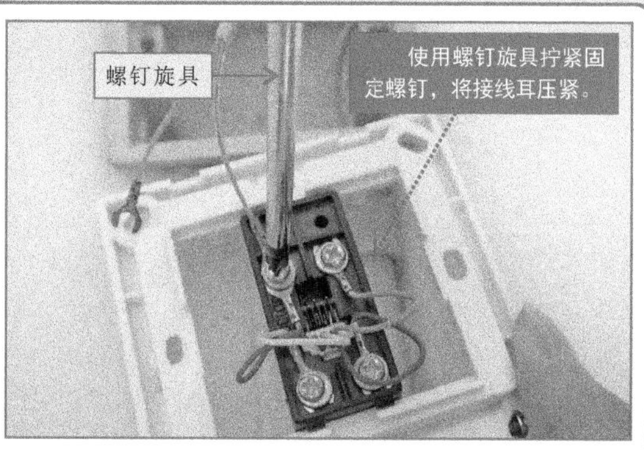

【电话插座接线操作演示（续）】

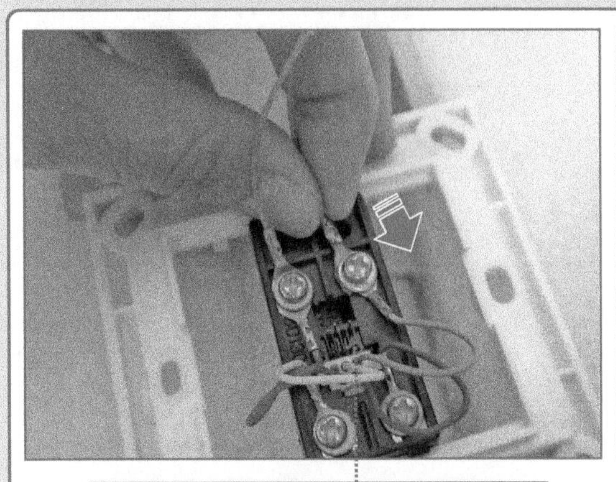

使用同样的方式，将电话线中的另一根线芯的接线耳插入电话插座接线端子的垫片下。

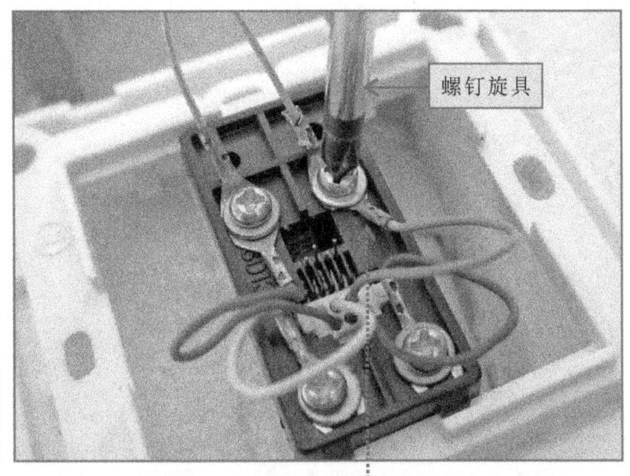

使用螺钉旋具拧紧接线端子上的固定螺钉，使电话线线芯与电话插座接线端子紧密连接，完成电话插座的接线操作。

3. 电话插座的安装固定

接线完成后，将电话插座固定孔对准接线盒固定孔，拧入固定螺钉，使电话插座面板与接线盒固定，然后扣好护板，接入电话机的电话线，电话插座安装完成。

【电话插座安装固定操作演示】

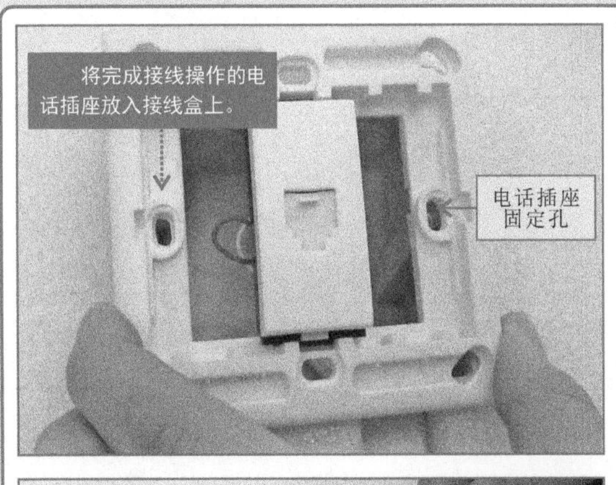

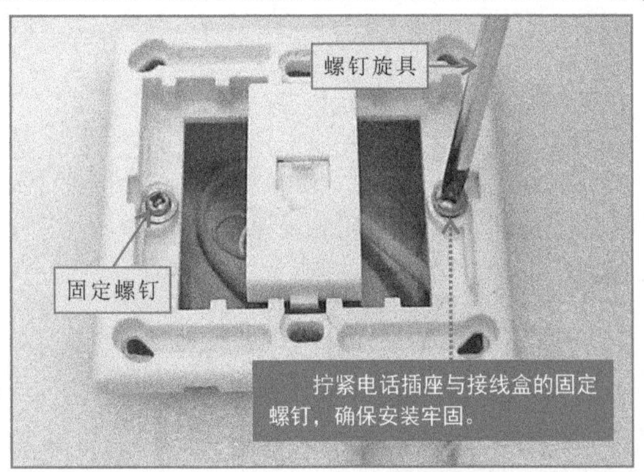

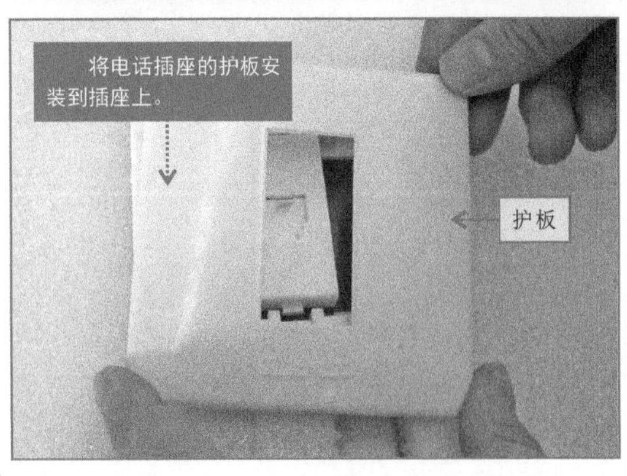

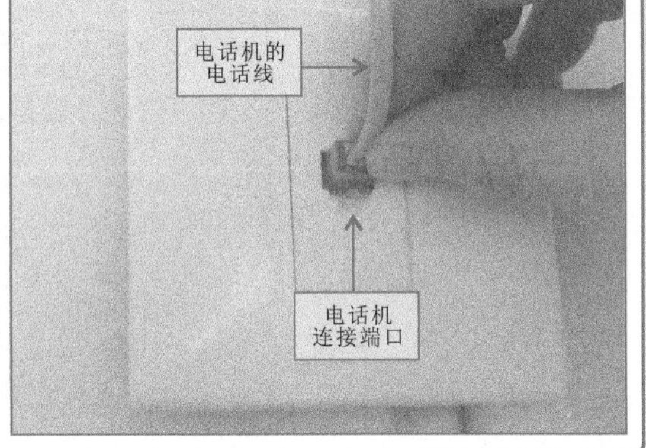

6.2.2 室内电话插座的增设技能

从电话通信网路的结构来看，同一个电话号码引入室内的电话线只有一根，相应连接的电话插座只能连接一部电话机，当需要在不同房间均放置电话机时，需要增设电话插座。

增设电话插座比较简单，一般可通过安装分线盒来实现，即将室外送入的电话线通过分线盒进行增设，每增设一个支路可连接一个电话插座，进而实现插座的增设。

【电话插座的增设方法示意图】

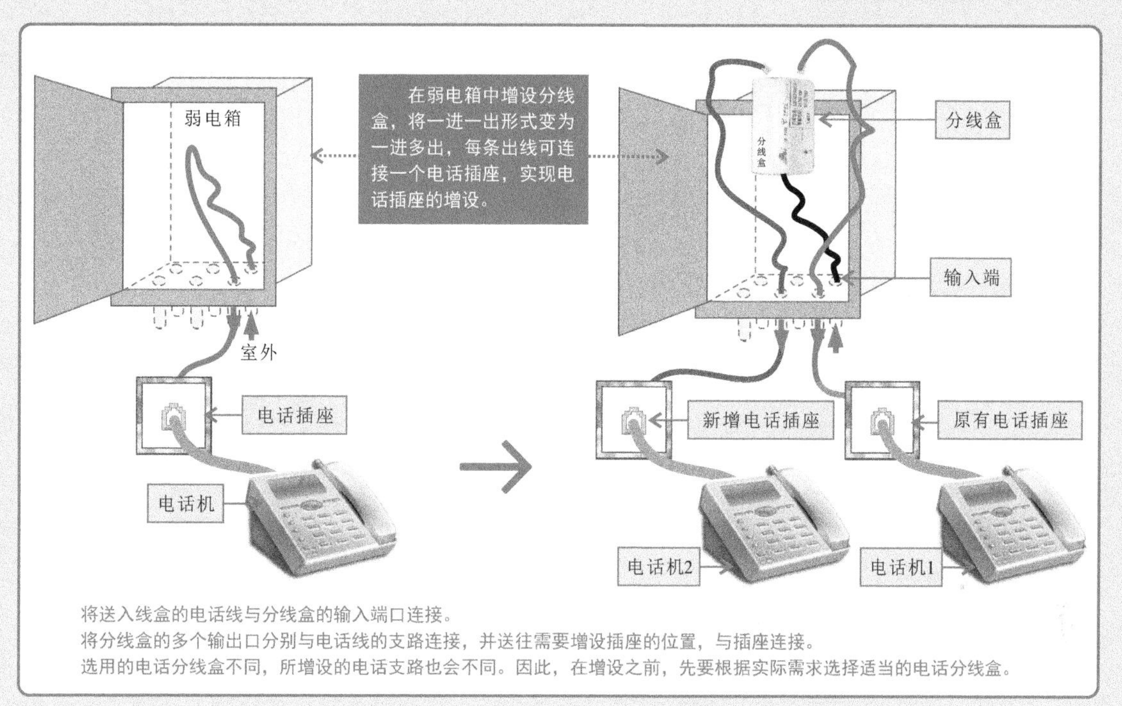

将送入线盒的电话线与分线盒的输入端口连接。
将分线盒的多个输出口分别与电话线的支路连接，并送往需要增设插座的位置，与插座连接。
选用的电话分线盒不同，所增设的电话支路也会不同。因此，在增设之前，先要根据实际需求选择适当的电话分线盒。

特别提醒

增设电话插座时，可使用分线盒来实现。分线盒的主要功能是将一路电话信号分为多路输出，增设电话接线盒时，需要将电话分线盒的输入端与电话线连接；输出端口与入户的电话线相连即可。

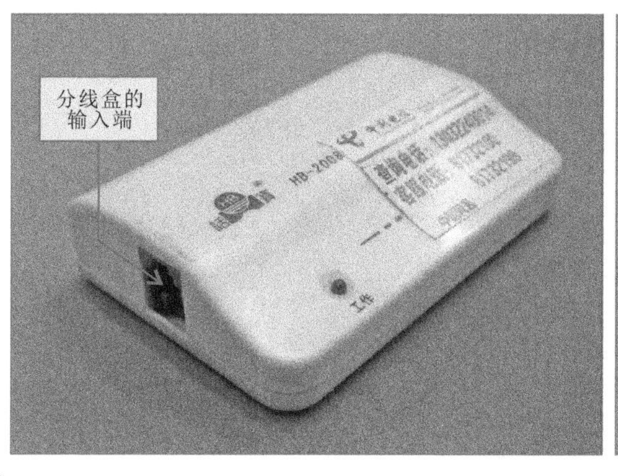

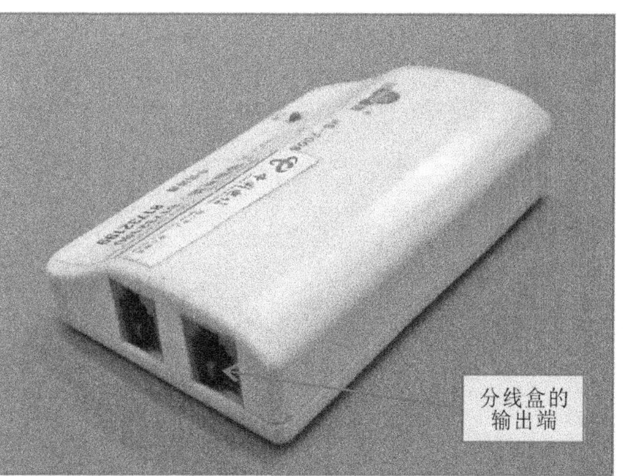

增设电话插座时，除了在户外增加分线盒外，还可以在室内已有的电话插座基础上安装分线器，即在原有电话插座上连接一个分支分线器，由分线器出口分别连接多部电话机，操作更加简单方便。

【电话插座的增设方法示意图】

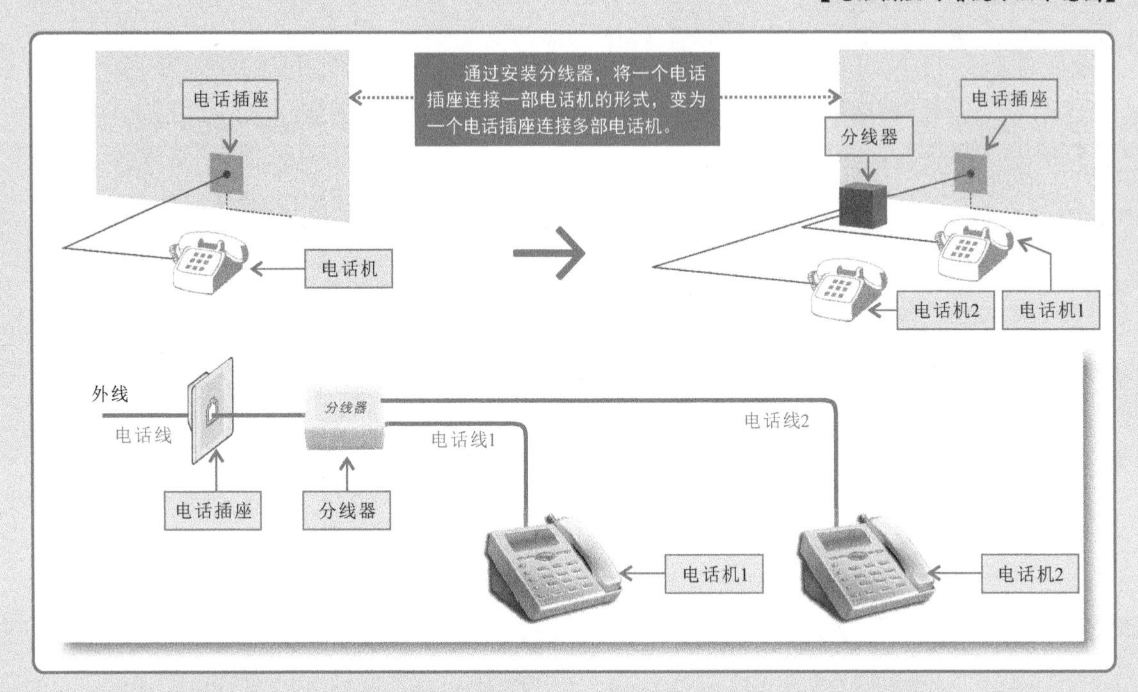

分线器的安装操作比较简单，通过电话线水晶头连接输入、输出端即可。

【电话线路分线器的连接操作演示】

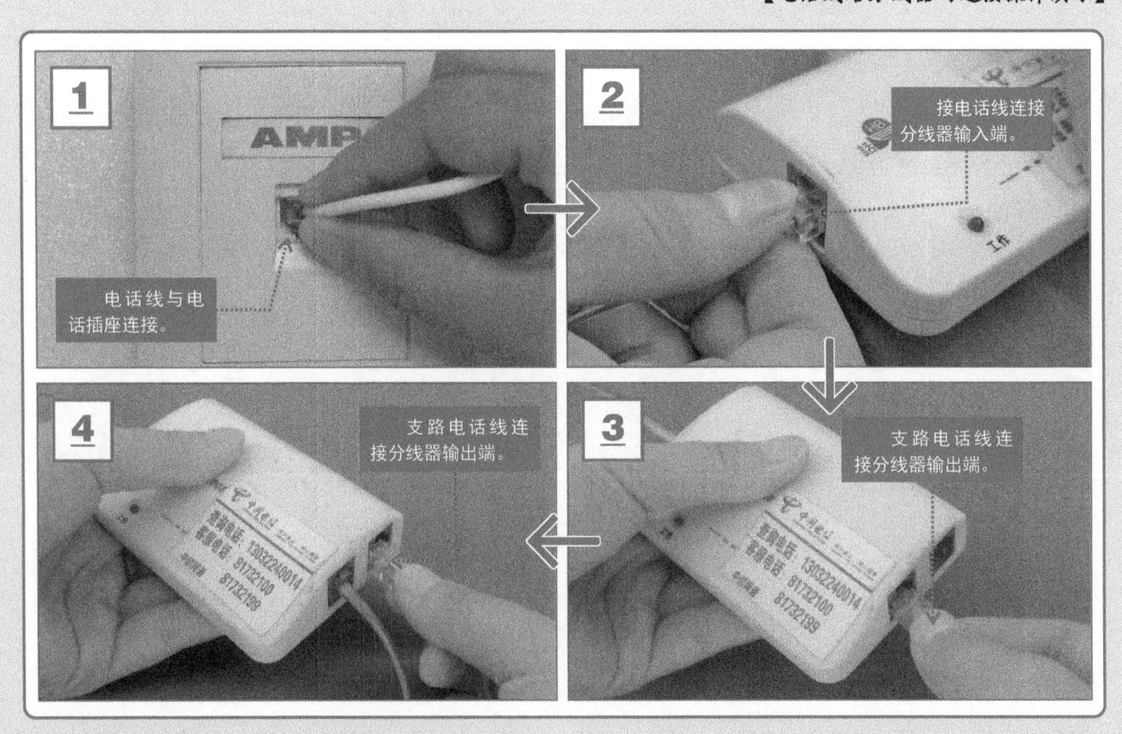

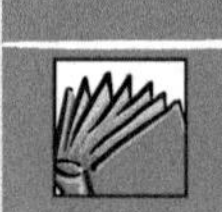

6.3 有线电视插座的安装与增设技能

6.3.1 有线电视插座的安装技能

有线电视插座（也称为用户终端）是有线电视系统与用户电视机连接的端口。在实际安装操作之前，首先要了解有线电视插座的特点和连接关系。

【有线电视插座的特点和接线关系】

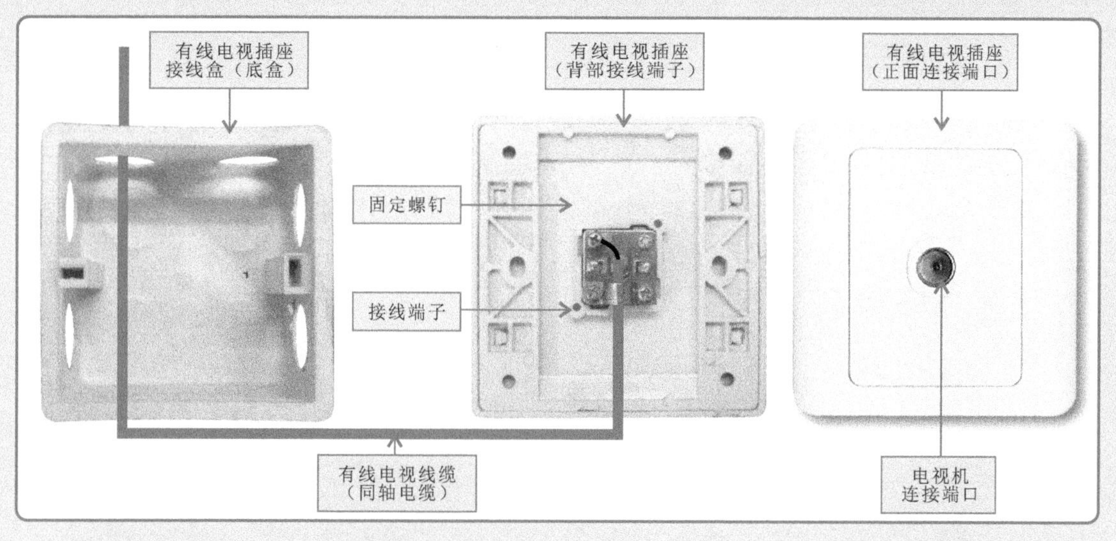

以常见的普通有线电视插座（用户终端）为例，有线电视插座的安装操作可分为同轴电缆的加工处理、有线电视插座接线与安装固定三个环节。

1. 同轴电缆的加工处理

安装有线电视插座需要将户外引入的同轴电缆与插座接线端子连接，接线前，需要先将同轴电缆加工处理，露出线芯部分，为接线操作做好准备。

【同轴电缆的加工处理操作演示】

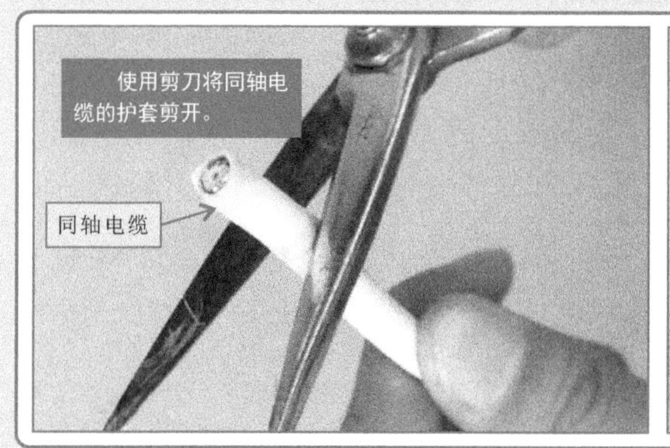

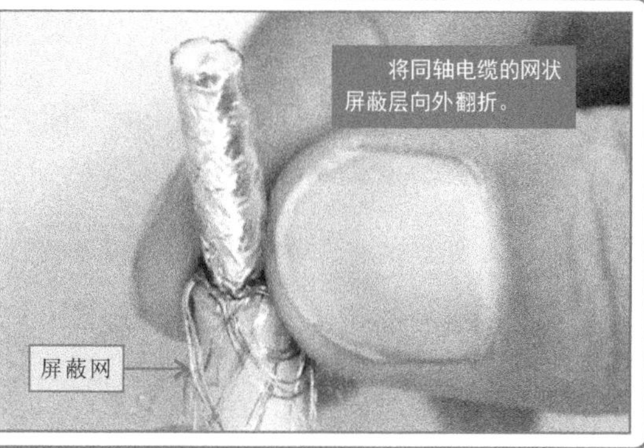

【同轴电缆的加工处理操作演示（续）】

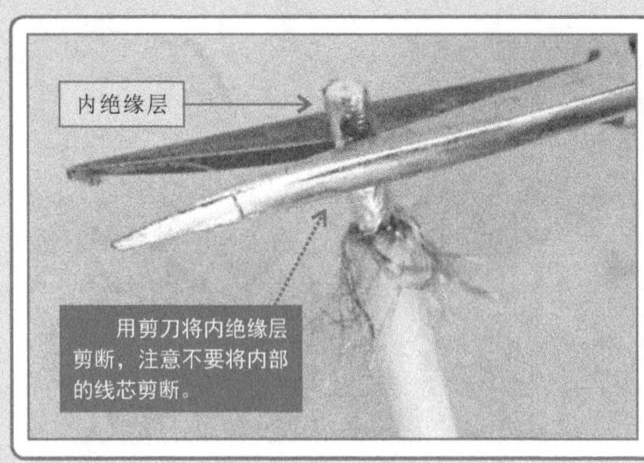

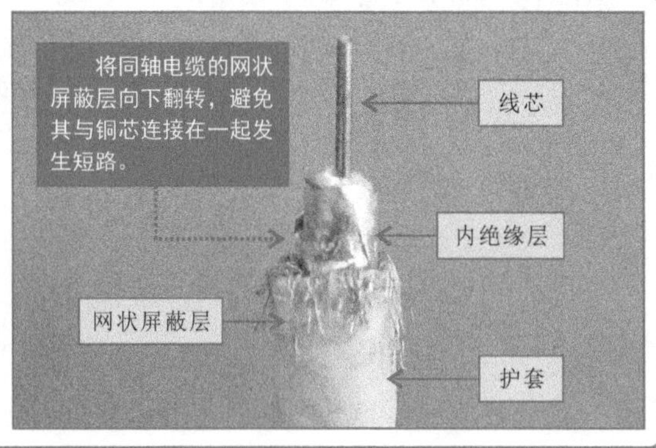

2. 有线电视插座接线

在进行有线电视插座接线前，先将有线电视插座的护板取下，拧松接线端子固定螺钉，为接线做好准备。

【有线电视插座接线前的准备工作】

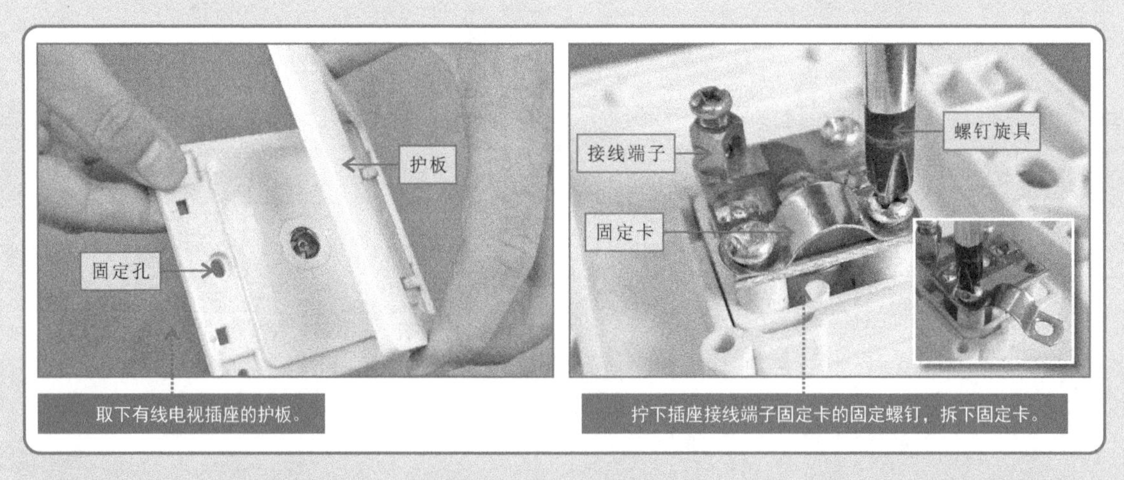

接下来，将加工好的同轴电缆的线芯连接到接线端子上，用固定卡卡紧同轴电缆护套部分，拧紧固定螺钉即可完成有线电视插座的接线。

【有线电视插座接线操作演示】

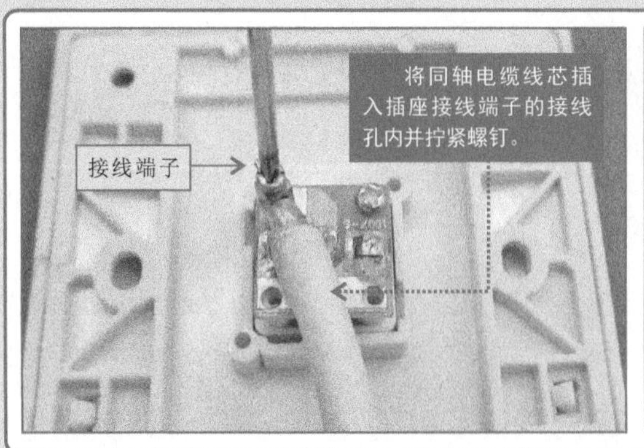

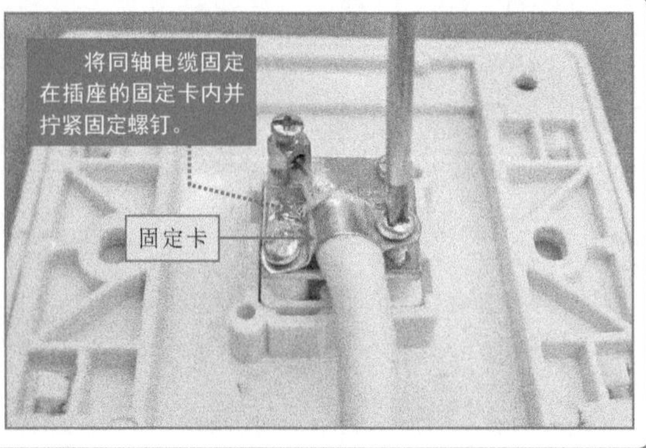

3. 有线电视插座安装固定

【有线电视插座安装固定操作演示】

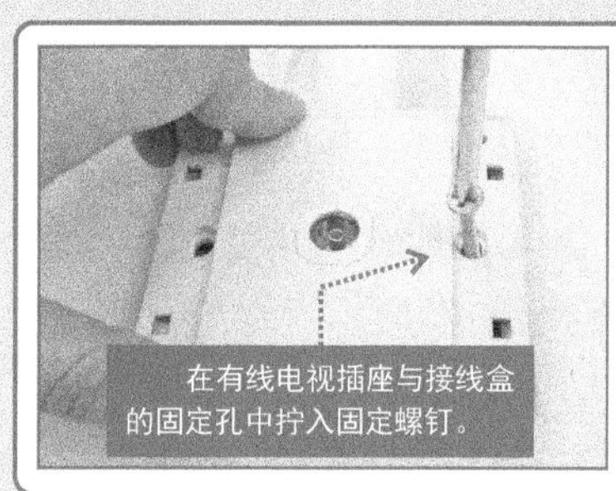

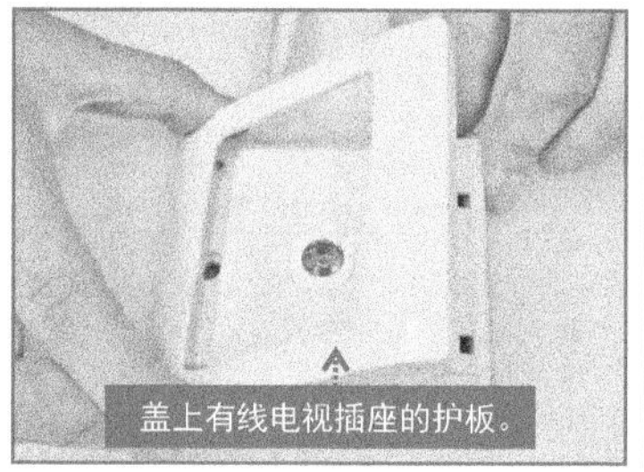

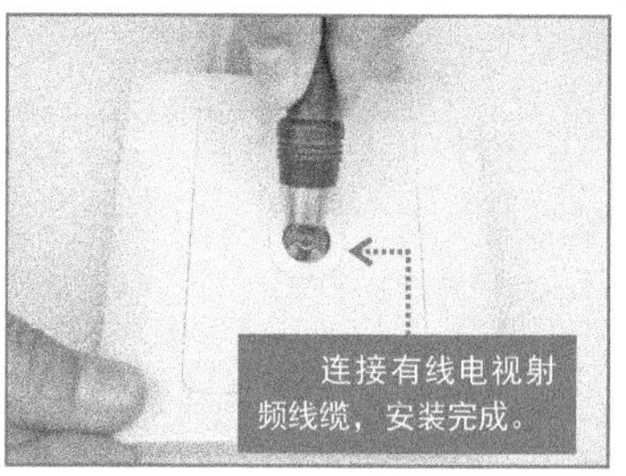

特别提醒

有线电视插座及其连接线路属于弱电线路，该插座及线路需与强电（市电供电线路）插座保持一定距离，以避免强电干扰，影响信号质量。

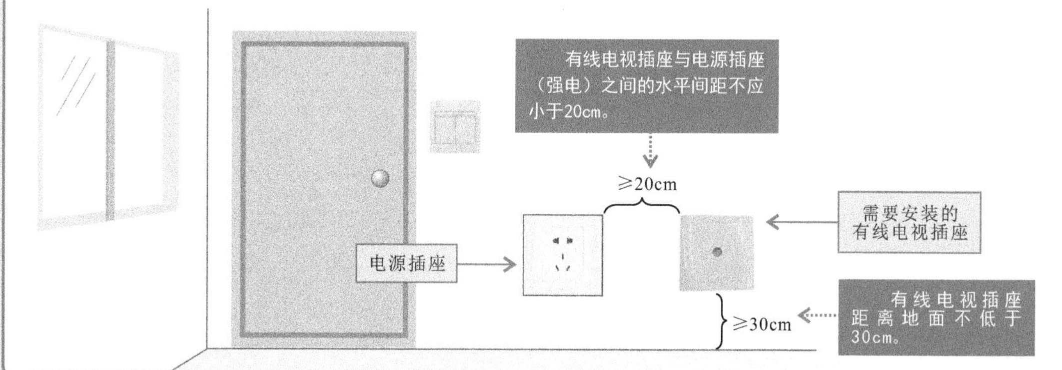

6.3.2 有线电视插座的增设技能

有线电视系统入户后，一般从弱电箱中只引出一个有线电视插座（用户终端）。若家庭用户需要在不同房间内安装电视机，则需要增设有线电视插座。

增设有线电视插座一般可在有线电视弱电箱（或线盒）内安装分配器，将入户线分配成两个或两个以上支路，每条支路分别连接有线电视插座。

【有线电视插座接线操作演示（续）】

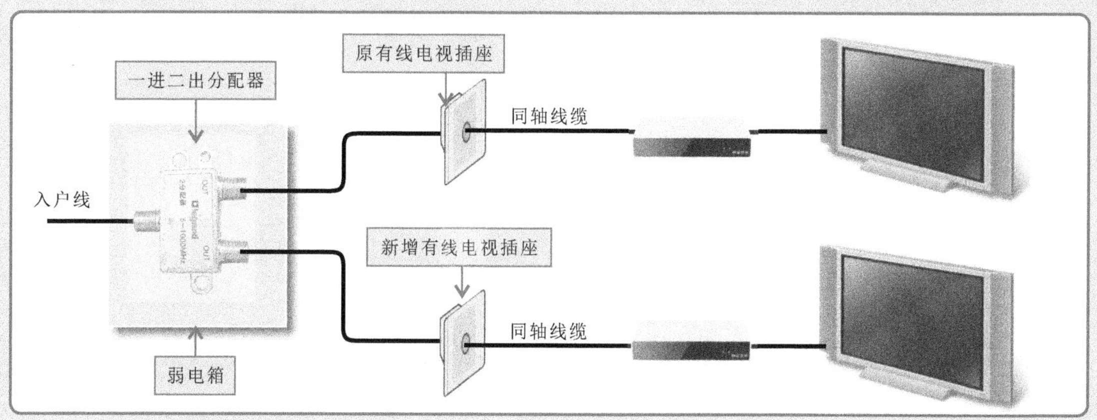

特别提醒

分配器可以将入户的一根有线电视线分为多个端口，用来连接多条有线电视支路。该分配器的主要功能是可以将一路有线电视信号分成多个输出支路。

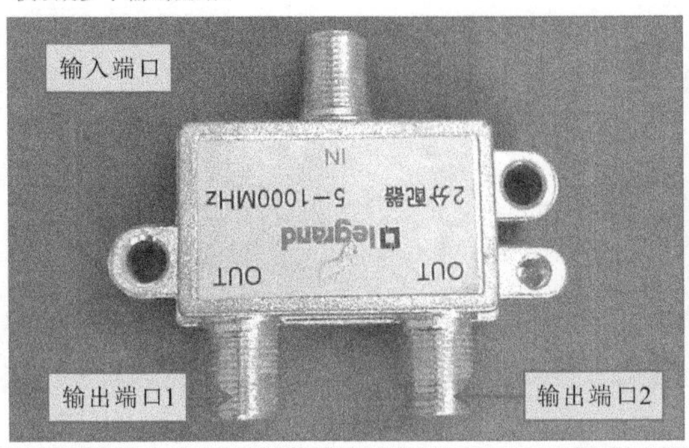

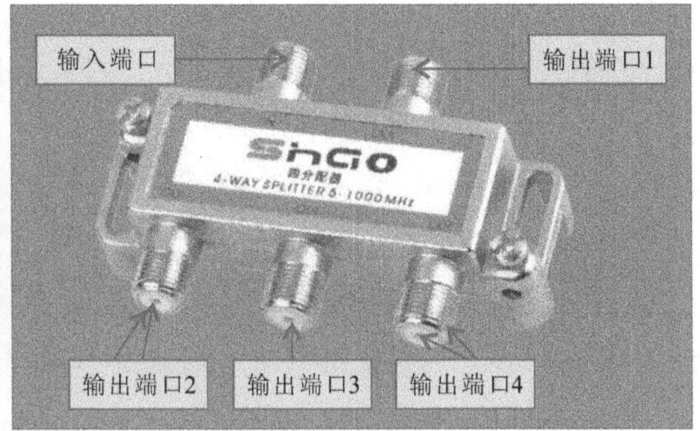

增设有线电视插座，需要将有线电视分配器的输入端口与有线电视入户线缆接头相连后，再从分配器的输出端分出支路，一条支路接入原有线电视插座，另一条或多条支路接入新增有线电视插座中。

以采用一进二出有线电视分配器增设有线电视插座为例，有线电视插座的增设包括分配器连接、信号强度测量和插座连接三个步骤。

1. 分配器连接

首先区分分配器的输入和输出端，将有线电视线路入户管连接一进二出分配器的输入端；两个输出端分别连接两根同轴电缆，实现分支。

【有线电视一进二出分配器的连接操作】

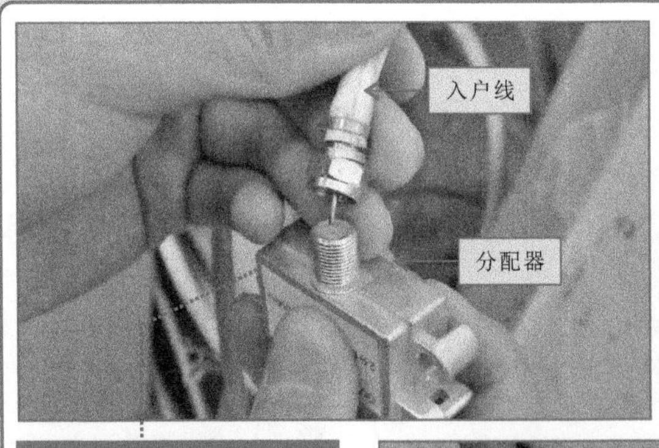

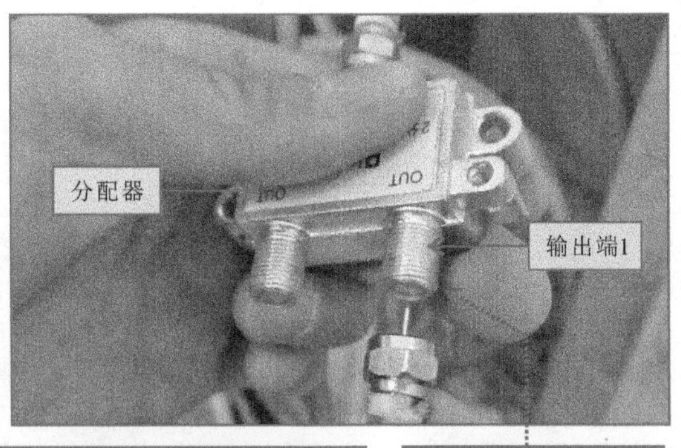

在有线电视弱电箱中加装分配器。先将入户线插入分配器的输入端，拧紧接头上的螺母固定。

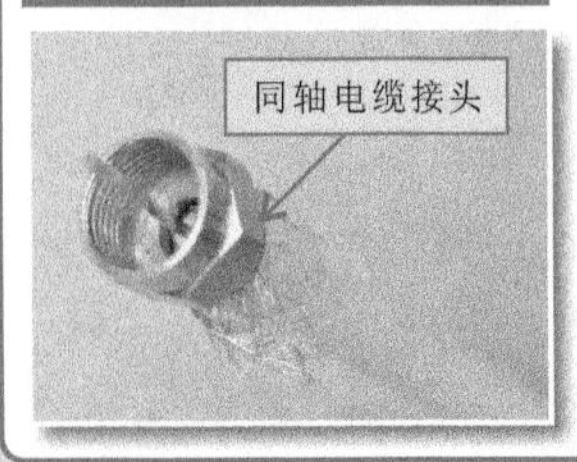

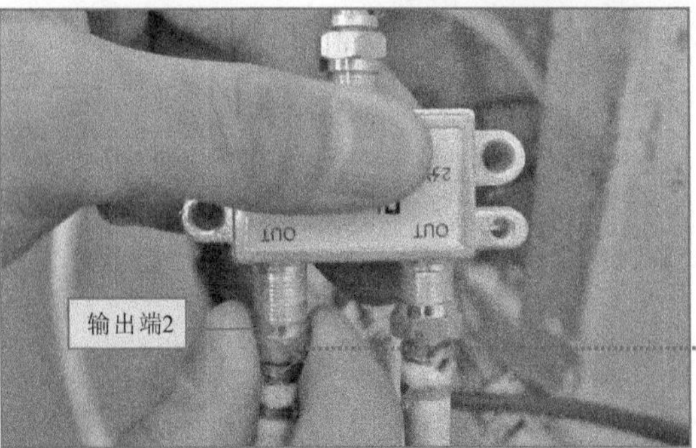

将一根同轴电缆的接头插入分配器的输出端1接口中，拧紧螺母固定。

将另一根同轴电缆的接头插入分配器的输出端2接口中，拧紧螺母固定。

2. 有线电视信号强度测量

接入有线电视分配器后，需借助场强仪测试分支线路的电视信号强度，确保分支线路的信号强度满足要求，保证播放质量。

【有线电视信号强度的测量方法】

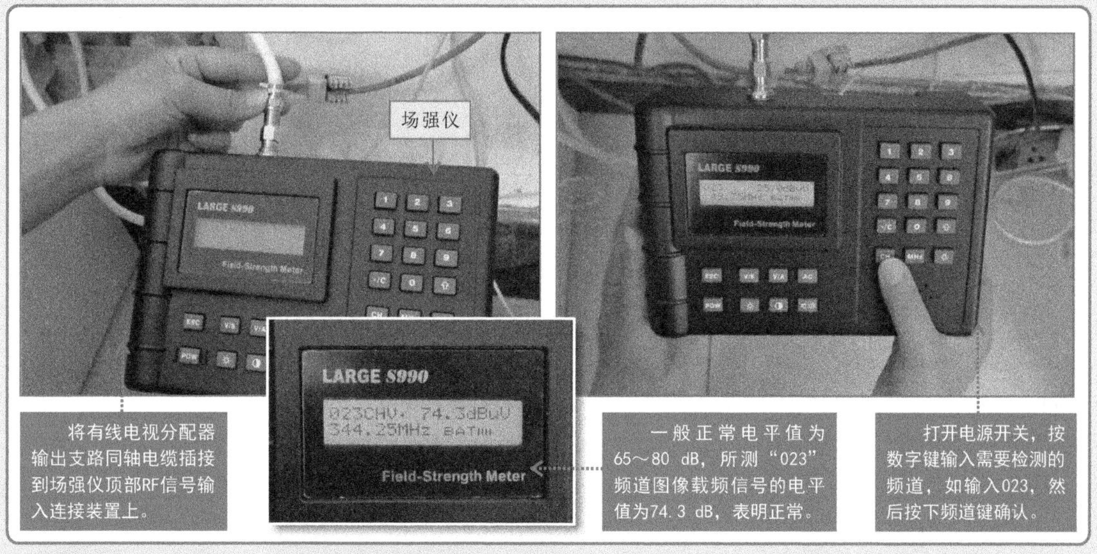

3. 新增插座连接

确认有线电视信号强度正常后，将分配器两个输出端用同轴电缆分别接入原有线电视插座和新增有线电视插座，实现有线电视插座的增设。

【新增有线电视插座的连接】

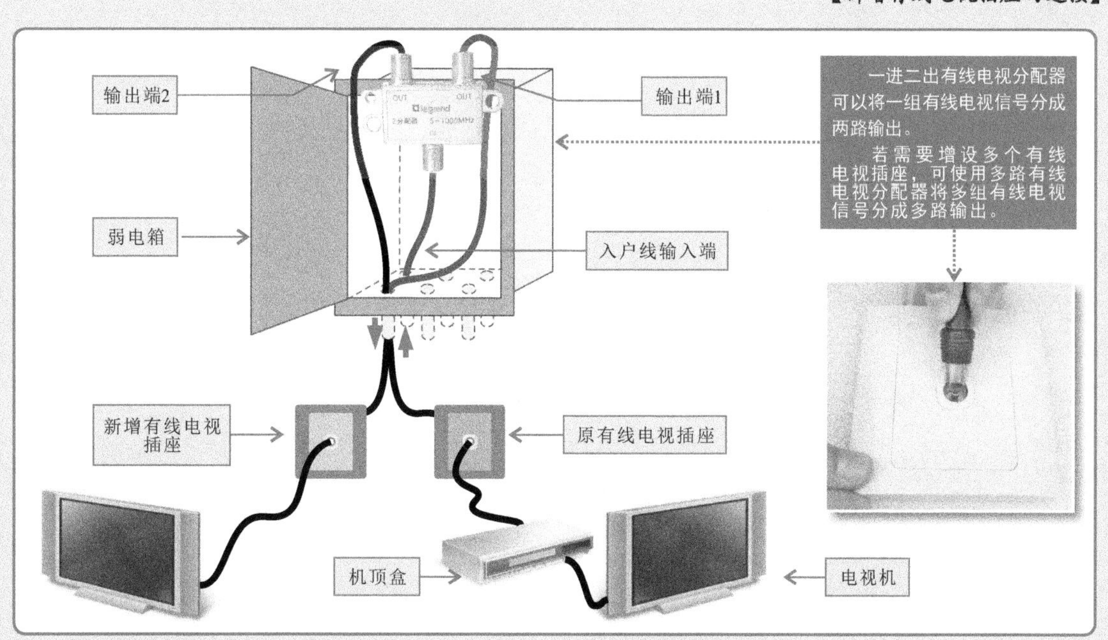

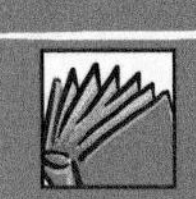

6.4 网络插座的安装与增设技能

第6章

6.4.1 网络插座的安装技能

网络插座是实现网络通信系统与用户计算机连接的端口。安装前，应先了解网络插座的特点和接线关系。

【网络插座的特点和接线关系】

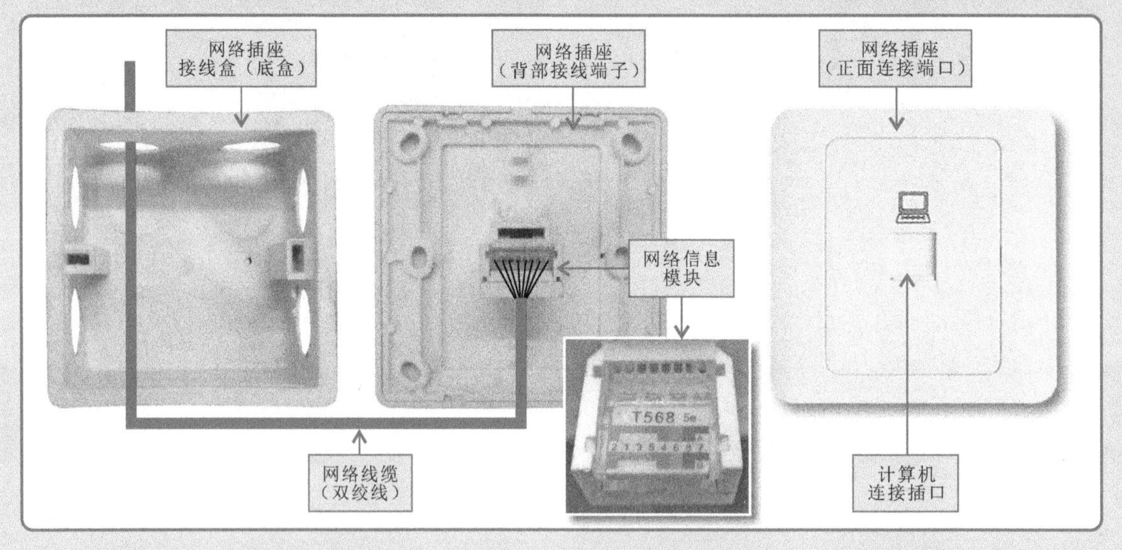

以常见的普通网络插座为例，网络插座的安装操作可分为网络线缆的加工处理、网络信息模块接线、插座安装固定三个环节。

1. 网络线缆的加工处理

安装网络插座需要将户外引入的网络线缆与插座上的网络信息模块连接。接线前，需要先将网络线缆加工处理，以常见的双绞线为例。

【网络线缆的加工处理操作演示】

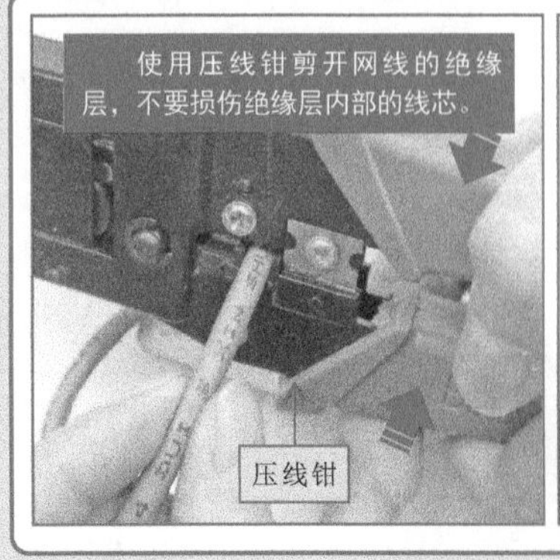

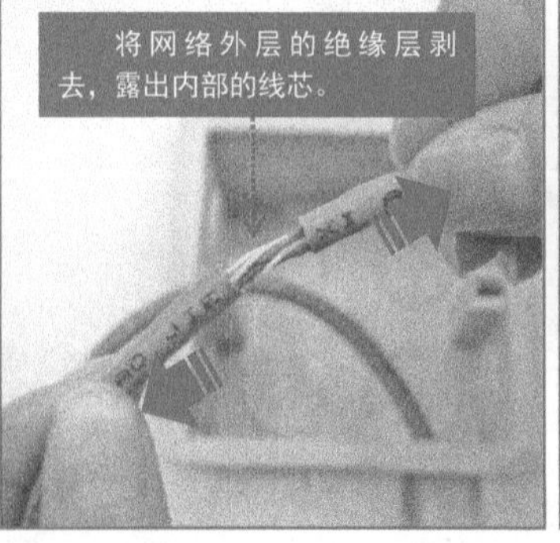

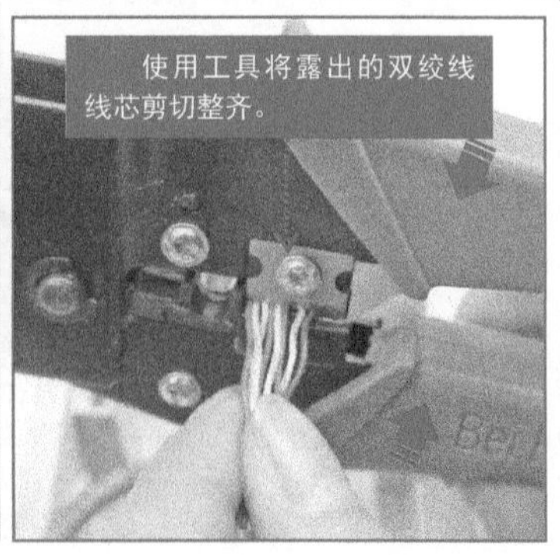

【网络线缆的加工处理操作演示（续）】

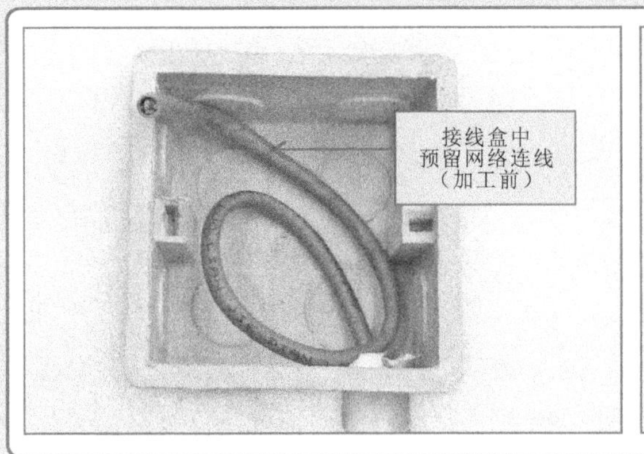

2. 网络信息模块接线

网络线缆加工完成后，将其连接到网络信息模块中。网络信息模块中有T568A和T568B两种线序标准，实际连接时，选择其中一种标准，根据模块上标识的颜色选择相应双绞线的颜色对应插接即可。

【网络线缆与网络信息模块的连接】

根据插座的样式选择网络插座，采用压线式安装方式。

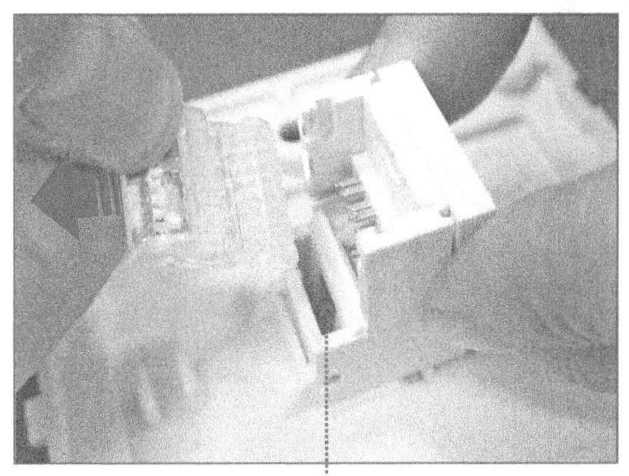

用手轻轻取下压线式网络插座内信息模块的压线板，确定网络插座的压接方式。

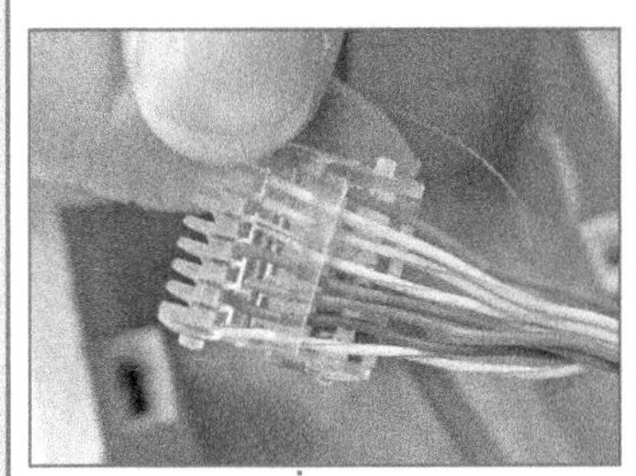

根据信息模块上标识的颜色将双绞线相应颜色的线芯依次插入压线板中。

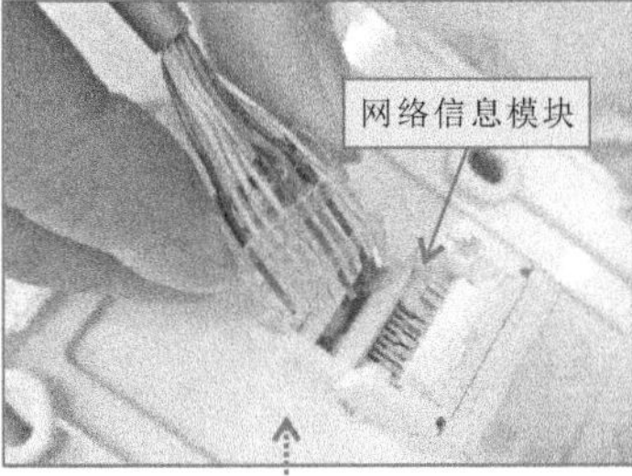

将穿好网线的压线板插回插座内的网络信息模块上。

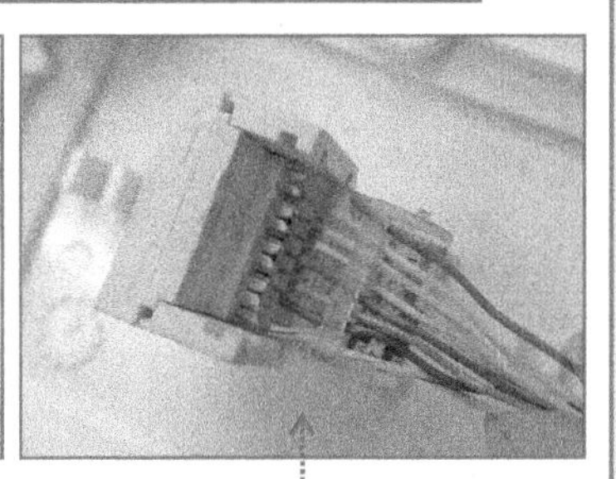

插入的网络线缆应对准信息模块上的接线针脚。

接下来，将双绞线压线板压紧到网络信息模块中，完成网络信息模块的接线。

【网络线信息模块的接线操作演示】

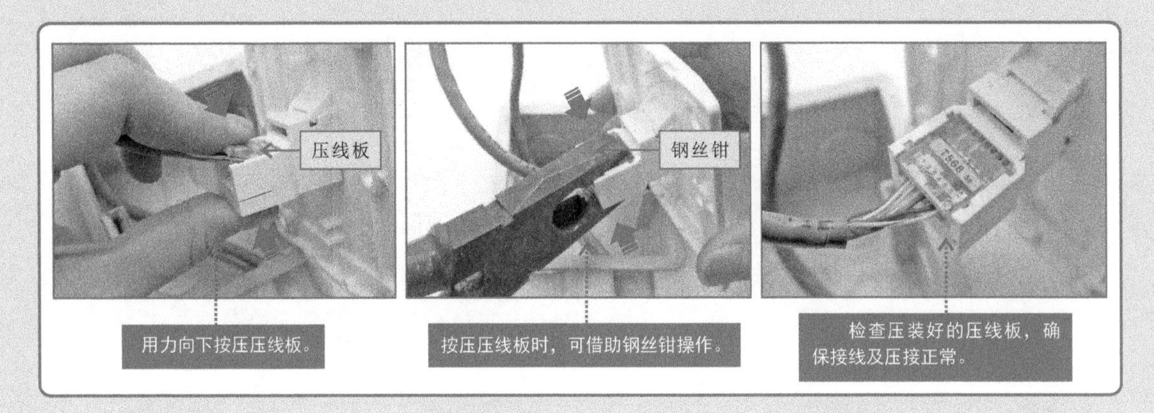

特别提醒

目前常见网络传输线（双绞线）的排列顺序主要分为两种，即T568A、T568B，安装时，可根据这两种网络传输线的排列顺序进行排列。需要注意的是，若网络信息模块选用T568A线序标准，则对应网线水晶头制作也应采用T568A线序标准。

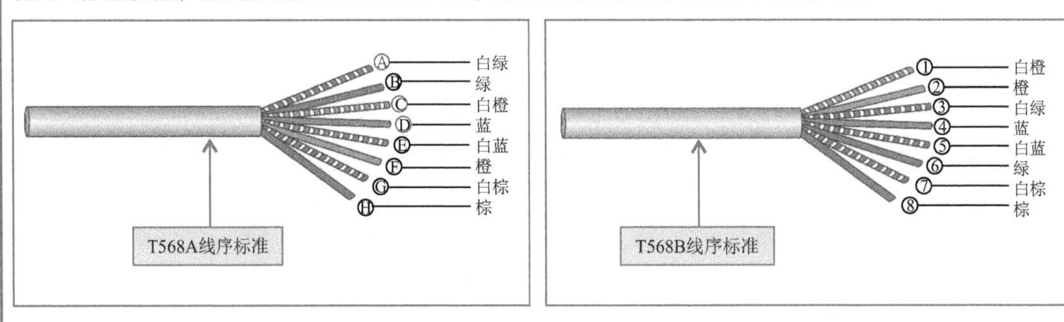

另外，需要注意的是，在实际连接网络信息模块时，网络信息模块接线处标识的颜色可能与上图T568A和T568B均不符，主要是因为生产厂家对信息模块内部线序已经做了调整，在实际操作时，按照实际网络信息模块上标识的颜色对应连接即可。当制作网络插座与计算机之间的网线水晶头时，需严格按照上图线序标准排列。

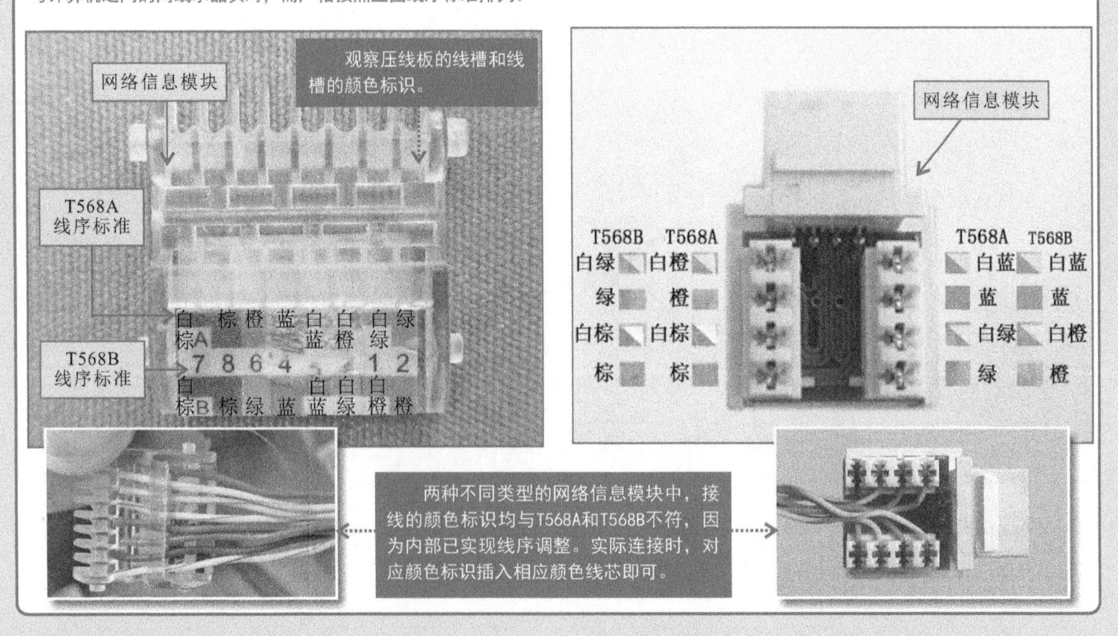

3. 网络插座的安装固定

当网络信息模块接线完成后，将网络插座固定到接线盒上，借助螺钉旋具拧紧插座的固定螺钉，最后扣好网络插座的护板，检查网络插座连接、安装牢固稳定后，网络插座的安装操作完成。

【网络插座的安装与固定操作演示】

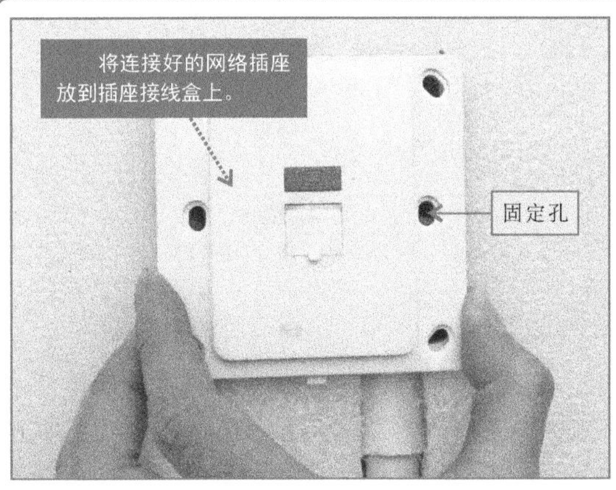

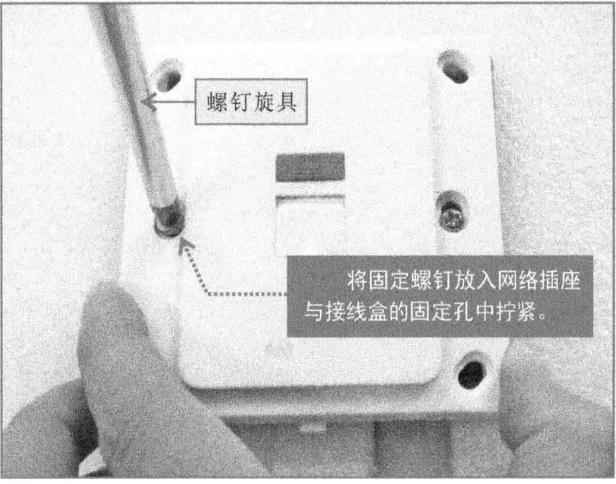

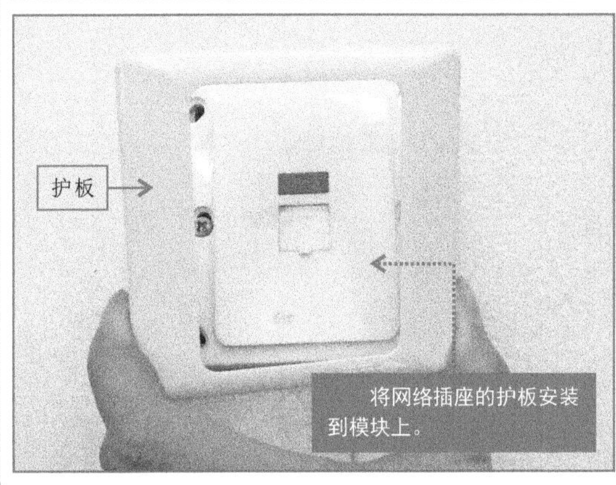

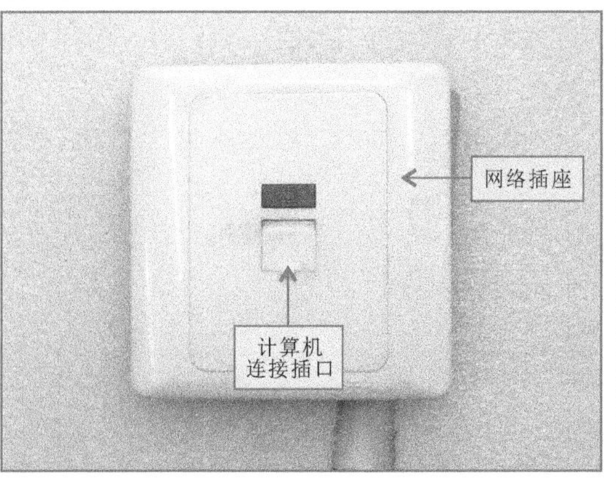

6.4.2 网络插座的增设技能

通常网络传输线（双绞线）入户后只提供一个网络接口，随着生活品质的提高，人们对生活质量有了更高的要求，许多家庭中已经不仅局限于一台计算机上网。因此，网络插座的增设也成为家庭装修的需求，对于网络插座的增设，通常有两种方式：一种是使用路由器实现多台计算机上网；一种是使用网络交换机实现多台计算机上网。

1. 使用路由器实现多台计算机上网

使用路由器实现多台计算机上网，是指将用户内的网络插座连接路由器（有线路由器或无线路由器），通过路由器将入户的网络线路分支，实现与多台计算机连接上网，即相当于增设了多个网络插座，操作简单，连接方便。

【网络插座的特点和接线关系】

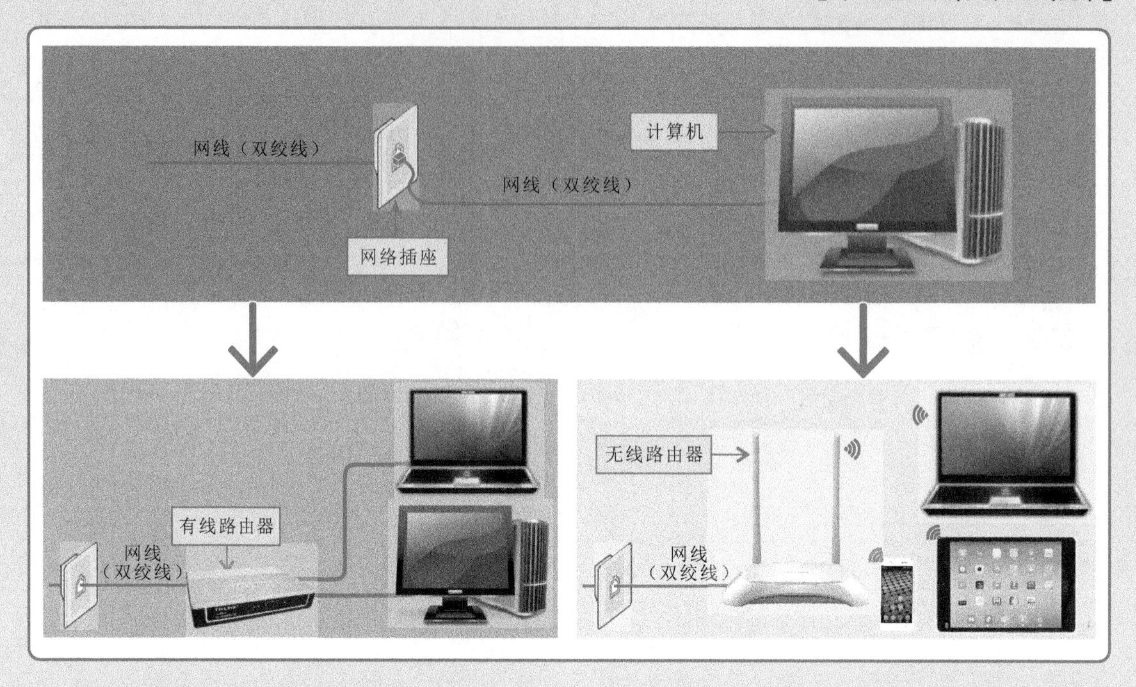

以无线路由器实现多台计算机上网为例，其安装操作包括无线路由器接线、无线路由器参数设置两个环节。

实际操作时，首先将网线的一端插接到网络插座上，另一端插到无线路由器的WAN接口上。接着，将另一根网线的一端插接到无线路由器的LAN1接口上，另一端插到计算机网卡的接口上，最后将无线路由器的电源线插接到电源插座上即可完成无线路由器的物理连接。

【无线路由器的接线操作】

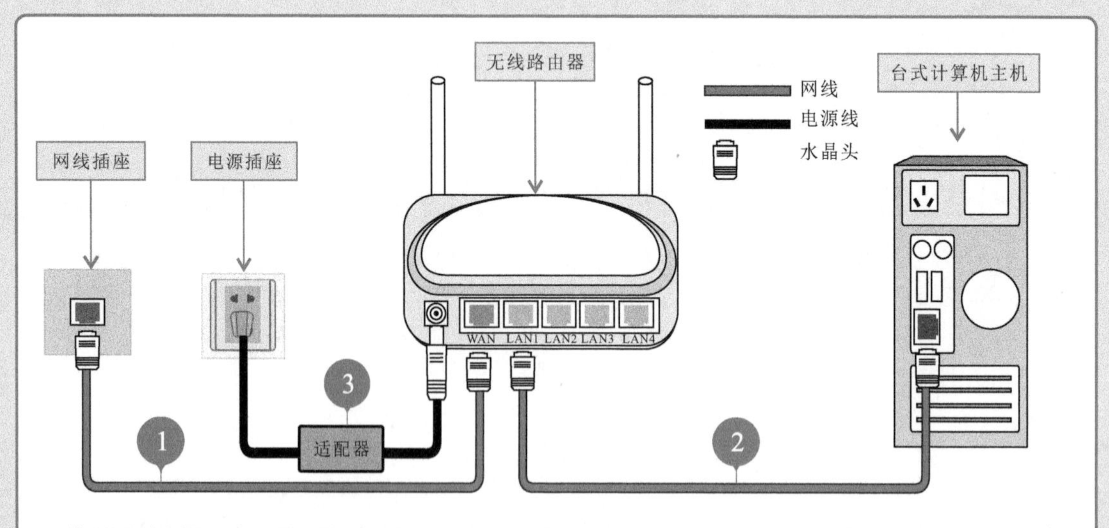

使用无线路由器即可实现无线上网，也可通过无线路由器的输出端口连接网线后，实现有线上网。例如，未安装无线网卡的台式计算机可通过网线与无线路由器上网；笔记本、手机、平板电脑等可通过无线网络上网，相当于增设了无数个网络插座，实现多台网络设备上网功能。

完成线路连接后，需要设置无线路由器参数。在设置无线路由器之前，首先要认真阅读随产品附送的《用户手册》，从中了解到默认的管理IP地址及访问密码。例如，在通常情况下，无线路由器默认的管理IP地址为192.168.1.1，访问用户和密码为admin，了解基本登录信息后，根据说明逐步设置即可。

【无线路由器的参数设置】

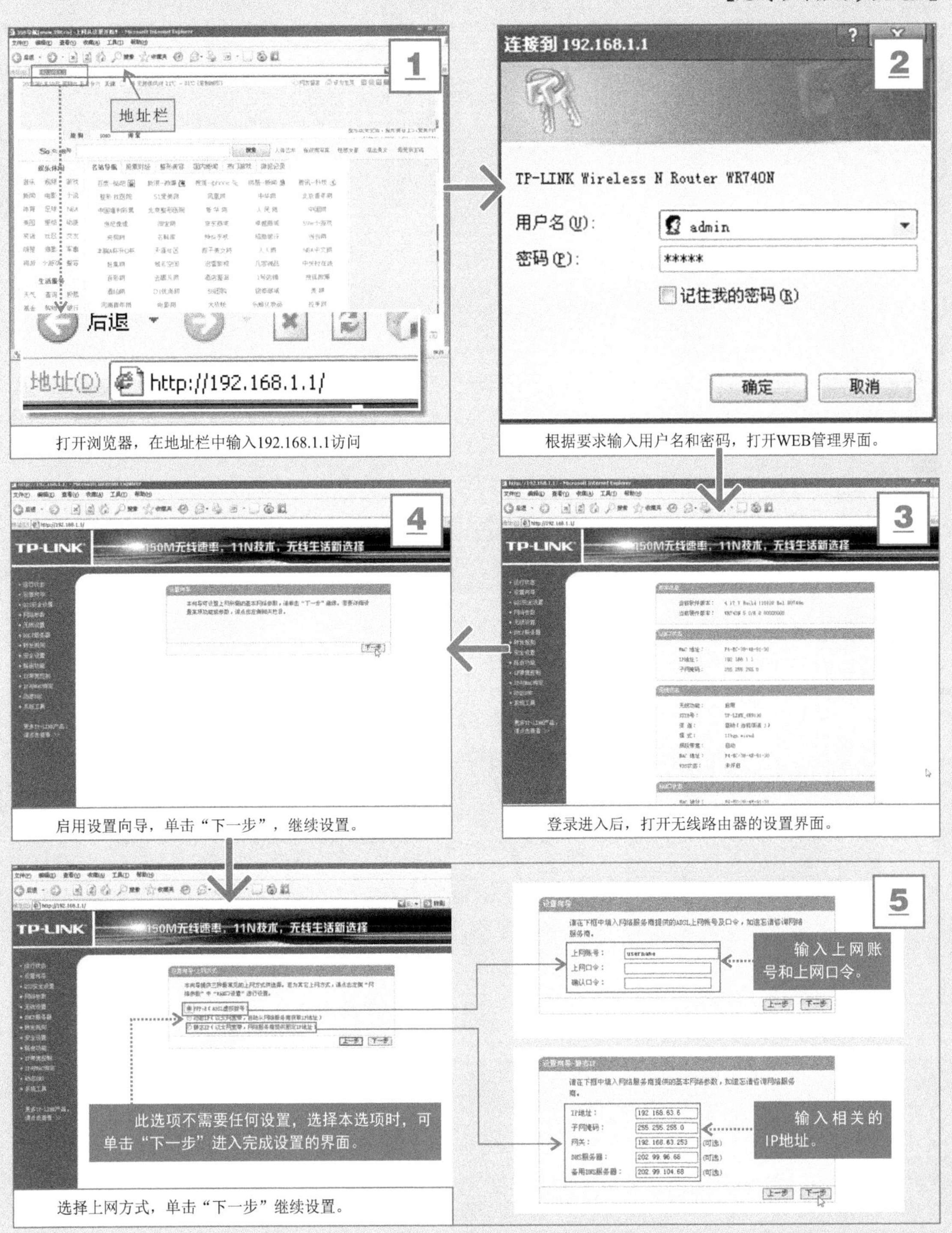

打开浏览器，在地址栏中输入192.168.1.1访问

根据要求输入用户名和密码，打开WEB管理界面。

登录进入后，打开无线路由器的设置界面。

启用设置向导，单击“下一步”，继续设置。

选择上网方式，单击“下一步”继续设置。

【无线路由器的参数设置（续）】

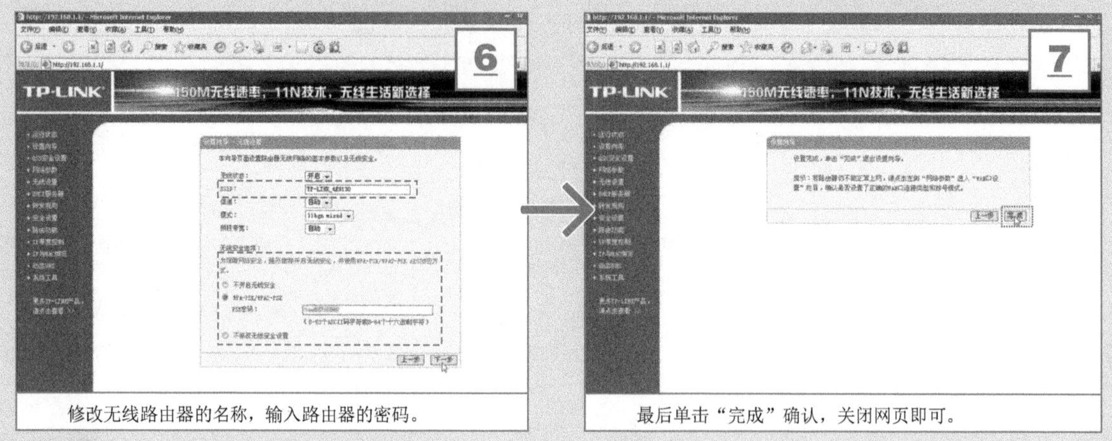

修改无线路由器的名称，输入路由器的密码。

最后单击“完成”确认，关闭网页即可。

2. 使用网络交换机增设网络插座

增设网络插座除借助路由器实现外，还可在网络入户弱电箱（或线盒）内安装小型网路交换机，由小型网络交换机引出多路输出，每路输出均可连接一个网路插座，实现网络插座的增设。

【借助网络交换机增设网络插座示意图】

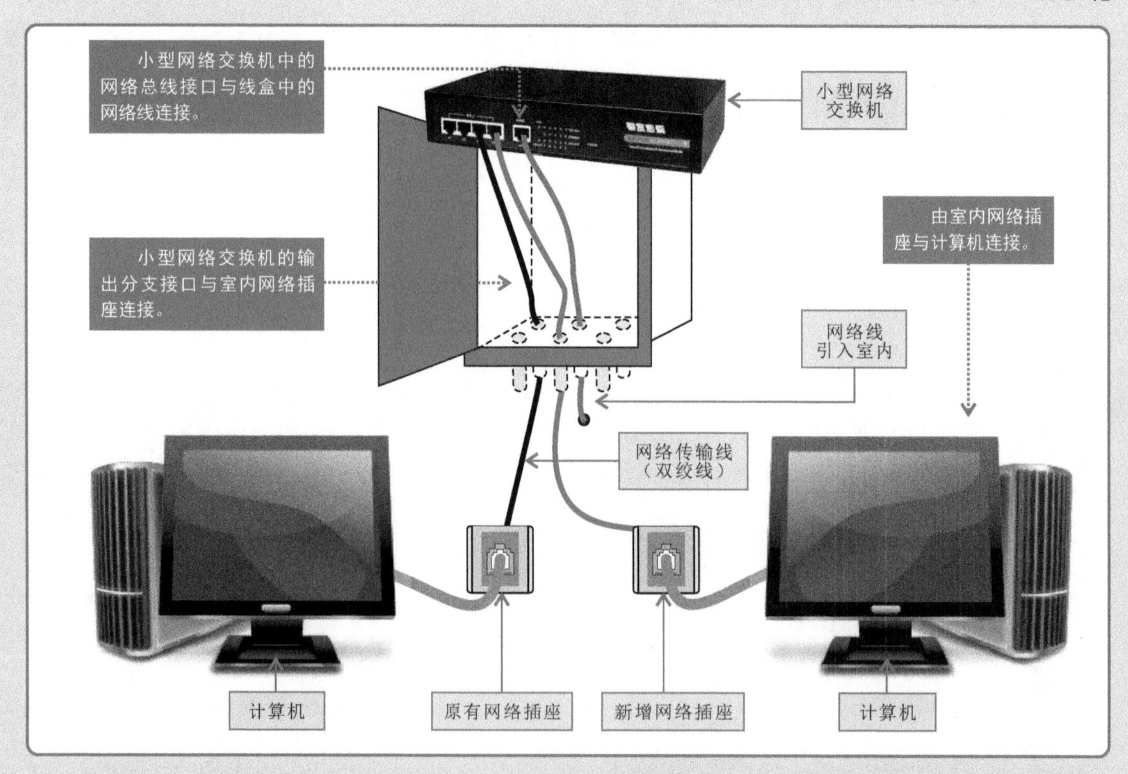

在实际增设时，首先根据需求，确定增设网络插座的数量，以此为依据选配适当的网络交换机（增设网络插座的数量应少于网络交换机输出接口的数量）；然后，将入户的网络线缆接入网络交换机输入接口，多个输出接口分别连接网络插座，实现增设。

【借助网络交换机增设网络插座的操作演示】

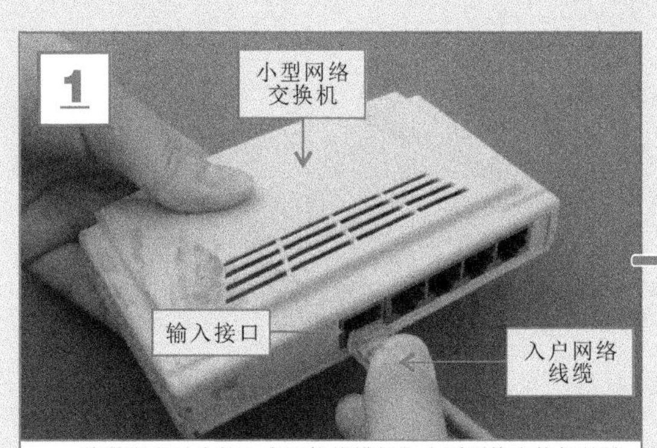

将带有水晶头的入户网络线缆插入小型网络交换机的输入接口中。

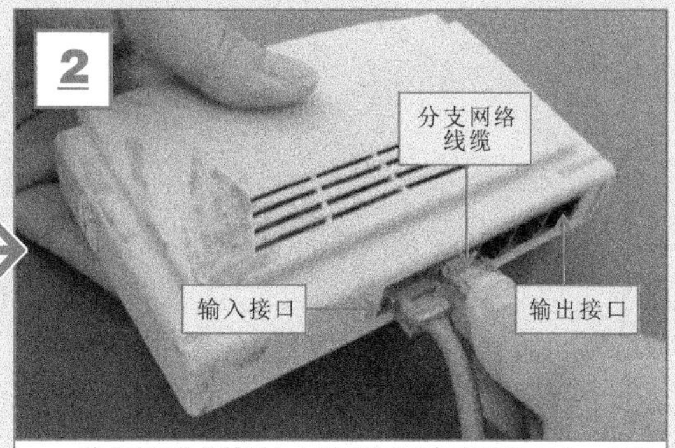

将分支网络线缆插入小型网络交换机输出接口1中，引出一条分支线路，连接原有网络插座。

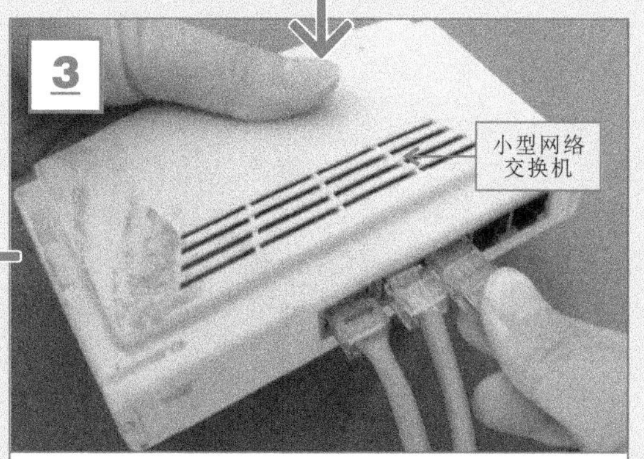

将增设分支网络线缆插入小型网络交换机输出接口2中。

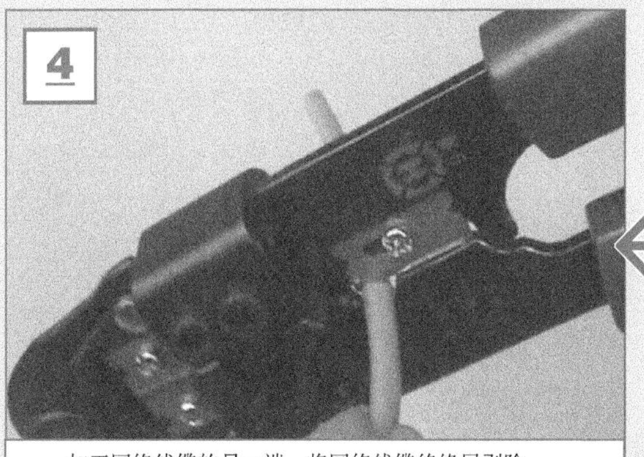

加工网络线缆的另一端，将网络线缆绝缘层剥除。

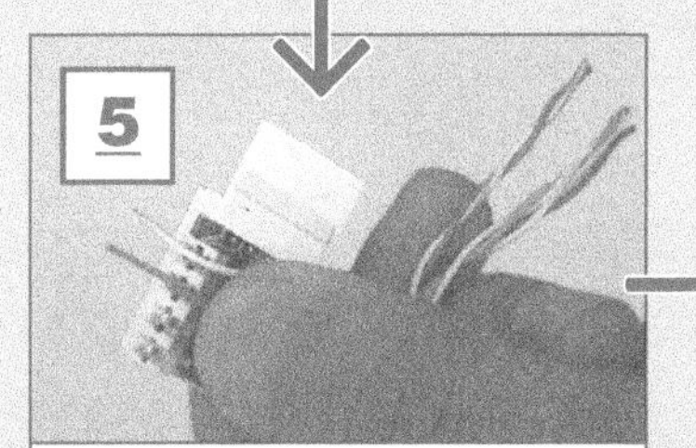

将网络线缆线芯插入网络信息模块相应插脚中。

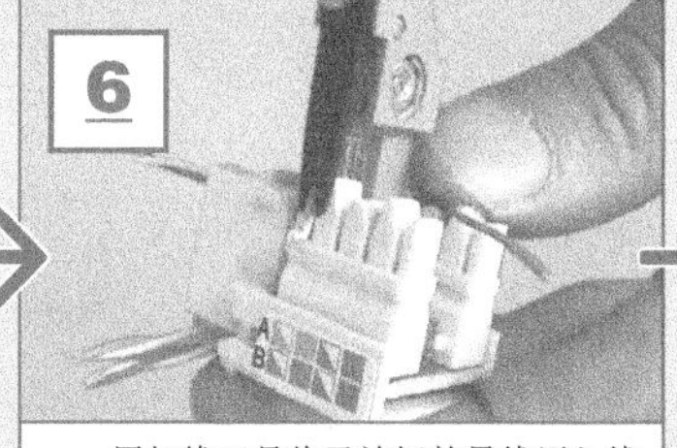

用打线工具将已放好的导线压入线槽的金属卡片中卡好。

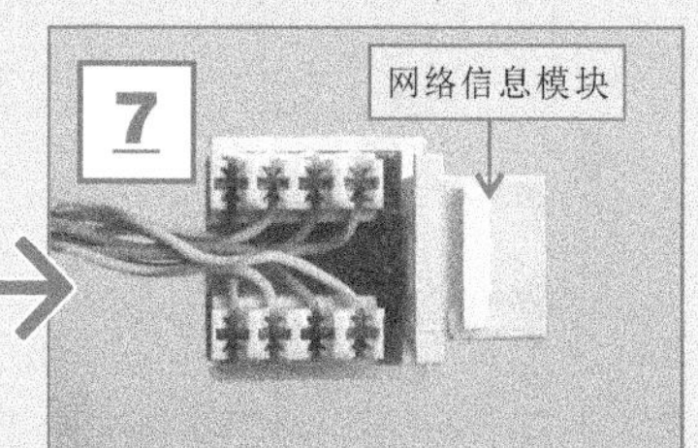

将剩余的导线按相同的方法，依次压入相应的线槽中。

将网络信息模块通过卡扣固定在网络插座的信息模块卡槽内。

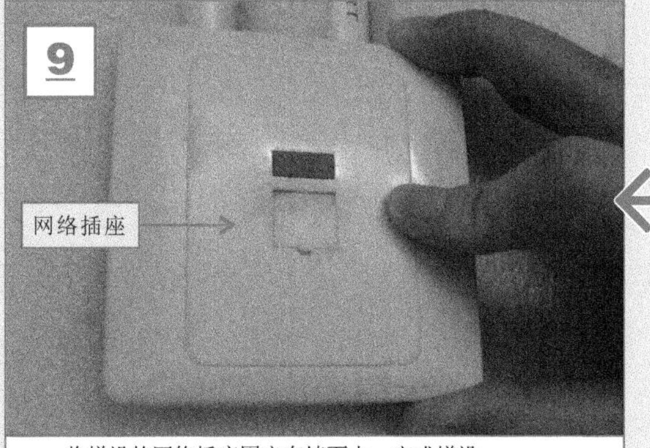

将增设的网络插座固定在墙面上，完成增设。

第7章　室内供配电系统的设计与安装技能

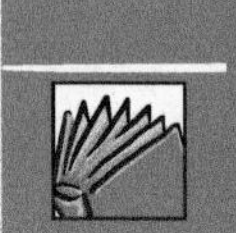

7.1 室内供配电系统的设计

7.1.1 室内供配电系统的特点

室内供配电系统主要为家庭用电设备提供电能。

【室内供配电系统的结构】

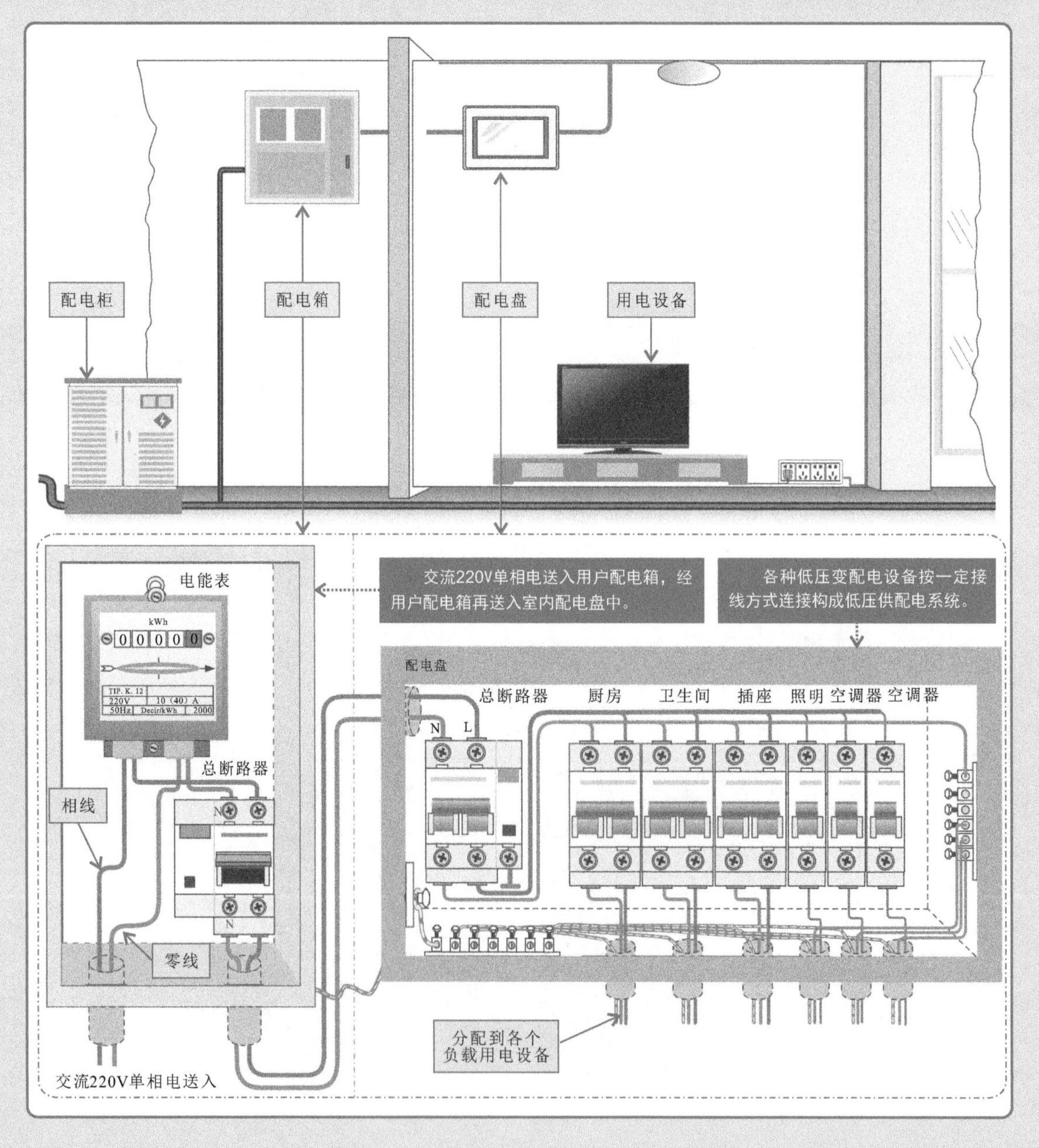

室内供配电线路用于实现屋内用电的计量、供给和分配。线路中的主要组成部件有配电箱、配电盘、断路器等。

【室内供配电线路的特点】

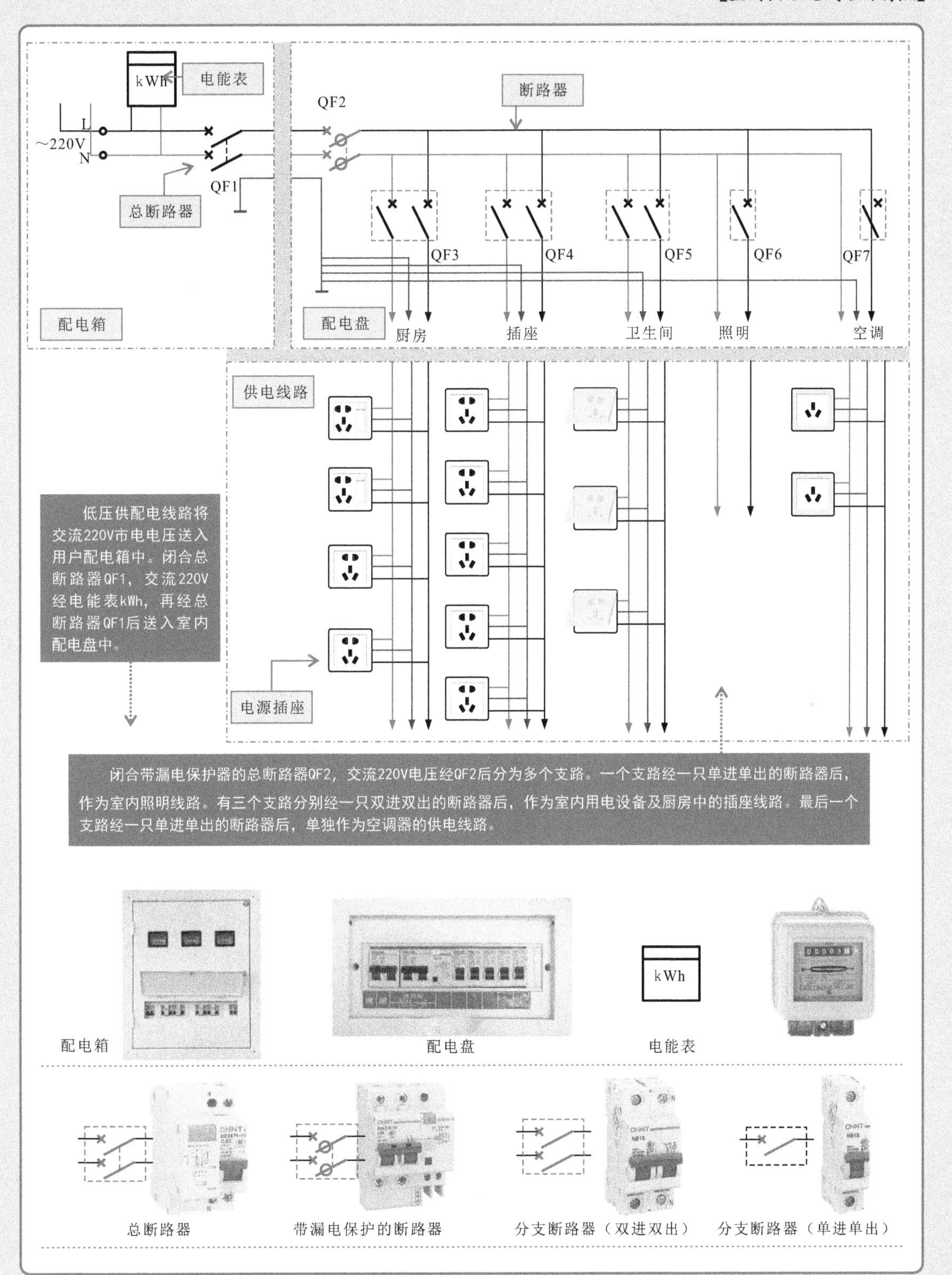

7.1.2 室内供配电系统的设计要求

室内供配电系统的设计要根据实际用电情况，合理分配用电支路，选择供配电设备，并严格遵守供配电线路的规划施工要求，尽可能做到科学、合理、安全。

【室内供配电系统的设计要求】

家庭用户用电主要包括照明和用电设备（插座连接）两种。分配支路可以分为照明支路和插座支路。

另外，由于厨房用电设备（微波炉、电磁炉、抽油烟机等）、卫生间内的用电设备（浴霸等）及空调器等都属于大功率用电设备，一般将厨房、卫生间和空调器都分设为单独的支路。

一般将室内配电规划分为5个支路，即照明支路、插座支路、厨房支路、卫生间支路、空调器支路。

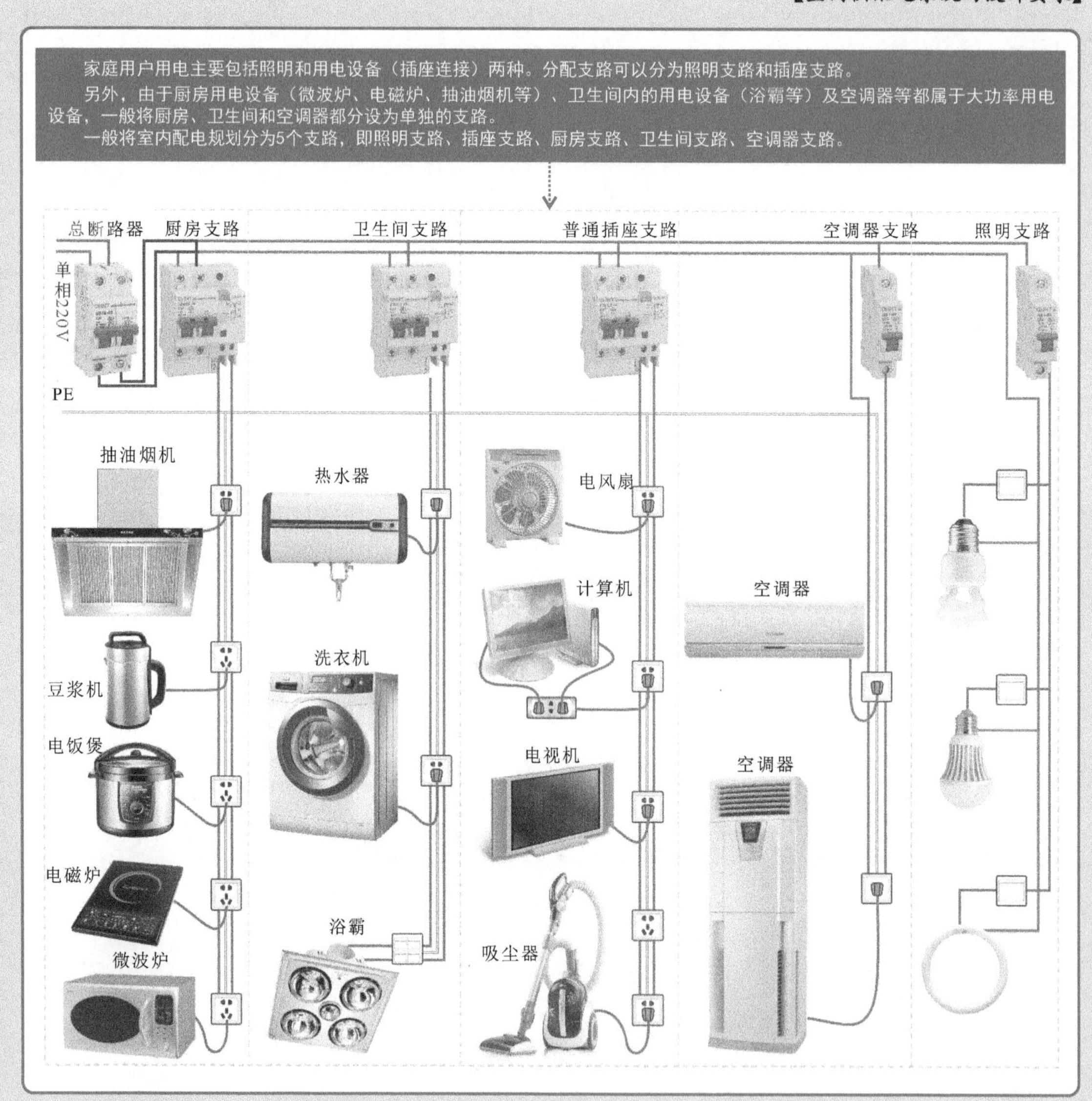

特别提醒

规划家庭供电用电线路的支路分配时，设备选用及线路分配均取决于家用电器的用电量，将支路中所有家用电器的功率相加即可得到全部用电设备的总功率值（例如右表）。另外，家庭中的电器设备不可能同时使用，因此用电量一般取设备耗电量总和的60%～70%，在此基础上考虑一定的预留量即可。

支路	总功率/W	支路	总功率/W	支路	总功率/W
照明支路	2200	厨房支路	4400	空调器支路	3500
插座支路	3520	卫生间支路	3520		

1. 配电箱的设计要求

通常由户外引入的供配电线路要通过楼内的总配电箱后，再连入室内配电盘，然后再由室内配电盘向各房间引线，满足家庭用电需求。为保证用电安全，电能表和总断路器必须安装在配电箱内。

室内家用电器的总用电量不应超过配电箱内电能表和总断路器的负荷。其安装高度也应严格按照设计要求。

【配电箱的设计要求】

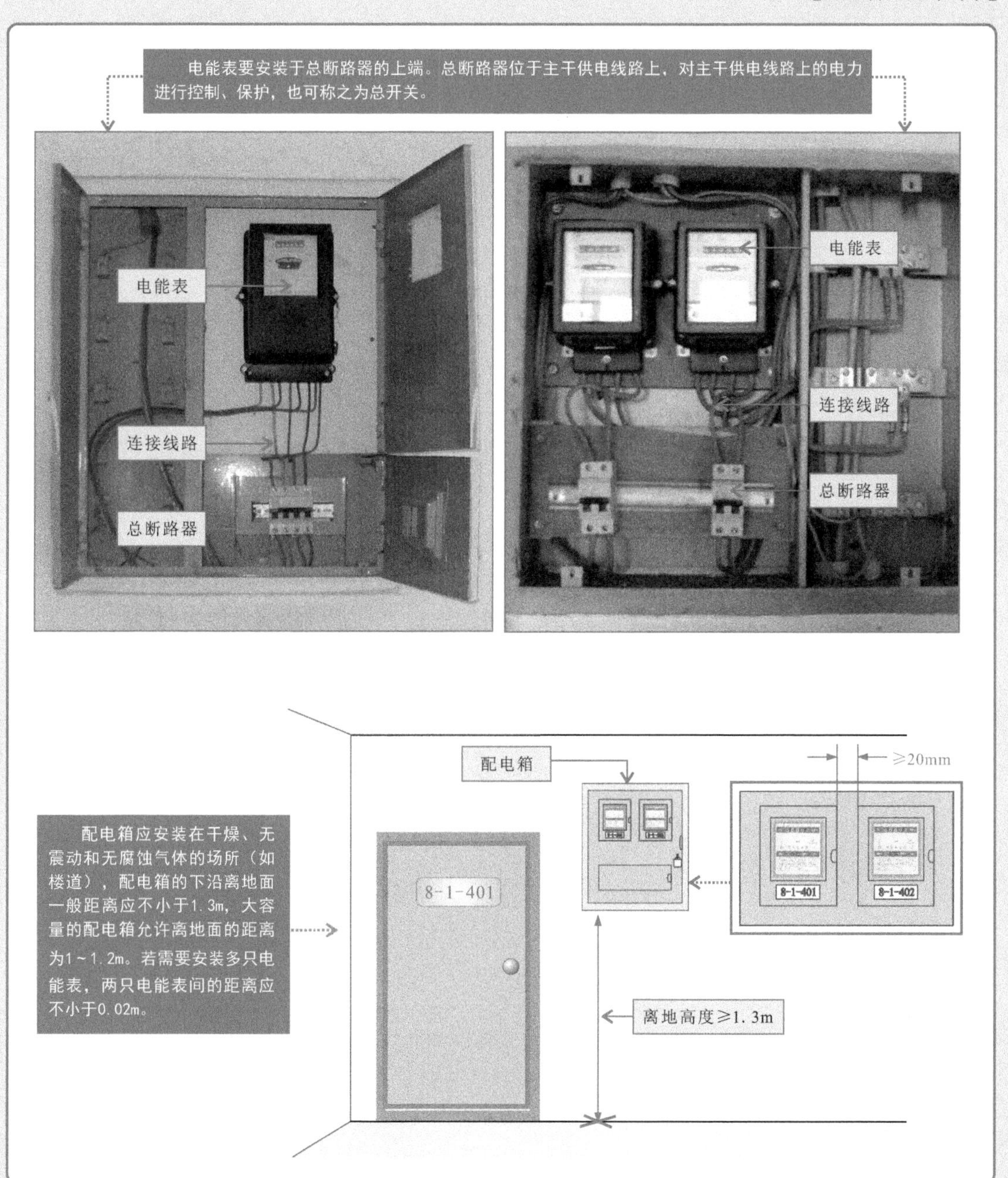

2. 配电盘的设计要求

配电盘的设置用于保证配电线路安全。配电盘主要是由各种功能的断路器组合而成的，由此将导线引入各房间内进行供电。

配电盘中各个支路断路器和总断路器（有些配电盘内不带有总断路器）都安装在配电盘的断路器支架上，引入或引出的线路规整地捆扎在一起，在相应的位置引入或引出导线，并确保可靠连接。另外，配电盘需安装绝缘面板进行防护，保证用户操作安全。

每个支路断路器控制一个供电用电支路。当所控制支路出现过电流或过载故障时，能够切断该支路供电，而不影响其他线路，有效保证用电安全、可靠。

【配电盘的设计要求】

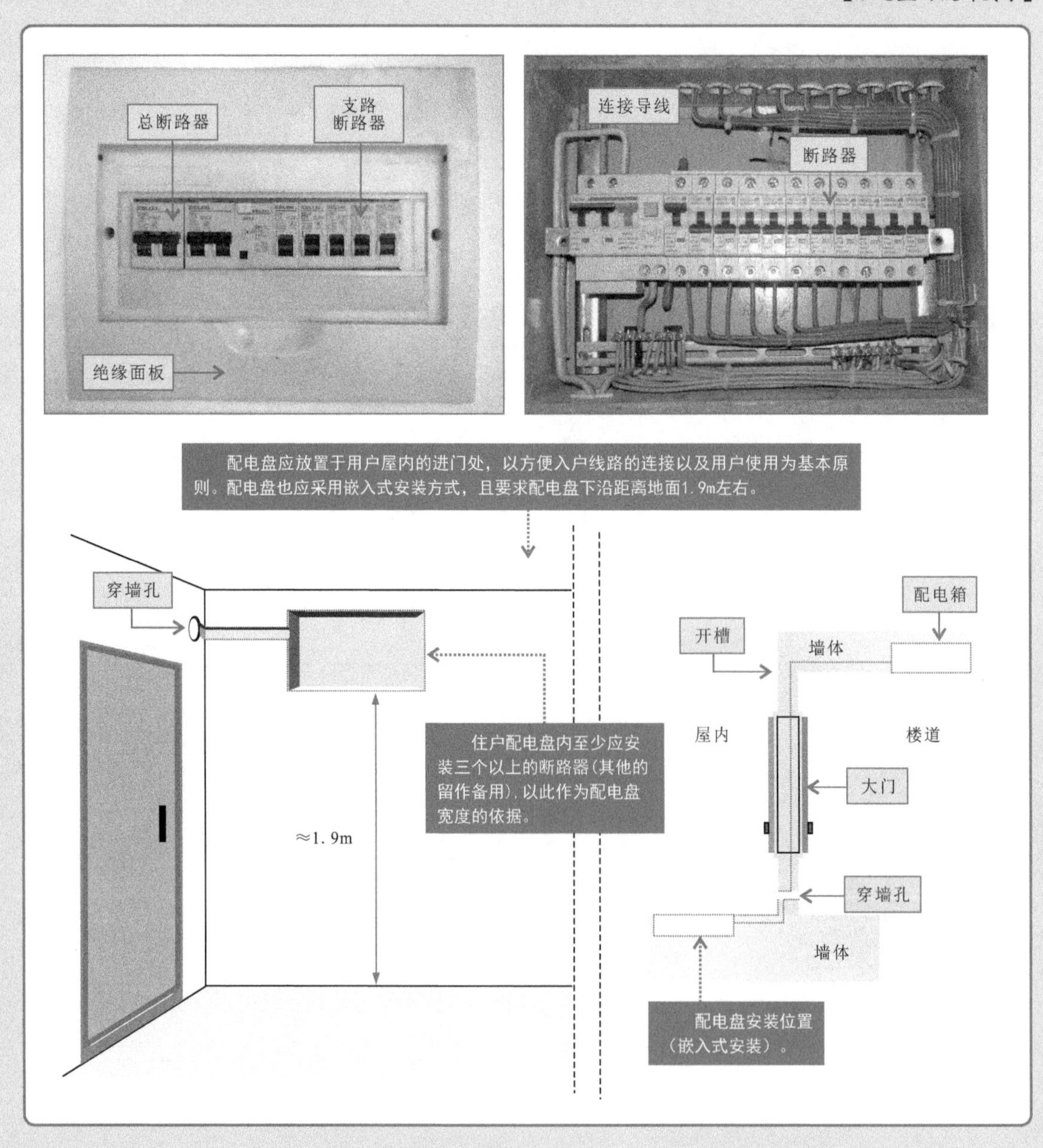

3. 供配电线材的选配与敷设要求

合理选配供配电线材，对于室内供配电系统的安全非常重要。

【供配电线材的选配与敷设要求】

家庭供电用电中供电导线包括进户线、照明线、插座线、空调专线，需要分别选材。

进户线由配电箱引入，选择时一定要选择载流量大于或等于实际电流量的绝缘线（硬铜线），不能采用花线或软线（护套线），暗敷在管内的电线不能采用有接头的电线，必须是一根完整的电线。

在单相两线制、单相三线制供配电电路中零线和相线的横截面积应相同（铜线横截面积不大于16mm²、铝线横截面积不大于25mm²）。

进户线：6～10mm²铜芯线；

照明线：2.5mm²铜芯线；

插座线：4mm²铜芯线；

空调挂机插座线：4mm²铜芯线；

大功率空调柜机插座线：6mm²铜芯线。

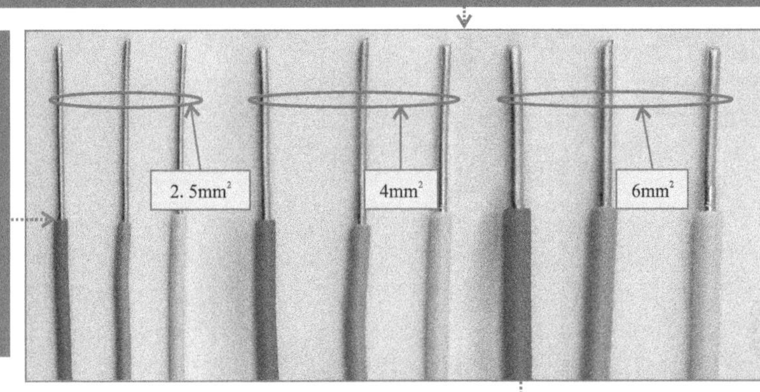

铜线横截面积/mm²	铜线直径/mm	安全载流量/A	允许长期电流/A
2.5	1.78	28	16～25
4	2.25	35	25～32
6	2.77	48	32～40

家庭供电线路中所使用导线颜色应该符合规定，即相线使用红色导线、零线使用蓝色导线、地线使用黄绿色导线。不同横截面积的导线，其直径及安全载流量等参数也不相同。

供电线路在进行垂直敷设时，应与地面保持垂直，当供电线路进行垂直敷设并进行穿墙操作时，距地面的距离应大于1.8m；导线在进行水平敷设时，导线应与地面保持平行，且距地面的距离应大于2.5m。

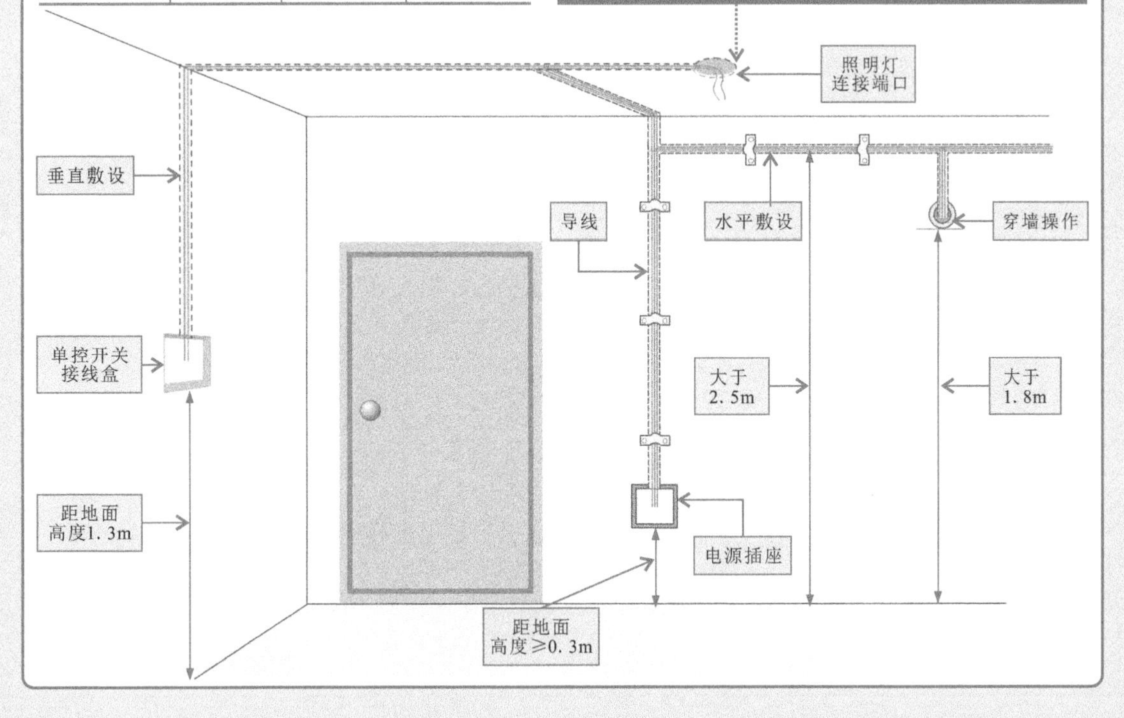

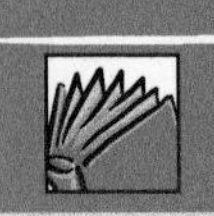

7.2 室内供配电系统的安装技能

7.2.1 配电箱的安装

配电箱是单元住户用于控制住宅中各个支路的配电设备，可将住宅中的用电分配成不同的去路，安装配电箱时，应先确定安装位置，再根据安装标准，将配电箱安装在指定的位置上。

【配电箱的安装示意图】

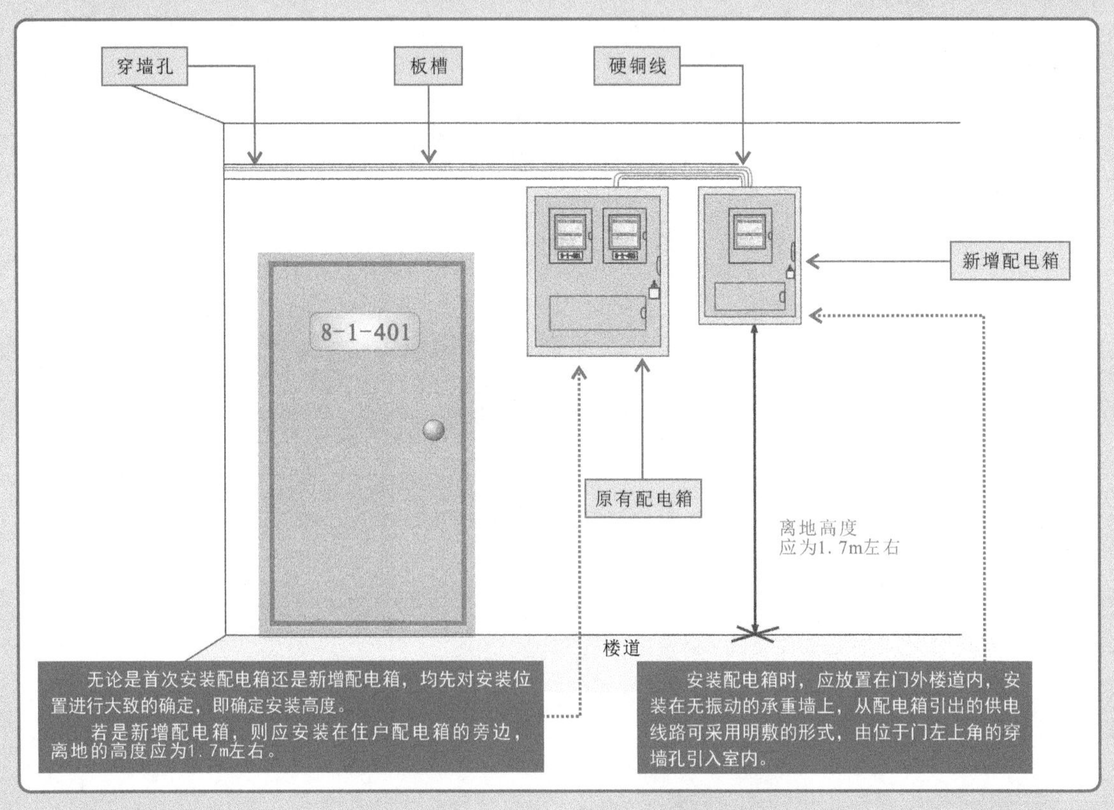

特别提醒

根据不同的安装环境，配电箱可采用明装和暗装两种方式：明装是指将配电箱直接安装在墙面上，这种安装方式可用于导线暗敷或明敷的环境下；暗装指将配电箱安装在预留好的孔洞中，镶嵌在墙面里面，这种安装方式较为美观，省空间，但安装步骤较复杂，大多用于导线暗敷的环境。

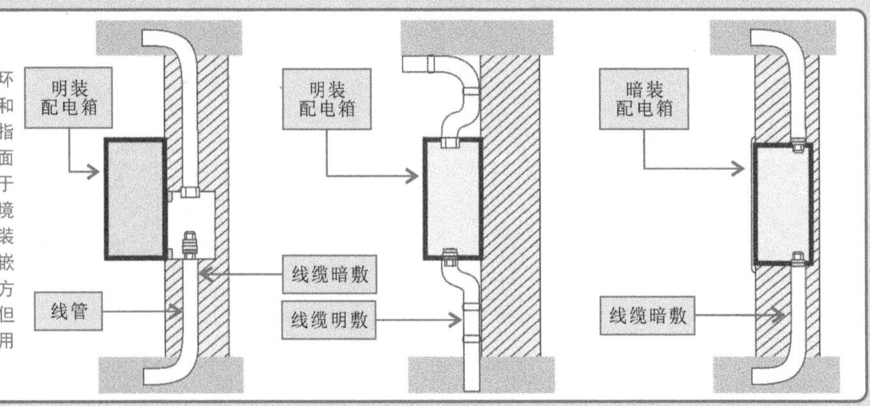

明确配电箱的安装位置及安装方式后，则应在设定的位置打孔，从而完成固定配电箱外壳的操作，然后分别将电能表、电源总开关（总断路器）安装在配电箱中，并使用导线连接各部件，最后完成配电箱的安装。

【配电箱的安装】

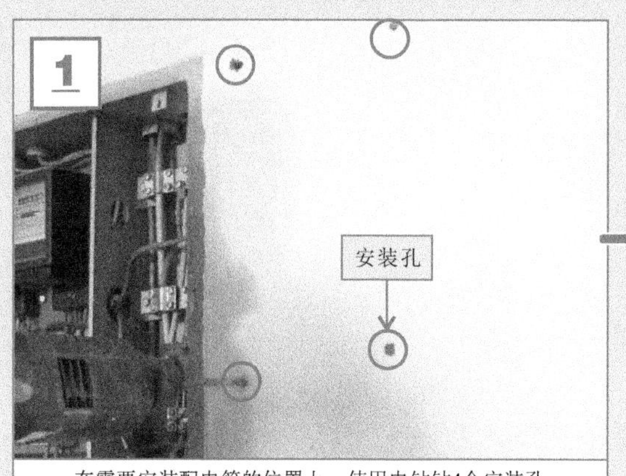

在需要安装配电箱的位置上，使用电钻钻4个安装孔。

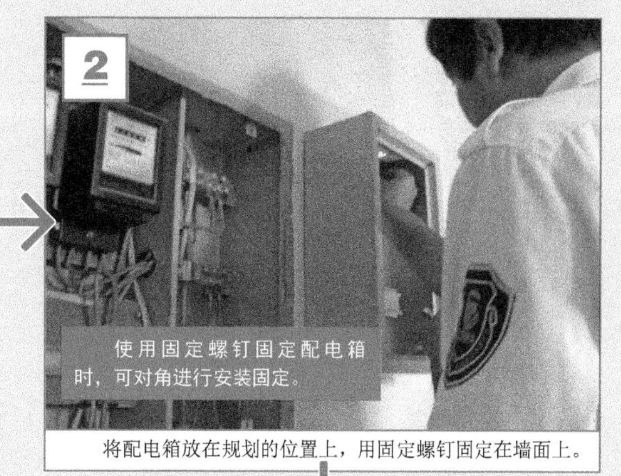

将配电箱放在规划的位置上，用固定螺钉固定在墙面上。

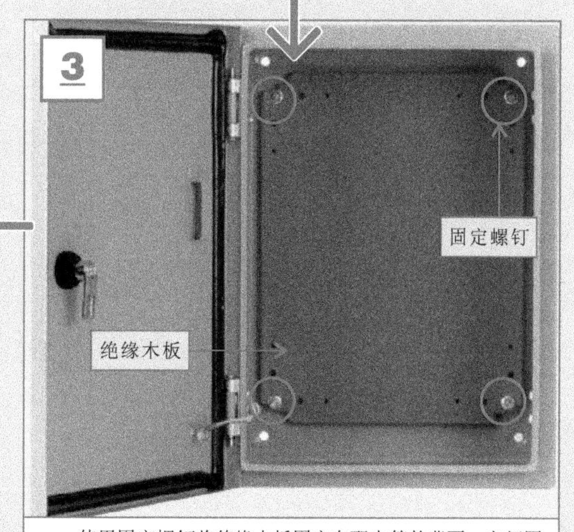

使用固定螺钉将绝缘木板固定在配电箱的背面，方便固定电能表及电源总开关。

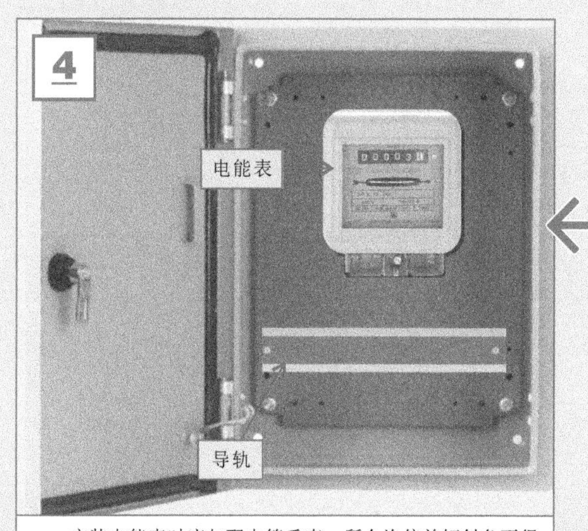

安装电能表时应与配电箱垂直，所允许偏差倾斜角不得超过2°，若倾斜角超过5°，则会造成10%的误差。

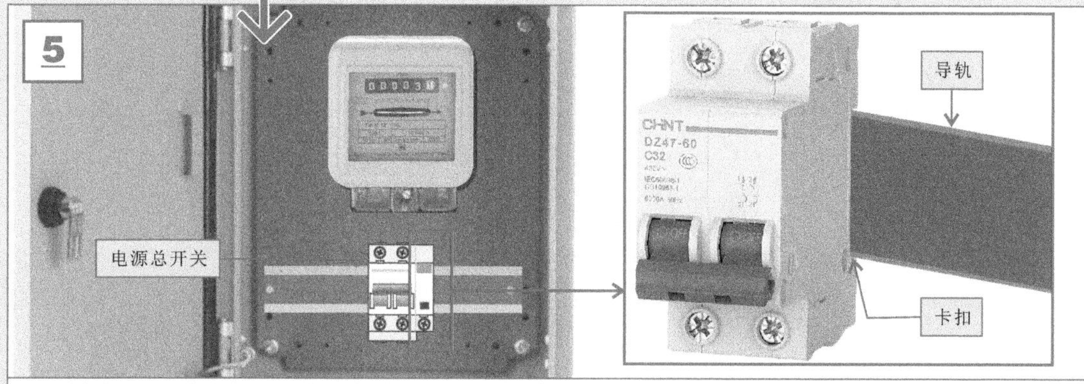

在电能表下方安装有导轨，主要用来安装固定电源总开关（总断路器）。在电源总开关的背面设有固定卡扣，安装时，需要将卡扣部分与导轨卡在一起即可，从而起到固定的作用。

【配电箱的安装（续）】

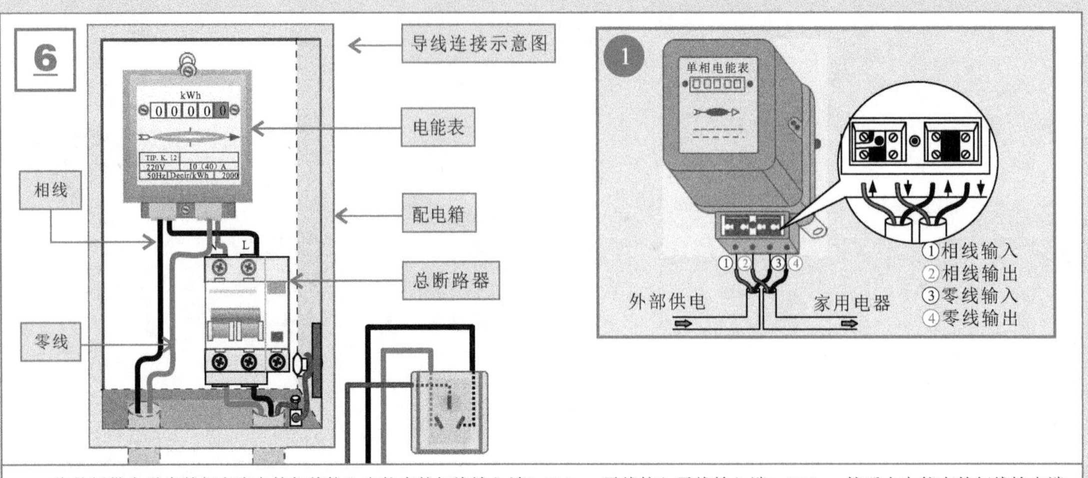

将外部供电送来单相交流电的相线接入电能表的相线输入端1（L），零线接入零线输入端3（N），然后由电能表的相线输出端2（L）和零线输出端4（N）引出相线和零线，与总断路器连接。

将电能表输出端的相线和零线分别插入电源总开关的输入接线端上，并使用螺钉旋具拧紧固定螺钉。

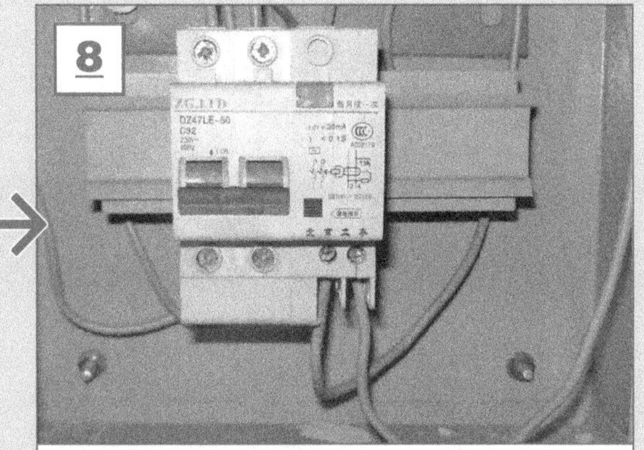

按照电源总开关的提示，将相线、零线与配电盘接线端的相线、零线连接在一起，并使用固定螺钉固定。

完成导线的连接后，将配电箱的外壳盖上，此时便完成了配电箱的安装连接操作。

连接后，导线从配电箱的上端穿线孔穿出，完成配电箱内各部件的连接，导线连接完成后，检查各连接端是否牢固，若正常，则接下来对导线进行固定。

7.2.2 配电盘的安装

配电盘用于分配家庭的用电支路，在安装配电盘之前，首先确定配电盘安装位置、高度等，然后再根据安装标准，将配电箱安装在指定的位置上。

【配电盘的安装示意图】

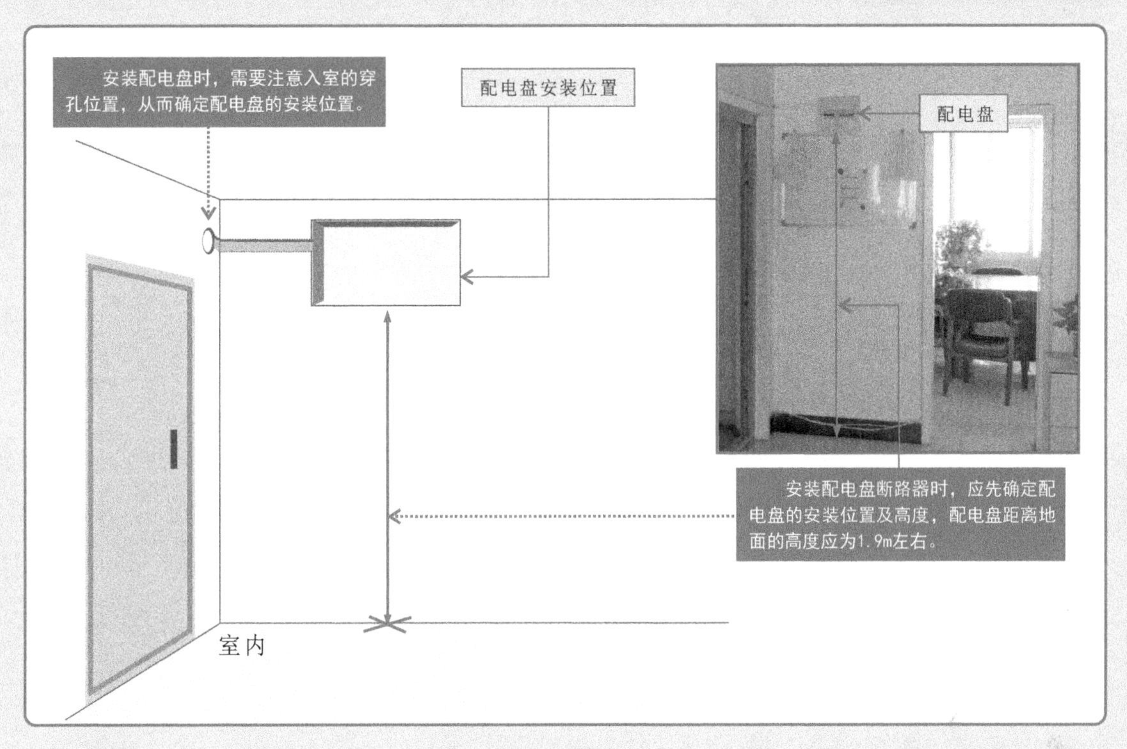

明确配电盘的安装位置及安装方式后，则应按安装流程，先将配电盘的整体安装在对应的槽内（采用嵌入式安装），然后再安装对应的支路断路器，最后将配电箱送来的线缆与配电盘中的断路器连接，完成配电盘的安装。

【配电盘的安装】

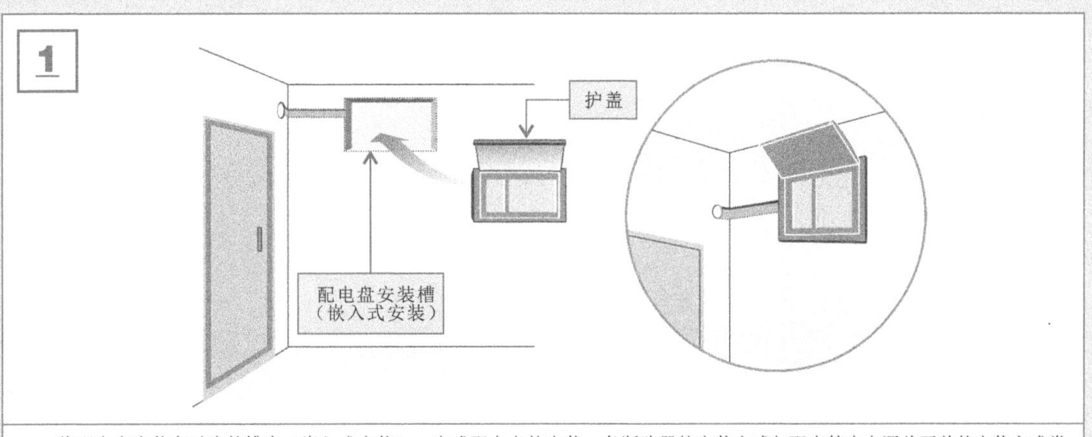

将配电盘安装在对应的槽内（嵌入式安装），完成配电盘的安装。各断路器的安装方式与配电箱中电源总开关的安装方式类似，只是将多个支路断路器固定在导轨中即可。

【配电盘的安装（续）】

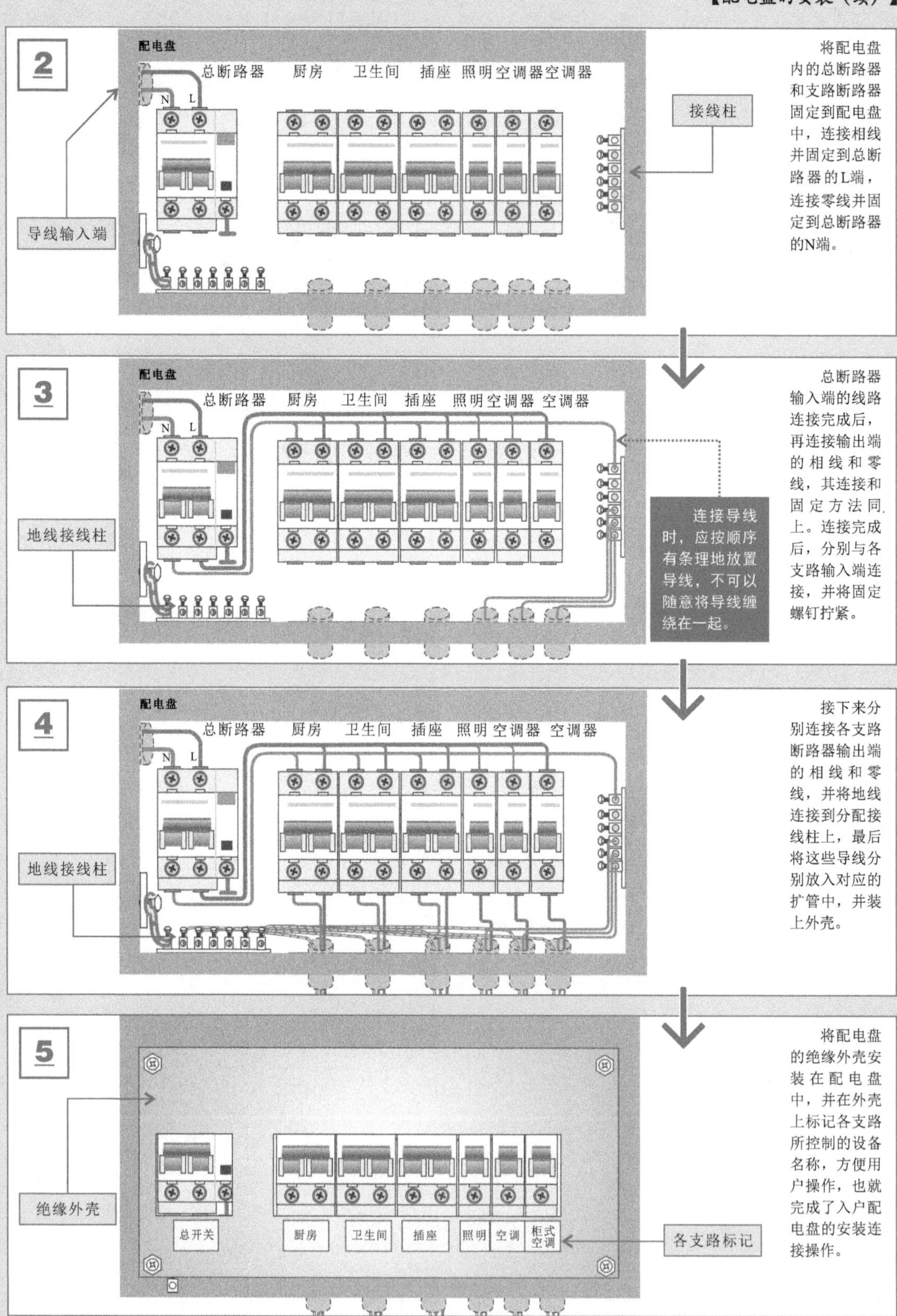

将配电盘内的总断路器和支路断路器固定到配电盘中，连接相线并固定到总断路器的L端，连接零线并固定到总断路器的N端。

总断路器输入端的线路连接完成后，再连接输出端的相线和零线，其连接和固定方法同上。连接完成后，分别与各支路输入端连接，并将固定螺钉拧紧。

接下来分别连接各支路断路器输出端的相线和零线，并将地线连接到分配接线柱上，最后将这些导线分别放入对应的扩管中，并装上外壳。

将配电盘的绝缘外壳安装在配电盘中，并在外壳上标记各支路所控制的设备名称，方便用户操作，也就完成了入户配电盘的安装连接操作。

第8章　室内灯控系统的设计与安装技能

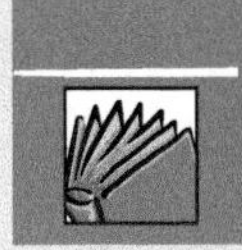

8.1 室内灯控系统的设计

8.1.1 室内灯控系统的特点

室内灯控系统主要依靠控制开关控制室内照明灯具的点亮或熄灭。

【绝缘硬导线的外形】

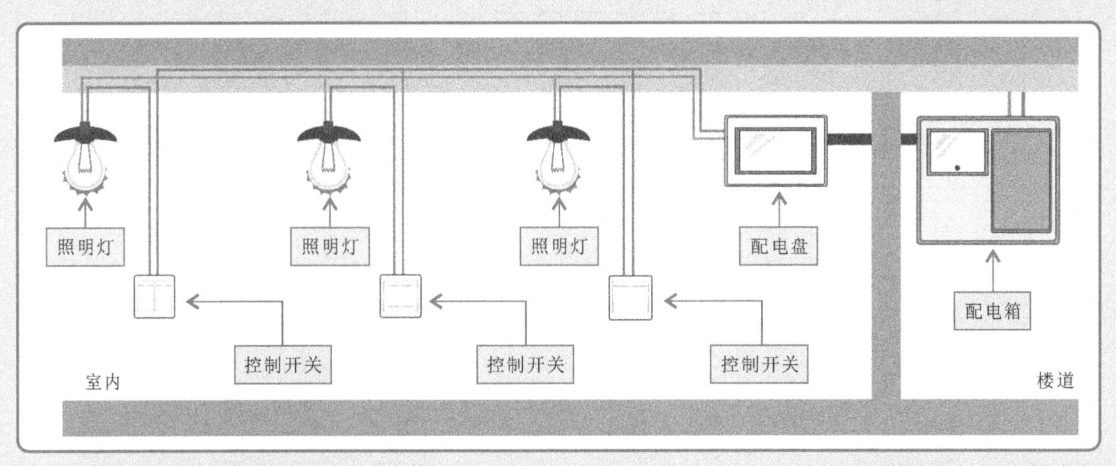

在室内灯控系统中控制开关和照明灯具是主要组成部件。不同类型的控制开关与不同照明效果的灯具可以组成多种连接关系，实现多样的灯控照明效果。

【绝缘硬导线的外形】

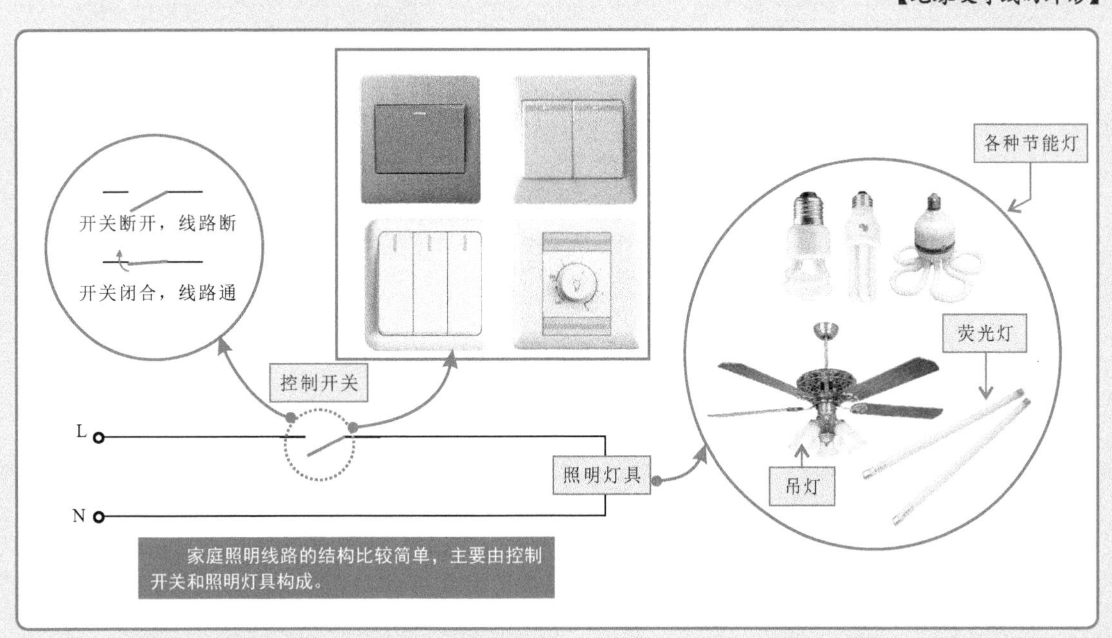

1. 一开关灯控电路的特点

一开关灯控电路主要是通过一开关实现对室内照明灯的控制。

【一开关灯控电路的特点】

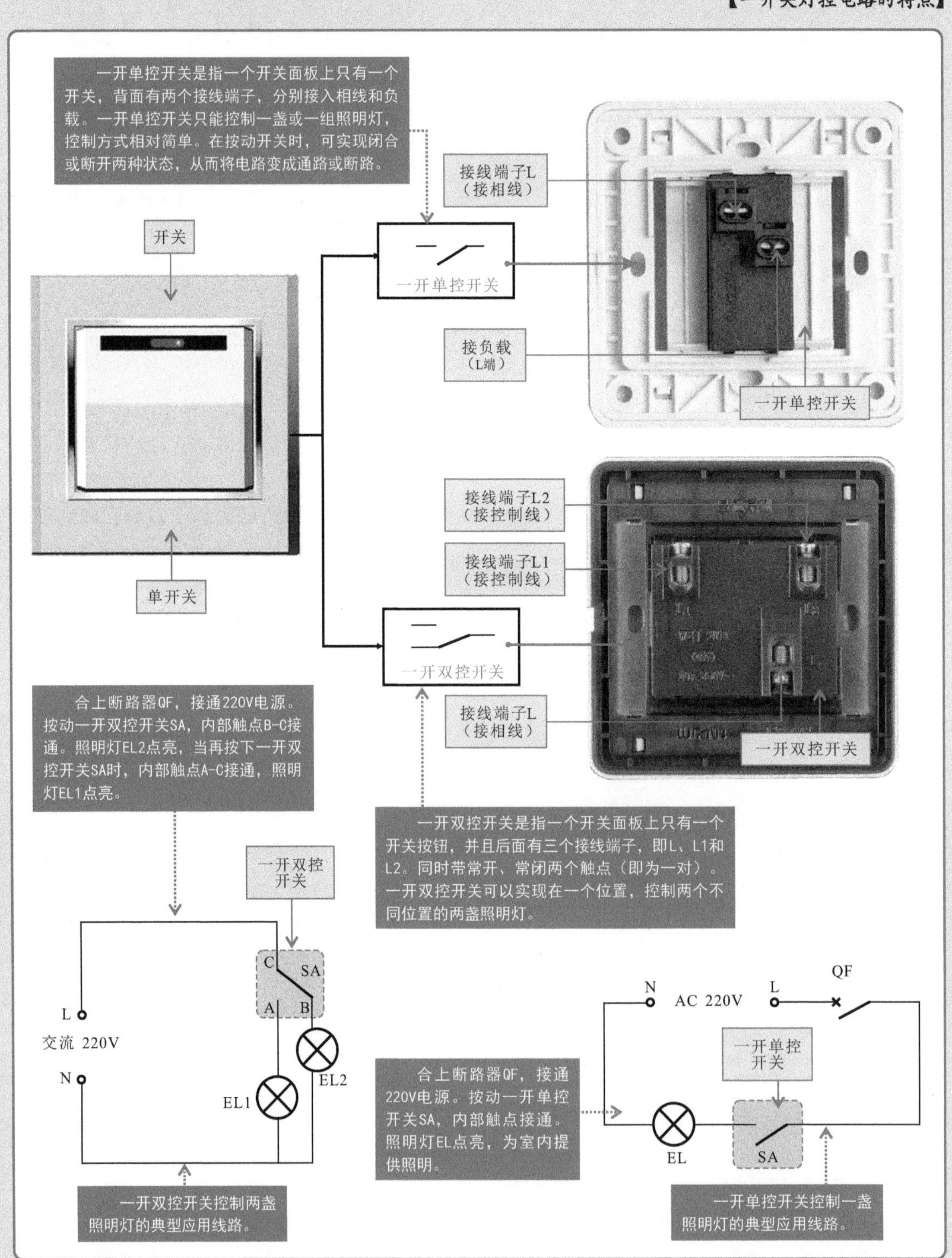

2. 二开关灯控电路的特点

二开关灯控电路中采用二开单控开关或二开双控开关，可以实现对两路或多路照明灯的控制。

【二开关灯控电路的特点】

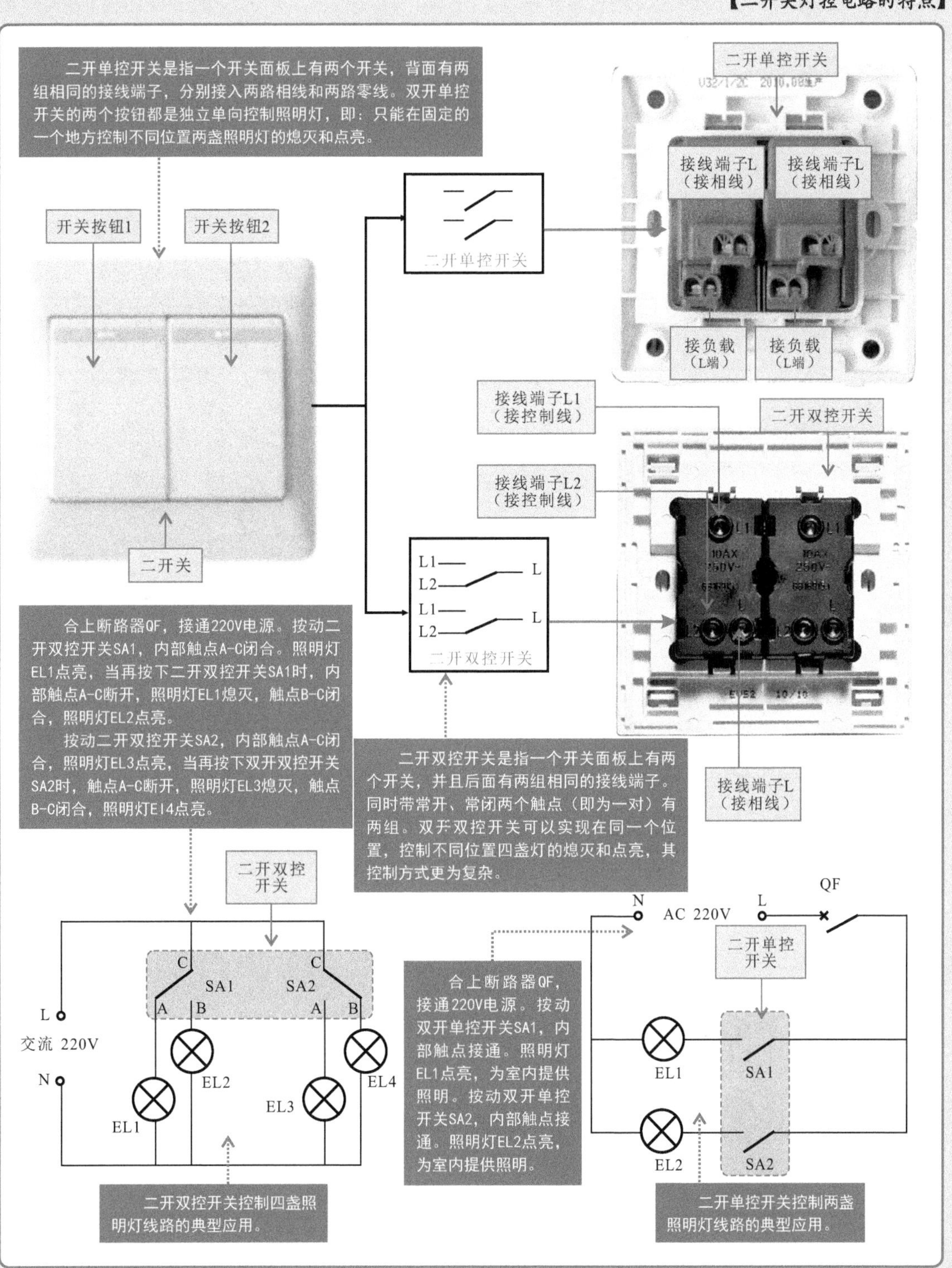

3. 三开关灯控电路的特点

三开关灯控电路中采用三开单控开关或三开双控开关，可以实现对三路或多路照明灯的控制。

【三开关灯控电路的特点】

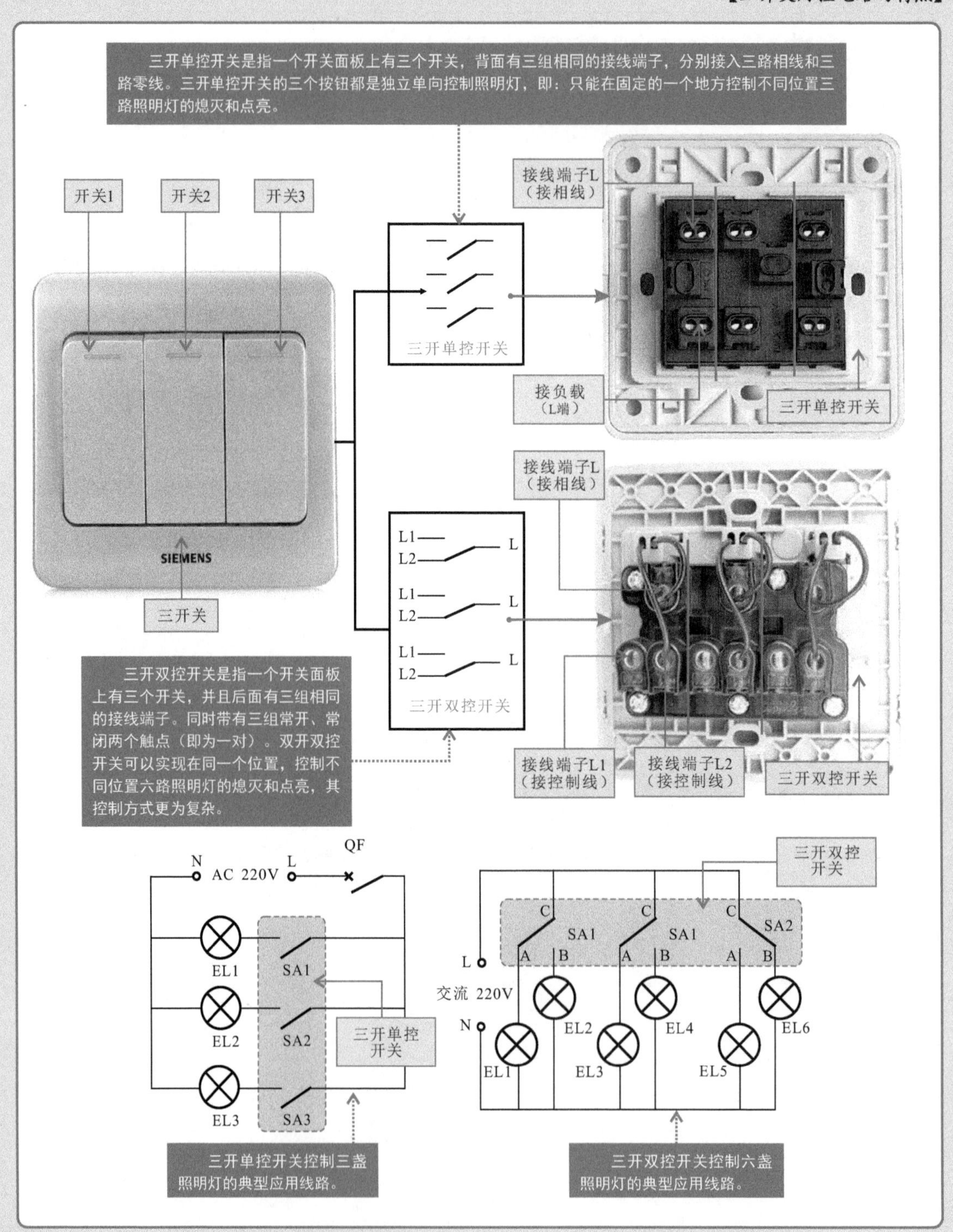

8.1.2 室内灯控系统的设计要求

室内灯控系统的设计需根据施工环境和用户需求，制定安全、可靠的设计方案。通常，室内灯控系统采用单相两线制供电，照明设备（灯具）直接连接供配电线路的相线和零线，为预防短路或过载情况，需在室内灯控系统中安装保护装置（熔断器或漏电保护器），相线需经控制开关后再连接照明设备（灯具）。

【室内灯控系统的设计要求】

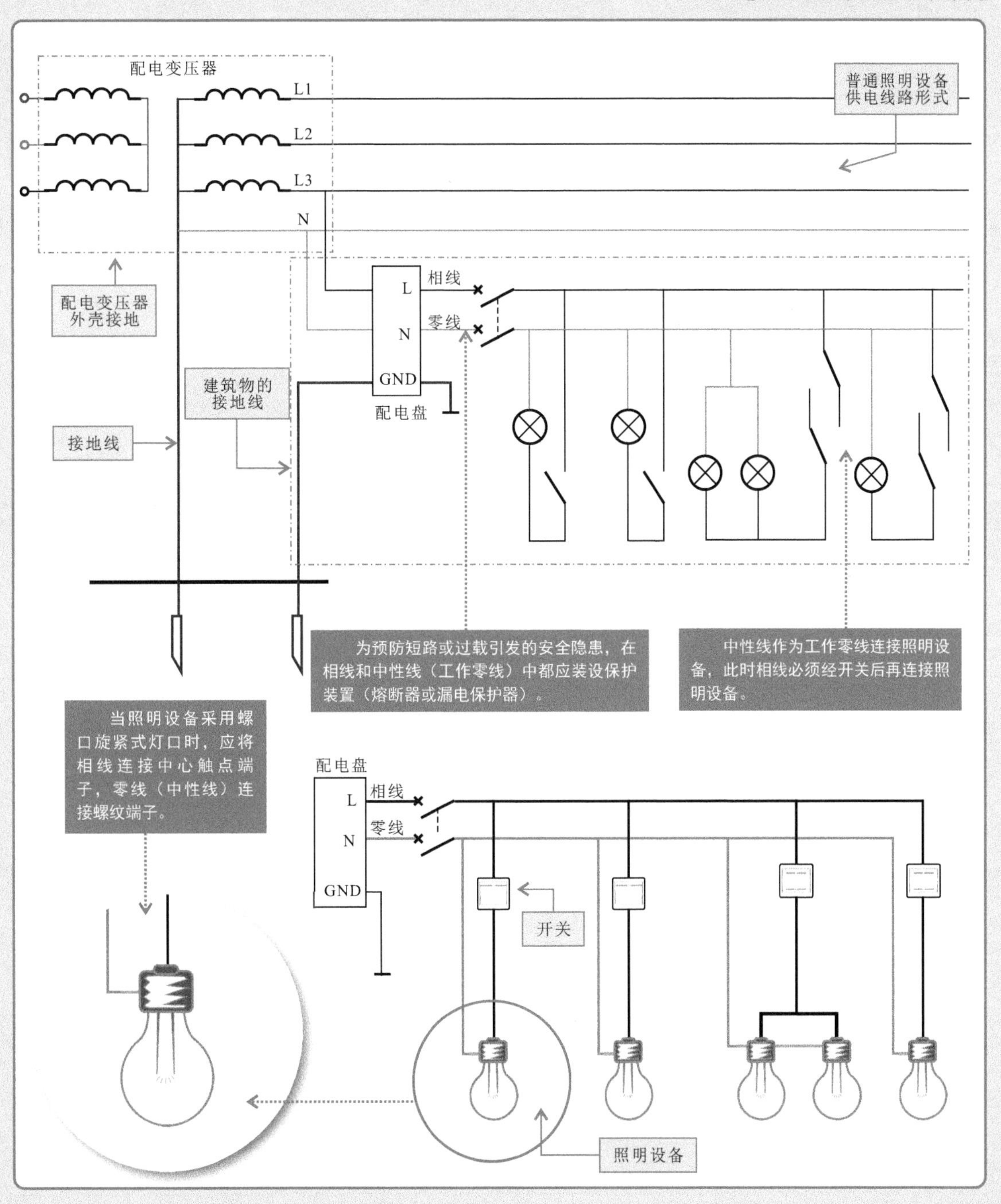

在室内灯控系统中所使用的导线多为2.5mm^2规格铜芯导线（可承受28A大电流）。

【室内灯控线缆的规格】

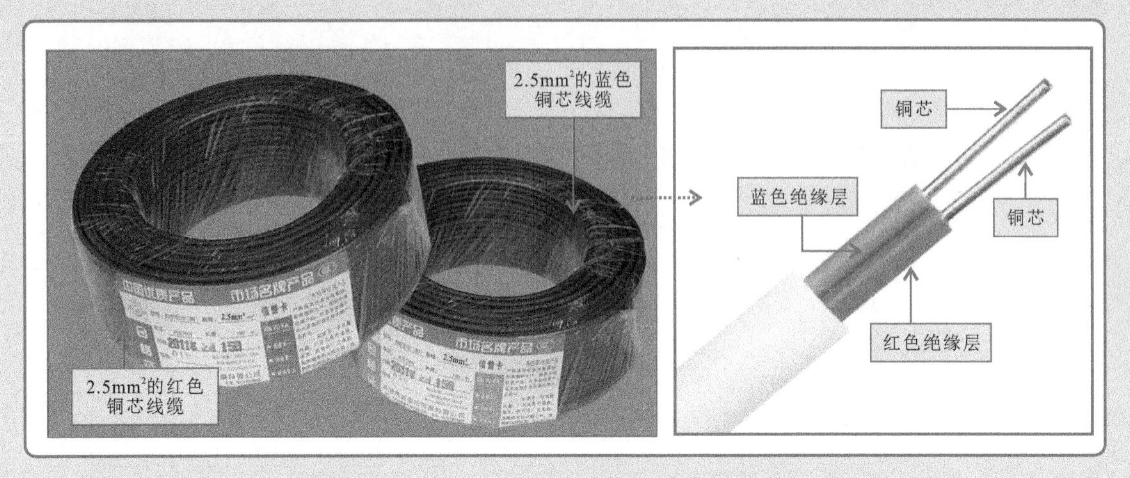

室内灯控线路多采用暗敷形式。暗敷的管材为PVC管，管内布线的条数与管径有严格的规定。

【线管选配要求】

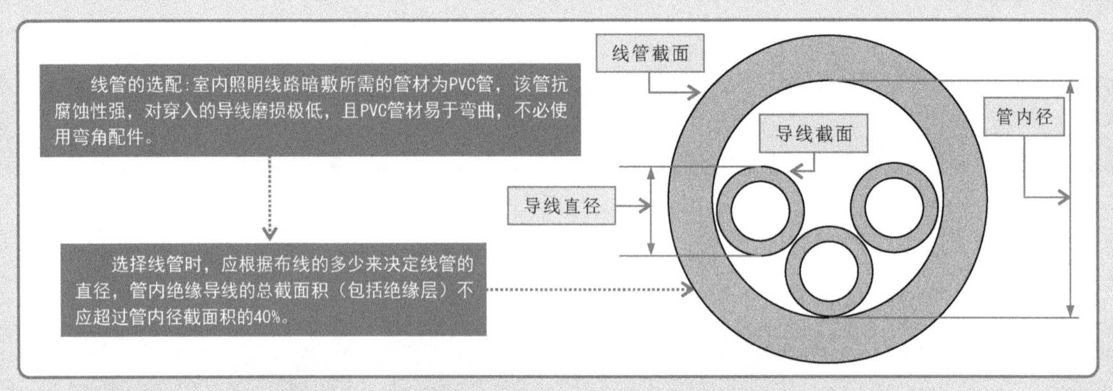

在规划灯控线路时，要注意灯控线路与弱电线路之间的距离必须大于20cm，同时对于控制开关的安装位置，也有明确的设计要求。

【室内灯控线路与控制开关的安装要求】

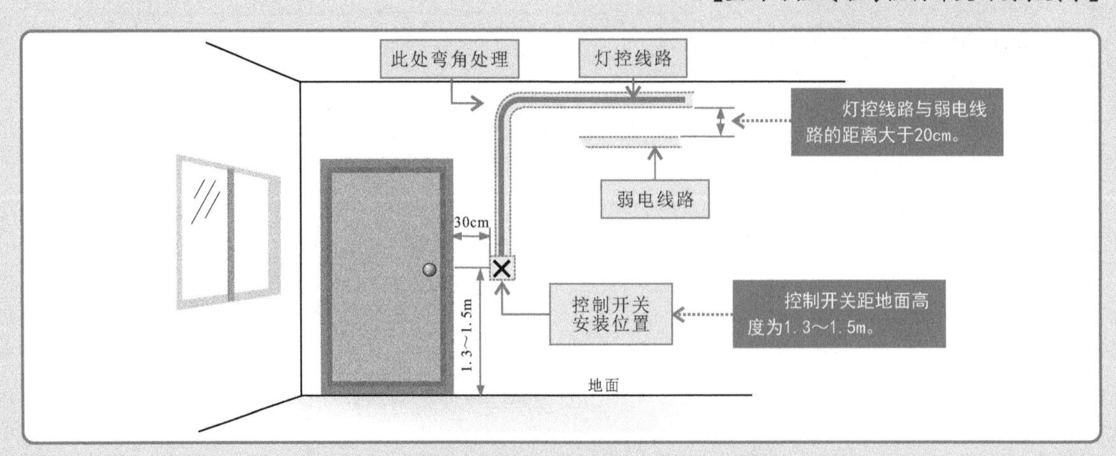

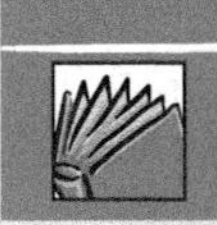

8.2 室内灯控系统的安装技能

8.2.1 室内灯控线路的敷设连接

室内灯控照明线路的敷设连接就是要明确从室内配电盘的照明断路器开始，直至控制开关接线盒和照明灯具连接端口处的照明线缆连接关系。

【室内灯控线路的连接关系】

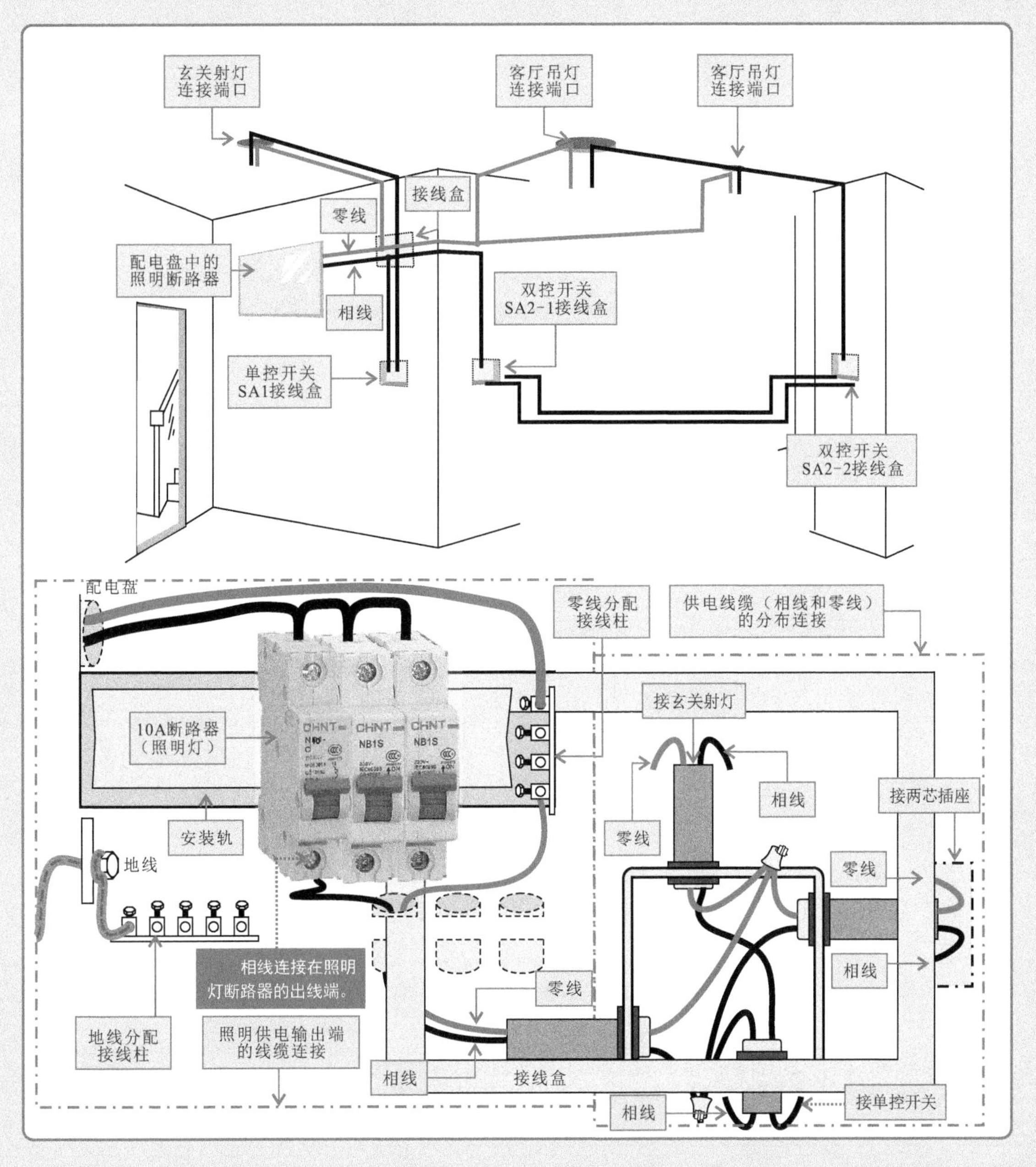

根据设计要求，依照室内灯控线路的连接关系，开槽布线。即将PVC管埋入线槽中，在线管弯折处进行弯管处理。

【弯管处理】

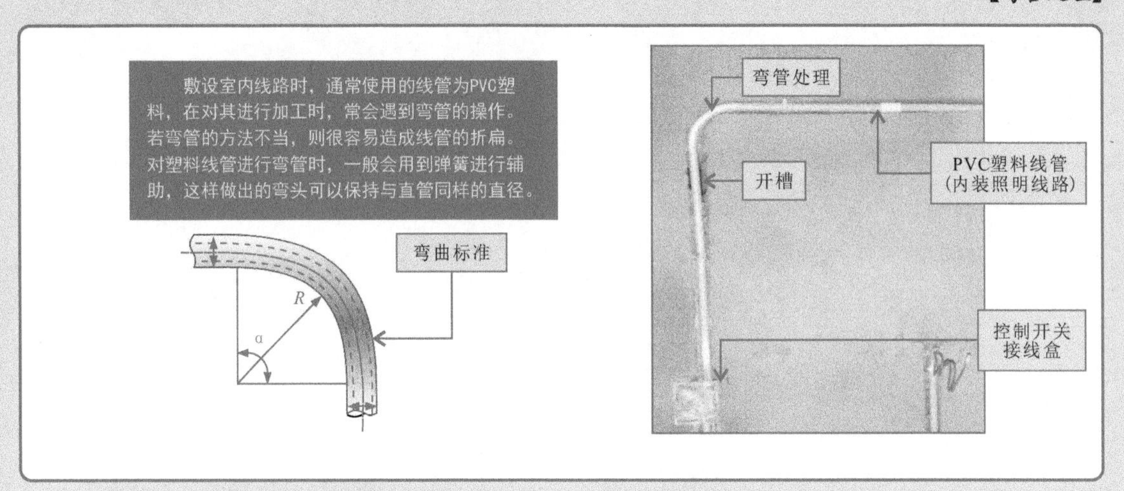

开槽布线时要保证线槽深度能容纳线管及接线盒。

【弯管处理】

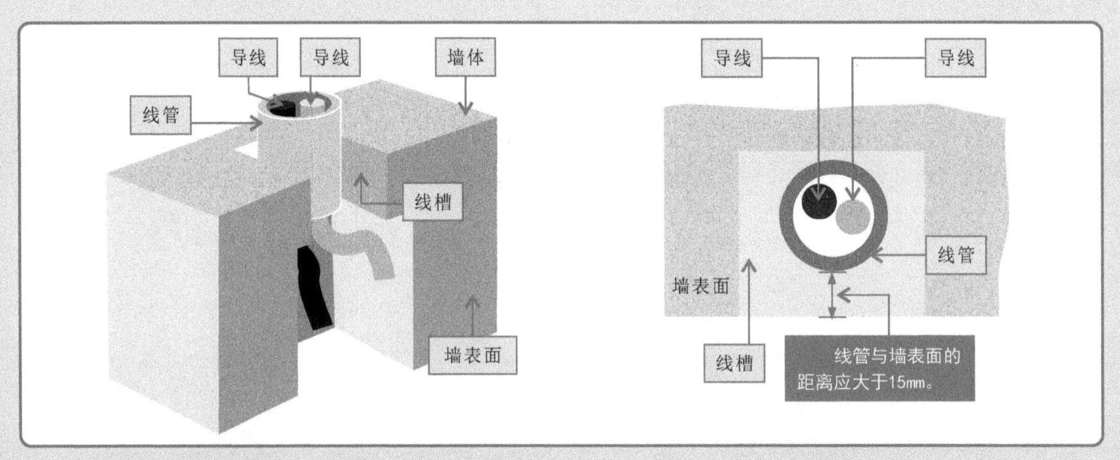

穿线时使连接导线的连接软管从线管的一端穿入，另一端穿出，然后拉动导线至预留位置，即完成室内灯控线路的敷设连接。

【穿线操作】

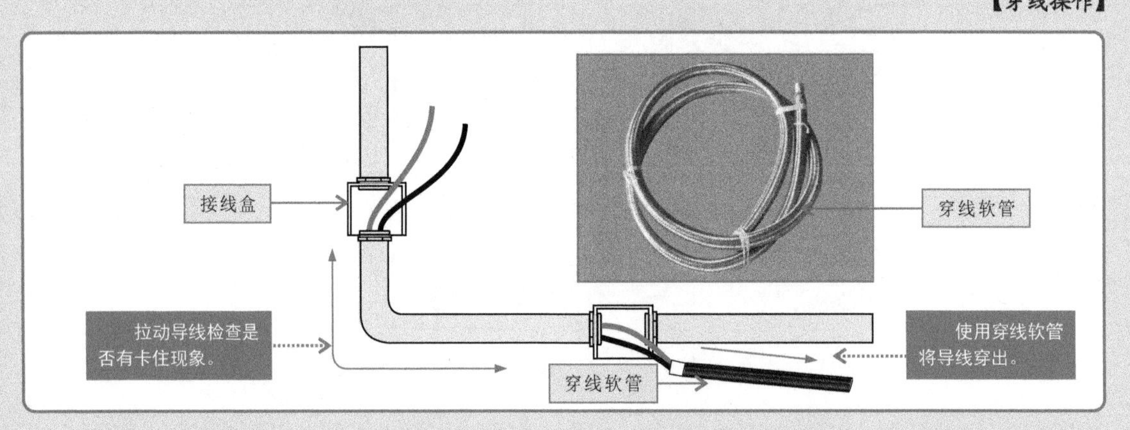

8.2.2 控制开关的安装

安装灯控开关（控制开关）就是将控制开关接线盒中预留的照明线缆连接到控制开关的相应接线端子上，然后将控制开关安装固定在设定位置。下面分别介绍一下单控开关和双控开关的安装连接方法。

1. 单控开关的安装

安装单控开关时，为了确保用电安全，只允许将单控开关连接在相线中，即单控开关的控制触点串接在照明支路供电引线的相线与照明灯预留相线之间，照明支路供电引线的零线与照明灯预留零线在接线盒内直接连接。

【单控开关的安装示意图】

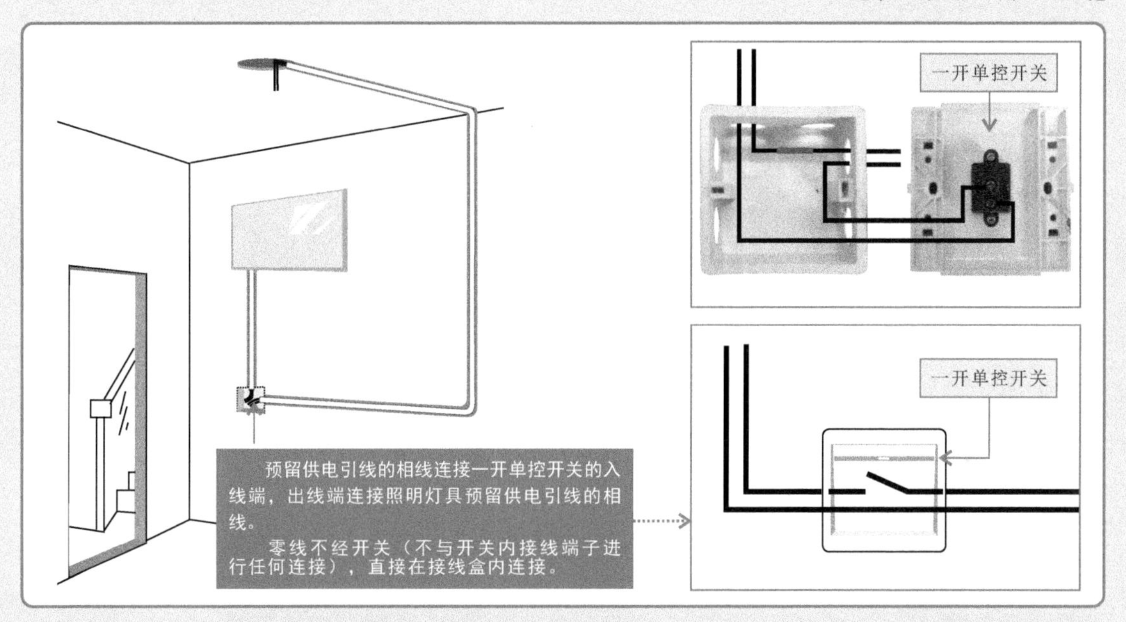

明确单控开关的安装方法后，接下来则需按操作步骤逐步地完成单控开关的安装。

【单控开关的安装操作】

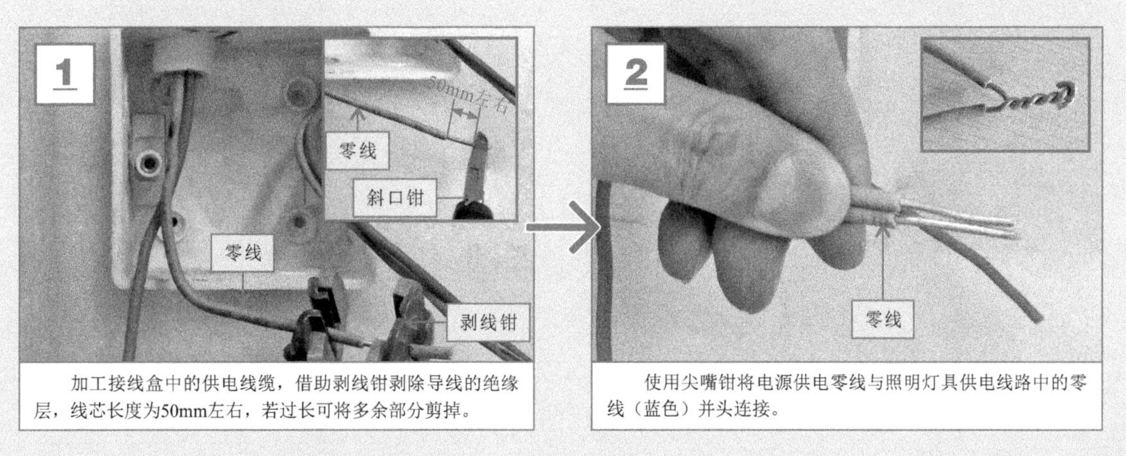

加工接线盒中的供电线缆，借助剥线钳剥除导线的绝缘层，线芯长度为50mm左右，若过长可将多余部分剪掉。

使用尖嘴钳将电源供电零线与照明灯具供电线路中的零线（蓝色）并头连接。

【单控开关的安装操作（续）】

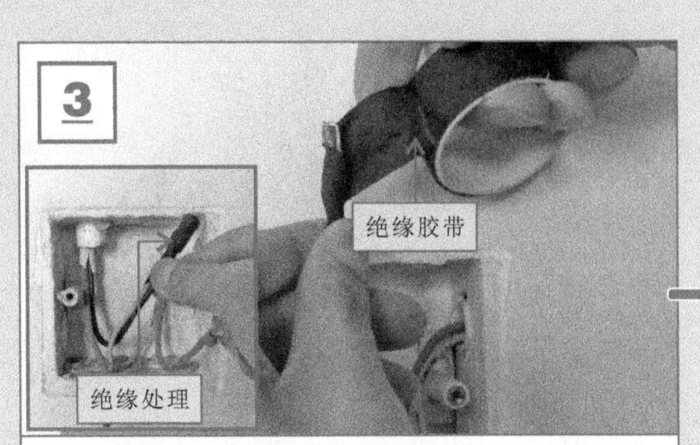

使用绝缘胶带对连接部位进行绝缘处理，不可有裸露的线芯，确保线路安全。

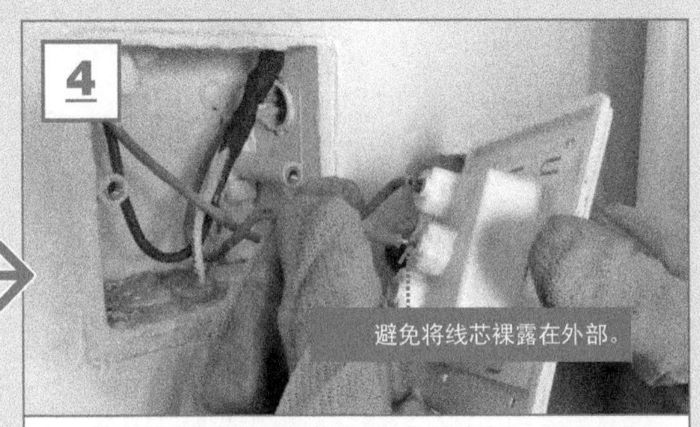

将电源供电端的相线端子穿入单控开关的一根接线柱中（一般先连接入线端再连接出线端）。

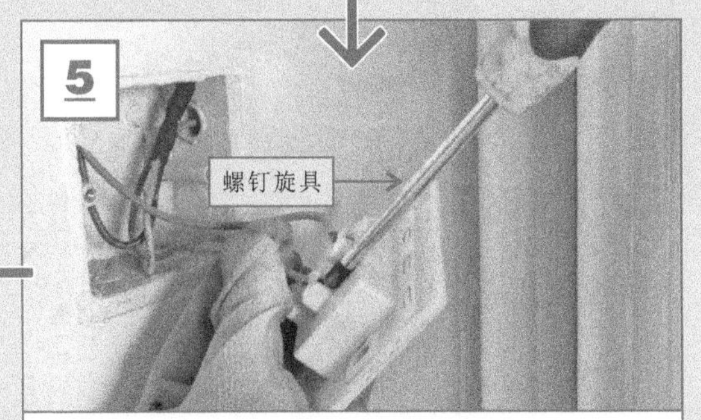

使用螺钉旋具拧紧接线柱固定螺钉，固定电源供电端的相线，导线的连接必须牢固，不可出现松脱情况。

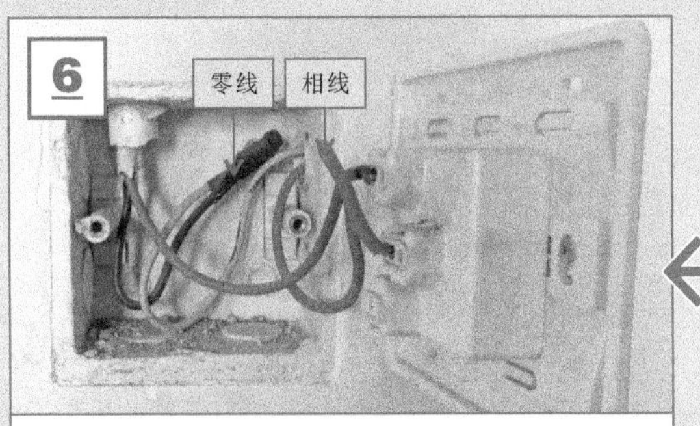

将连接导线适当整理，归纳在接线盒内，并再次确认导线连接牢固，无裸露线芯，绝缘处理良好。

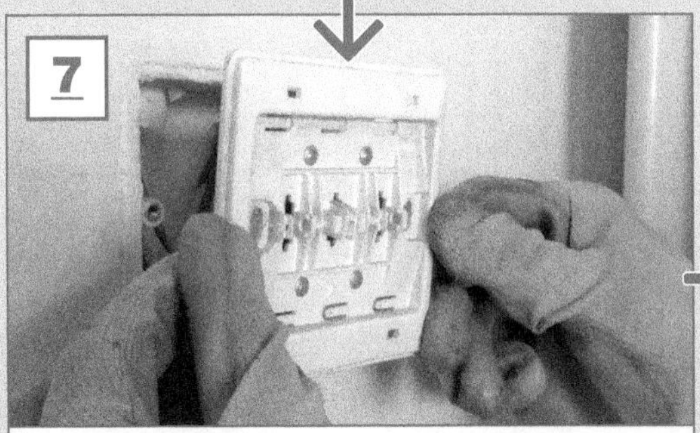

将单控开关的底座中的螺钉固定孔对准接线盒中的螺孔按下。

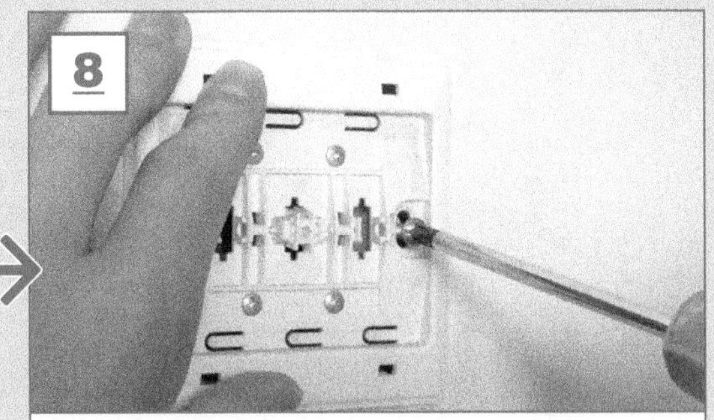

使用螺钉旋具将单控开关的底座固定在接线盒螺孔上，使用固定螺钉均固定牢固，确认底板与墙壁之间紧密。

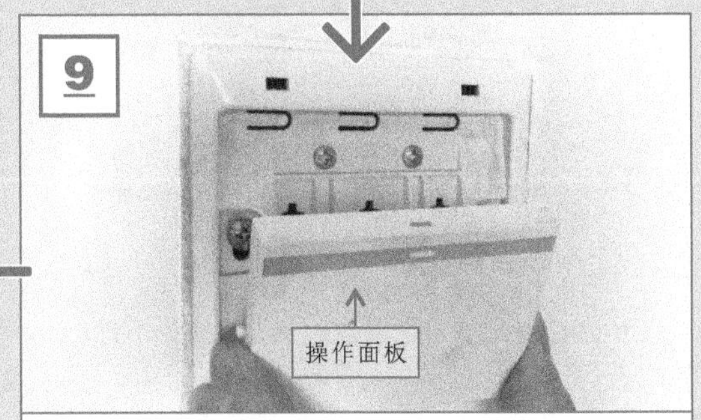

将单控开关的操作面板装到底板上，有红色标记的一侧向上。

将一开单控开关的护板装到底板上，卡紧（按下时听到“咔”声）。

2. 双控开关的安装

安装双控开关，可以实现两个控制开关对同一个照明灯具进行两地联控，操作两地任一处的开关都可以控制照明灯的点亮与熄灭。

【双控开关的安装示意图】

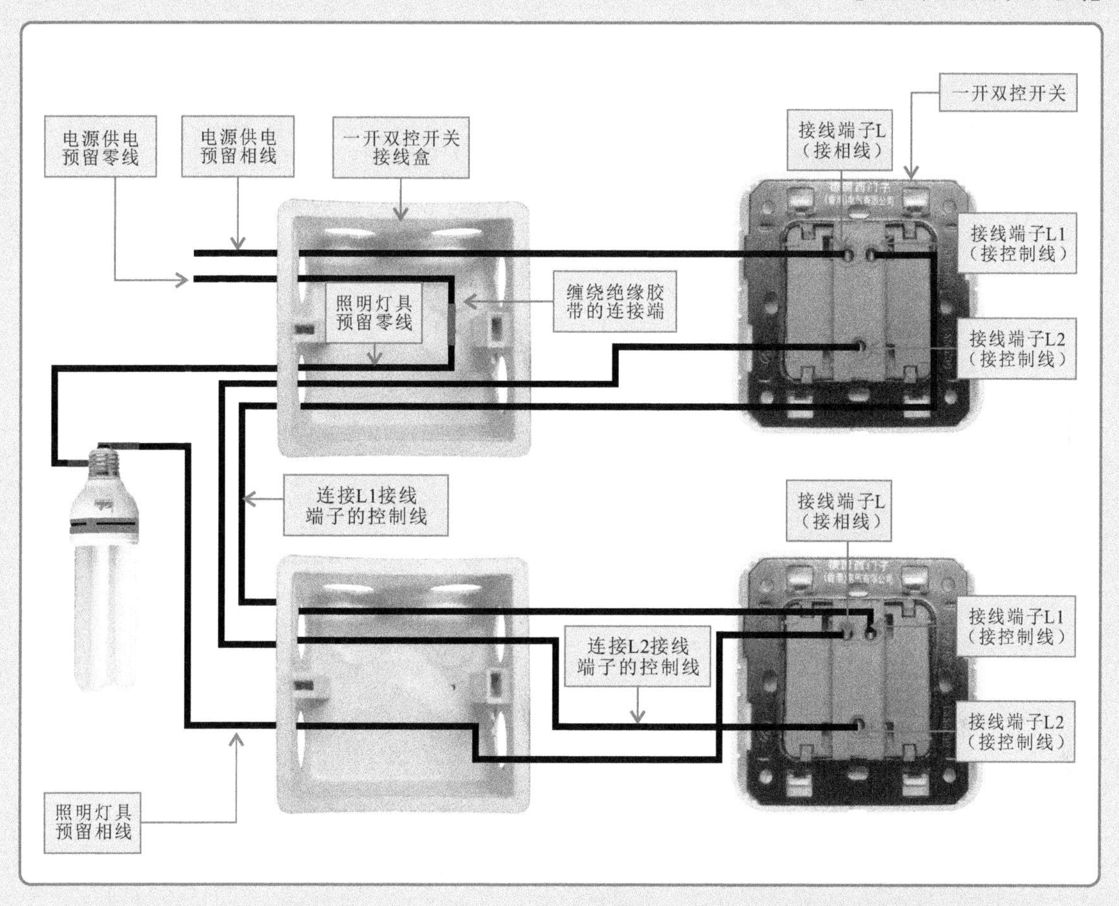

明确双控开关的安装方法后，接下来则需按操作步骤逐步完成双控开关的安装。

【双控开关的安装操作】

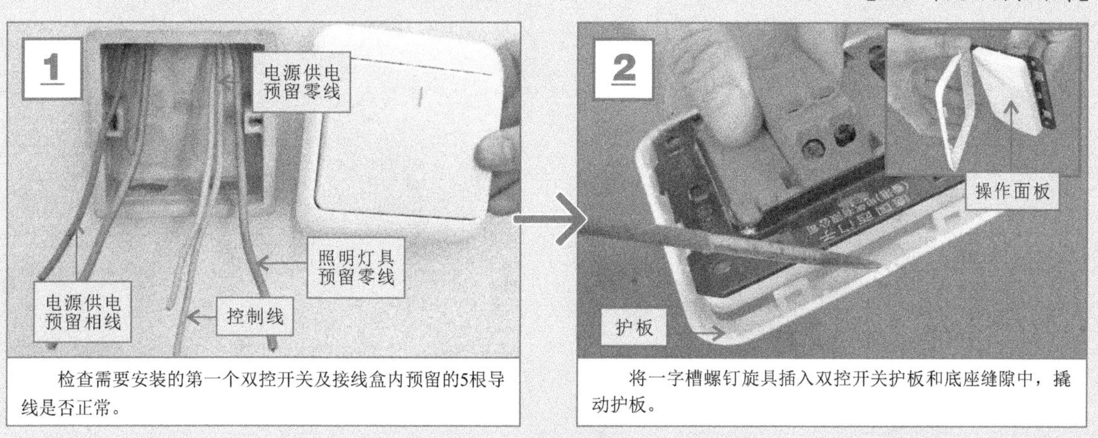

检查需要安装的第一个双控开关及接线盒内预留的5根导线是否正常。

将一字槽螺钉旋具插入双控开关护板和底座缝隙中，撬动护板。

【双控开关的安装操作（续）】

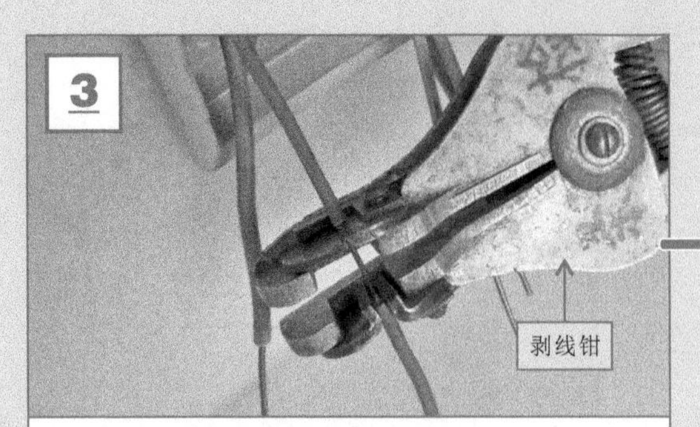

使用剥线钳剥除接线盒内预留导线端头的绝缘层，露出符合规定长度的线芯。

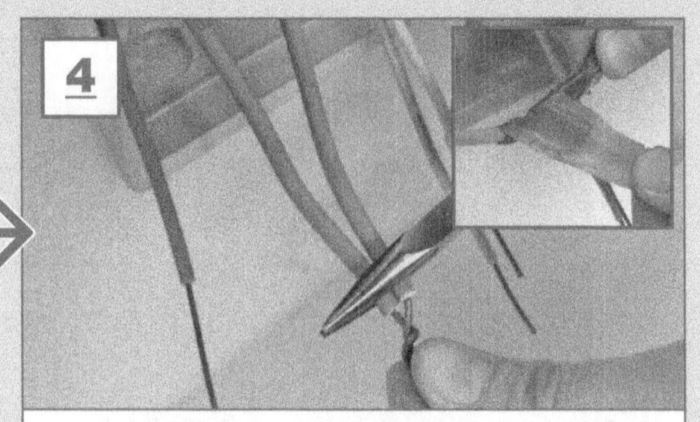

采用并头连接的方法将电源供电预留零线与照明灯具预留零线连接，并缠绕绝缘胶带，确保连接牢固、绝缘良好。

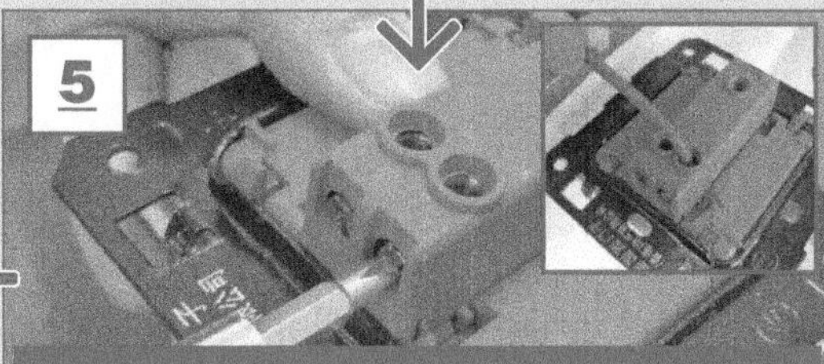

并将电源供电相线（红）与接线柱L（即进线端）连接；一根控制线（黄）与接线柱L1连接；另一根控制线（黄）与接线柱L2连接，并拧紧接线柱固定螺钉。

使用螺钉旋具将双控开关接线柱L和L1、L2上的线缆固定螺钉分别拧松，并对各连接导线连接。

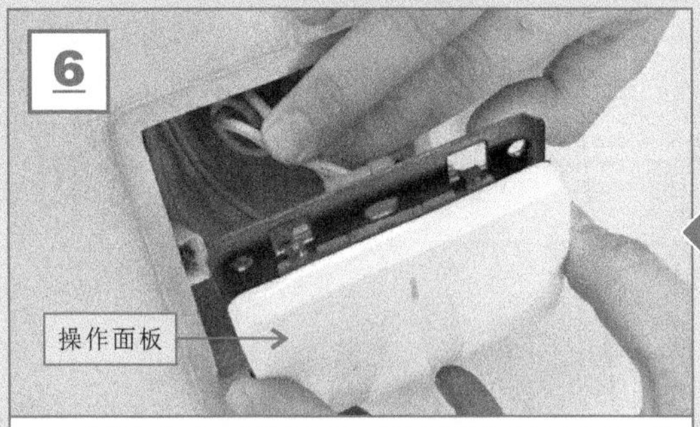

连接完成后，将供电线缆、控制线缆合理地盘绕在双控开关的接线盒中。

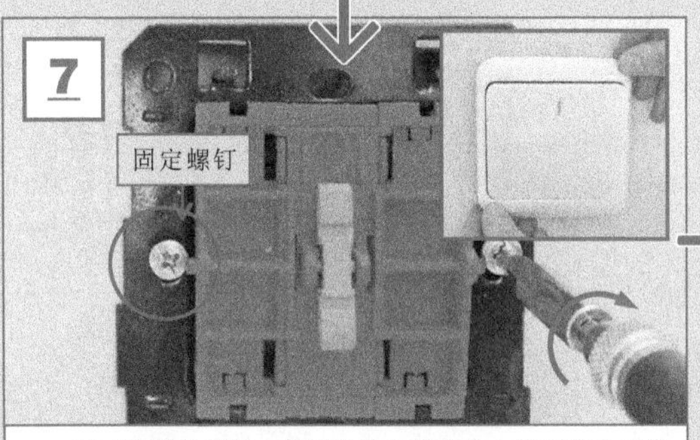

将双控开关底板上的固定孔与接线盒上的螺纹孔对准后，拧入固定螺钉，将底板固定，然后固定护板。

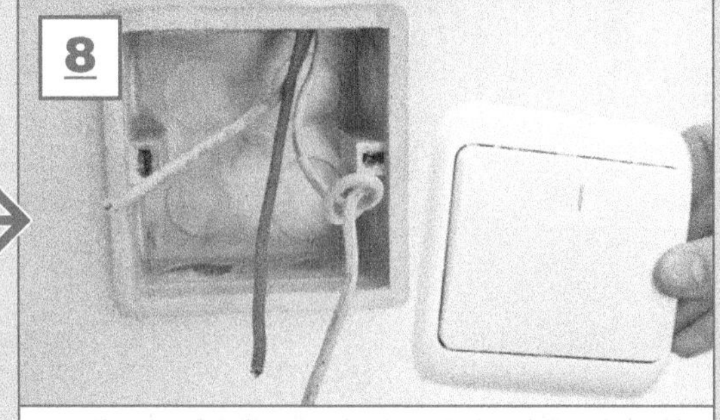

接下来，安装第二个双控开关，首先检查接线盒内预留线缆是否正确（三根线缆，一根相线、两根控制线）。

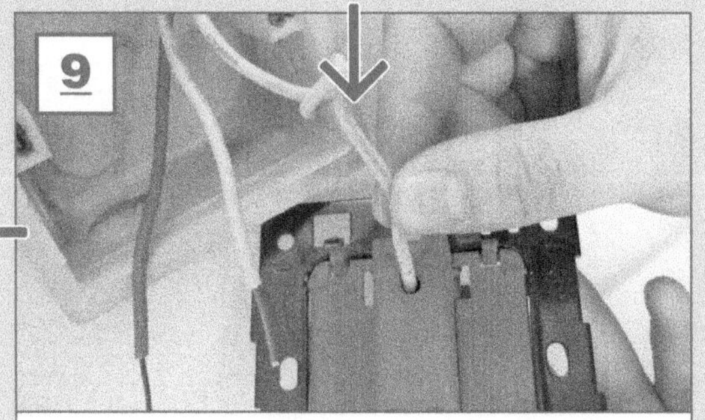

与安装第一个双控开关方法相同，依次将三根线缆插入双控开关对应的接线孔内，并固定。

同样，将操作面板、护板安装到双控开关的底板上，完成第二个双控开关的安装。

8.2.3 照明灯具的安装

照明灯具种类多样，在室内照明系统中常见的有荧光灯、吊灯、吸顶灯、射灯。下面分别介绍一下这些照明灯具的安装连接方法。

1. 荧光灯的安装

荧光灯是一定区域内照明的常用灯具，通常，荧光灯应安装在房间顶部或墙壁上方，荧光灯发出的光线可以覆盖房间的各个角落。安装荧光灯之前，应先了解荧光灯的安装要求，然后根据具体要求安装操作。

【荧光灯的安装要求】

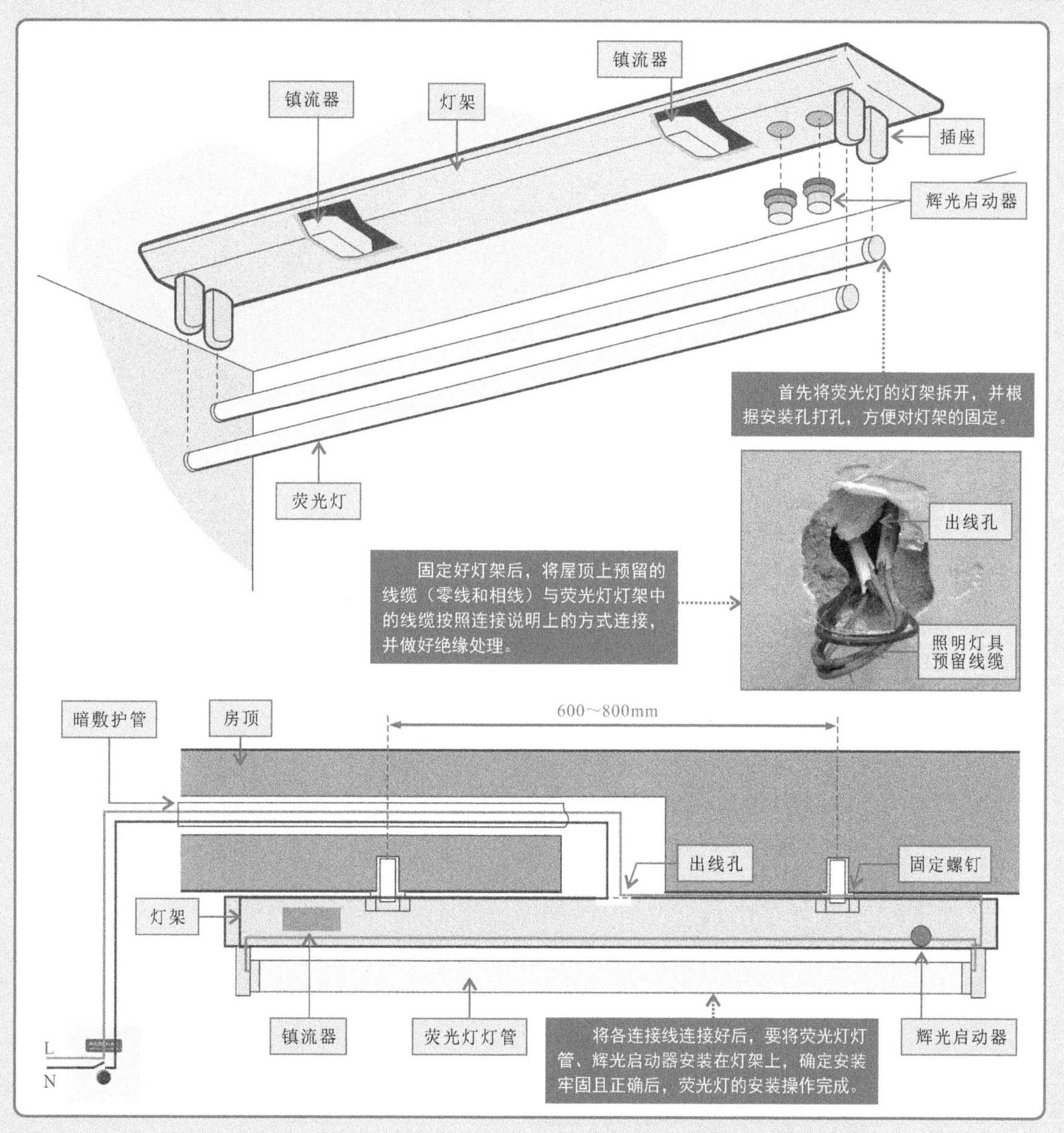

首先安装荧光灯的灯架，使用螺钉旋具将荧光灯灯架两端的固定螺钉拧下，拆下荧光灯灯架的外壳，将灯架放到房顶预留导线的位置上，用手托住灯架，另一只手用铅笔标注出固定螺钉的安装位置，然后根据标注使用电钻在房顶上钻孔，固定灯架。

【荧光灯灯架的安装方法】

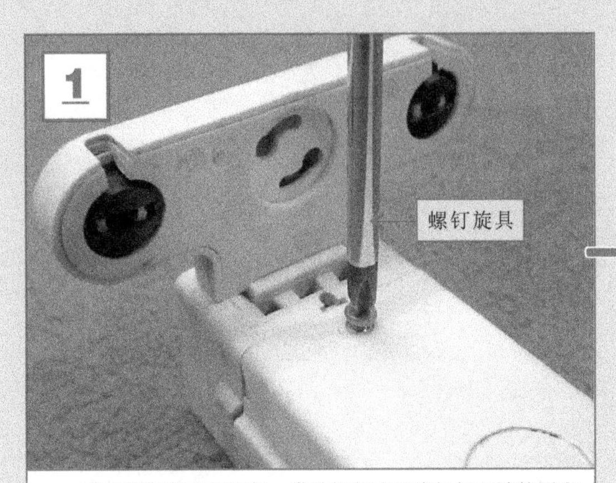

首先拆卸荧光灯灯架。借助螺钉旋具将灯架两端的固定螺钉拧下，拆开荧光灯灯架的外壳。

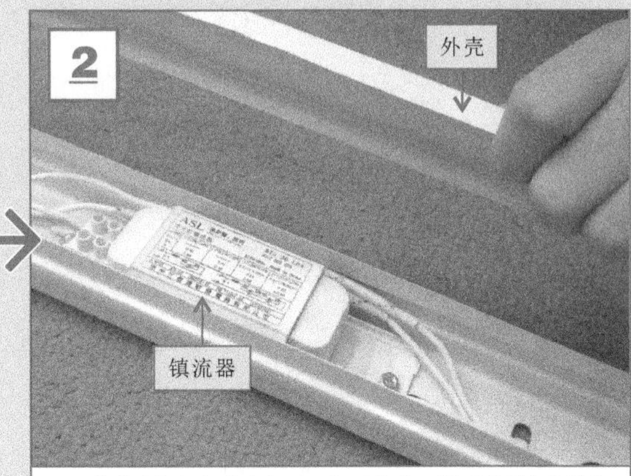

将荧光灯灯架外壳打开，取下外壳，即可看到内部的镇流器及线缆部分，准备接线。

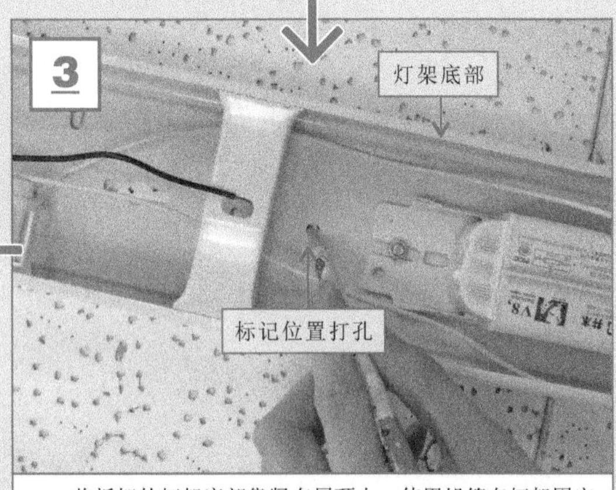

将拆卸的灯架底部靠紧在屋顶上，使用铅笔在灯架固定螺钉位置标记出灯架中固定螺钉的安装位置。

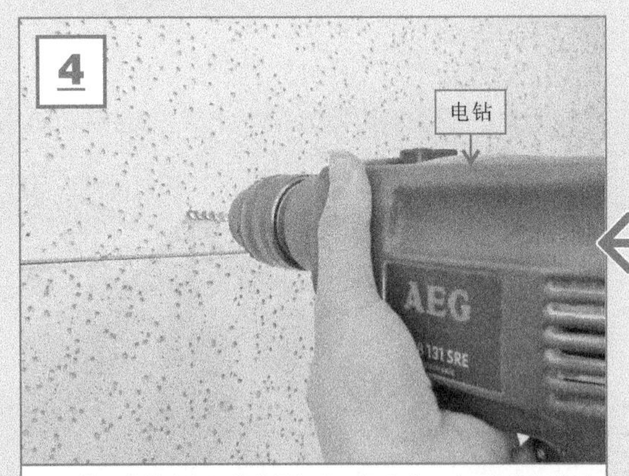

使用电钻在标记的位置打孔，打孔时，不可将孔打得过大，并且不可打斜。

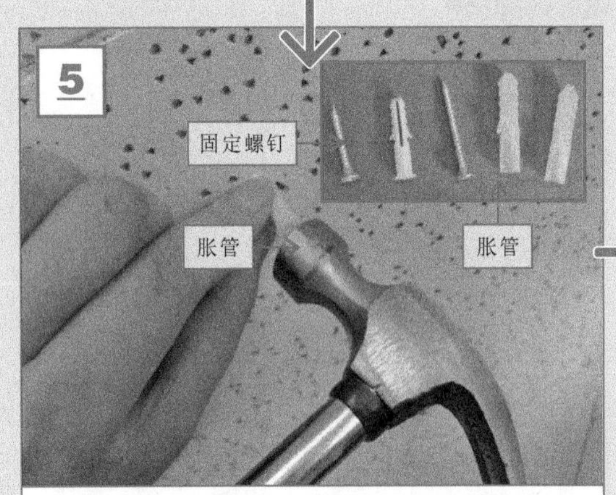

使用锤子依次将胀管敲入钻好的几个固定孔中，为固定灯架做好准备。

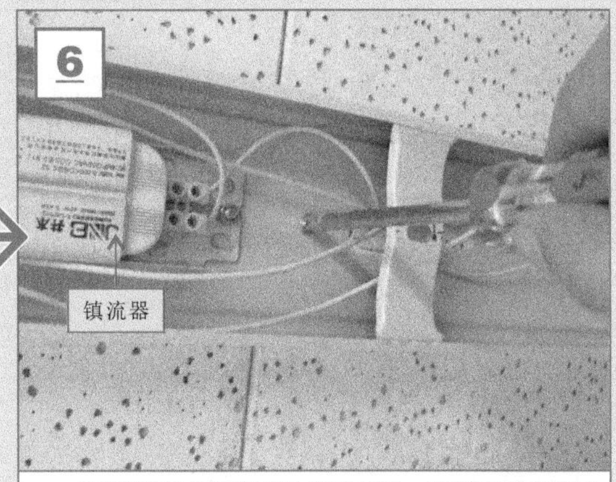

使用螺钉旋具拧紧灯架的固定螺钉，将灯架固定在墙面或房顶中。

固定好荧光灯的灯架后，则需要连接屋顶上照明灯具预留线缆与荧光灯灯架内供电线缆。

【荧光灯供电线缆的连接方法】

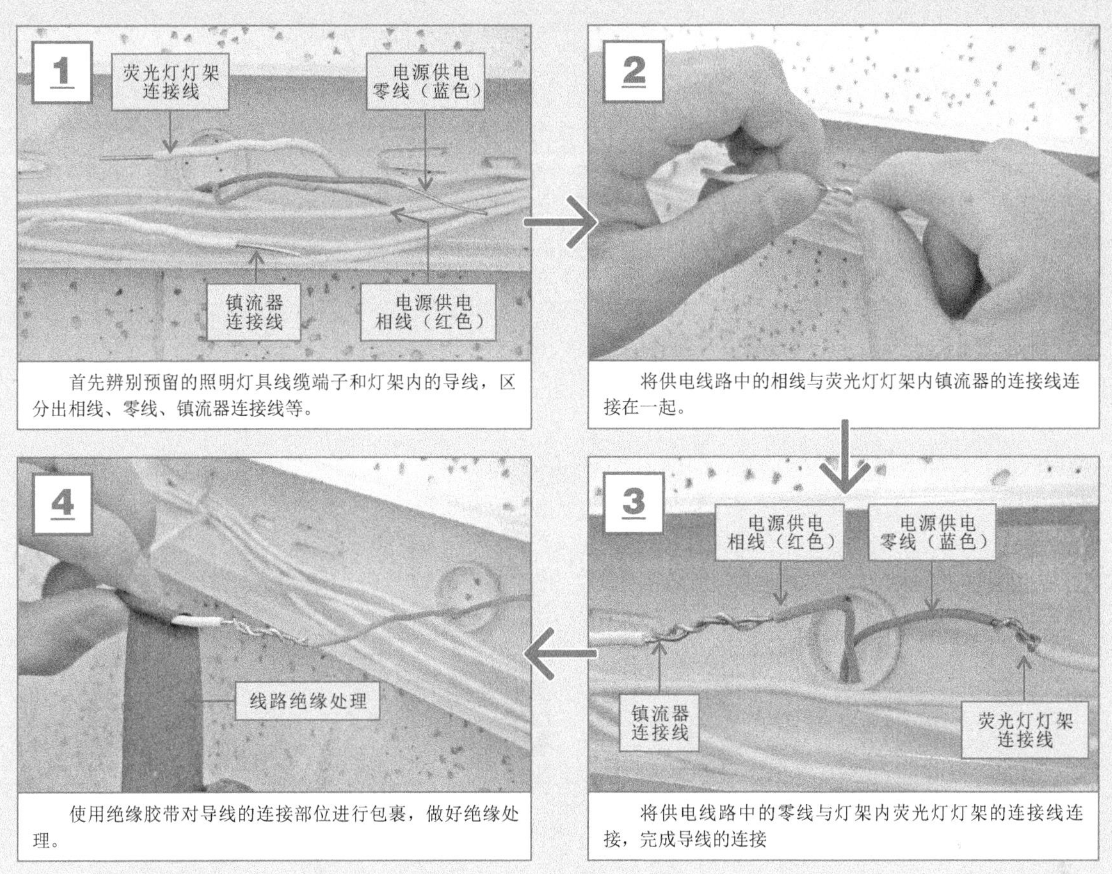

完成供电线缆的连接后，需要将其封装在灯架内部，并盖好灯架外壳，将准备好的性能完好的荧光灯、辉光启动器安装在灯架的插座上，完成荧光灯的安装。

【荧光灯供电线缆的连接方法】

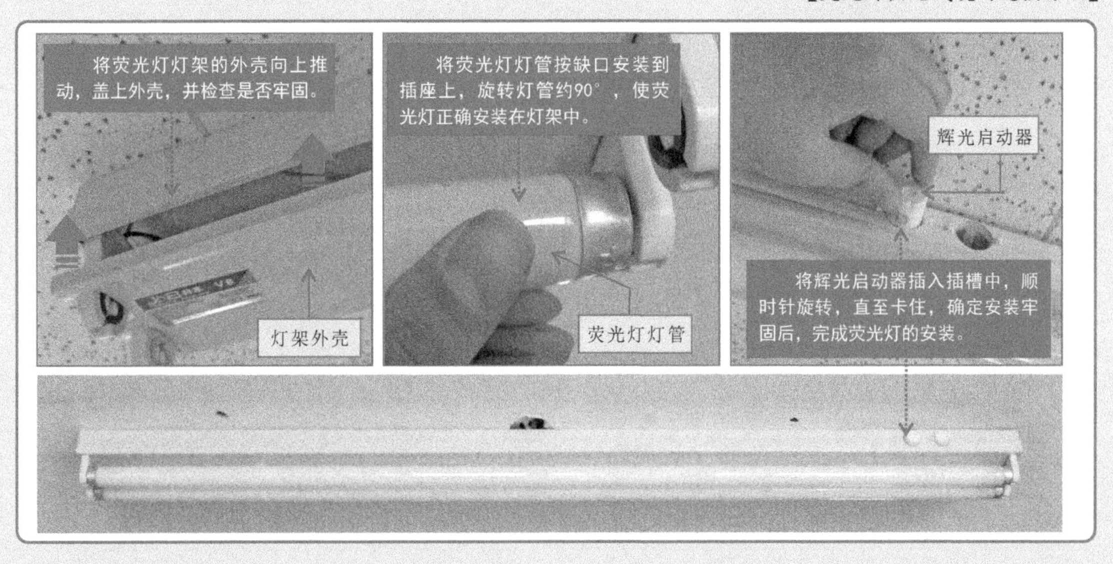

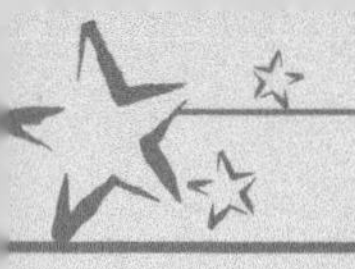

2. 吊灯的安装

吊灯是一种垂吊式照明灯具，它将装饰与照明功能有机地结合起来。吊灯适合安装在客厅、酒店大厅、大型餐厅等垂直空间较大的场所，安装时，需要特别注意吊顶的固定环节，必须牢固。

【吊灯的安装要求】

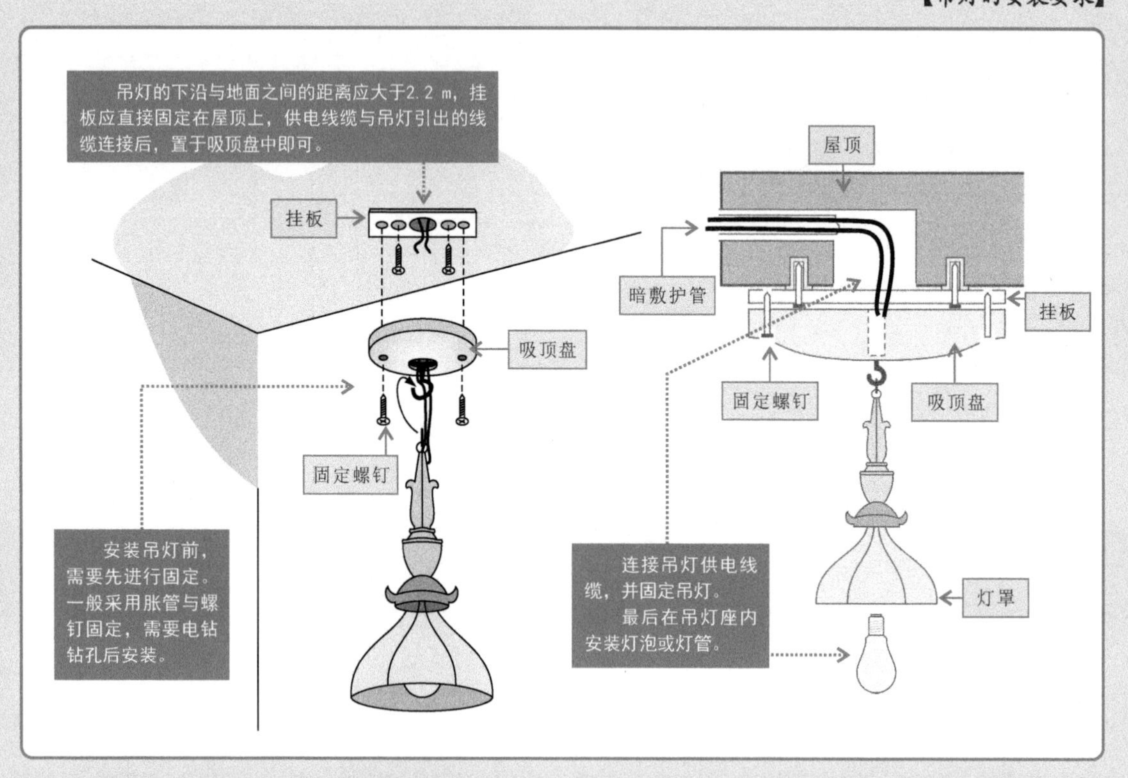

安装吊灯时，应先将挂板固定在墙面上。可先在预留导线的位置确定挂板的安装位置，然后使用电钻对其进行打孔操作，并安装胀管，方便挂板的固定；然后再连接供电线缆，最后将吊灯固定在墙面上，并安装照明灯。

【吊灯的安装方法】

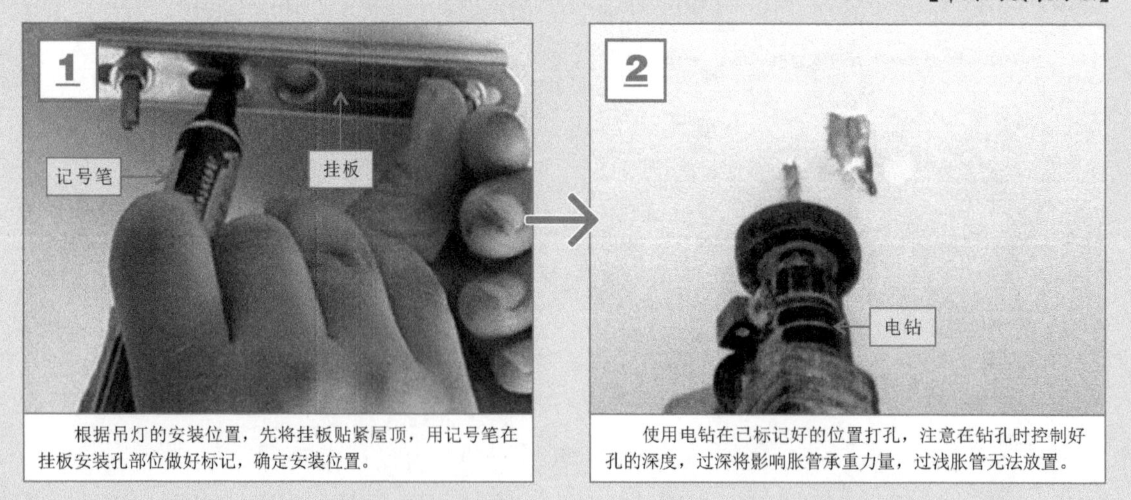

根据吊灯的安装位置，先将挂板贴紧屋顶，用记号笔在挂板安装孔部位做好标记，确定安装位置。

使用电钻在已标记好的位置打孔，注意在钻孔时控制好孔的深度，过深将影响胀管承重力量，过浅胀管无法放置。

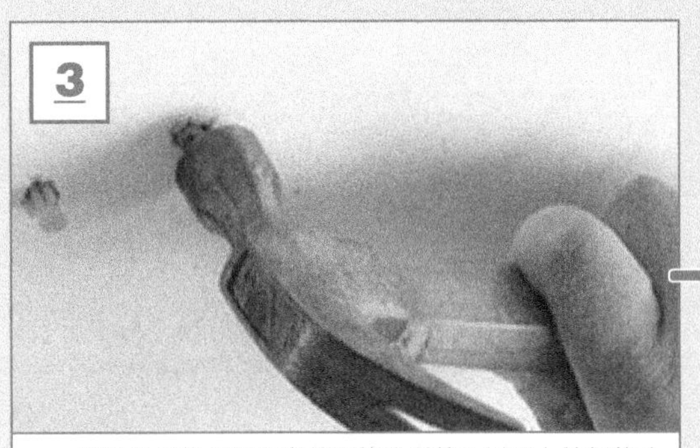

使用锤子将吊灯配套的胀管分别敲入屋顶上钻好的孔内，确认胀管牢固可靠，能够承受一定的力量。

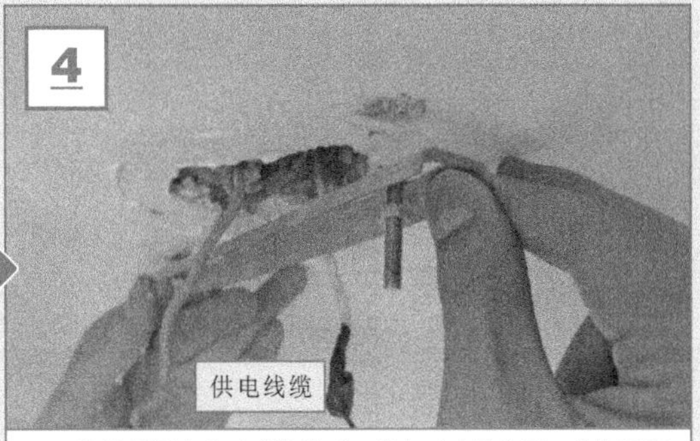

将挂板固定孔对准胀管后，放在对应的位置，并将预留供电线缆从挂板侧面引出。

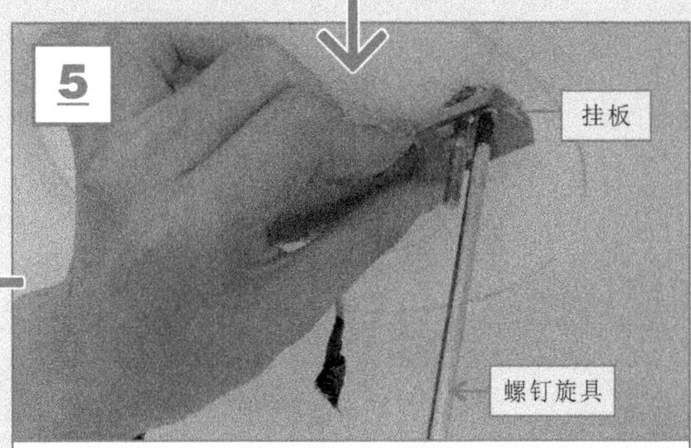

借助螺钉旋具将固定螺钉拧入胀管中，固定挂板在屋顶上，应交替拧紧固定螺钉，防止挂板偏移。

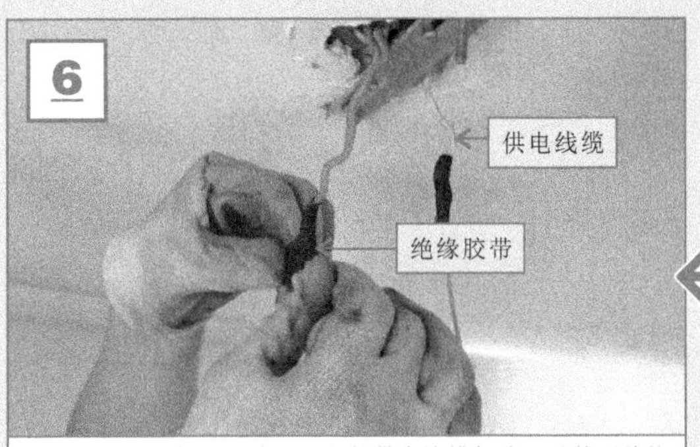

将吊灯的供电导线与预留的供电线缆相连，并使用绝缘胶带对连接处缠绕，使绝缘性能良好。

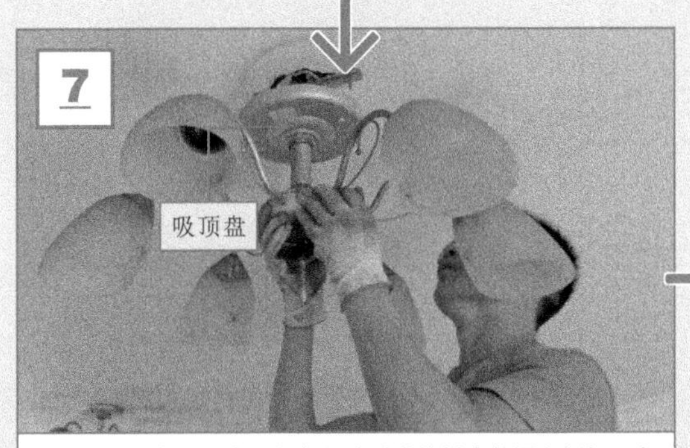

将吊灯的吸顶盘及灯架部分对准挂板中的固定螺钉，向上托起，使吸顶盘与墙面贴合。

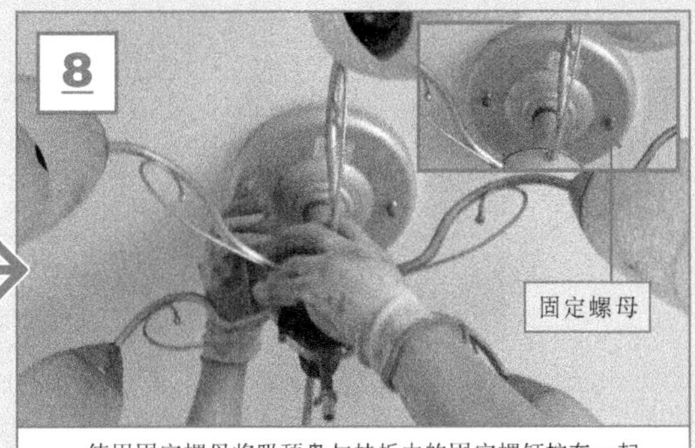

使用固定螺母将吸顶盘与挂板中的固定螺钉拧在一起，使吊灯灯架固定在墙面上。

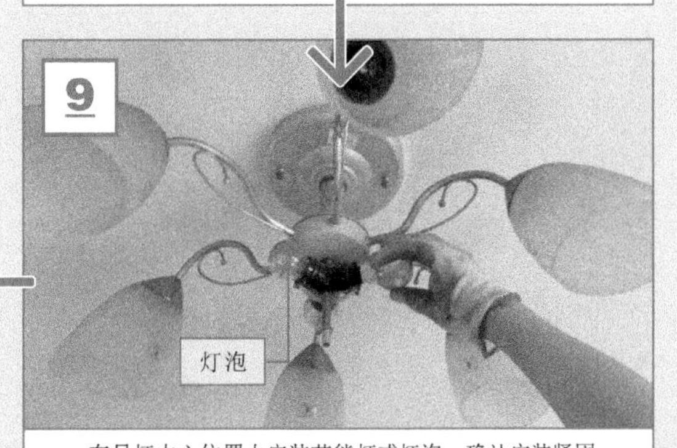

在吊灯中心位置上安装节能灯或灯泡，确认安装紧固。

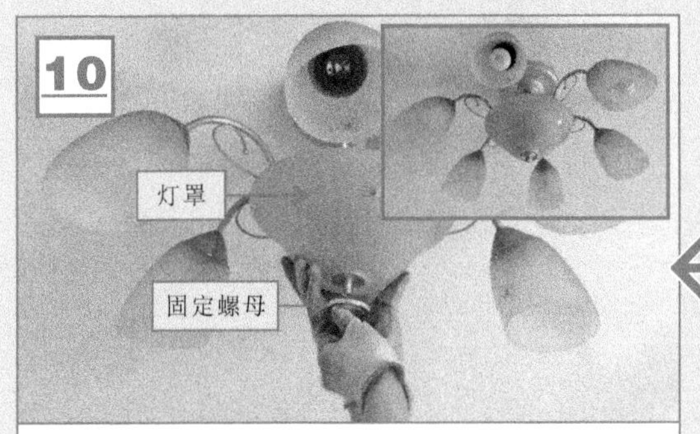

将中心位置的灯罩安装在灯架上，并使用固定螺母固定，完成吊灯的安装。

3. 吸顶灯的安装

吸顶灯是目前家庭照明线路中应用最多的一种照明灯具，内设节能灯管，具有节能、美观等特点。

吸顶灯的安装与接线操作也比较简单，可先将吸顶灯的面罩、灯管和底座拆开，然后将底座固定在屋顶上，将屋顶预留相线和零线与灯座上的连接端子连接，重装灯管和面罩即可。

【荧光灯供电线缆的连接方法】

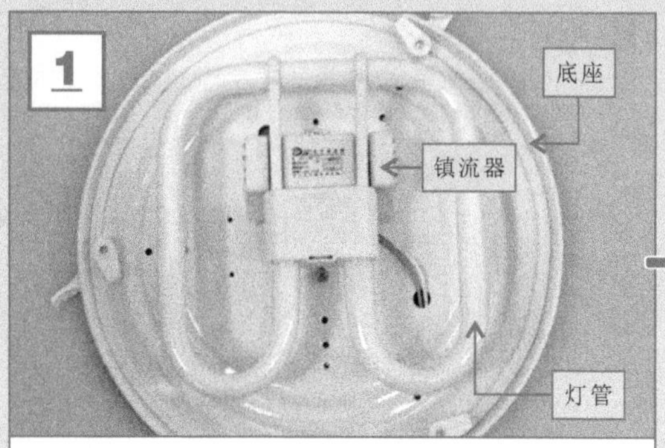

安装前，先检查灯管、镇流器、连接线等是否完好，确保无破损的情况。

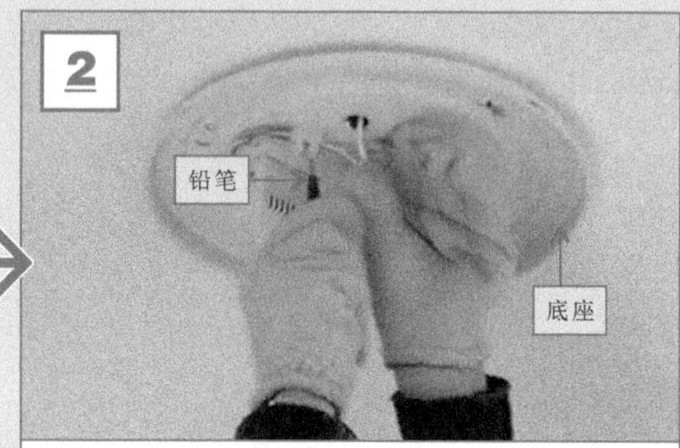

用一只手将灯的底座托住并按在需要安装的位置上，然后用铅笔插入螺钉孔，画出螺钉的位置。

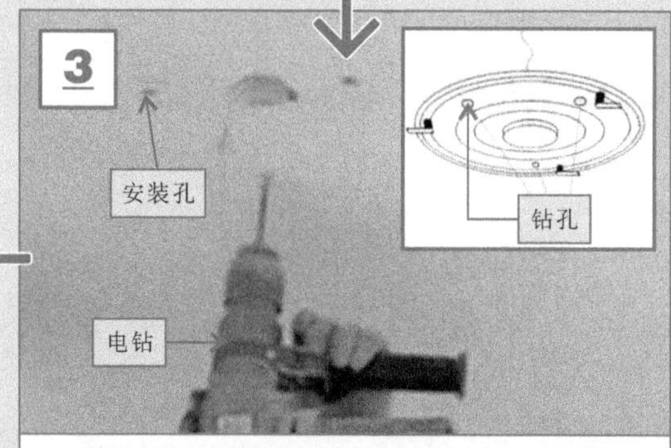

使用电钻在之前画好钻孔位置的地方打孔（实际的钻孔个数根据灯座的固定孔确定，一般不少于三个）。

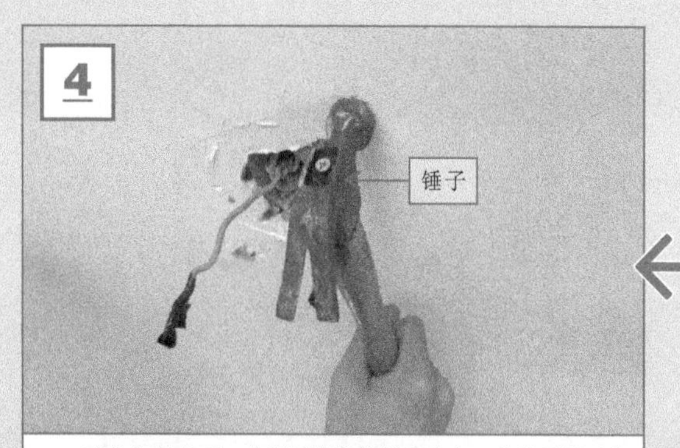

孔位打好之后，将塑料膨胀管按入孔内，并使用锤子将塑料膨胀管固定在墙面上。

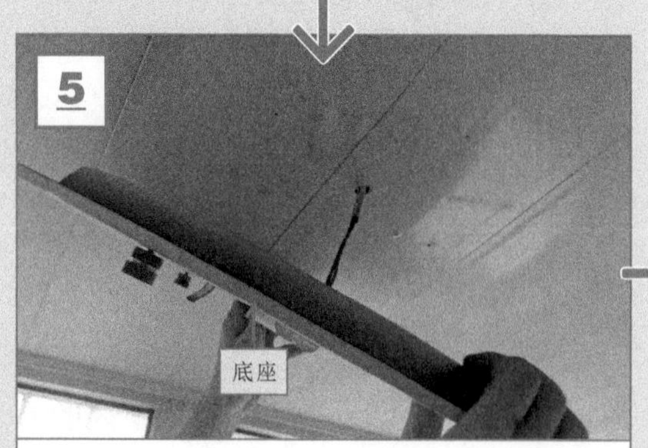

将预留的导线穿过电线孔，使底座放在之前的位置，螺钉孔位要对上。

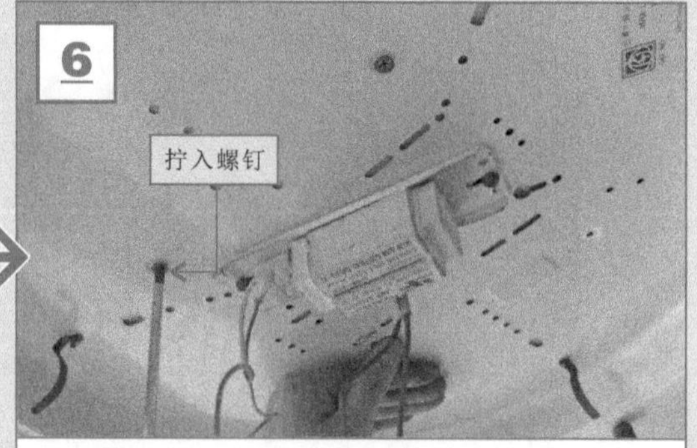

用螺钉旋具把一个螺钉拧入空位，不要拧过紧，固定后检查安装位置并适当调节，确定好后将其余的螺钉也拧好。

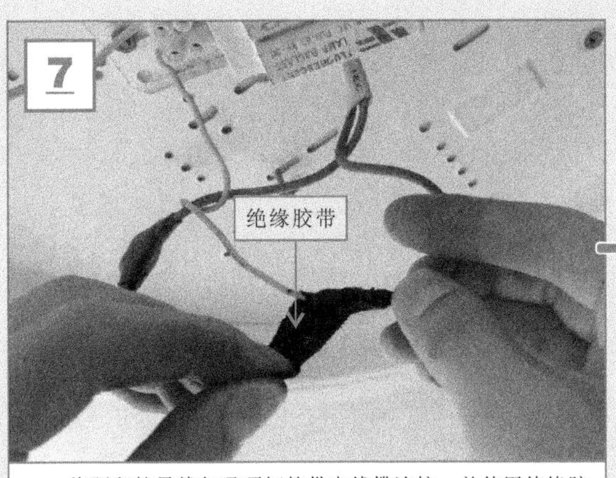

将预留的导线与吸顶灯的供电线缆连接，并使用绝缘胶带缠绕，使其绝缘性能良好。

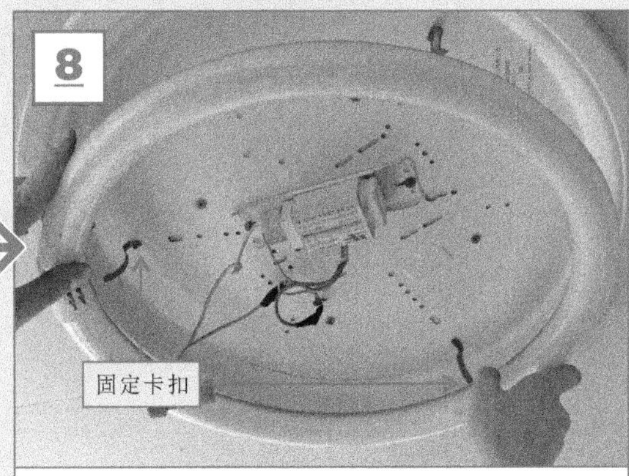

将灯管安装在吊灯的底座上，并使用固定卡扣将灯管固定在底座上。

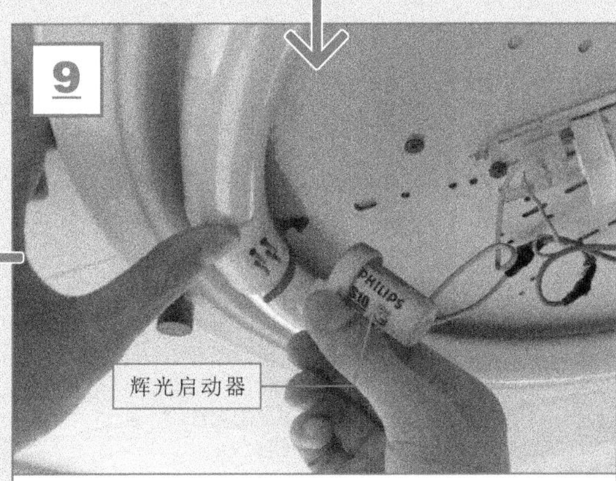

通过特定的插座将辉光启动器与灯管连接在一起，确保连接紧固。

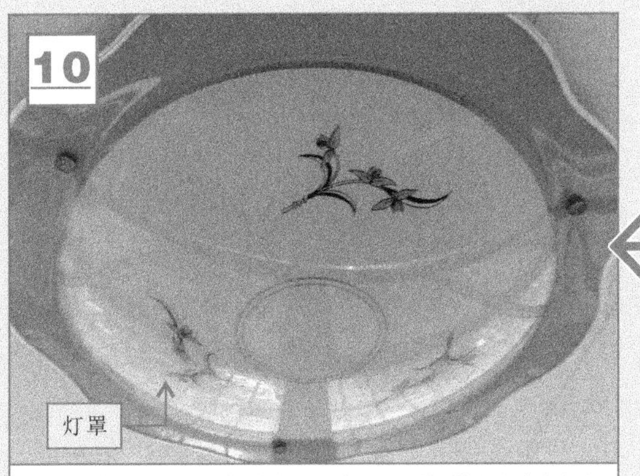

通电检查是否能够点亮（通电时不要触摸灯座内任何部位），确认无误后扣紧灯罩，吸顶灯安装完成。

4. 射灯的安装

射灯是一种小型的可以营造照明环境的照明灯具，通常安装在室内吊顶四周或家具上部，光线直接照射在需要强调的位置上，在对其进行安装时，通常需要先在安装的位置上进行打孔，然后将供电线缆与其进行连接，完成射灯的安装。

【射灯的安装】

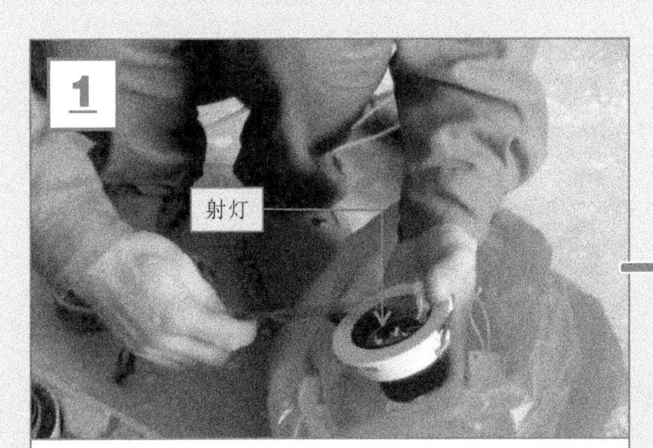

使用卷尺测量射灯的直径，确定需要在天花板中开孔的大小。

使用卷尺测量需要安装射灯的大致位置，并做好相应的标记。

根据之前测量的数据，确定射灯安装时需要开孔的直径，并做好对应的标记。

使用打孔工具，在标记的位置进行打孔操作。开孔时应注意不可偏差过大，以免安装时有缝隙。

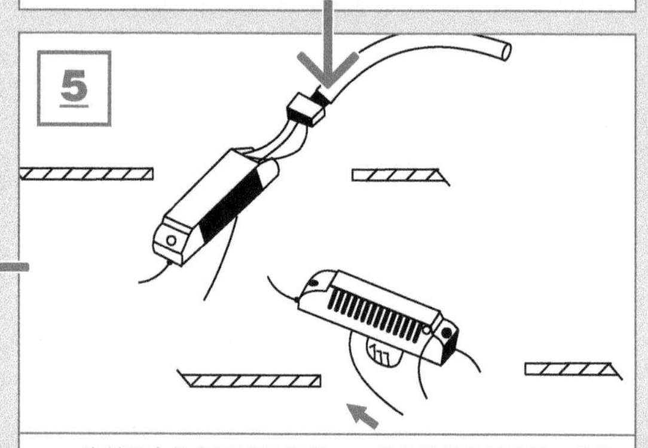

将射灯中的变压器与交流220V供电线缆进行连接，并将变压器放入天花板内部。

射灯与变压器之间通常是由连接插件进行连接，连接时，应注意连接牢固。

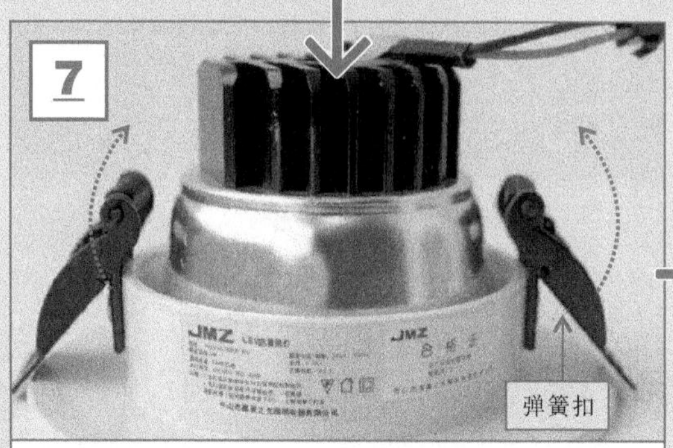

将弹簧扣向上扳起，将射灯送入灯孔中；当射灯插入灯孔后，弹簧扣自动弹回，卡住天花板。

将射灯固定在天花板后，检查是否存在缝隙，通电后，在控制开关的控制下，应能正常点亮。

特别提醒

安装射灯时，应注意以下几点：

★首先，在开孔时，应根据射灯的大小，确定开孔的直径尺寸，避免安装孔过大或过小。

★射灯与变压器连接完成后，应将变压器放在距离安装孔50mm以外的位置，不可以距离较近。

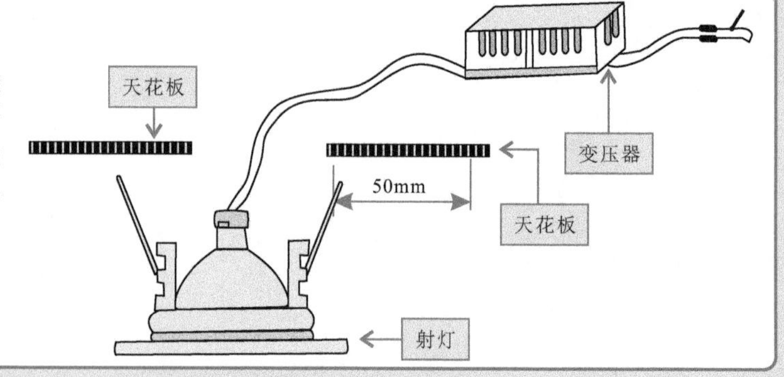

第9章　室内常用电气设备的安装技能

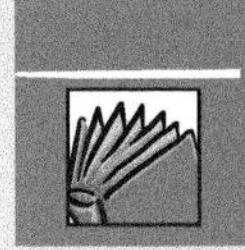

9.1 吊扇灯的安装技能

9.1.1 吊扇灯的安装规划

在安装吊扇灯之前，首先要了解吊扇灯的结构特点，并根据使用环境确定安装方式和安装流程，明确安装注意事项，做好合理的安装规划。

1. 吊扇灯的结构特点

吊扇灯是一种同时具有实用性和装饰性的产品，它将照明灯具与吊扇结合在一起，可以实现照明、调节空气双重功能。

吊扇灯主要由悬吊装置、风扇电动机、扇叶、照明灯组件、开关等构成。金属底盒、吊架、吊杆都属于悬吊装置，用于将吊扇灯悬吊在天花板上；风扇电动机带动扇叶转动，促进空气流动，实现调节空气功能；照明灯组件包括灯架、灯罩和照明灯具，实现照明功能；开关用于控制风扇启、停、调速以及照明灯具开关。

【典型吊扇灯的结构特点】

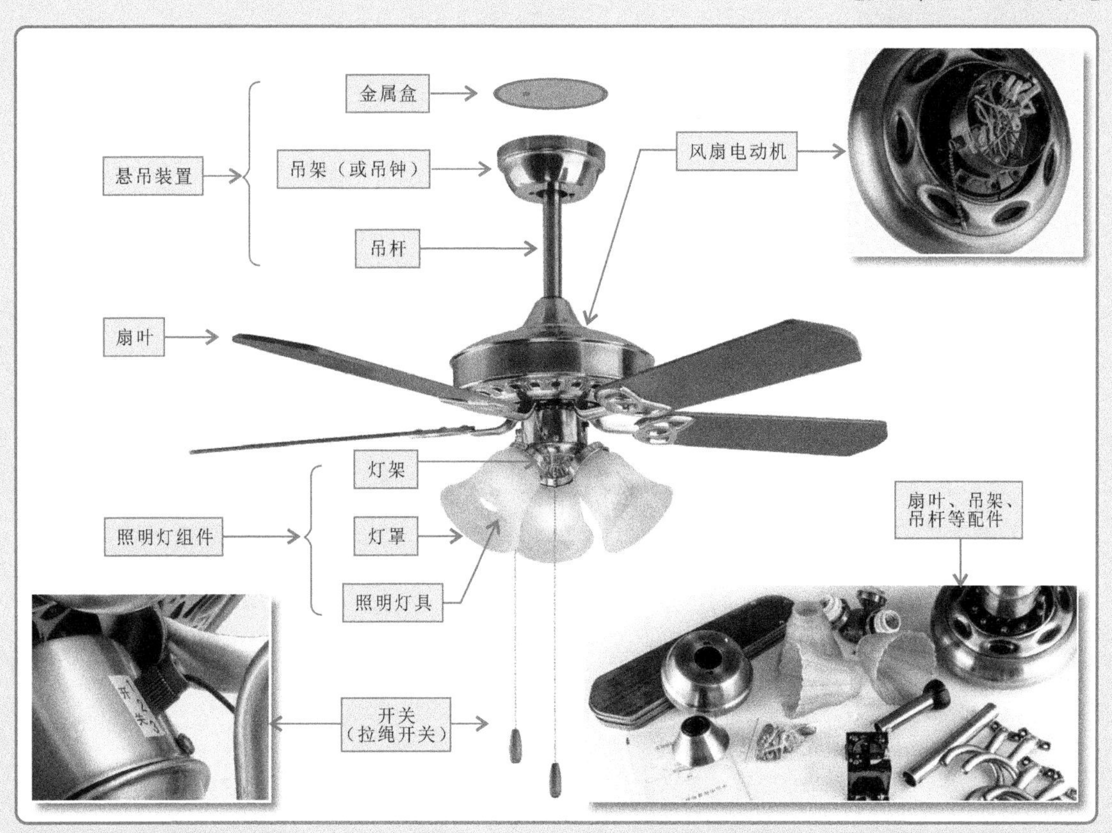

特别提醒

吊扇灯开关用于实现吊扇启、停、调速控制，照明灯具的开、关以及点亮灯数量等。目前，常见的吊扇灯开关主要有拉绳开关、拉绳与单控开关组合的开关、壁控开关、遥控开关几种。

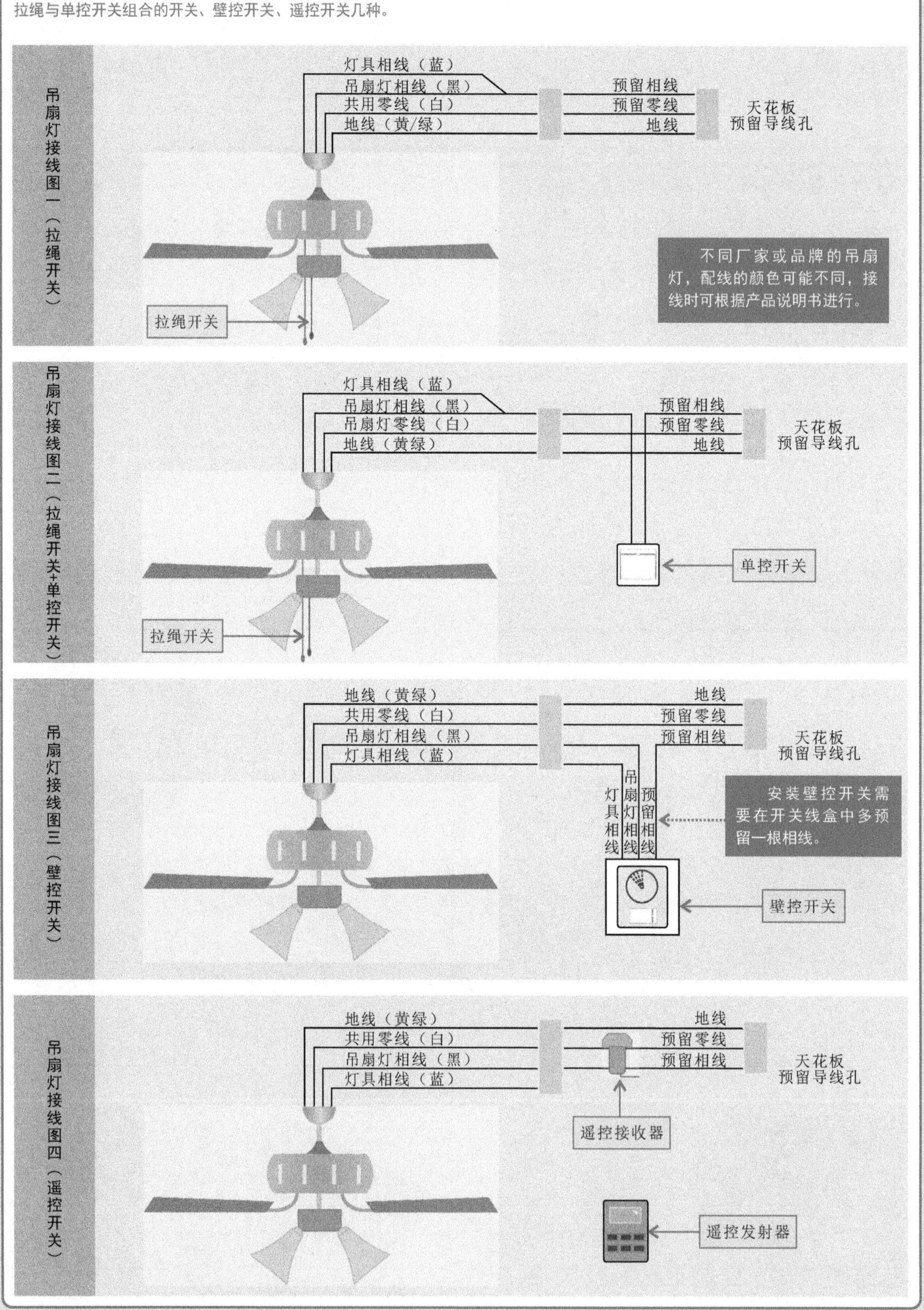

2. 吊扇灯的安装规范

安装吊扇灯对安装位置、安装高度、安装固定顺序以及控制线缆的选用连接等都有明确的要求。

【吊扇灯的安装规范】

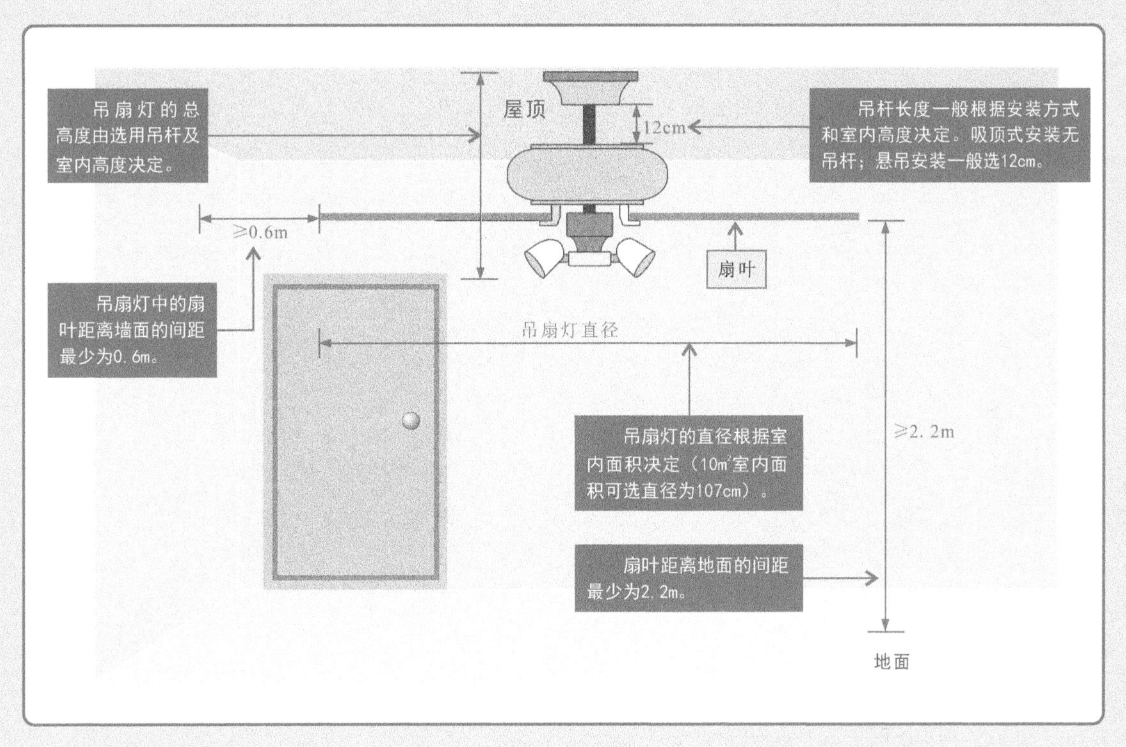

特别提醒

吊扇灯的直径是指对角扇叶间的最大距离，选择吊扇灯时，可根据房间的面积进行选择。

在通常情况下，若房屋面积为8～15m²，则可选择直径为107cm的吊扇灯；若房屋面积为15～25m²，则可选择直径为122cm的吊扇灯；若房屋面积为18～30m²，则可选择直径为132cm的吊扇灯。

吊杆是悬吊吊扇灯的主要器件，在选择吊杆时，可根据实际情况选择长度，当室内高度为2.5～2.7m时，可使用较短的吊杆或者选择吸顶式安装方式；当室内高度为2.7～3.3m时，可使用原配的吊杆（一般为12cm）；当室内高度在3.3m以上时，则需要另外加长吊杆，吊杆的长度应为室内高度减去扇叶距离地面的高度（约为2.2m）。

吸顶式安装

悬吊式安装

9.1.2 吊扇灯的安装训练

以典型拉绳控制吊扇灯为例。其安装操作可以分为悬吊装置安装、电动机安装与接线、扇叶安装、照明灯组件安装四个环节。

1. 悬吊装置安装

安装悬吊装置包括安装吊架和吊杆两部分。安装吊架，首先需要在屋顶预留导线孔外侧钻孔和安装胀管。钻孔的位置根据吊架中固定孔的位置确定。

【吊架的安装】

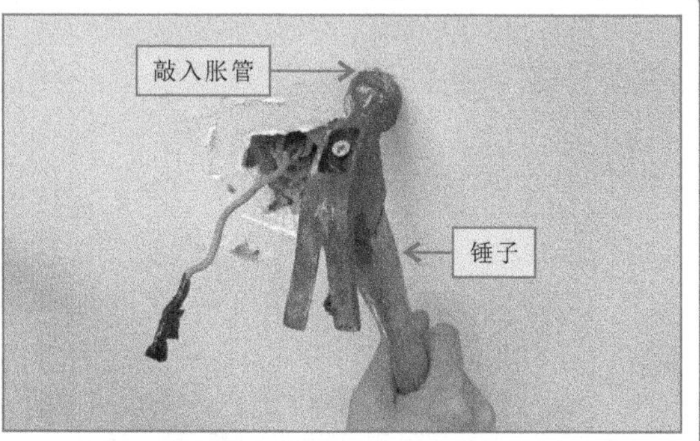

安装吊架之前，要对需要安装吊扇灯的房顶进行了解，若为水泥材质，则应当先使用电钻对需要安装的地方进行打孔，使用胀管、膨胀螺栓固定；若房屋顶部的材质为木吊顶材质时，则应选择承重能力较强的横梁位置安装，并使用木螺钉固定。

【吊架的安装】

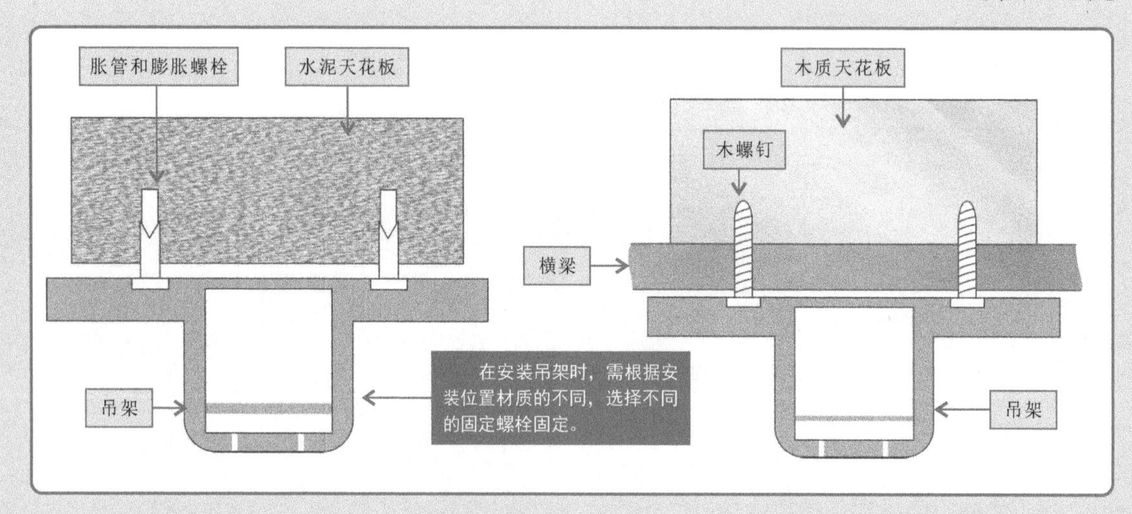

特别提醒

无论哪种天花板，固定吊扇灯的螺钉或螺栓必须可以承受16kg以上的拉力，才可以保证吊扇灯的安全运行。

接下来，根据安装环境的需要选择合适的吊杆，并将电动机上的导线穿过吊杆，然后将吊杆带有两个孔的一头放进电动机的吊头内；另一端置于吊架内并固定。

【吊杆的安装】

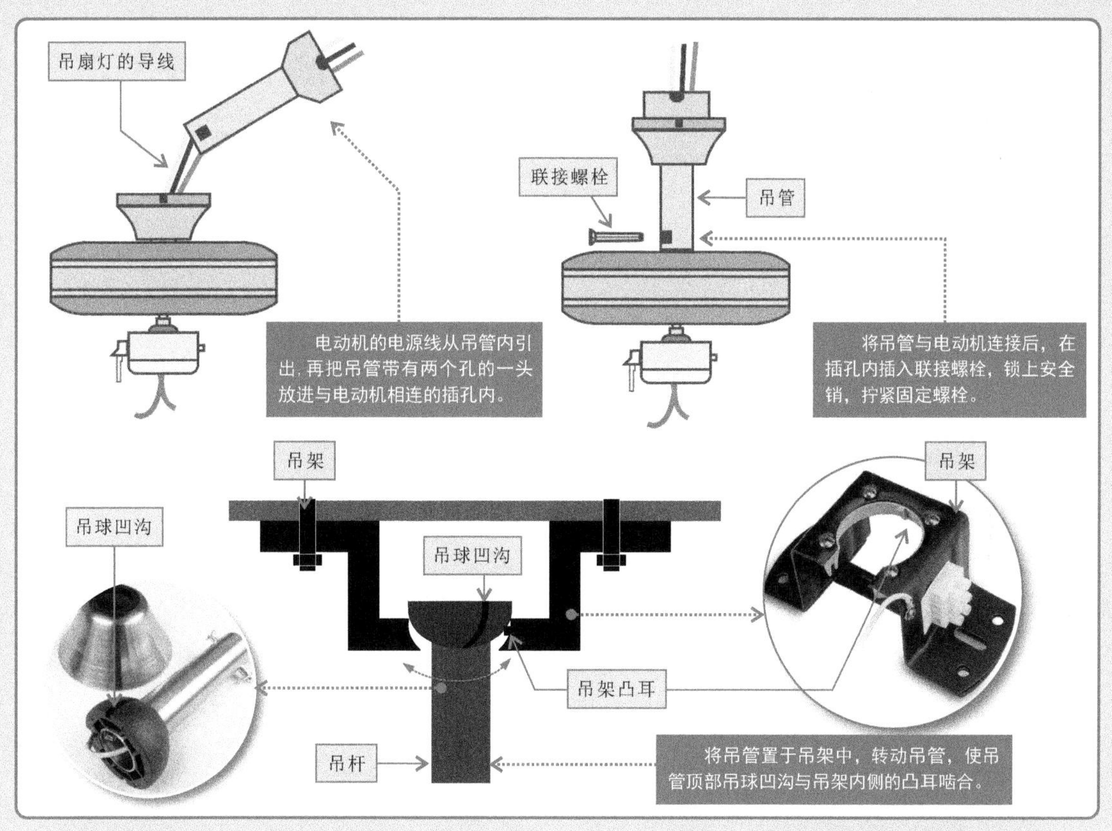

2. 电动机接线

在确保预留电源线断电状态下，将电动机引出线与预留电源线对应连接。

【电动机的接线】

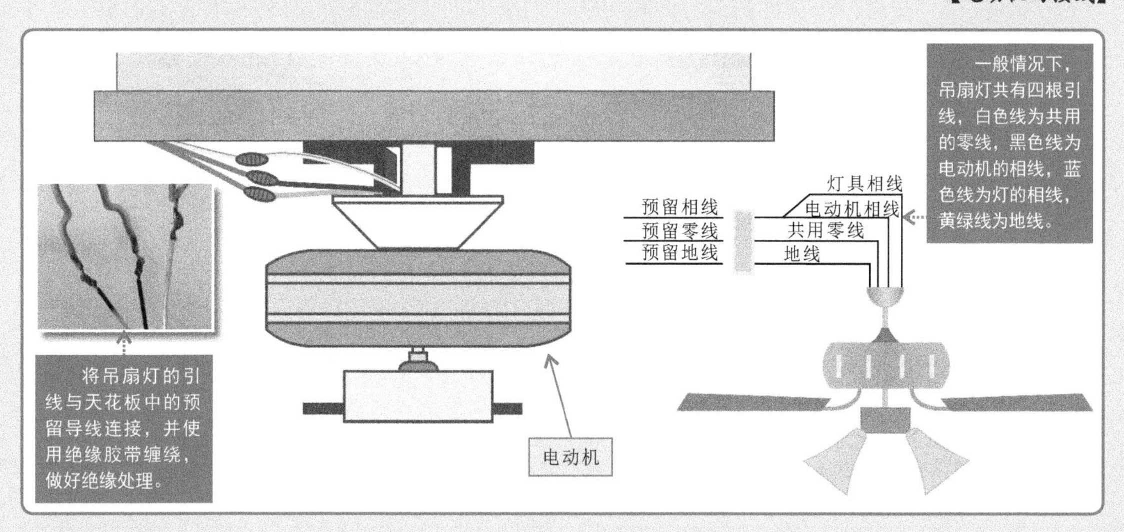

3. 扇叶安装

安装扇叶需要先将扇叶与叶架组合，分清扇叶的正面与反面，将叶架放在扇叶的正面，在扇叶的反面垫上薄垫片，叶片螺钉通过垫片将扇叶与叶架连接，安装时不应用力过度，防止叶片变形。

【扇叶的安装固定操作】

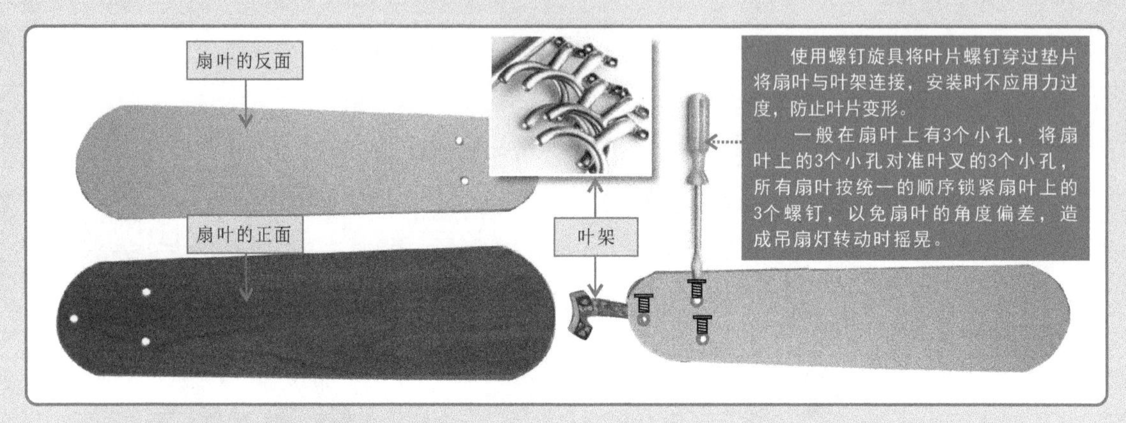

接着将带有叶片的叶架安装在电动机上，并用螺钉旋具将固定螺钉拧紧。

【扇叶与电动机的安装操作】

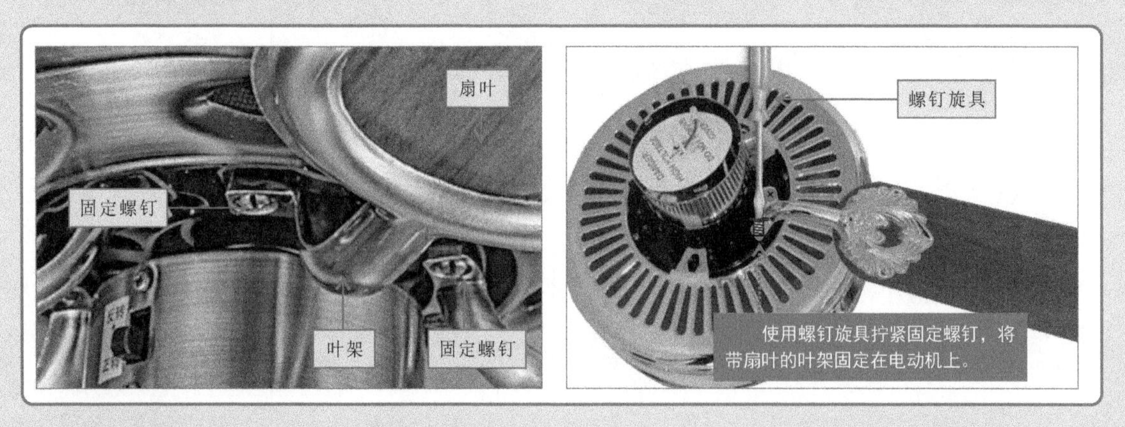

特别提醒

将扇叶固定到电动机上，可用手轻轻转动电动机，查看电动机转动时是否灵活，确认扇叶是否碰撞到任何物体，除此之外，还需要确定扇叶的平行度。

可使用尺子垂直测量房顶到扇叶的距离，并记录好，若扇叶到房顶的距离相同，则说明扇叶是平行的，若不相同，则可以轻轻调整，保证吊扇灯中所有扇叶的高度一致，否则当扇叶转动时会出现摇晃。

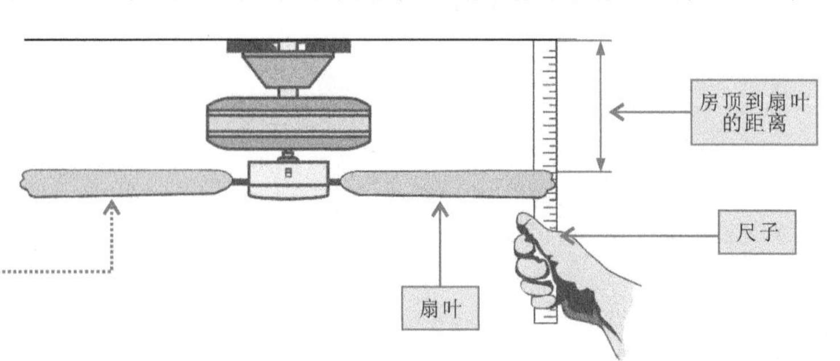

4. 照明灯组件安装

安装照明灯组件即安装灯架、灯罩和照明灯具。首先将电动机盖的固定螺栓拧开，将灯架上的导线从电动机盖孔中穿过，并连接，然后固定灯架，确保连接稳定、牢固。

【灯架的连接与固定】

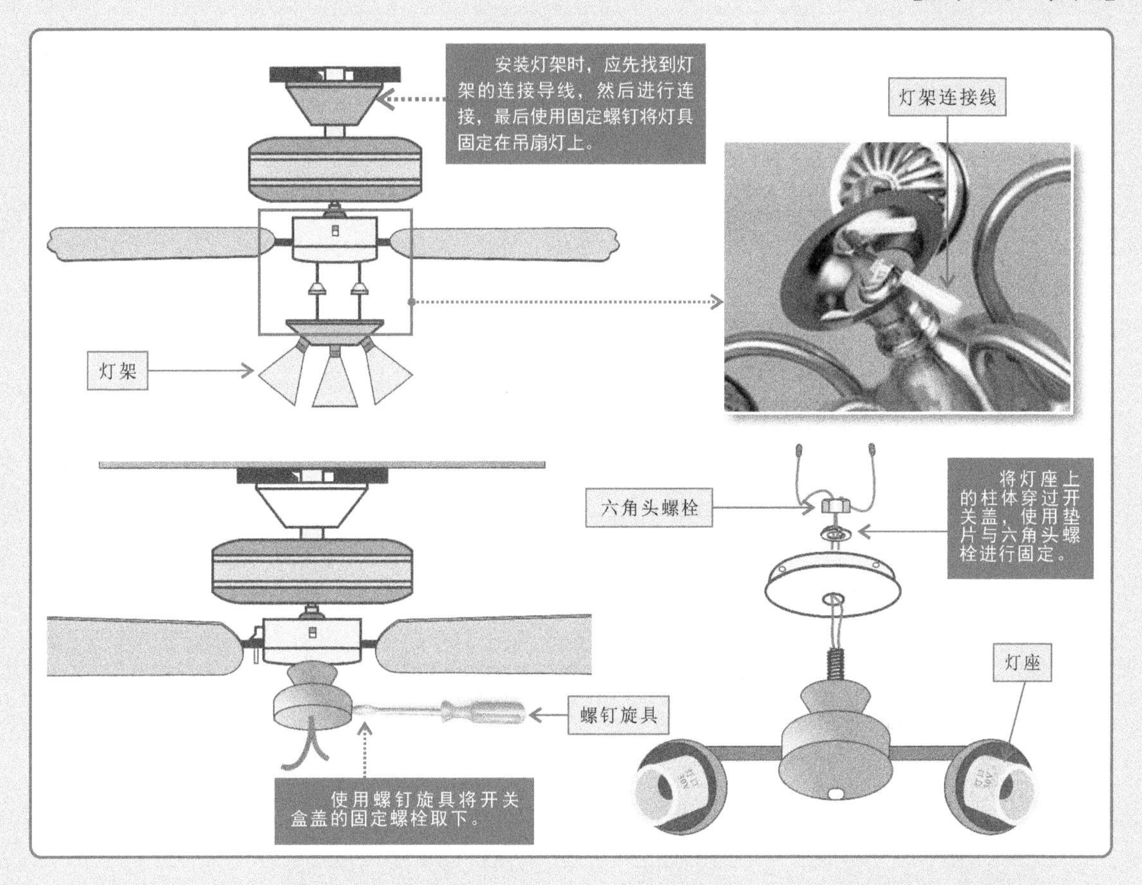

接下来，将灯罩安装到灯架中，并将照明灯具拧入灯座内，完成照明灯组件安装。

【灯罩与照明灯具的连接与固定】

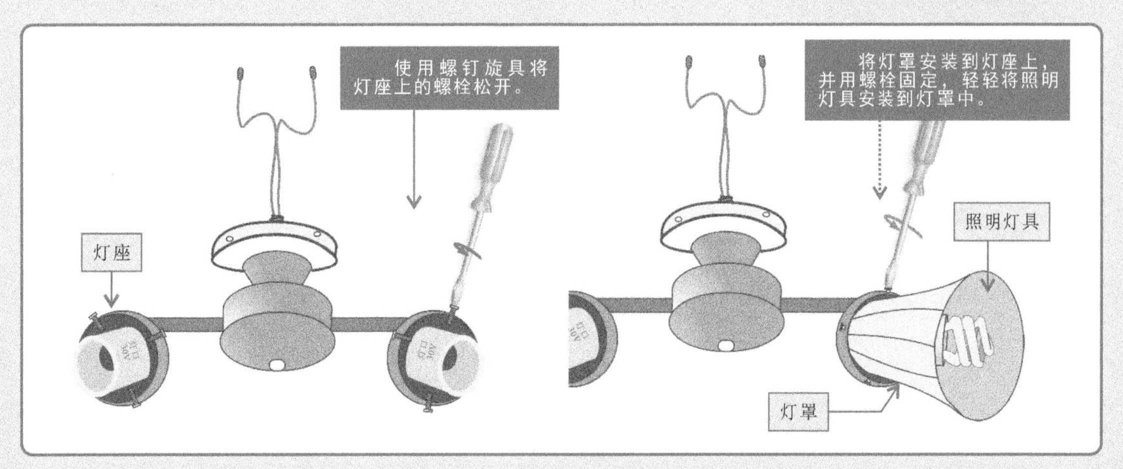

最后，将吊扇和灯具的拉绳分别固定到电动机和灯架的连接盒中，完成吊扇灯的安装操作。

【吊扇灯拉绳的安装】

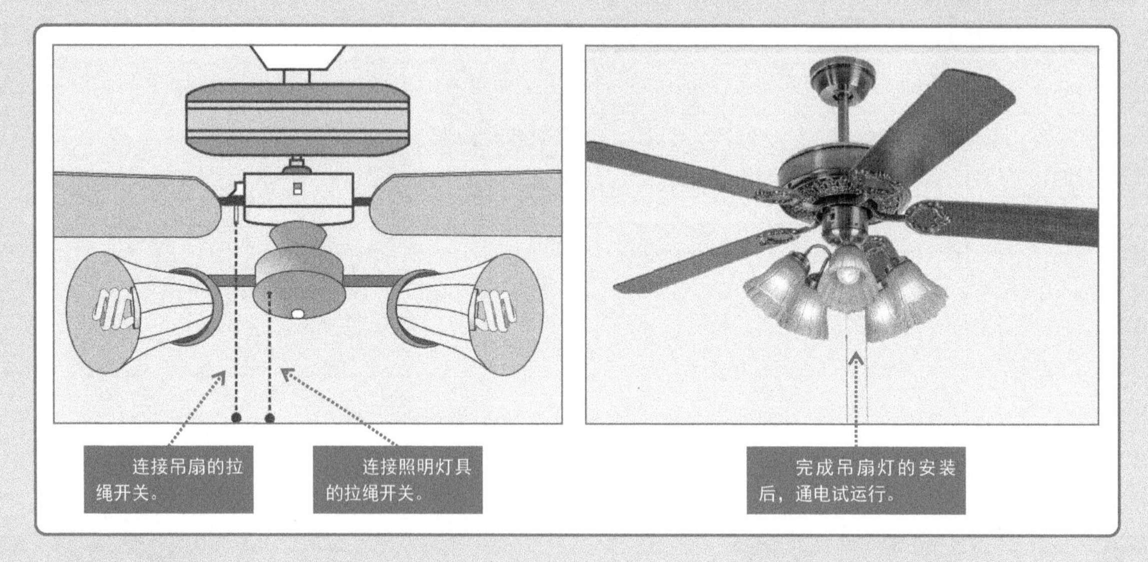

特别提醒

吊扇灯安装完成后，应对其进行检验，即检查吊扇灯上各固定螺钉是否拧紧，避免有松动的现象。然后接通吊扇灯电源，检验吊扇能否运转，在运行大概10min后，再次检查各固定螺钉及连接部件有无松动，必要时需要进行紧固。

另外，对于采用拉绳的吊扇灯，应对其进行控制检验，其中一个拉绳是控制照明灯具的开关，另外一个拉绳是控制风扇的开关及转速。控制照明灯具的开关一般有四个档位（具有5盏照明灯具时），分别为关、两灯亮、三灯亮、五灯亮（一般拉一下为两灯亮、拉两下为三灯亮；拉三下五灯亮，拉四下关掉照明灯）。

风扇的开关一般也为四个档位，分别为关、慢速、中速和快速（一般拉第一下是最快的档位，再拉一下是中速档，再拉一下是慢速档，再拉关掉风扇）。

不同类型吊扇灯实际控制功能不同，可根据吊扇灯使用说明分别拉动两根拉绳，检查是否控制正常。若正常，还需要对拉绳的长度进行检查，避免因拉绳过长，在操作时出现弹跳的现象，从而与转动的扇叶缠绕在一起，发生危险。若是具有反转功能的吊扇灯，则还需要在电动机停止后，对其反转功能进行检查，均无异常时，才可以使吊扇灯进入正常使用状态。

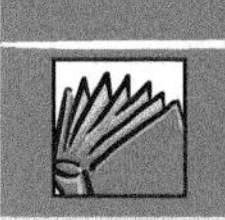

9.2 排风扇的安装技能

9.2.1 排风扇的安装规划

在安装排风扇之前，首先要了解排风扇的种类和结构特点，并根据使用环境确定安装方式和安装流程，明确安装注意事项，做好合理的安装规划。

1. 排风扇的种类特点

排风扇是一种用来调节室内空气质量，促进室内与室外空气循环的电气设备。在家装中，主要应用于厨房、卫生间等环境。根据安装方式不同，排风扇主要有吸顶式排风扇和窗式排风扇两种。

【家装中排风扇的常见类型】

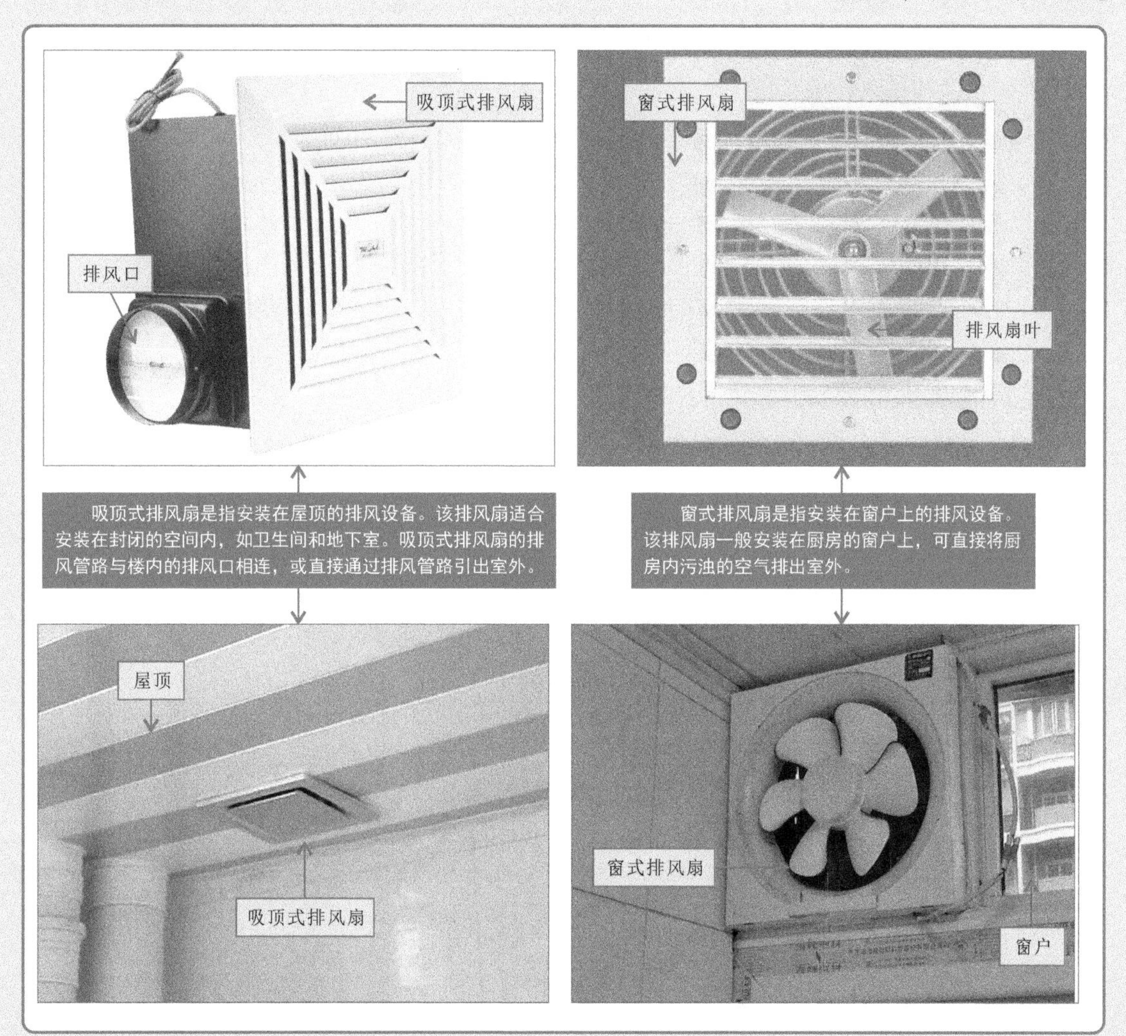

2. 排风扇的结构特点

以目前流行的吸顶式排风扇为例，它主要是由机体（箱体和扣板）、排风管道、开关等构成。风扇及电动机安装于机体内，在排风状态下，电动机带动风扇转动，通过排风管道实现换气功能。开关通过控制线缆与排风扇电动机相连，实现启停控制功能。

【典型吸顶式排风扇的结构特点】

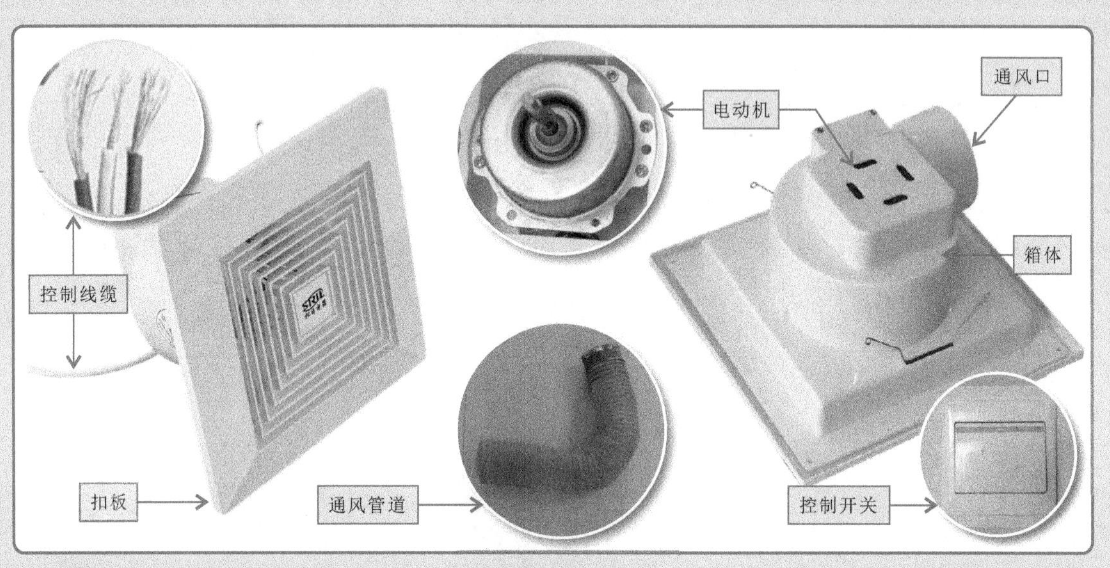

3. 排风扇的安装规范

安装排风扇对安装位置、安装高度、安装固定顺序以及通风管道的安装连接、控制线缆的选用连接等都有明确的要求。

【排风扇的安装规范】

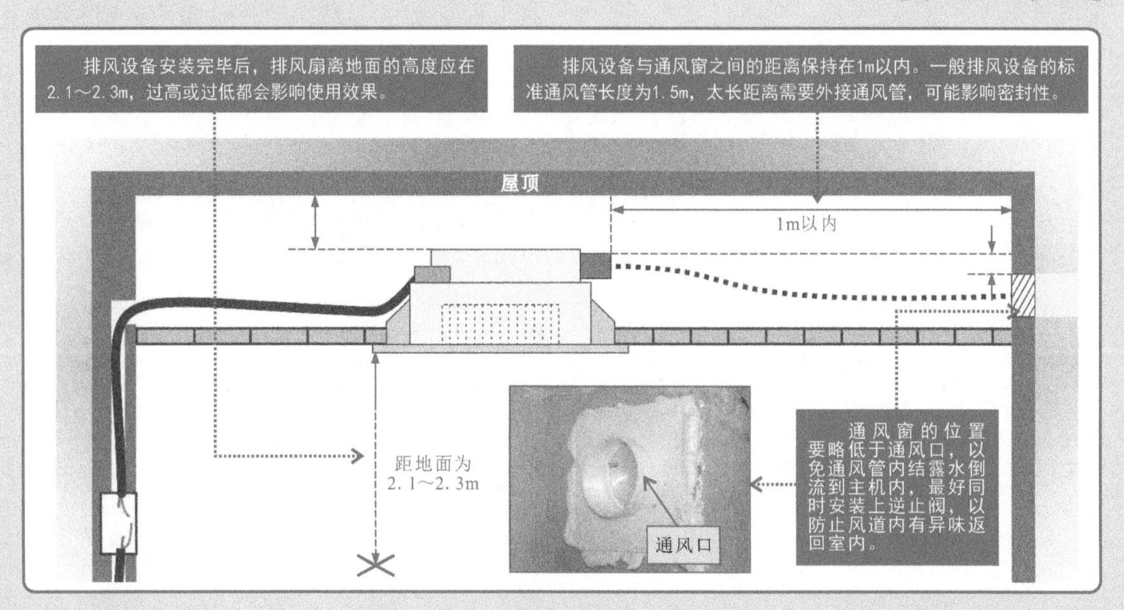

9.2.2 排风扇的安装训练

以目前流行的吸顶式排风扇为例。其安装操作可以分为开孔、接线、管道连接、机体安装、开关安装五个环节。

1. 开孔

安装排风扇前，首先需要根据机体尺寸在吊顶上开孔，并在开孔处使用木框铺设排风扇机体固定框架，框架尺寸与开孔尺寸一致，并根据排风扇机体上安装孔的位置在有框架的吊顶上钻安装孔，以便后面环节安装机体。

【吊顶的开孔操作】

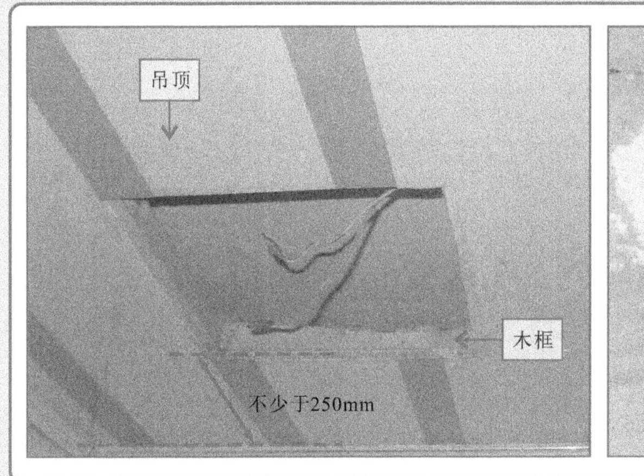

开孔后，进行其他操作前，可先将通风管道一端放入通风口，另一端引到开孔处，为后面管道连接做好准备。

【吊顶的开孔操作】

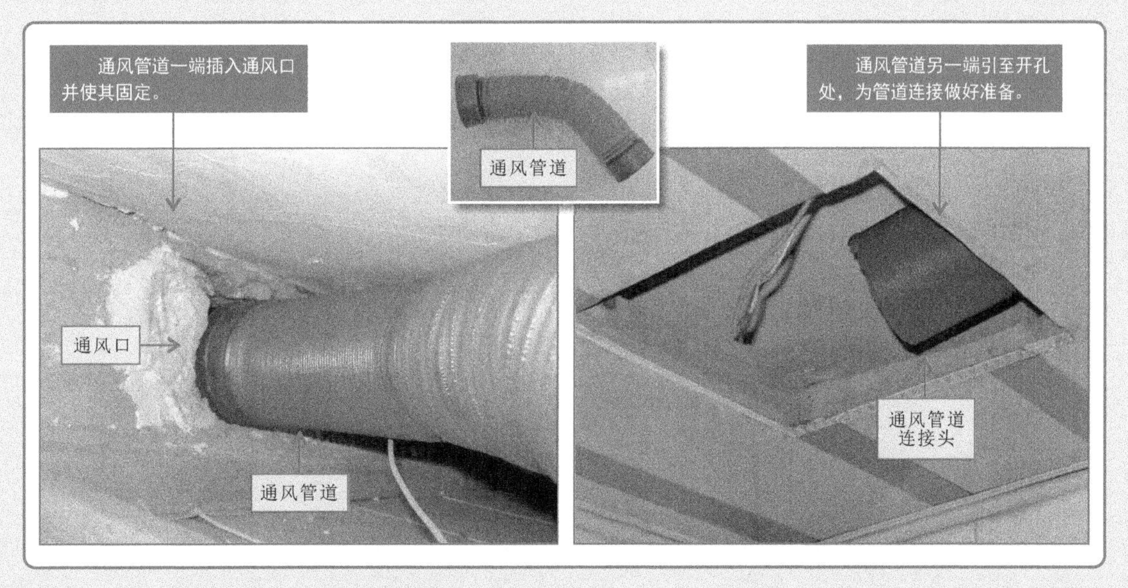

2. 接线

吸顶式排风扇一般有三根连接引线，一根为相线（通常为棕色，用于与屋顶预留相线连接），一根为零线（通常为蓝色，用于与屋顶预留零线连接），一根为地线（通常为黄绿双色线）。一般可根据排风扇上的接线图对应连接即可。

【吸顶式排风扇引线的连接关系】

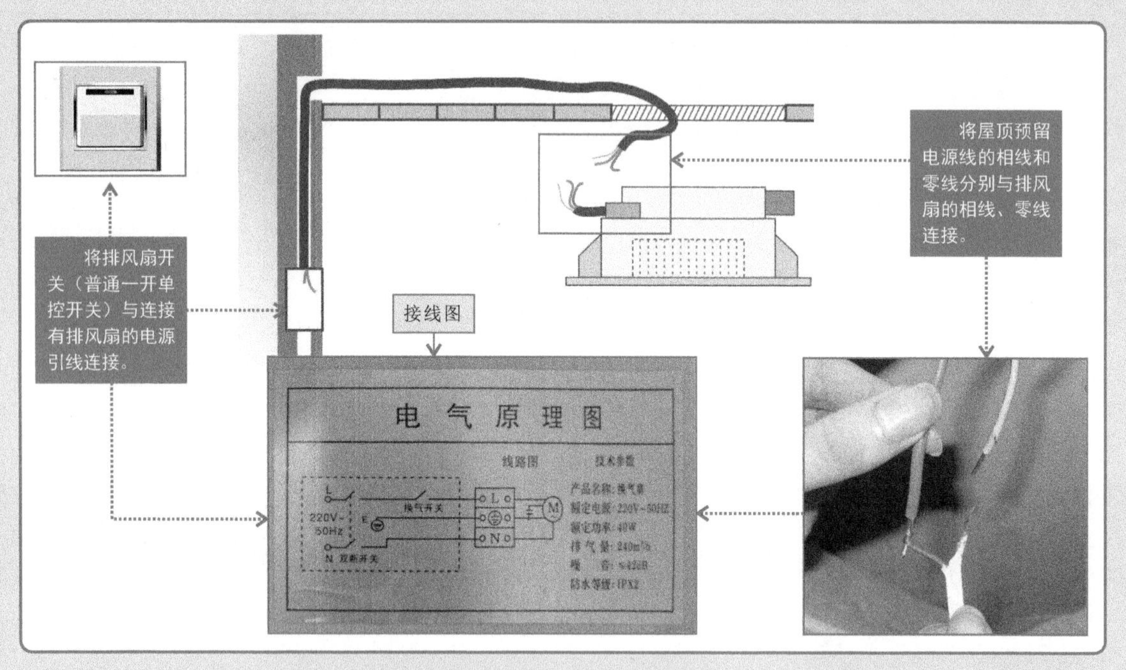

实际接线操作前，先将屋顶预留电源线的线头处进行处理，剥除一定长度的线芯准备与排风扇连接。

【预留电源线线芯的处理】

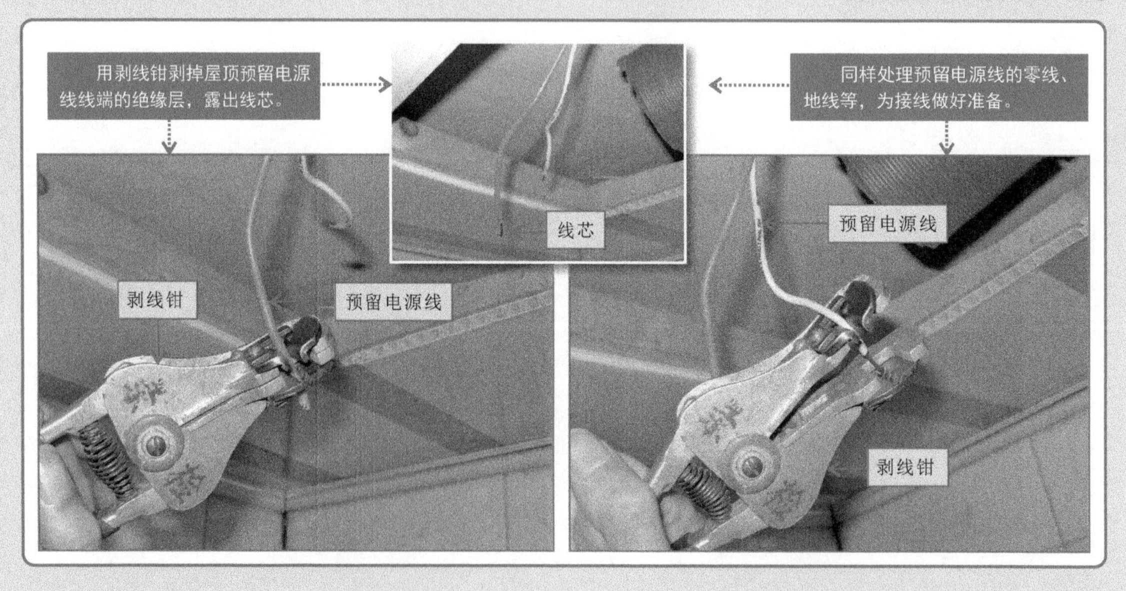

接下来，先将排风扇的扣板拆下，由辅助人员将排风扇机体托举到开孔附近，使排风扇连接引线能够与预留电源线实现接线。

【接线前的准备操作】

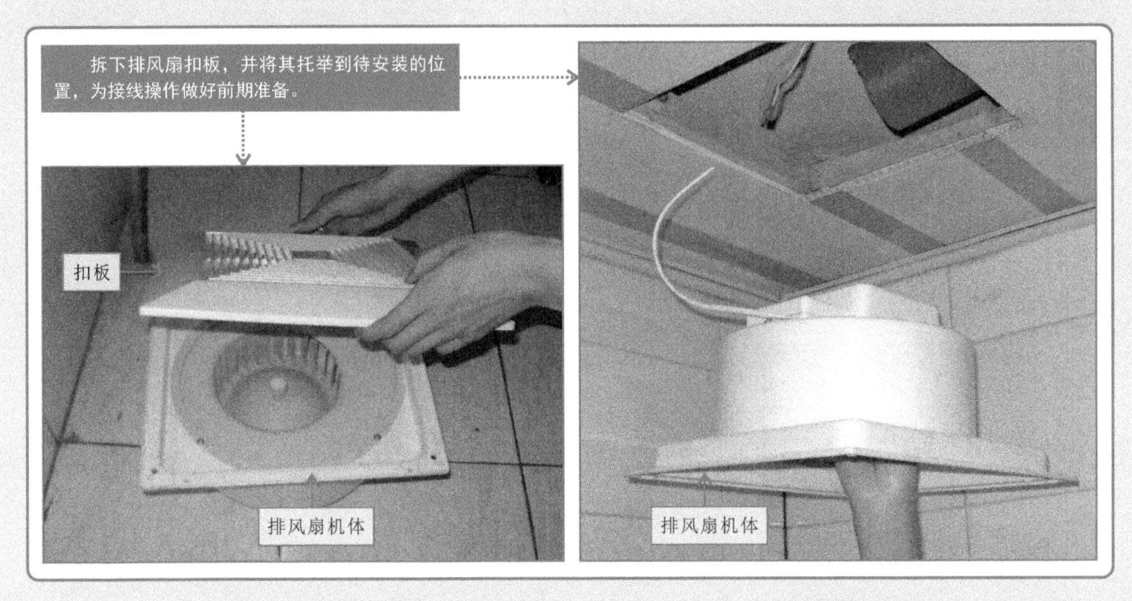

接着，由操作人员将排风扇连接引线与预留电源线对应连接即可。

【排风扇连接引线的接线操作】

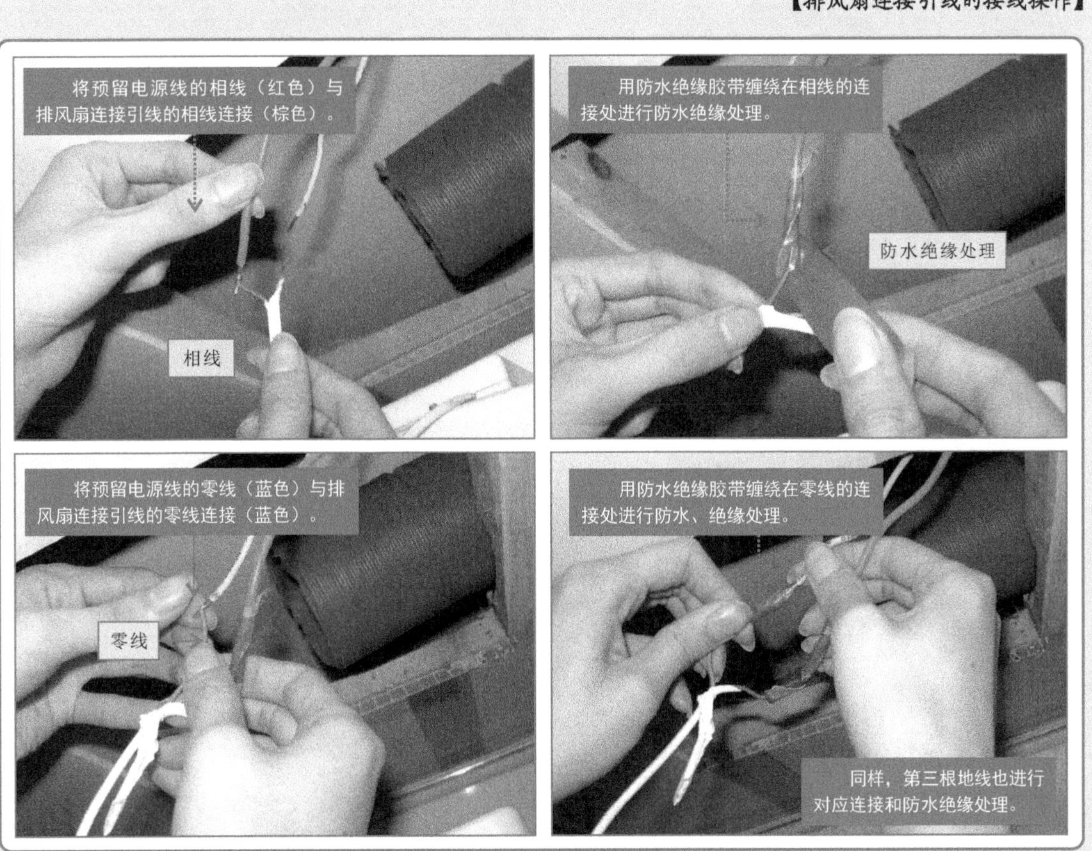

3. 管道连接

将之前预装好的通风管道与排风扇机体连接。连接时，可根据实际位置调节预装好的通风管道的弯曲角度、长度等，使其接头装到排风扇的管道接头上，并扎紧。

【吸顶式排风扇管道的连接关系】

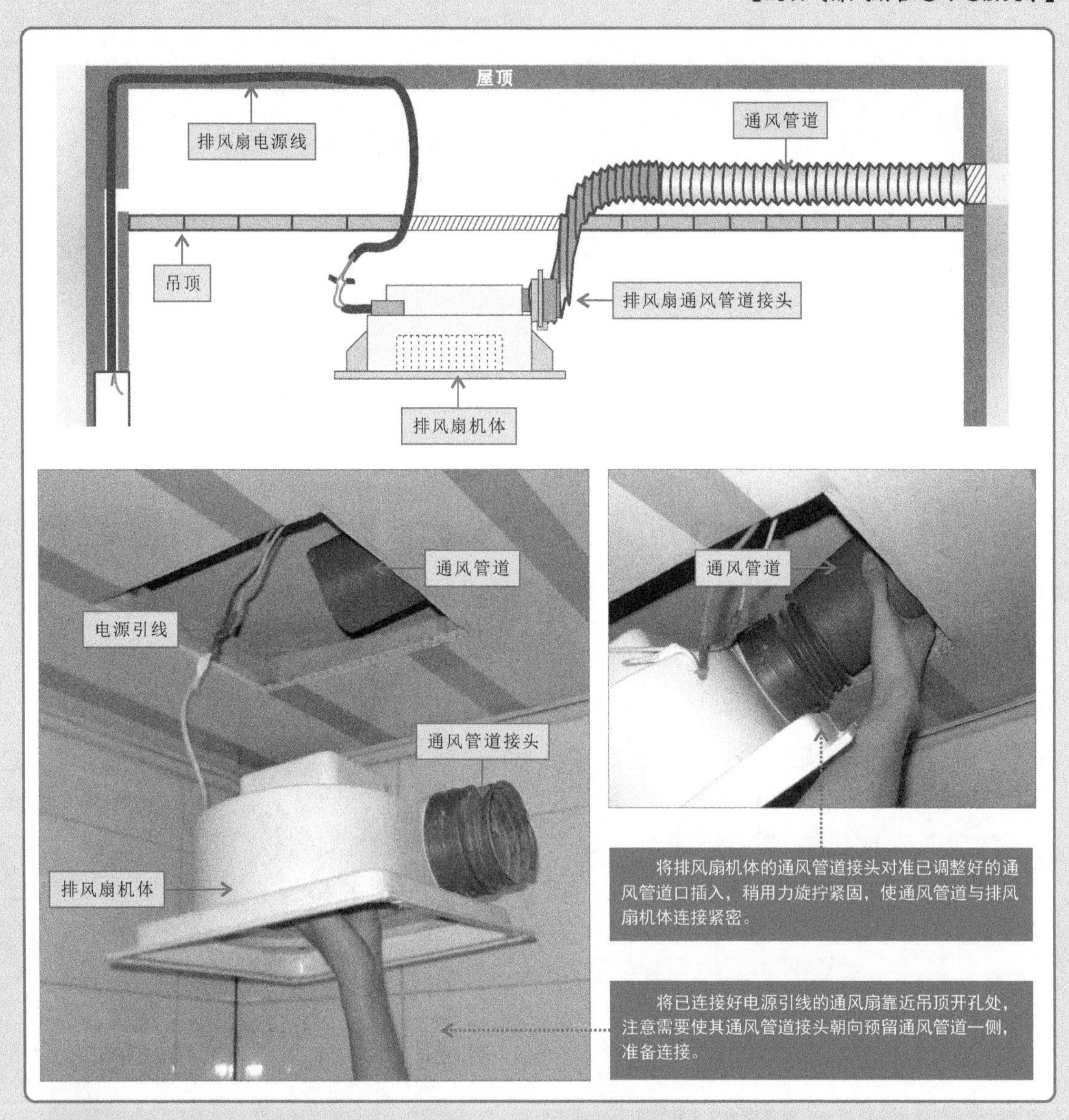

4. 机体安装

管道连接好后，便可将机体（箱体部分）由排风扇开孔处推入，调整安装位置，使排风扇上的安装孔位与排风扇框架上的安装孔位对应，然后借助螺钉旋具将排风扇固定螺钉固定到开孔内的木框上。

【排风扇箱体的安装】

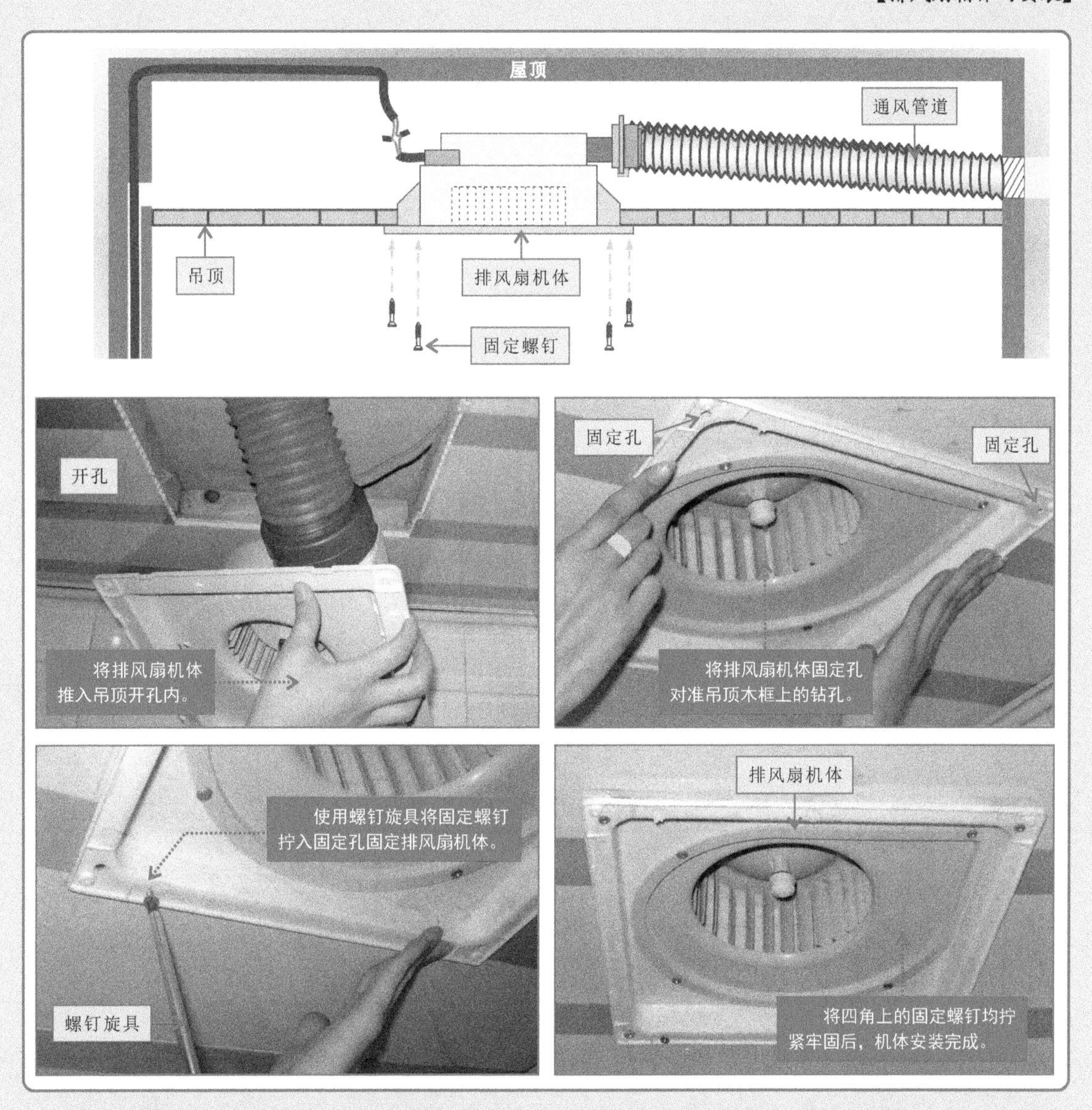

接着将排风扇扣板卡勾卡入机体中，稍用力使其扣板四周卡扣与机体四周的卡槽扣合完好，确保卡紧牢固后，排风扇机体安装完成。

【排风扇机体中扣板的安装】

5. 开关安装

排风扇开关的控制关系比较简单，一般由一只一开单控开关直接控制排风扇电源通断即可。

【排风扇开关的控制关系】

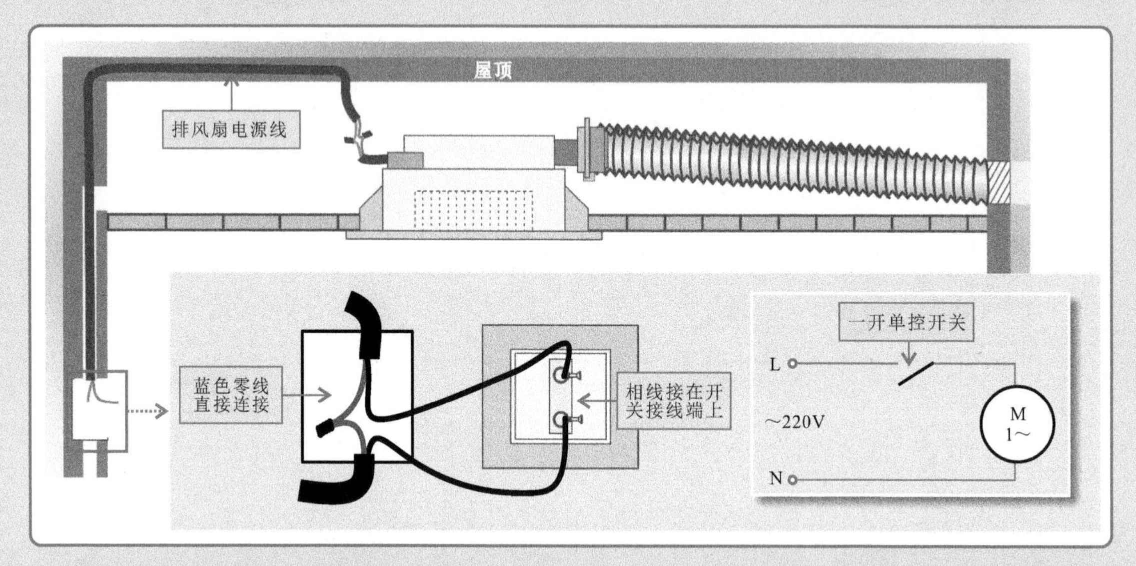

实际安装时，将排风扇开关连接到预留开关盒内，按照接线关系将两线对接，相线连接到一开单控开关的接线端子上即可。至此，排风扇安装操作完成。

【排风扇开关的安装方法】

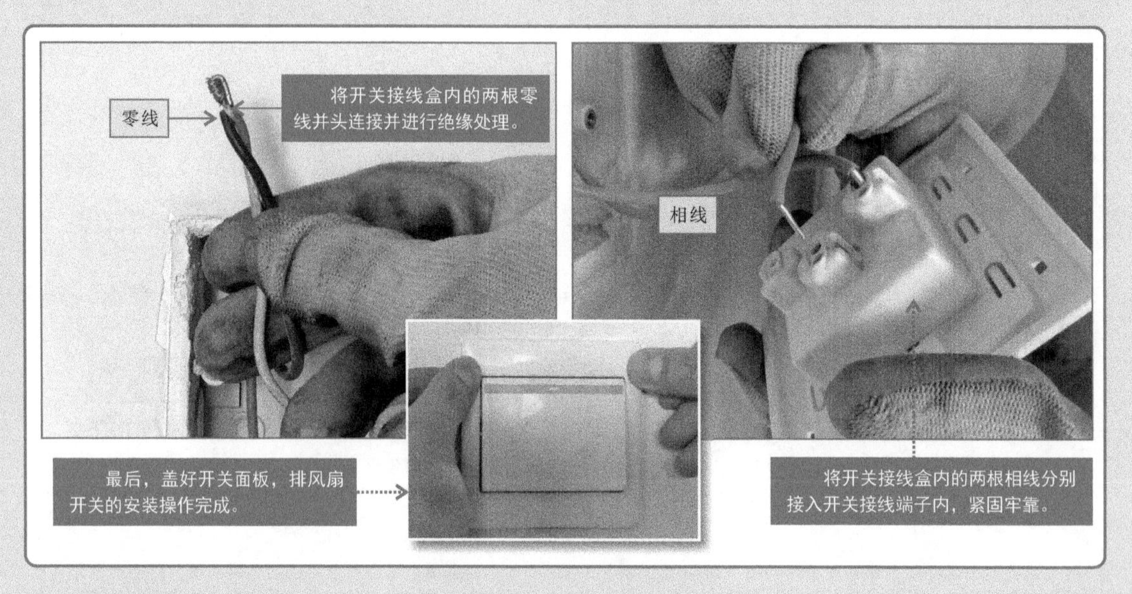

特别提醒

排风扇安装完成后，应检查风机内部是否留有遗留的工具和杂物，若无异常现象时，可通电试运行。运转中，如出现排风扇振动或电动机有"嗡嗡"的异常声响或其他异常现象，应停机检查，排除故障后，再开机使用。

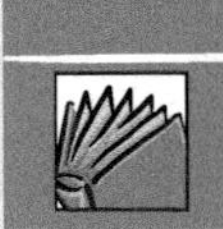

9.3 浴霸的安装技能

9.3.1 浴霸的安装规划

在安装浴霸之前，首先要了解浴霸的种类和结构特点，并根据使用环境确定安装方式和安装流程，明确安装注意事项，做好合理的安装规划。

1. 浴霸的功能特点

浴霸是一种新型的多功能浴用产品，它可以实现照明、加热、换气等多种功能。根据功能的不同，浴霸可以分为二合一浴霸和三合一浴霸两种。

【二合一浴霸和三合一浴霸实物外形】

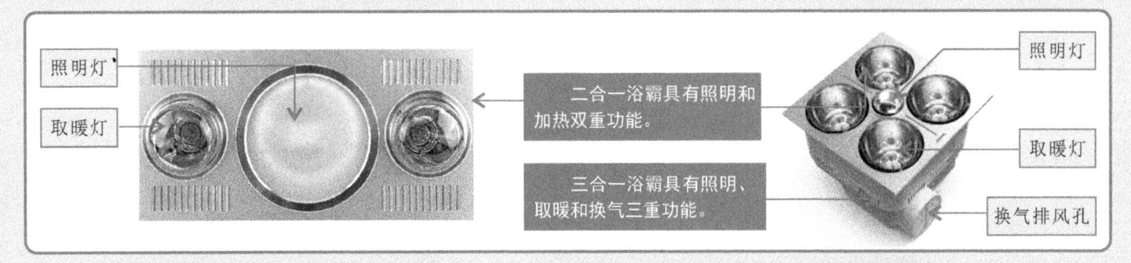

根据安装方式的不同，浴霸又可分为壁挂式浴霸和吊装式浴霸两种。

【壁挂式浴霸和吊装式浴霸实物外形】

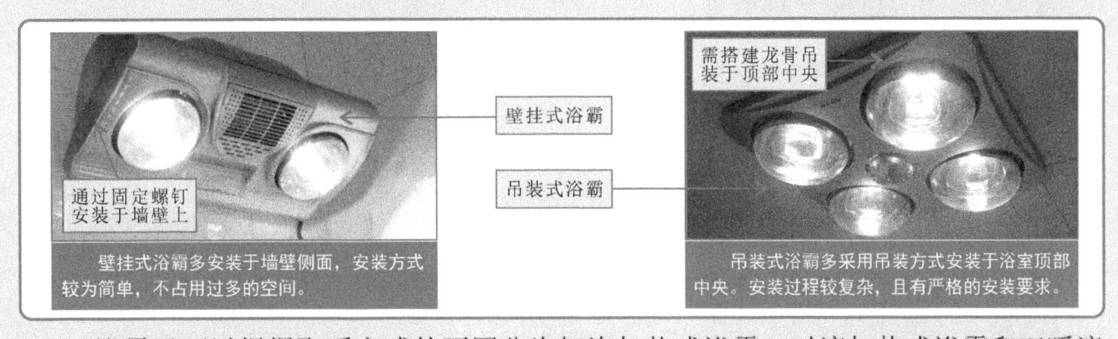

浴霸又可以根据取暖方式的不同分为灯泡加热式浴霸、对流加热式浴霸和双暖流综合加热式浴霸三类。

【不同取暖方式浴霸的实物外形】

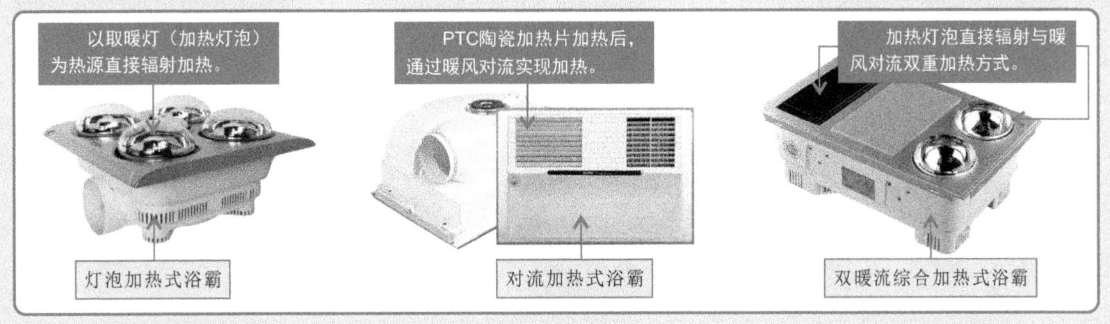

2. 浴霸的结构特点

以目前流行的吊装式三合一浴霸为例，它主要是由机体（箱体和扣板）、取暖灯泡、照明灯泡、通风管道、开关等构成。风扇及电动机安装于机体内，在排风状态下，电动机带动风扇转动，通过通风管道实现换气功能。开关通过控制线缆与浴霸机体上的各电气部件相连，实现控制功能。

【典型三合一浴霸的结构特点】

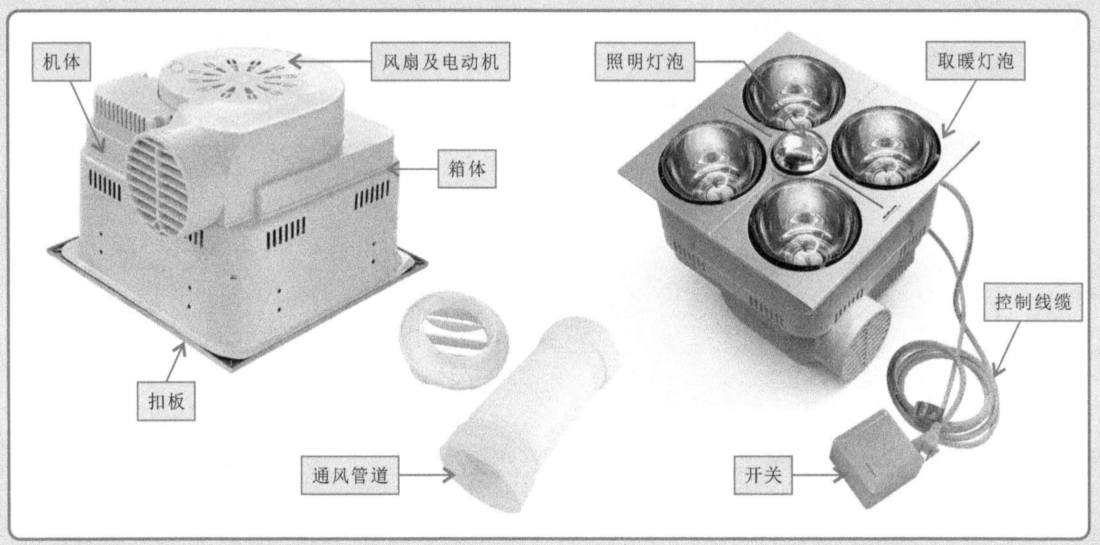

3. 浴霸的安装规范

安装浴霸对安装位置、安装高度、安装固定顺序以及通风管道的安装连接、控制线缆的选用连接等都有明确的要求。

【浴霸的安装规范】

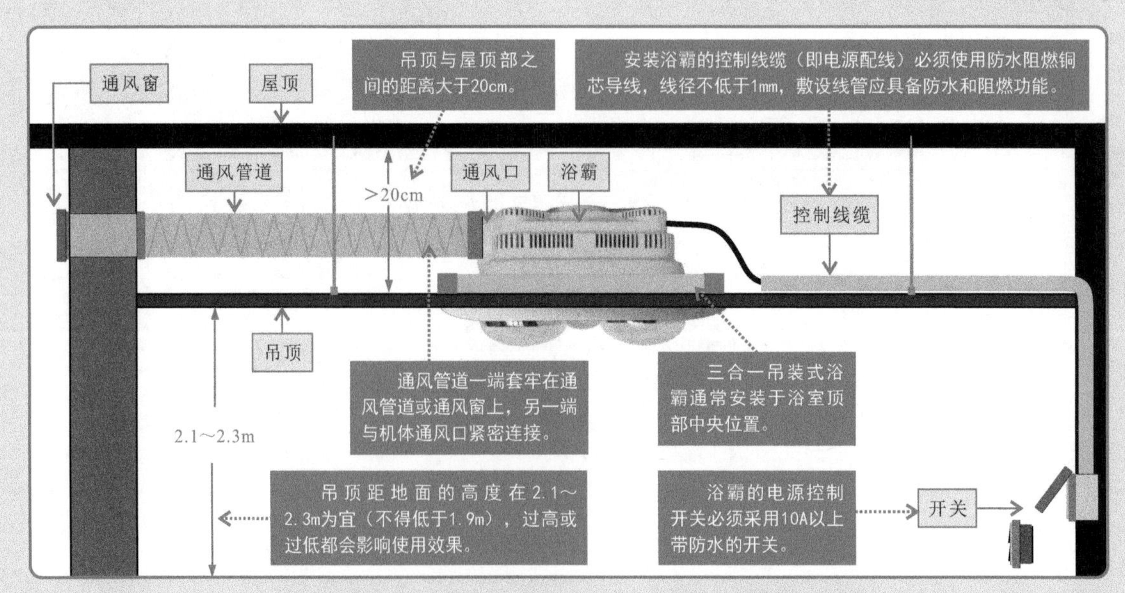

9.3.2 浴霸的安装训练

以目前流行的吊装式三合一浴霸为例。其安装操作可以分为机体安装、管道连接、开关安装与接线三个环节。

1. 机体安装

安装机体首先需要根据机体尺寸在吊顶上开孔。在浴霸开孔处使用30mm×40 mm的木框铺设浴霸框架，浴霸开孔边缘距离墙壁应不少于250 mm。浴霸框架与浴霸开孔尺寸保持一致，并根据浴霸安装孔的位置在吊顶上开孔，保证孔全部在浴霸框架上。

【吊顶的开孔及浴霸框架的安装】

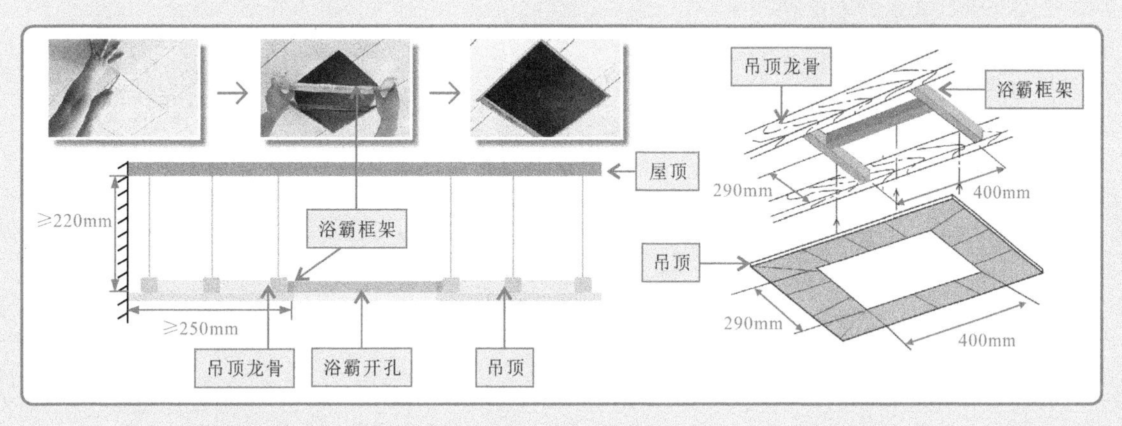

在安装浴霸之前，应首先将浴霸上的扣板及灯泡取下，以方便安装及导线的连接，并将通风管道放置到吊顶内，一端引入建筑物综合排风通道（或室外），一端引入开孔部分，为连接做好准备。

【浴霸安装前的准备】

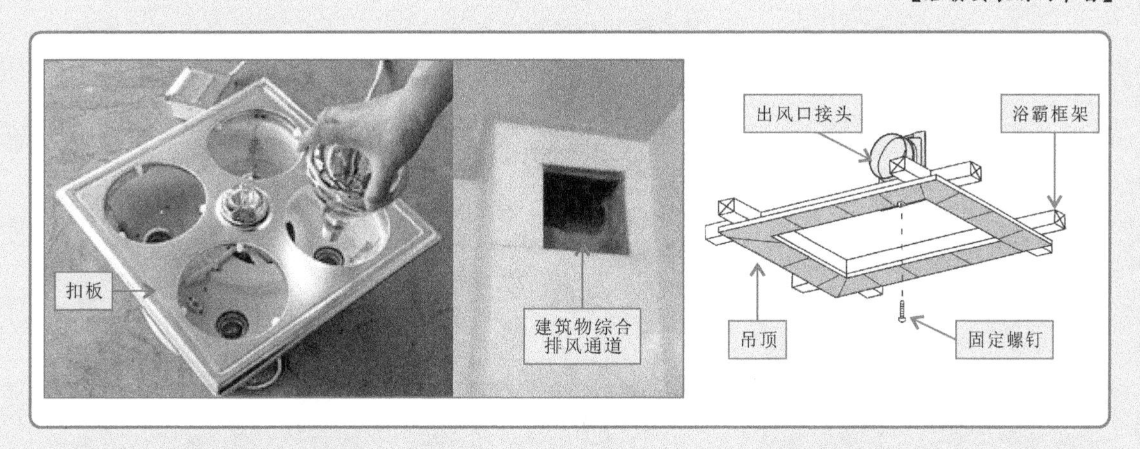

然后，将机体放入开孔内。将浴霸由浴霸开孔处推入，调整安装位置，使浴霸上的安装孔位与浴霸框架上的安装孔位对应。检查浴霸出风口接头与浴霸卡正确插接；然后使用固定螺钉固定浴霸，确保安装偏差角度为±2°。

【浴霸机体放入开孔中】

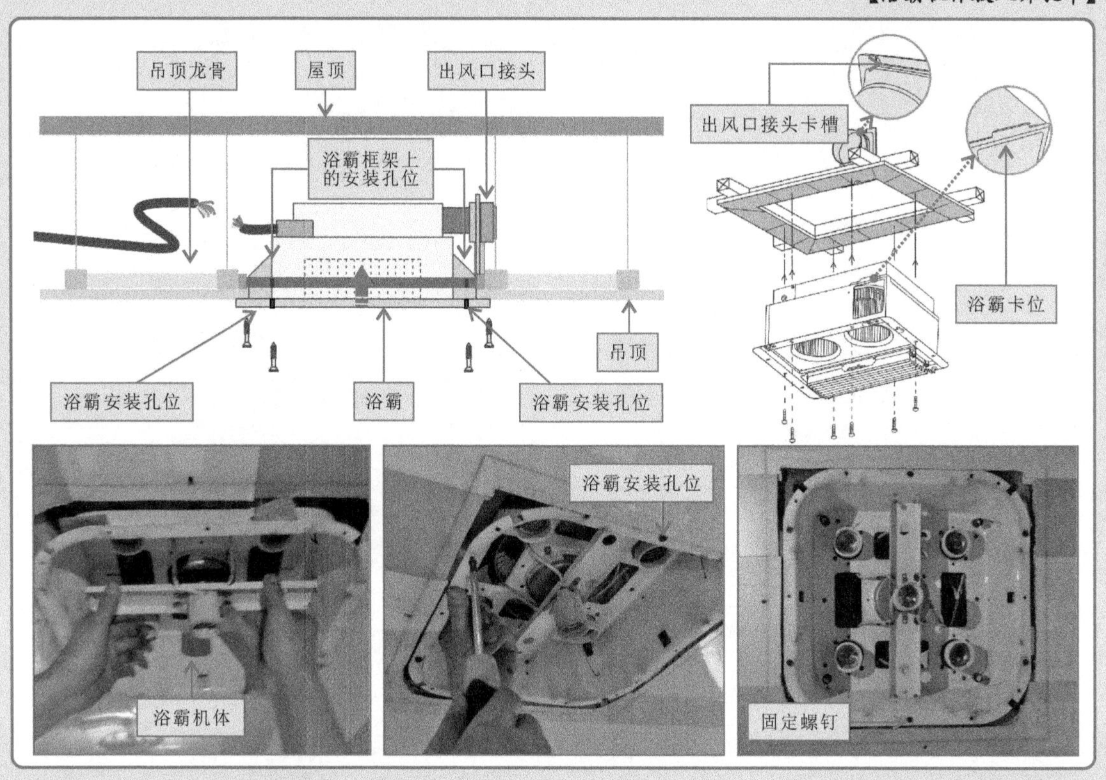

接着，将浴霸扣板挂入浴霸上的挂钩，并用螺钉固定住，使其稳固。

【浴霸扣板的安装与固定】

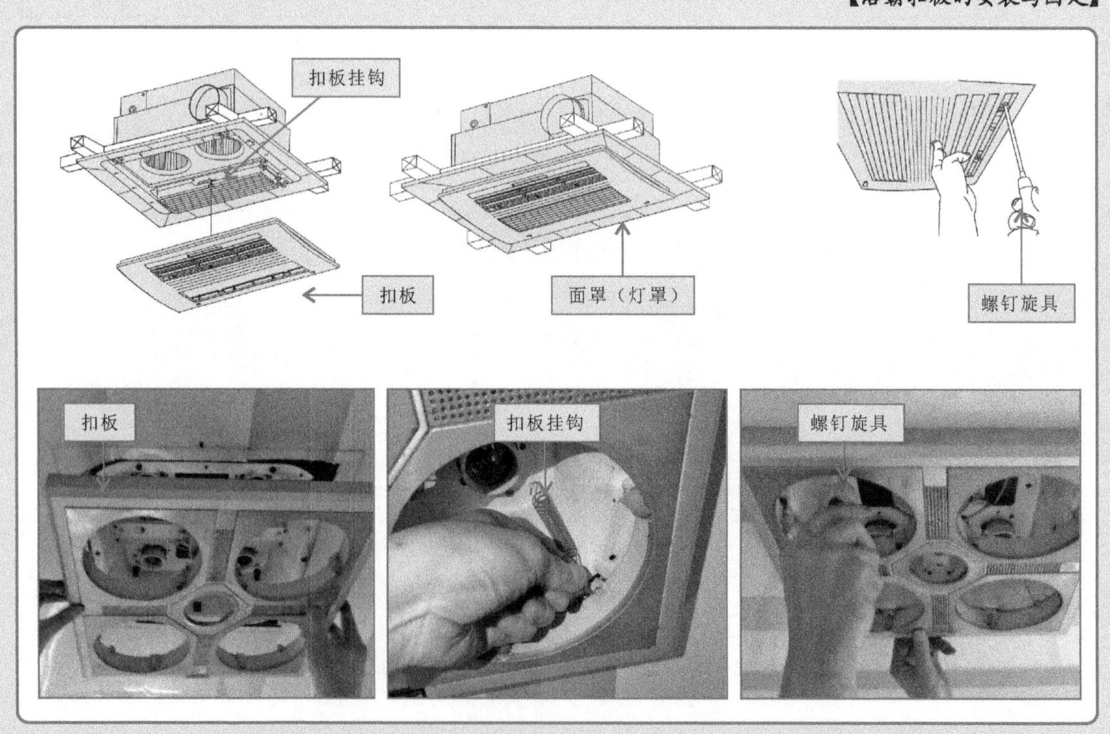

2. 管道连接

连接管道即将之前预装好的通风管道与浴霸机体连接。连接时将通风管道装入浴霸管道接头上，用橡胶胶带扎紧，并使通往屋外的通风管道保持倾斜，防止雨水或结霜倒流。

【通风管道一端与浴霸机体固定】

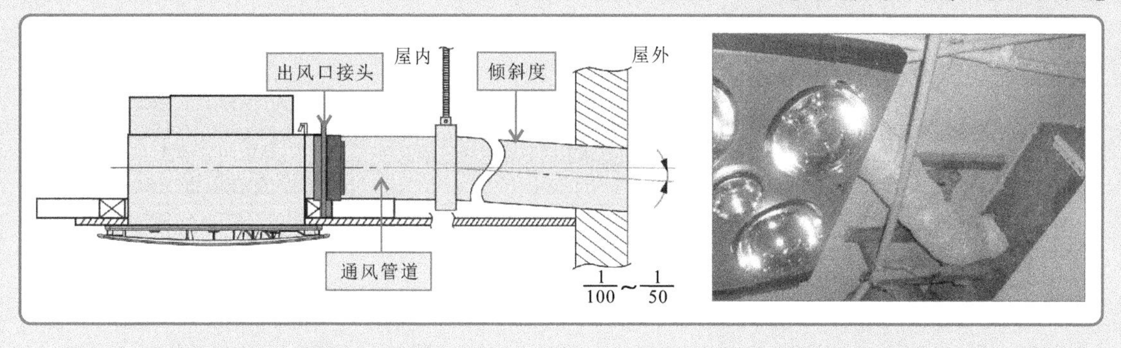

接着，将通风管道的另一端与建筑物综合排风通道固定，若直接送往室外，则还需选择合适的管罩和管盖，并将管盖和管罩安装在室外的通风管道接口上，完成通风管道的安装。

【通风管道另一端加工处理送入室外】

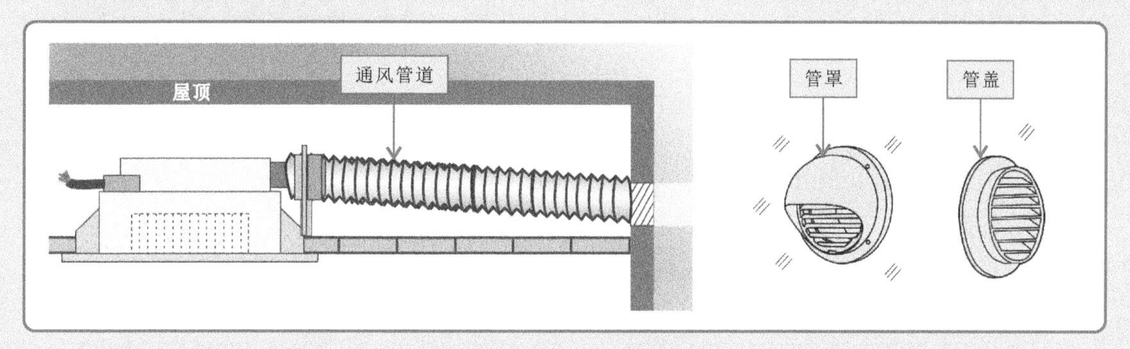

最后将浴霸的取暖灯泡、照明灯泡旋拧到浴霸机体中的灯座中。

【安装取暖灯泡、照明灯泡】

3. 开关安装与接线

三合一浴霸通常会有5根控制线缆，一根为零线（通常为蓝色），另外四根为相线，其中两根与取暖开关连接（通常为白、黄色），一根与照明开关连接（通常为黑色色），还有一根与排风开关连接（通常为棕色）。

【三合一浴霸控制线缆的连接关系】

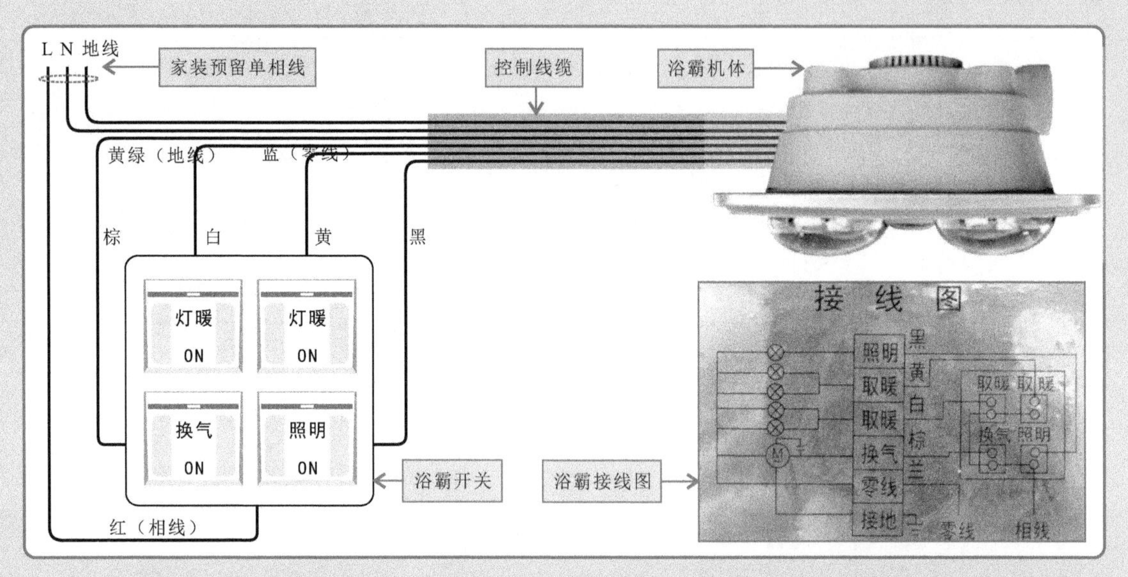

由于浴霸控制线缆的长度有限，在实际安装连接时，常常需要根据实际安装位置延长连接控制线缆，并需要在连接部位做好绝缘防水处理。

【浴霸控制线缆的延长处理】

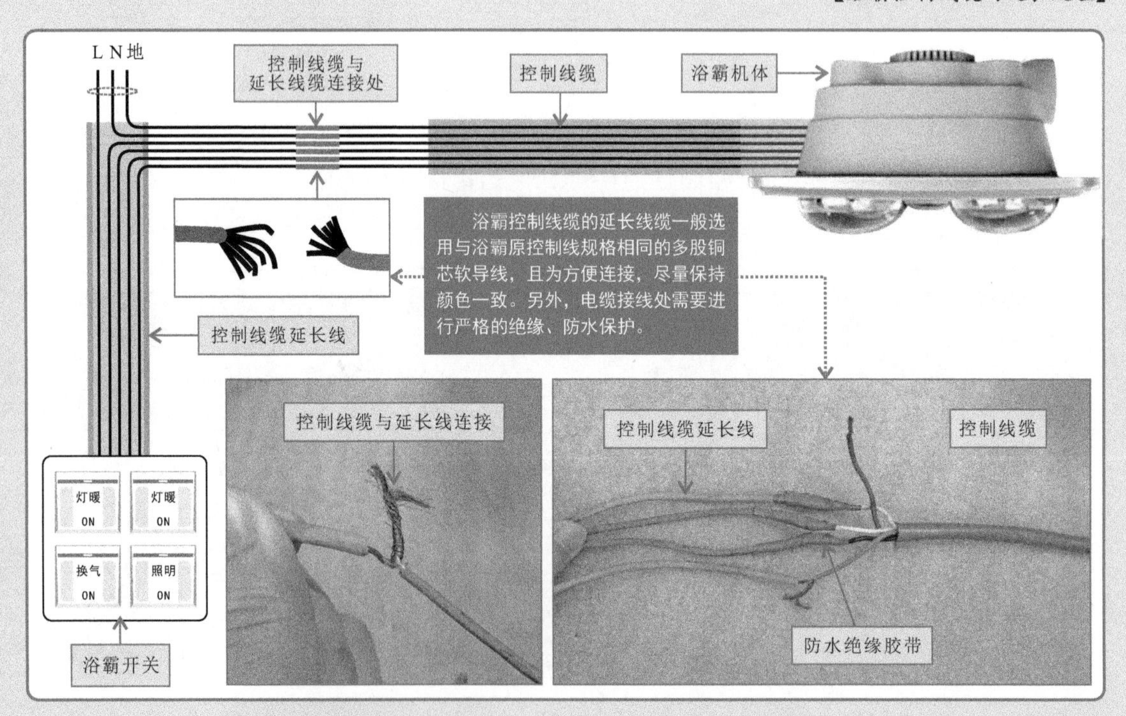

控制线缆连接完成后，接下来，按照设计要求对浴霸控制线缆进行敷设，使浴霸控制线缆延长线的末端接头由开关接线盒引出。

【浴霸控制线缆的敷设】

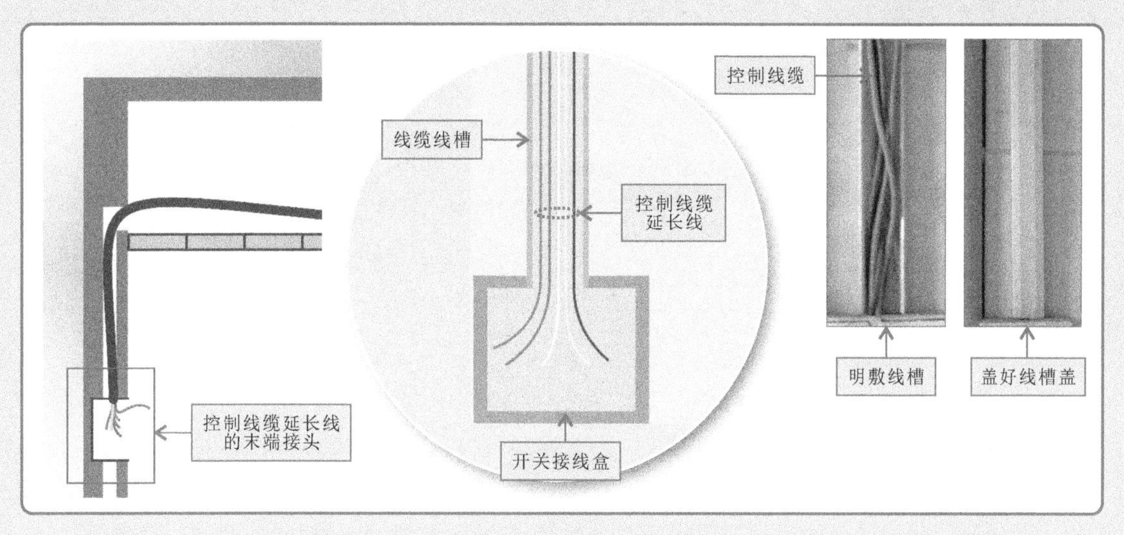

接下来，便可按照浴霸接线图将控制线缆末端接头与控制开关接线端子连接。连接完毕，将控制开关安装在墙体上，扣好保护面罩，开关安装完毕。

【控制线缆及开关的连接与安装】

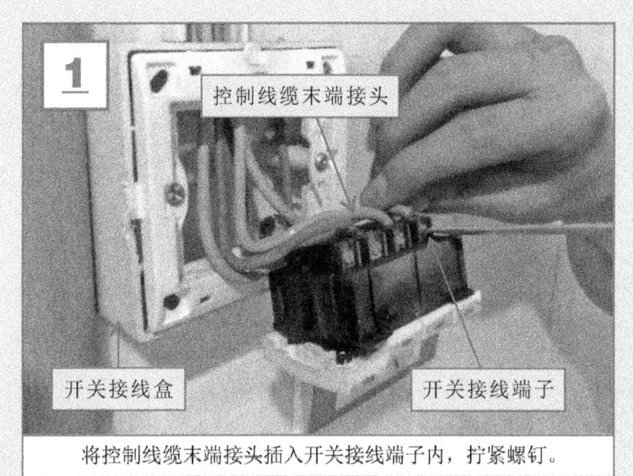

将控制线缆末端接头插入开关接线端子内，拧紧螺钉。

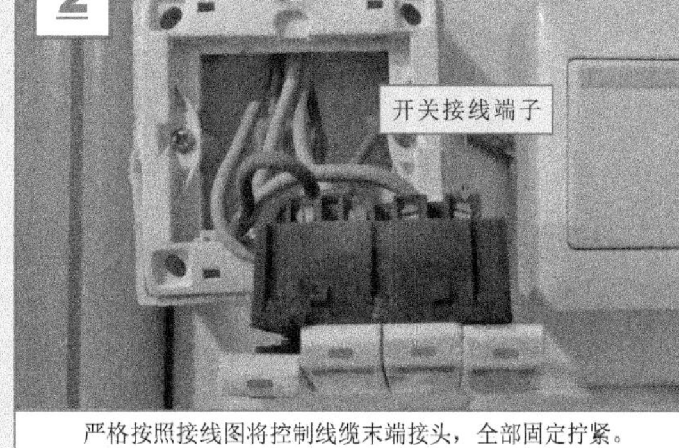

严格按照接线图将控制线缆末端接头，全部固定拧紧。

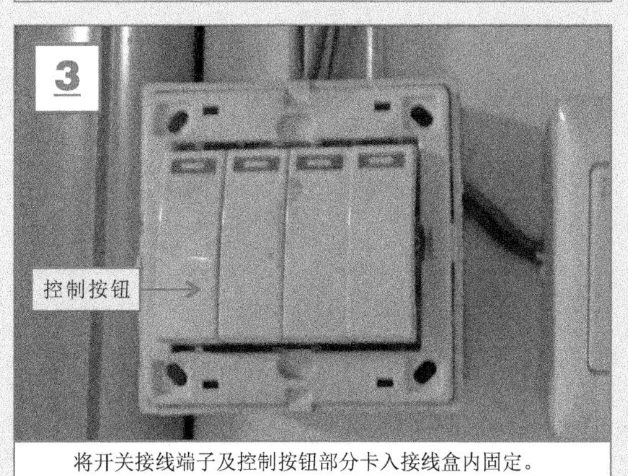

将开关接线端子及控制按钮部分卡入接线盒内固定。

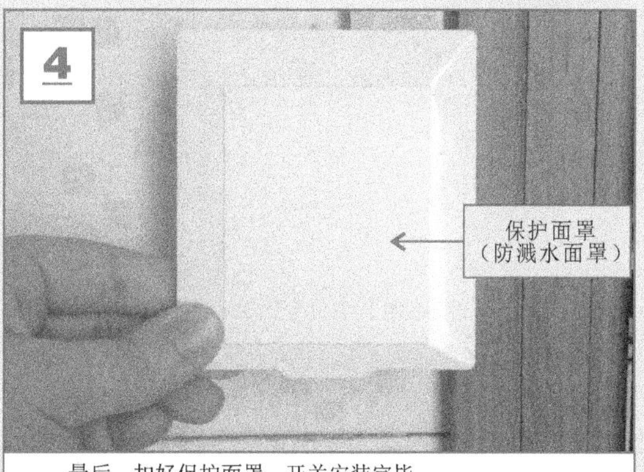

最后，扣好保护面罩，开关安装完毕。

第10章　家装电工用电安全与急救方法

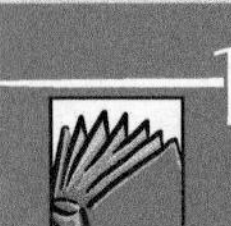

10.1 家装电工用电安全

10.1.1 家装电工安全防护常识

家装电工的安全防护常识主要包括人身安全防护与作业环境安全防护两个方面。

1. 人身安全防护

对于家装电工来说，护具和电工工具是保证家装电工人身安全的重要设备。家装电工在实行电工作业时，应按规定穿戴护具，使用的电工设备应具备良好的防静电设计。

【人身安全防护设备】

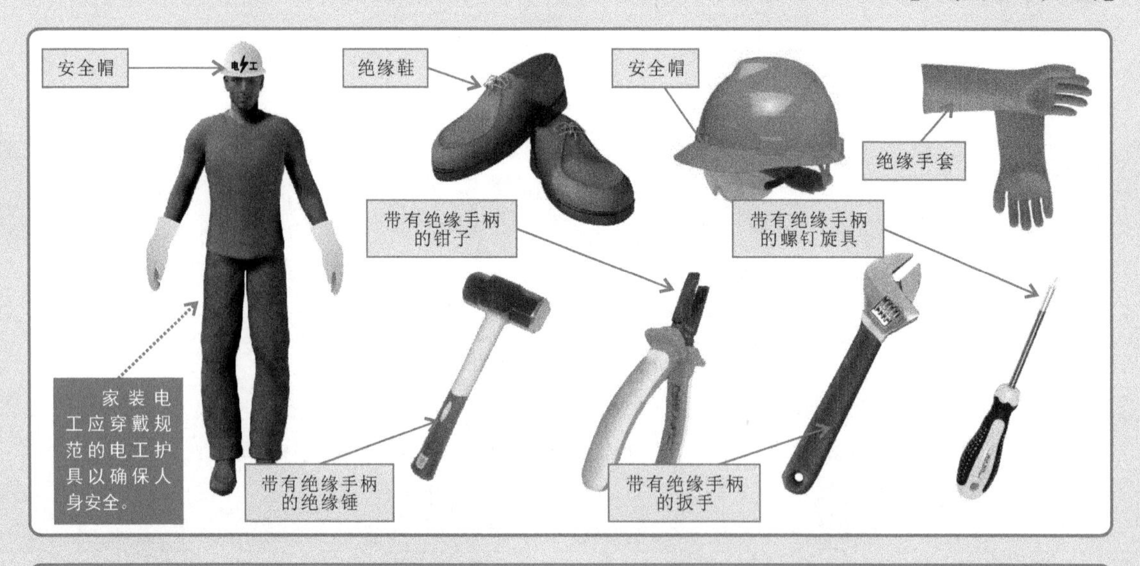

特别提醒

家装电工所穿戴的护具及所使用的电工工具在使用前要严格检查，一旦发现问题应及时更换。

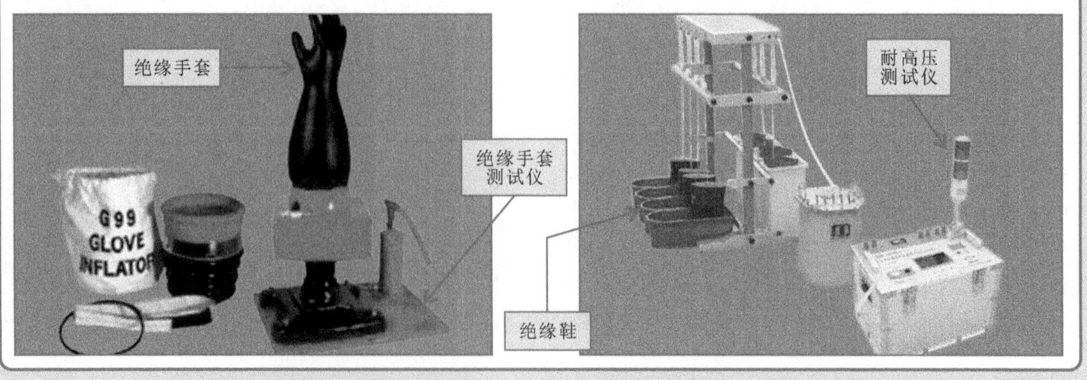

2. 作业环境安全防护

家装电工在安装布线作业前，一定要细致核查作业环境，家装电工的作业环境要保证干燥、通风并有足够的亮度，所使用的作业器材应按规定摆放，并且在作业环境中必须配备灭火装置（灭火器）。

【正确的作业环境】

如果作业环境潮湿或有积水，应及时处理，不可盲目作业，否则会引发短路或漏电的情况，造成火灾或触电事故。

【有危险的作业环境】

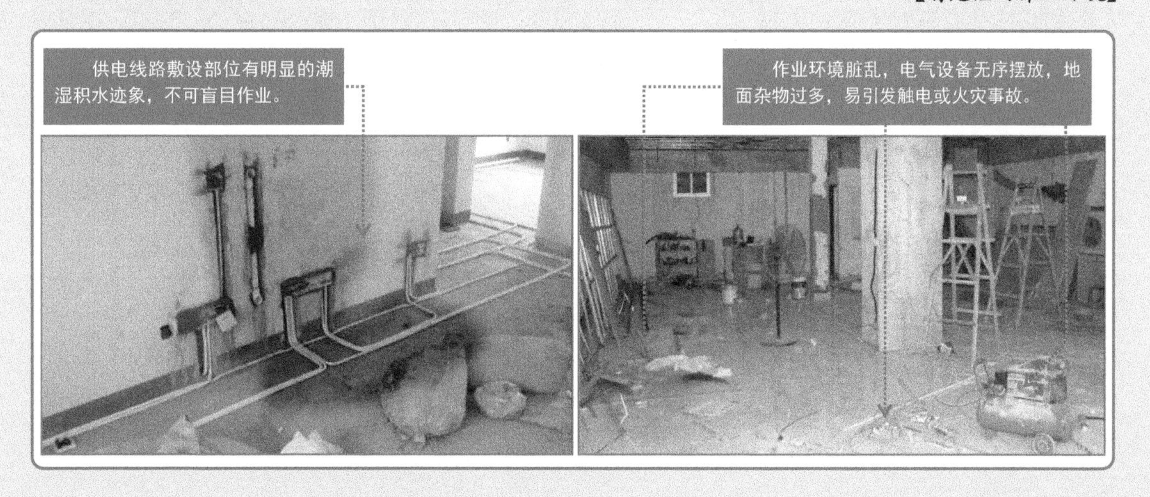

对于供电线缆的连接插头等部位应重点检查。一旦发现供电线缆保护层有破损情况，需及时进行处理。

【检查供电线缆连接头】

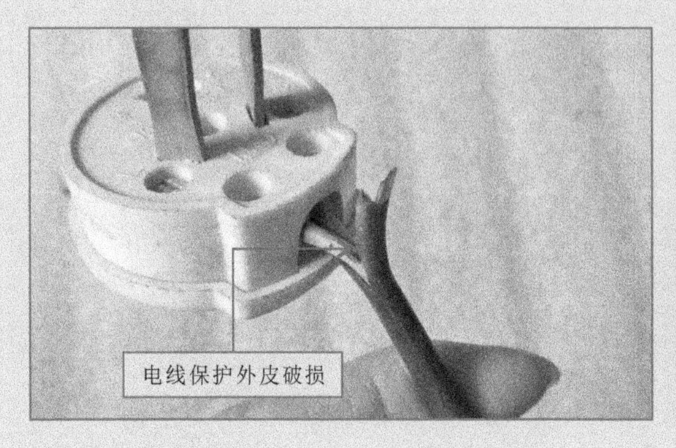

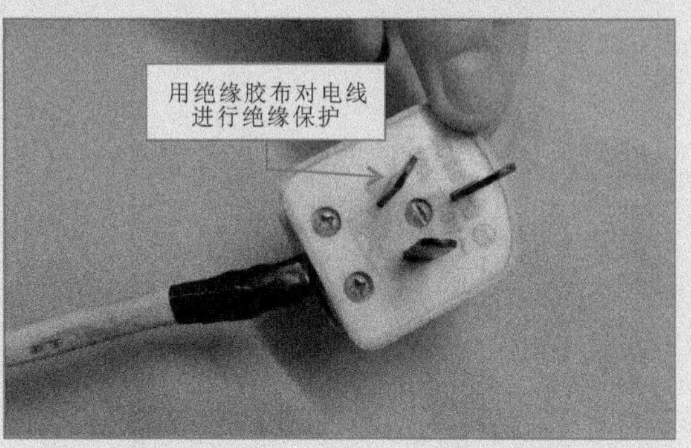

特别提醒

如果供电线缆保护层破损严重，必须及时更换，否则极易引发触电事故。

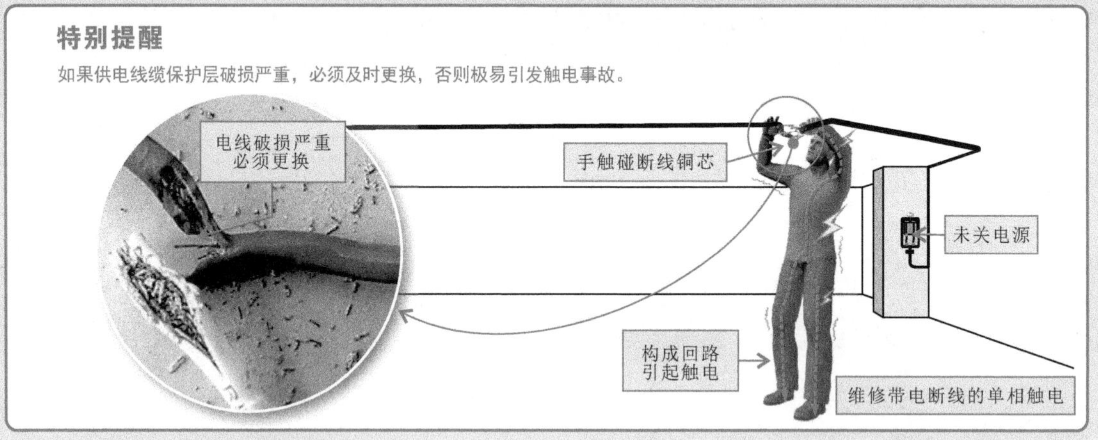

配电箱应保持整洁，接地良好，并设有安全锁具，标记有明显的警示标识。在配电箱、电焊机等电气设备周围，禁止存放易燃、易爆、腐蚀性等危险品。

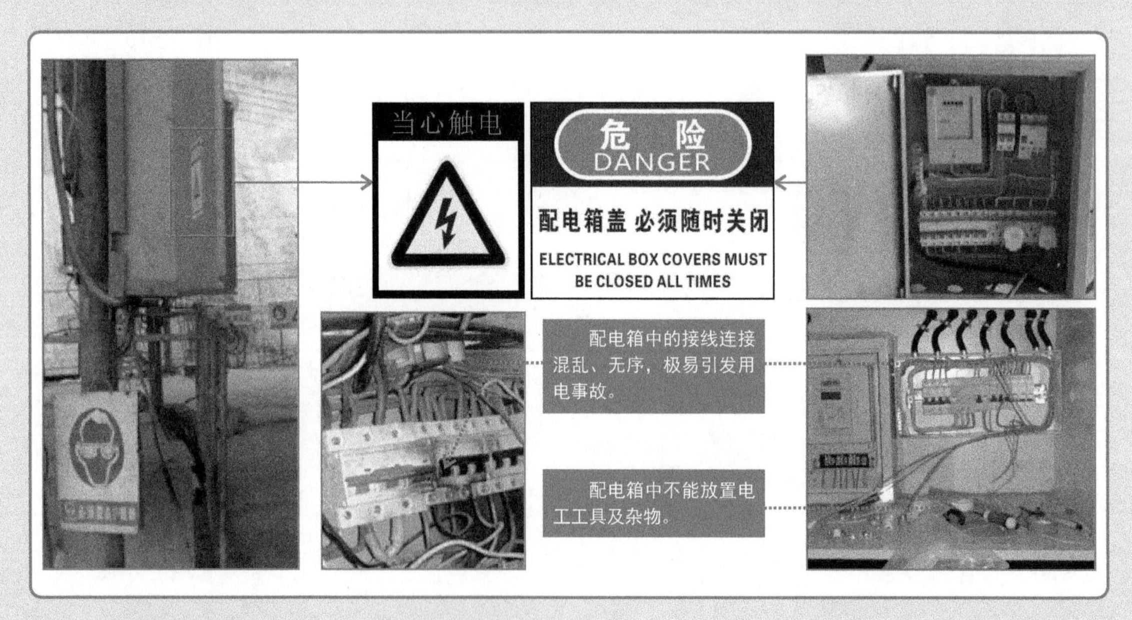

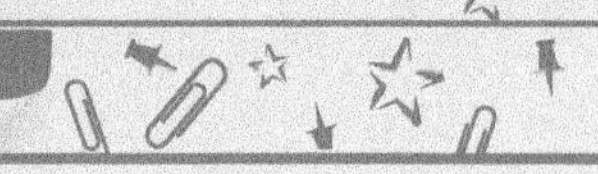

10.1.2 家装电工安全操作规范

家装电工应具备良好的安全意识，严格按照操作规范作业，否则极易引发火灾及触电事故。

在电工操作过程中，对断电、验电、临时用电、供电线缆选用及用电设备使用、作业环境清理等环节都有明确的要求。

1. 断电规范

在进行电气线路敷设、电气设备安装时，为确保作业环境的安全，如无特殊情况，应先断开电源总开关（总断路器）后再进行电工作业。并且，要在断开的电源总开关处悬挂警示标志或派专人看守，以防止有人合闸造成触电危险。

【断电规范】

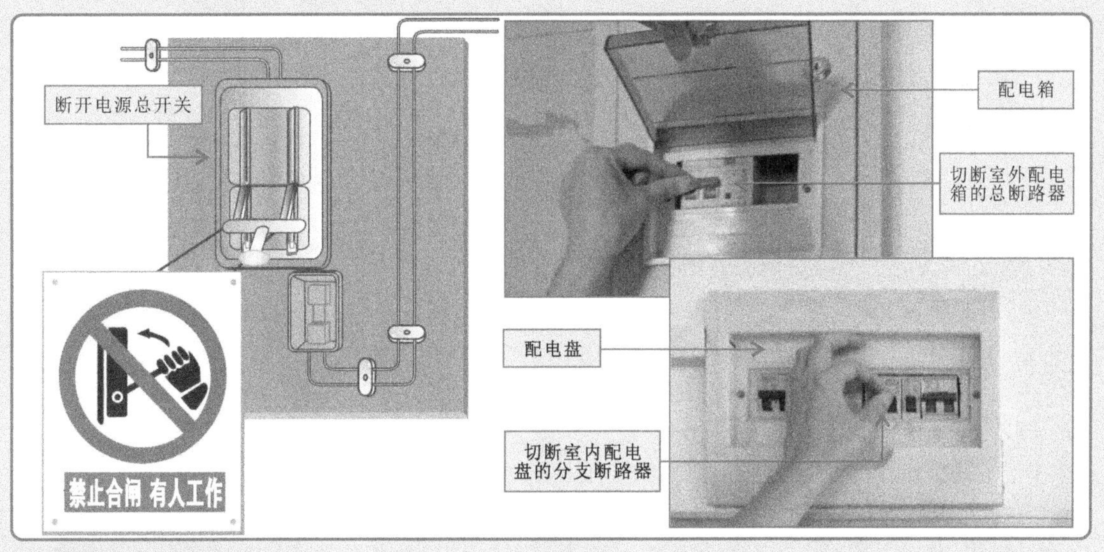

2. 验电规范

一般对于家装电工来说，线路或设备在未经验电检测前，应一律视为“有电”状态，不可用手触摸，也不可相信绝缘体，必须进行验电检测后，方可进行操作。

【验电规范】

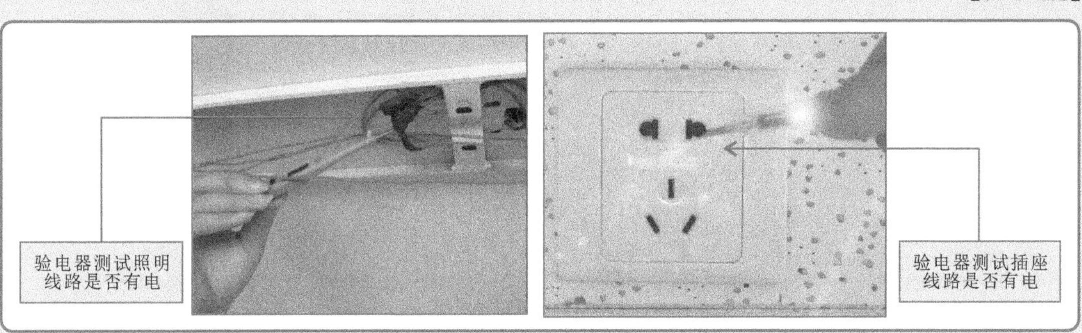

3. 临时用电（接线）规范

要考虑用电负荷，不能使用超过家庭用电总负荷的大功率设备。使用电源插座时，电源插座上的所接电气设备功率的总和，不得超过电源插座的额定功率。否则供电线路会因负荷过大而导致频繁跳闸，损坏电气设备，严重时会因线路过热而烧损，引发火灾。

临时用电的接线要确保连接牢固，如有松动应及时处理，否则也会引发电气设备烧损或火灾事故。

【临时用电（接线）规范】

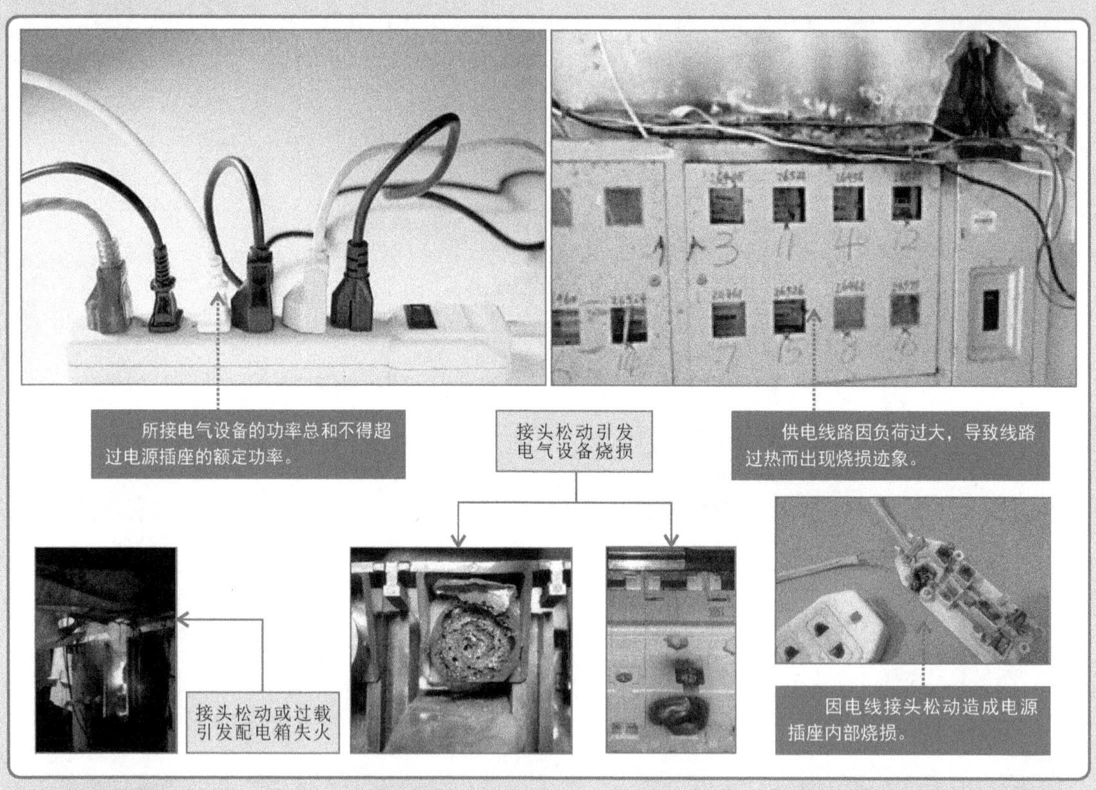

特别提醒

要选择检验合格的电气设备，否极易引发电气设备的事故。

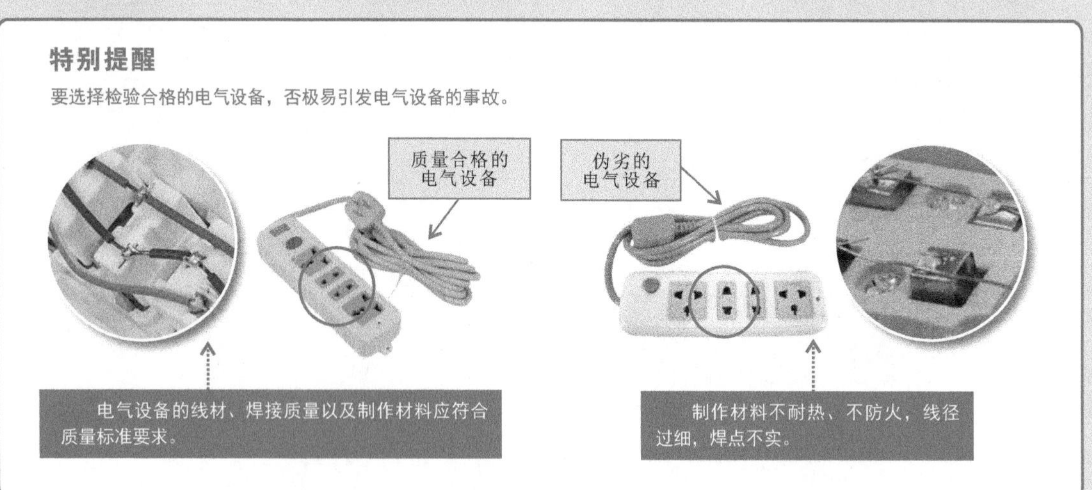

4. 供电线缆选用规范

在供电线路安装与敷设作业中，对于供电线缆的颜色和线缆类型有明确的要求，家装电工应按规定合理正确地选用线缆。

【人身安全防护设备】

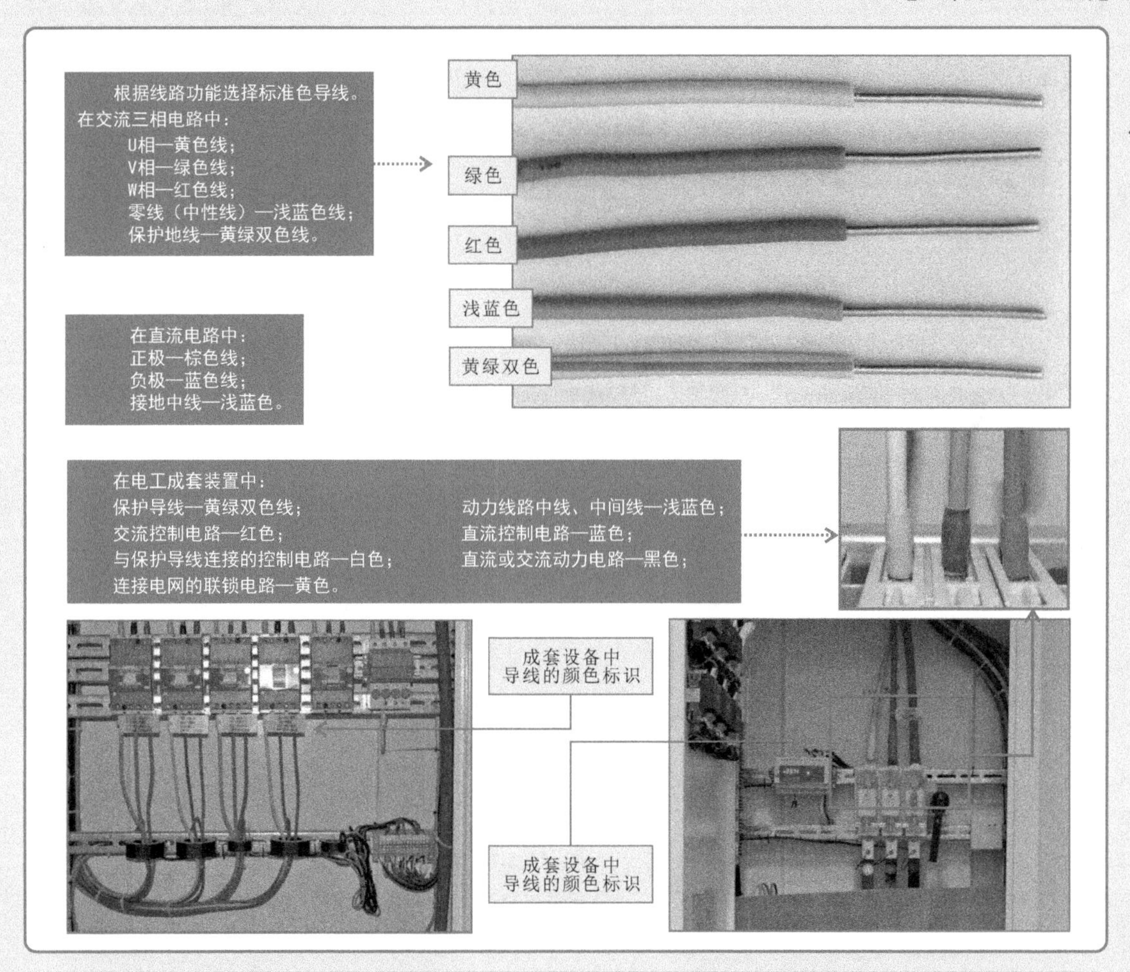

特别提醒

对于保护接地或保护接零的线缆，必须使用黄绿双色线，且黄绿双色线不可以用于其他用途。

根据导线的不同颜色标识，可以确定导线可应用的线路或场合。同样，也可以根据线路的设计规划功能来选配正确颜色的导线。在进行电工线路布线、安装或敷设时，往往需要先明确线路的设计功能、应用场合等，来确定所选导线的颜色。

例如，在电气线路或设备中，接地或保护线路对安全十分重要。在电缆电线中的保护接地或保护接零线必须使用黄绿双色线，且黄绿双色线不允许用于其他线芯。多芯电缆中的黄绿双色线放在电缆芯的最外层。

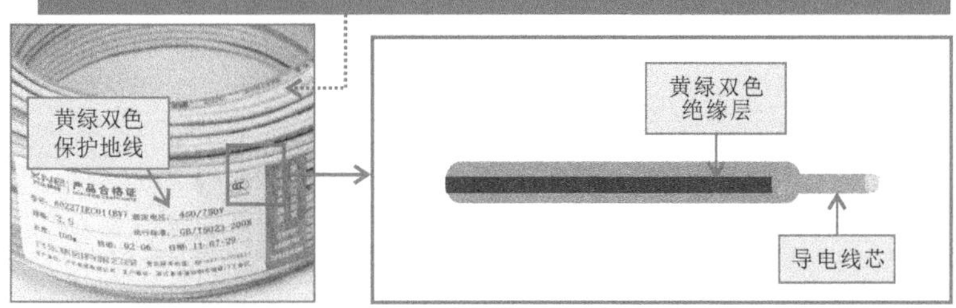

5. 电气设备使用规范

使用手持电动工具时，应先检查外壳、机械防护装置、插头、电源线等有无损坏，机壳应有良好的接地。如果手持电动工具一段时间没有使用，应在使用之前检测其绝缘性能。

【检查手持电动工具】

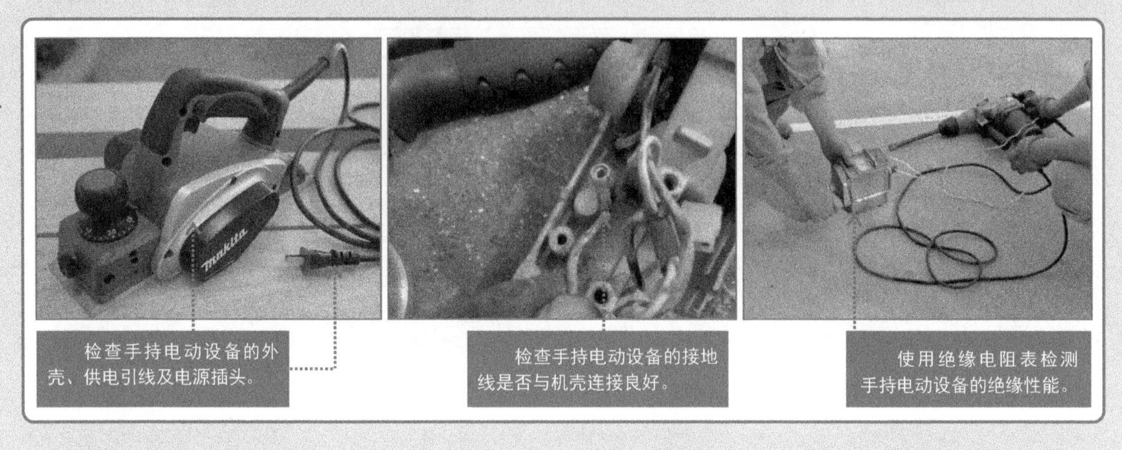

使用过程中如遇停电或中断工作时，必须及时切断电源，挪动工具时，应手提握柄，不得直接提拉供电线或其他部位。

使用照明设备时，照明线路应有短路保护，照明灯具的相线应有开关控制，悬挂导线应使用不导电材料。

特别提醒

不得将线缆直接插入供电插座为电气设备供电。

另外，需特别注意的是在使用两台或两台以上电气设备时，禁止使用同一个开关。

多台用电设备使用同一开关。

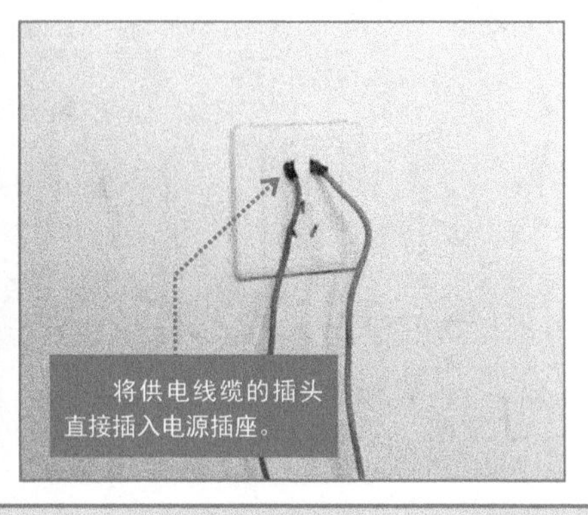

6. 作业环境清理规范

家装电工操作完毕，应及时关闭电源总开关，并对现场及时清理，将电气设备和电工工具分类妥善放置，确保作业环境干燥、整洁。

检查电工材料、工具是否遗留在电气设备中，所有绝缘检验工具应妥善存放于干燥、整洁的工具箱内，严禁他用。

每次作业结束都应及时切断电源总开关（总断路器），并且要在重要电气设备周围安放警示标志。

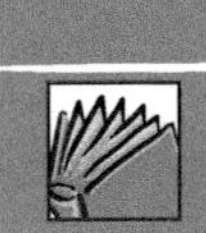

10.2 家装电工急救方法

10.2.1 触电急救

家装电工操作不当极易引发触电。一旦发生触电应先及时脱离触电环境，然后再采取正确的急救措施。且不可慌张或违规操作，否则会引发更大的事故。

1. 脱离触电环境

触电事故发生后，救援者要保持冷静，首先观察现场，推断触电原因；然后再采取最直接、最有效的方法实施救援，让触电者尽快摆脱触电环境。

特别注意，整个施救过程要迅速、果断。尽可能利用现场现有资源实施救援以争取宝贵的救护时间。绝对不可直接拉拽触电者，否则极易造成连带触电。

【摆脱触电环境】

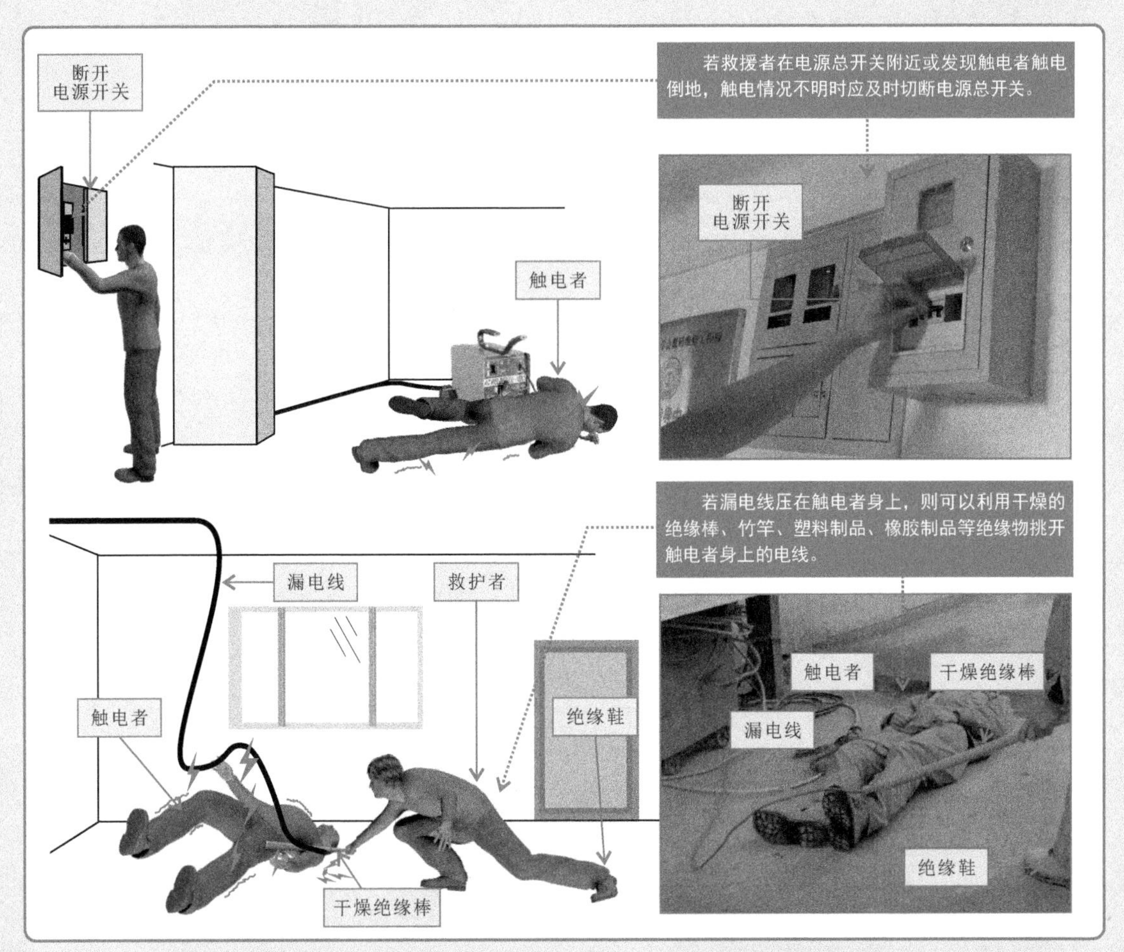

2. 触电急救措施

当触电者脱离触电环境后，不要将其随便移动，应将触电者仰卧，并迅速解开触电者的衣服、腰带等，保证其正常呼吸，疏散围观者，保证周围空气畅通，同时拨打120急救电话。做好以上准备工作后，就可以根据触电者的情况做相应的救护。

【触电急救措施】

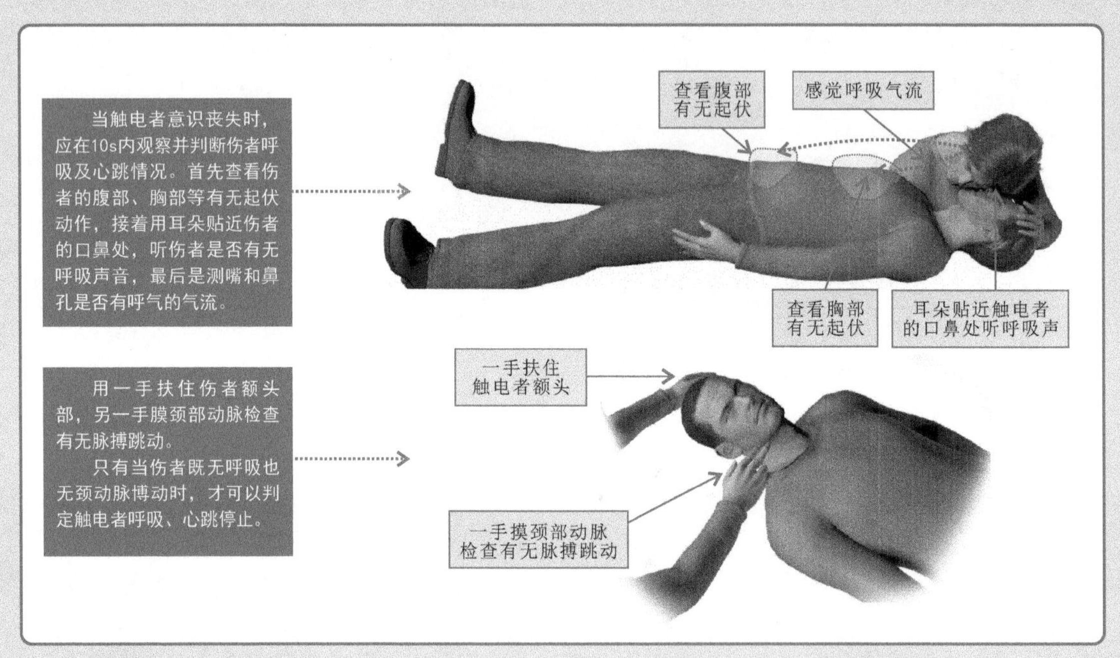

特别提醒

当人体接触或接近带电体时，电流会对人体造成伤害。人体组织中有60% 以上是由含有导电物质的水分组成的，因此，人体是个导体，当人体接触设备的带电部分并形成电流通路的时候，就会有电流流过人体，从而造成触电。

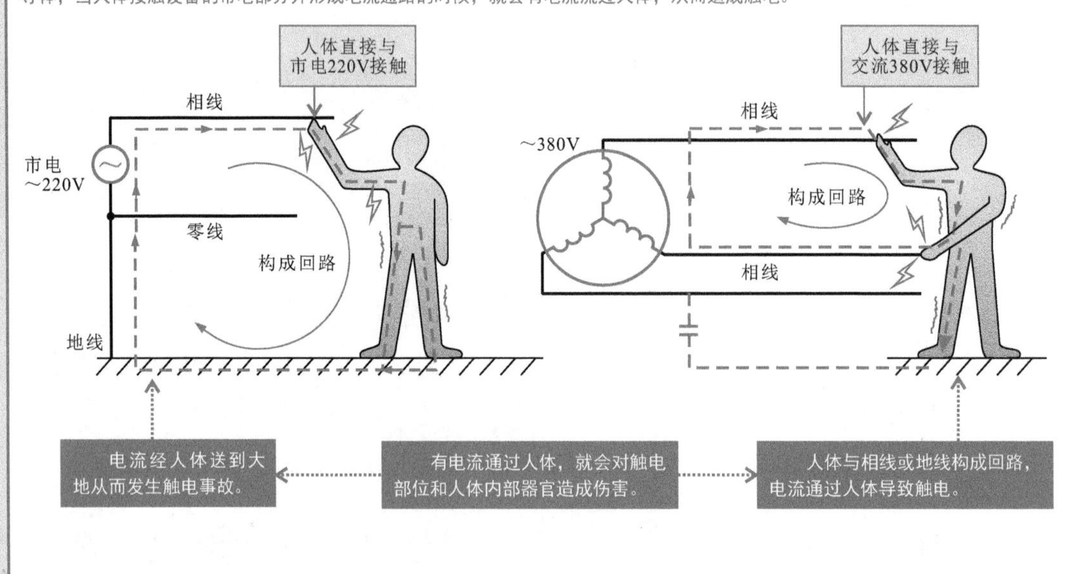

若触电者神志清醒，但有心慌、恶心、头痛、头昏、出冷汗、四肢发麻、全身无力等症状，则应让触电者平躺在地，并仔细观察触电者，最好不要让触电者站立或行走。

当触电者已经失去知觉，但仍有轻微的呼吸和心跳，则应让触电者就地仰卧平躺，要让气道通畅，应把触电者衣服及有碍于其呼吸的腰带等物解开帮助其呼吸，并且在5s内呼叫触电者或轻拍触电者肩部，以判断触电者意识是否丧失。在触电者神志不清时，不要摇动触电者的头部或呼叫触电者。

当天气炎热时，应使触电者在阴凉的环境下休息。天气寒冷时，应帮触电者保温并等待医生到来。

【触电者正确放置姿势】

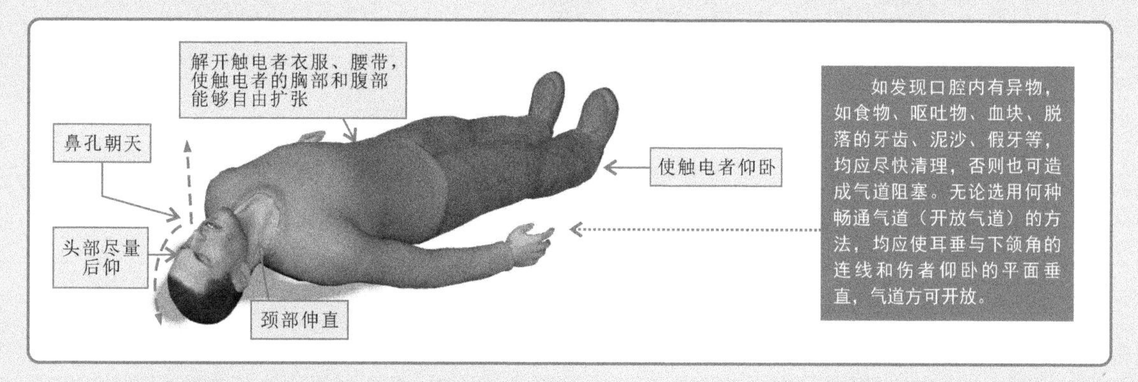

通常情况下，若正规医疗救援不能及时到位，而触电者已无呼吸，但是仍然有心跳时，应及时采用人工呼救法进行救治。

【人工呼吸】

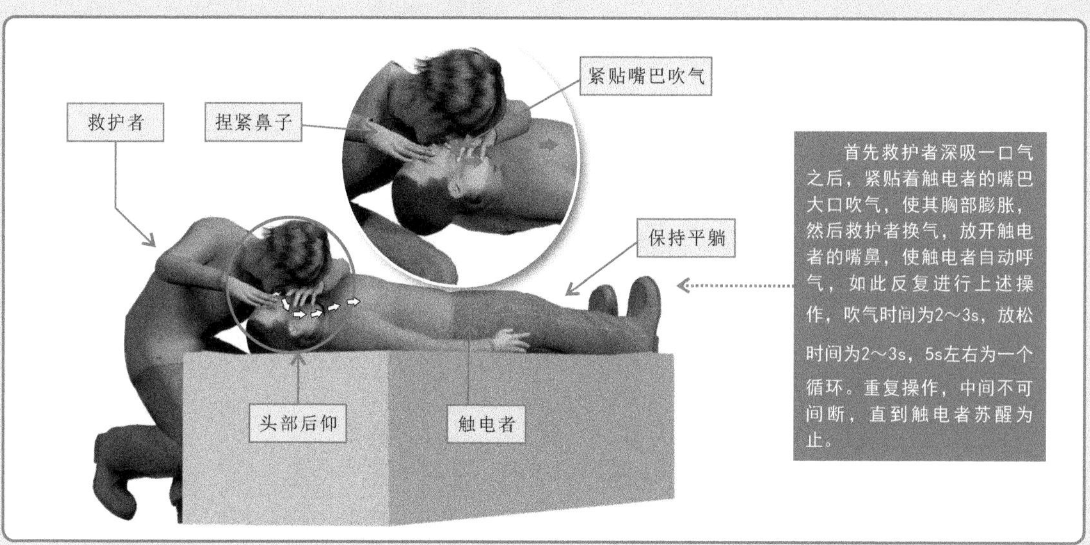

特别提醒

在进行人工呼吸前，首先要确保触电者口鼻的畅通。救护者最好用一只手捏紧触电者的鼻孔，使鼻孔紧闭，另一只手掰开触电者的嘴巴，除去口腔里的黏液、食物、假牙等杂物。如果触电者牙关紧闭，无法将嘴张开，可采取口对鼻吹气的方法。如果触电者的舌头后缩，应把舌头拉出来使其呼吸畅通。

在进行人工呼吸时，救护者吹气时要捏紧鼻孔，紧贴嘴巴，不能漏气，放松时应能使触电者自动呼气，对体弱者和儿童吹气时只可小口吹气，以免肺泡破裂。

当触电者心音微弱、心跳停止或脉搏短而不规则的情况下，可采用胸外心脏按压救治的方法来帮助触电者恢复正常心跳。

【胸外心脏按压】

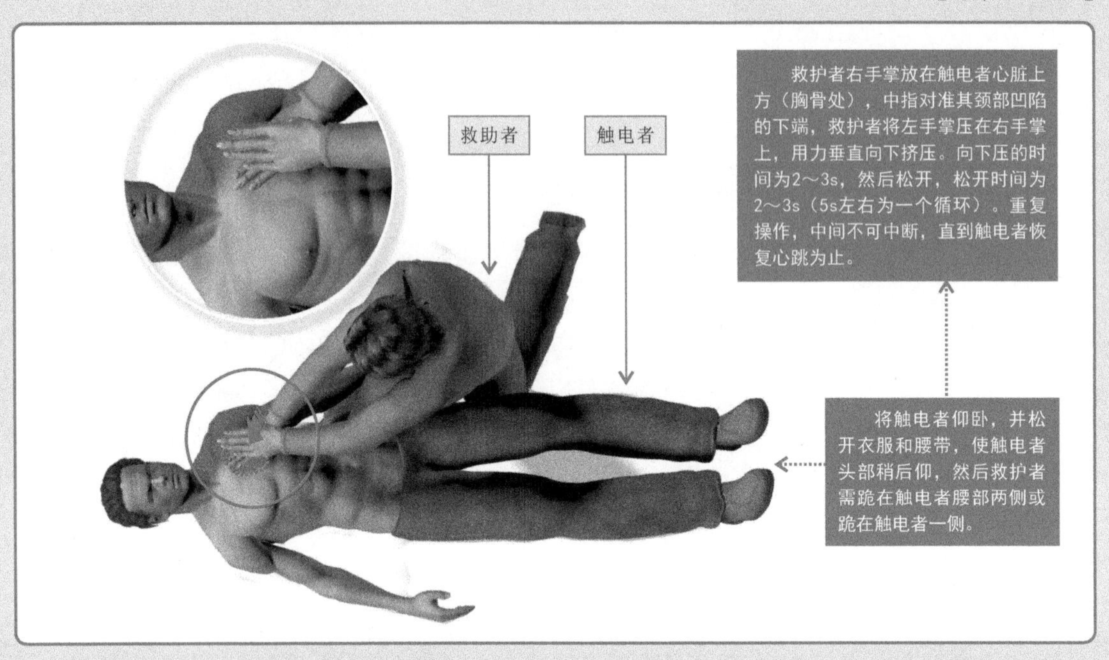

在抢救过程中要不断观察触电者面部动作，若嘴唇稍有开合，眼皮微微活动，喉部有吞咽动作，则说明触电者已有呼吸，可停止救助。如果触电者仍没有呼吸，需要同时利用人工呼吸和胸外心脏按压法进行治疗。

在抢救的过程中，如果触电者身体僵冷，医生也证明无法救治时，才可以放弃治疗。反之，如果触电者瞳孔变小，皮肤变红，则说明抢救收到了效果，应继续救治。

特别提醒

寻找正确的按压点位时，可将右手食指和中指沿着触电伤者的右侧肋骨下缘向上，找到肋骨和胸骨结合处的中点。将两根手指并齐，中指放置在胸骨与肋骨结合处的中点位置，食指平放在胸骨下部（按压区），将左手的手掌根紧挨着食指上缘，置于胸骨上；然后将定位的右手移开，并将掌根重叠放于左手背上，有规律按压即可。

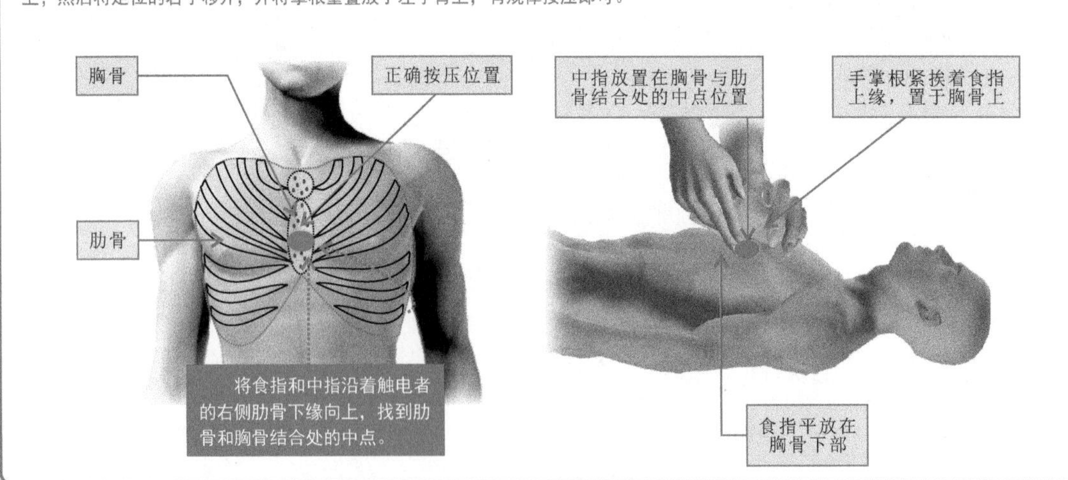

10.2.2 外伤急救

在家庭装修作业时，易发生的外伤主要有割伤、摔伤和烧伤三种。对不同的外伤要采用正确的急救措施。

1. 割伤急救

割伤主要是家装电工被尖锐物体划伤、扎伤或碰伤。例如在使用电工刀、钳子等尖锐利器进行拆卸或安装时发生的划伤；被高空掉落的锋利工具或物体砸伤等。

【割伤急救】

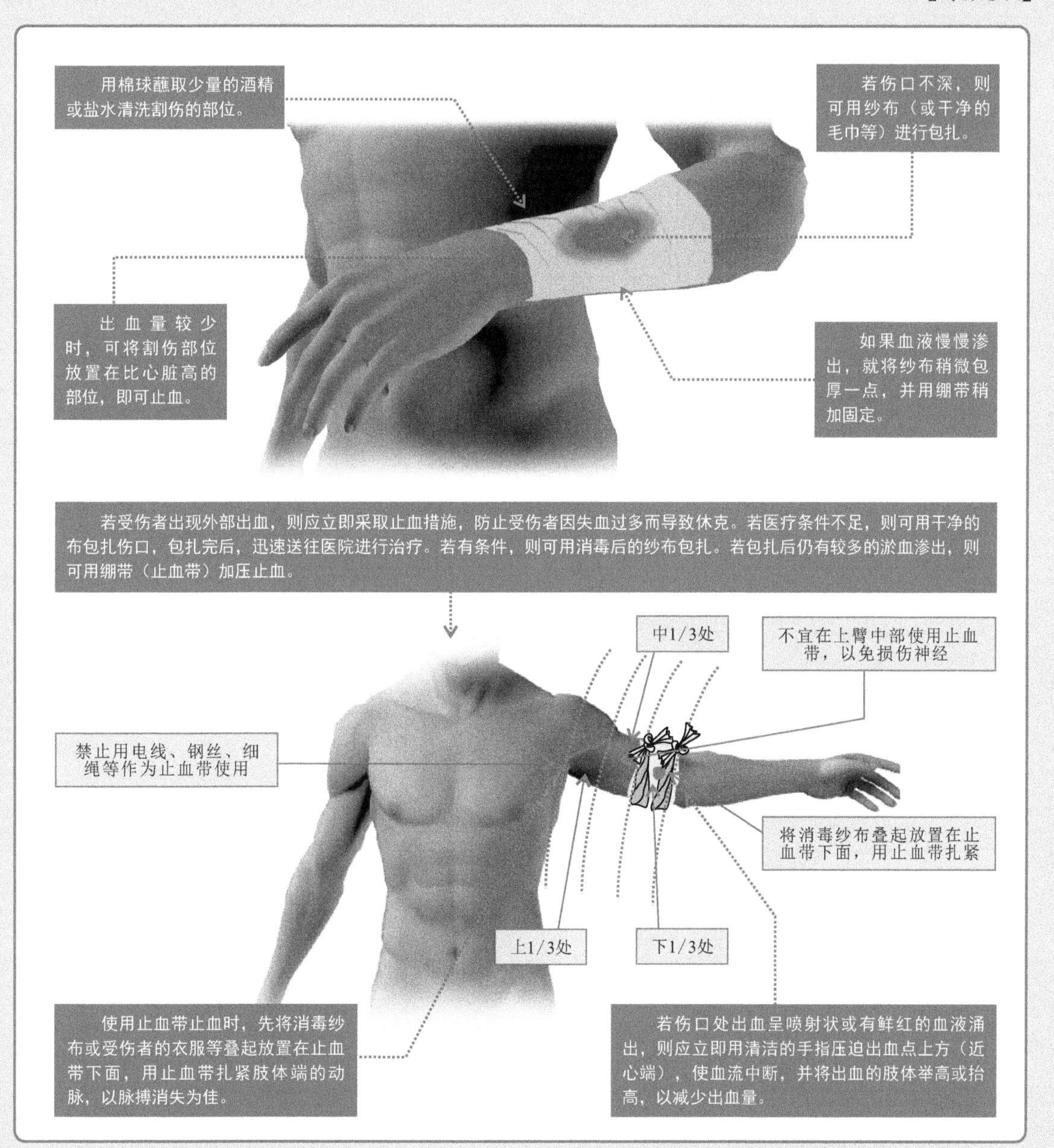

2. 摔伤急救

在摔伤急救时，要首先观察受伤者的状态。若受伤者意识清醒，只是皮外伤，及时止血、消毒后送医救治即可。

若受伤者意识清醒，但伴有皮下淤血，局部肢体有畸形，关节活动受影响，应及时进行局部固定，然后再送医救治。

若受伤者出现昏迷、意识不清的情况，应及时拨打120急救电话，并根据伤势对摔伤者进行紧急救治处理。

【摔伤急救】

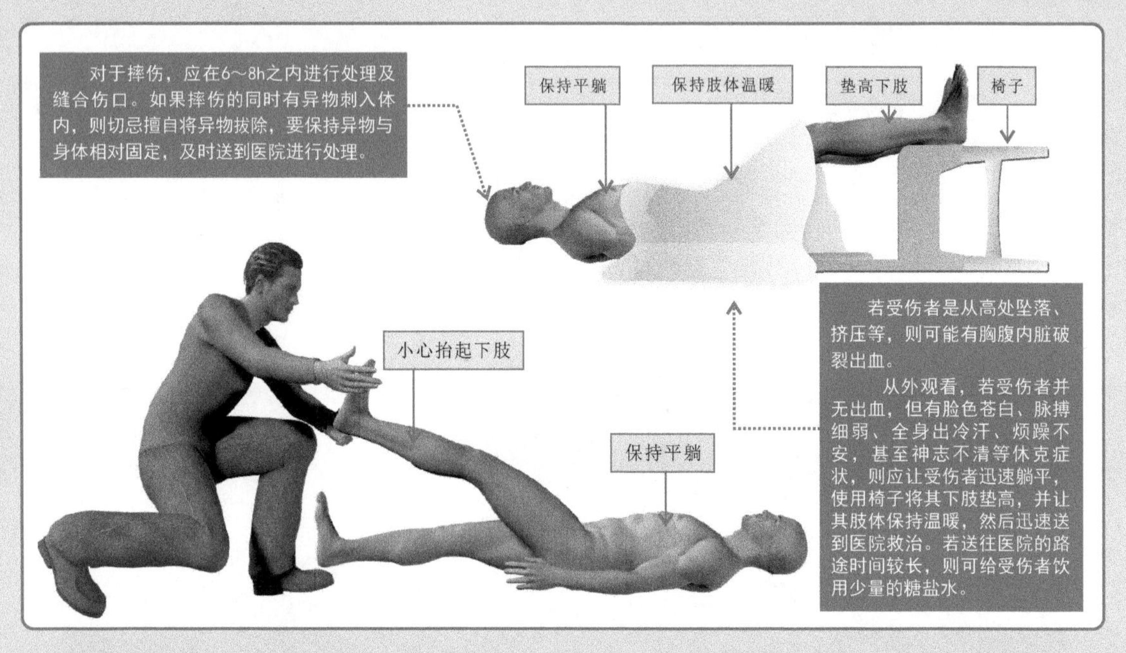

肢体骨折时，一般使用夹板、木棍、竹竿等将断骨上、下两个关节固定，也可用受伤者的身体进行固定，防止骨折部位移动，以减少受伤者疼痛，防止受伤者的伤势恶化。

【肢体骨折的急救方法】

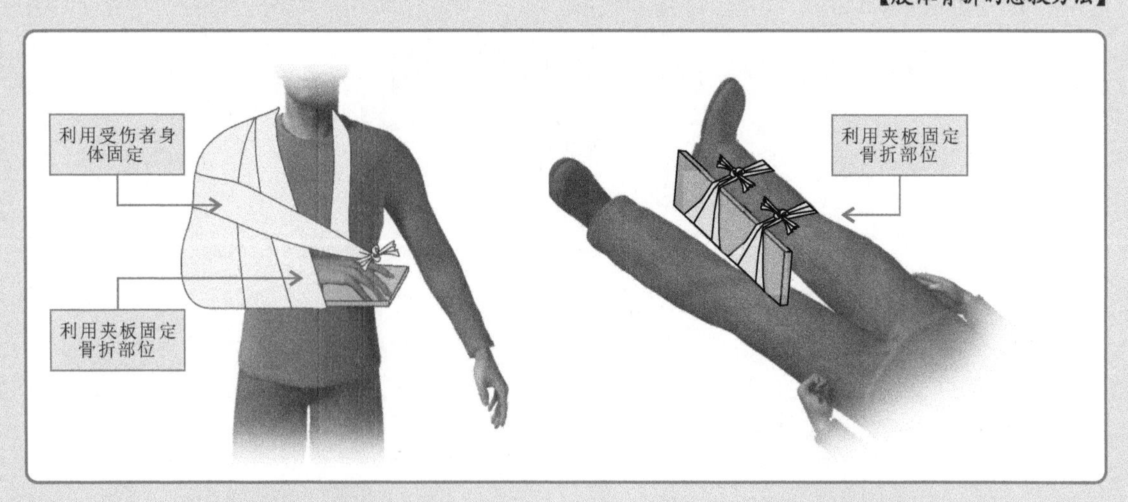

颈椎骨折时，一般先让伤者平卧，用沙土袋或其他代替物放在头部两侧，使颈部固定不动。切忌使受伤者头部后仰、移动或转动其头部。

当出现腰椎骨折时，应让受伤者平卧在平硬的木板上，并将腰椎躯干及两侧下肢一起固定在木板上，预防受伤者瘫痪。

【颈椎或腰椎骨折的急救方法】

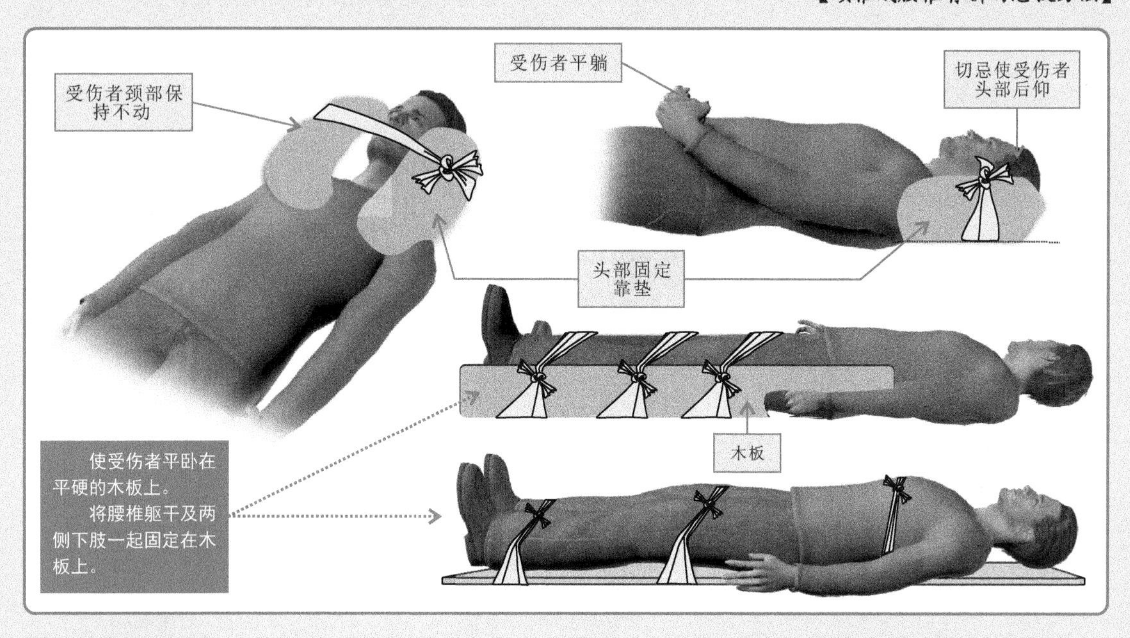

特别提醒

值得注意的是，若出现开放性骨折，有大量出血，则先止血再固定，并用干净布片覆盖伤口，然后迅速送往医院进行救治，切勿将外露的断骨推回伤口内。若没有出现开放性骨折，则最好也不要自行或让非医务人员进行揉、拉、捏、掰等操作，应该等急救医生赶到或到医院后让医务人员进行救治。

3. 烧伤急救

烧伤多由于触电及火灾事故引起。一旦出现烧伤，应及时对烧伤部位进行降温处理，并在降温过程中小心除去衣物，以尽可能降低伤害；然后等待就医。

【烧伤急救】

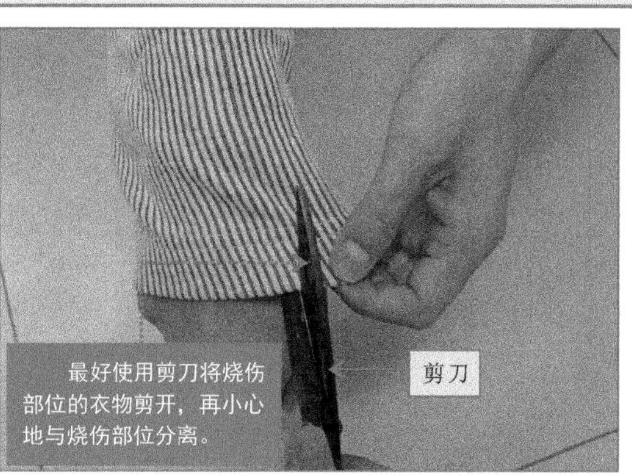

10.2.3 火灾急救

家装电工一旦发现有火灾发生，应及时切断电源，拨打火警电话119报警，并使用身边的灭火器灭火。一般来说，对于电气线路引起的火灾，应选择干粉灭火器、二氧化碳灭火器、二氟一氯一溴甲烷灭火器（1211灭火器）或二氟二溴甲烷灭火器，因为这些灭火器中的灭火剂不具有导电性。

【电气线路火灾用到的灭火器】

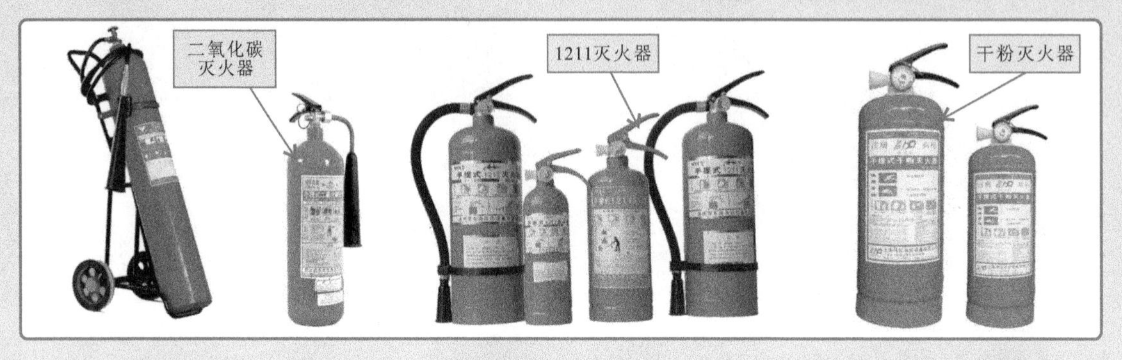

特别提醒

对于电气类火灾，不能使用泡沫灭火器、清水灭火器或直接用水灭火，因为泡沫灭火器和清水灭火器都属于水基类灭火器。这类灭火器由于其内部灭火剂有导电性，因此适用于扑救油类或其他易燃液体火灾，不能用于扑救带电体火灾及其他导电物体火灾。

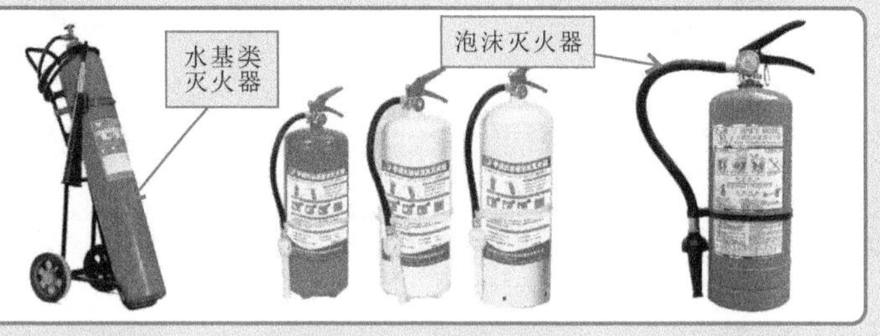

使用灭火器灭火，要先除掉灭火器的铅封，拔出位于灭火器顶部的保险销，然后压下压把，将喷管（头）对准火焰根部进行灭火。

【灭火器使用方法】

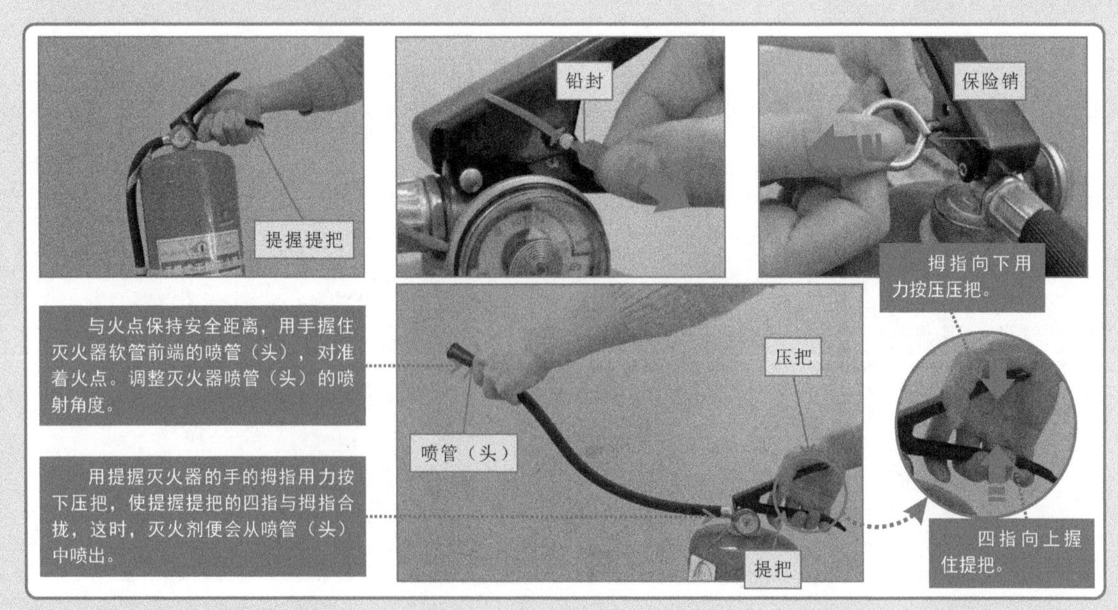

灭火时，灭火人员需具备良好的心理素质，遇事不要惊慌，保持安全距离和安全角度，严格按照操作规程进行灭火操作。

【灭火操作】

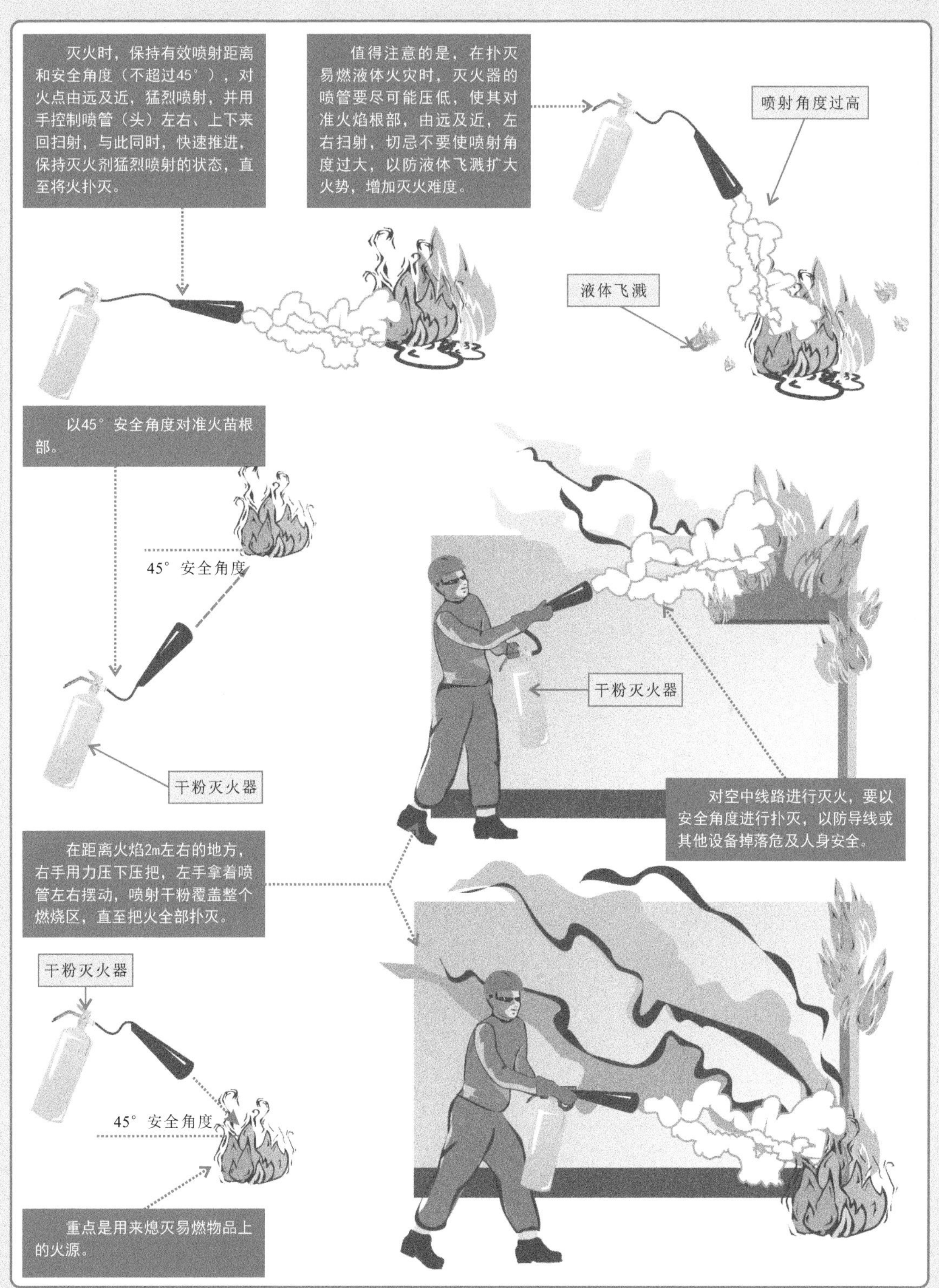